普通高等教育“十二五”规划教材
微电子集成电路设计系列规划教材

数字集成电路与系统设计

李广军　郭志勇
陈亦欧　阎　波　等编著

電子工業出版社
Publishing House of Electronics Industry
北京 • BEIJING

内 容 简 介

本书根据数字集成电路和系统工程设计所需求的知识结构，涉及了从系统架构设计至GDSⅡ版图文件的交付等完整的数字集成电路系统前/后端工程设计流程及关键技术。内容涵盖了VLSI设计方法、系统架构、技术规格书(SPEC)、算法建模、Verilog HDL及RTL描述、逻辑与物理综合、仿真与验证、时序分析、可测性设计、安全性设计、低功耗设计、版图设计及封装等工程设计中各阶段的核心知识点。尤其对数字信号处理器的算法建模及ASIC设计实现中的关键技术给出了详尽的描述和设计实例。

本书对希望从事数字集成电路与系统前/后端工程设计、FPGA设计开发的读者是一本很好的教材和参考书。本书适合电子与通信工程，计算机工程和自动控制等专业的高年级本科生和低年级研究生作为教材，也适合电子与通信、自动控制等领域的专业工程师阅读参考。

图书在版编目（CIP）数据

数字集成电路与系统设计/李广军等编著. 一北京：电子工业出版社，2015.10
ISBN 978-7-121-27093-2
Ⅰ. ①数… Ⅱ. ①李… Ⅲ. ①数字集成电路－电路设计 Ⅳ. ①TN431.2
中国版本图书馆CIP数据核字（2015）第207557号

策划编辑：马　岚
责任编辑：马　岚
印　　刷：北京虎彩文化传播有限公司
装　　订：北京虎彩文化传播有限公司
出版发行：电子工业出版社
　　　　　北京市海淀区万寿路173信箱　　邮编 100036
开　　本：787×1092　1/16　印张：20.25　　字数：518千字
版　　次：2015年10月第1版
印　　次：2023年 1 月第6次印刷
定　　价：48.00元

凡所购买电子工业出版社图书有缺损问题，请向购买书店调换。若书店售缺，请与本社发行部联系，联系及邮购电话：（010）88254888，88258888。

质量投诉请发邮件至zlts@phei.com.cn，盗版侵权举报请发邮件至dbqq@phei.com.cn。

本书咨询联系方式：classic-series-info@phei.com.cn。

前　　言

正如 CDMA 之父、高通公司创始人及高通首席科学家，安德鲁·维特比所言：在信息行业，信息论是方向盘，集成电路是引擎。集成电路已成为现代信息社会的基础以及电子系统的核心，在经济建设、社会发展和国家安全领域占据至关重要的战略地位，并具有不可替代的关键作用。但是，作为全球最大的集成电路市场，目前中国核心半导体芯片(计算机、通信、存储芯片等)大部分仍依赖于进口，中国半导体芯片的进口额已超过了石油的进口额。

随着中国集成电路产业的重要性和规模持续且迅速地提升，对集成电路人才的需求持续增长。如今的集成电路设计是系统导向、IP 导向，集成电路设计工程已成为渗透多个学科、战略性与高技术产业相结合的综合性的工程领域。

集成电路及系统设计技术为现代无线通信、导航、定位、传感、识别等信息系统提供了关键的核心元器件及集成组件，对现代各种有线/无线技术的发展和成功起到了关键的作用，已成为现代电子信息技术的基础和核心，是国防安全、信息安全等领域的关键核心技术。

近 20 年来，电子科技大学通信集成电路与系统工程中心一直从事可编程 ASIC 设计、数字集成电路与系统设计、嵌入式系统设计等相关领域的教学和科研工作。在 2000 年，我们和清华大学孟宪元教授合作编写的《可编程 ASIC 设计》教科书被多所高校采用。2003 年，该书被教育部评为研究生推荐教材。

由于国内的集成电路设计水平和生产制造环境所限，近十余年我们陆续采用了美国科罗拉多大学、美国东北大学、美国德克萨斯大学达拉斯分校、瑞士苏黎世联邦理工学院的数字集成电路设计和 ASIC 设计的教科书，至今已历经 10 余届研究生、本科生的教学实践。从 21 世纪初，我们陆续承担了国家 863 项目、国家重大科技专项、国际合作等多个数字集成电路与系统、数模混合 SoC 芯片的设计研发工作，积累了较丰富的数字集成电路与系统设计的教学和科研经验。我们深知，一个数字集成电路设计工程师最迫切需要了解和掌握什么，如何具有在最短的时间里承担、完成实际集成电路工程设计任务的能力。

我们深刻体会到，随着 ICT 行业的飞速发展，目前我国的数字集成电路与系统芯片的设计水平与 20 世纪相比已有本质的差别和飞跃，社会和行业已对大学生的数字集成电路与系统设计的知识与能力提出了很高的要求。据此，我们在学习、吸收国外先进教学理念和体系的基础上，根据国内集成电路设计的现状和需求编写了《数字集成电路与系统设计》这本教科书。

本书的特点是把数字集成电路和系统的前/后端设计的全流程均贯穿于书中的各个章节。根据数字集成电路和系统工程设计所需求的知识结构，本书涉及了从系统架构设计至 GDSⅡ版图文件交付等完整的数字 VLSI 前/后端工程设计的工业流程及关键技术。

本书内容涵盖了 VLSI 设计方法、系统架构、技术规格书(SPEC)、算法建模、Verilog HDL 及 RTL 描述、逻辑与物理综合、仿真与验证、时序分析、可测性设计、安全性设计、低功耗设计、版图设计及芯片封装等工程设计中不同阶段的核心知识点，尤其对数字信号处理器的算法建模及 ASIC 设计实现中的关键技术给出了详尽的描述和设计实例。

本书的目的是让学生掌握数字集成电路设计工程师最迫切需要了解和掌握的知识和本领，让电子与通信工程、计算机工程、计算机科学和自动控制等专业领域的学生具有承担并完成实际集成电路工程设计任务的能力。

本书对希望从事数字集成电路与系统前 / 后端工程设计、FPGA 设计开发的读者来说都是一本很好的教材和参考书。本书适合电子与通信工程，计算机工程和自动控制等专业的高年级本科生和低年级研究生作为教材，也适合电子与通信、自动控制等领域的专业工程师阅读参考。采用本书作为教材的授课教师可登录华信教育资源网（www.hxedu.com.cn）注册下载本书教学相关资料。

本书由李广军、郭志勇、陈亦欧、阎波、林水生、黄乐天、郑植、周亮、杨海芬共同编写，电子科技大学中山学院的杨健君博士也参加了部分编写工作，电子科技大学通信集成电路与系统工程中心的研究生对本书的部分习题和设计案例进行了仿真和验证。

本书参考了国内外著名大学的专家和教授的大量著作及文献，并得到了国内和校内著名专家和教授的建议、帮助和支持，在此表示衷心感谢。作者希望本书能对我国高校和相关行业的“数字集成电路与系统设计”的教学和科研尽些微薄之力。电子工业出版社的马岚编辑为本书的出版全过程做了大量的工作。在此，对所有为本书出版提供帮助的人士表示诚挚的谢意！

由于作者水平有限，加之时间仓促，本书还有许多不尽人意之处，我们盼望着使用本书的教师和读者提出宝贵的意见，也热切地期待得到同行的建议和指教。

慕课资源

目　录

第1章 绪 论

在信息论、计算机、晶体管和集成电路(IC)问世后半个多世纪里，信息通信技术(Information and Communication Technologies，ICT)极大地释放了人类的能量，它所创造的价值超过了之前五千年的财富总和。ICT 的核心技术包括：信息的采集、传输、处理与存储。在信息通信技术行业，存在已被实践证明的如下 4 个定律。

- 摩尔定律(Gordon Moore's Law)：微处理器内晶体管集成度每 18 个月翻一番。
- 安迪-比尔定律(Andy and Bill's Law)：如果保持计算能力不变，则微处理器的价格每 18 个月降低一半。
- 吉尔德定律(George Gilder's Law)：未来 25 年里，主干网的带宽将每 6 个月增加一倍。
- 梅特卡夫定律(Bob Metcalfe's Law)：网络价值与网络用户数的平方成正，或网络的利用价值等于用户数的平方。

从整个 ICT 产业来看，大致可以分为硬件产业、软件产业和通信互联网产业(又称为信息服务业)，而集成电路产业则覆盖了信息通信技术的上下游的多个子行业。其中，处理器 CPU、内存、通信基带芯片之类的集成电路产品被认为是所有电子设备的物理核心。可以说，集成电路产业的规模和水平决定了整个信息产业的领先程度，它的发展速度直接决定了电子信息产业的发展步伐。

虽然集成电路是现代信息社会的基础以及电子系统的核心，对经济建设、社会发展和国家安全具有至关重要的战略地位和不可替代的关键作用，但是作为全球最大的集成电路市场，目前中国核心半导体芯片(计算机、通信、存储芯片等)大部分仍依赖于进口，中国半导体芯片进口额已超过了石油的进口额。

随着中国集成电路产业的重要性和规模持续且迅速地提升，对集成电路人才的需求持续增长。如今的集成电路设计是系统导向、IP 导向，集成电路设计工程已成为渗透多个学科的、战略性与高技术产业相结合的综合性工程领域。

本书的特点是把数字集成电路前后端设计的全流程均贯穿于书中的各个章节，包括项目设计规格书(SPEC)、数字滤波器、可测性设计、低功耗设计等重要的工程设计技术。书中以大量设计实例叙述了集成电路系统工程开发过程中应遵循的原则、基本方法、实用技术、设计经验与技巧。

本书的重点是数字集成电路中的系统设计、算法的前后端设计及实现。例如，ASIC/FPGA 的系统划分、ASIC 电路/时钟网综合、ASIC 的可测性设计等。类似的设计技术可以应用到其他的实现场景，例如多芯片模块(MCM)和印制电路板(PCB)。

本书将讨论学生和设计人员都感兴趣的如下话题。

- 集成电路行业的产业链如何划分？
- 怎样写设计规格书？
- 怎样进行集成电路系统级的软、硬件划分？
- 什么是数字前端/后端设计，其分界点是什么？

- 什么是系统级综合、逻辑综合、晶体管级综合及版图级综合?
- 怎样实现从 RTL 高层逻辑设计到 GDS 生成?
- 怎样从一个网表中生成功能正确的版图?
- 有哪些主流的 EDA 软件，VLSI 设计软件怎么工作?

1.1 集成电路的发展简史

集成电路是指通过一系列的半导体加工工艺，在单个半导体晶片上，按照一定的互连关系，将晶体管、二极管等有源器件及电阻和电容等无源器件集成在一起，并完成特定功能的电子电路。集成电路采用的半导体材料通常是硅(Si)，但也可以是其他材料，如砷化镓(GaAs)。

集成电路正在向着高集成度、低功耗、高性能、高可靠性的方向发展。此外，微电子学的渗透力极强，它可以和其他学科结合而衍生出一系列新的交叉学科，如微机电系统、生物芯片等。

1946 年 1 月，美国贝尔实验室正式成立半导体研究小组，该研究小组由肖克莱(William Bradford Shockley)负责，成员包括理论物理学家巴丁(John Bardeen)和实验物理学家布拉顿(Walter Houser Brattain)。研究小组在 1947 年 12 月 23 日观测到了具有放大作用的晶体管，如图 1-1 所示。三位科学家因为发明晶体管而在 1956 年共同获得了诺贝尔物理学奖。

1952 年 5 月，英国科学家达默(Geoffrey William Arnold Dummer)提出了集成电路的设想。1958 年以美国德州仪器公司的科学家基尔比(Clair Kilby)为首的研究小组研制出了世界上第一块集成电路，并在 1959 年公布，如图 1-2 所示，基尔比因为发明第一块集成电路而获得了 2000 年的诺贝尔物理学奖。

图 1-1 第一个晶体管

图 1-2 第一块集成电路

1959 年 7 月，美国仙童半导体(Fairchild Semiconductor)公司的诺依斯(Robert Noyce)采用平面工艺发明了世界上第一块单片集成电路，如图 1-3 所示。

该单片集成电路是与现在的硅集成电路直接有关的发明。它将平面工艺、照相腐蚀和布线技术结合起来，获得了大量生产集成电路的可能性。从此，集成电路经历了小规模集成电路(SSI)、中规模集成电路(MSI)、大规模集成电路(LSI)、超大规模集成电路(VLSI)、特大规模集成电路(ULSI)的发展过程，目前还有人提出了巨大规模集成电路(GSI)的说法。集成电路的复杂度的发展情形如图 1-4 所示。它显示了最先进的集成电路中所包含的元件数以及这些集成电路首次公布的年份。

摩尔定律如图 1-4 所示，是由英特尔(Intel)公司创始人之一戈登·摩尔(Gordon Moore)在 1964 年提出来的。其内容为：当价格不变时，集成电路上可容纳的晶体管数目，约每 18 个月便会增加一倍，性能也将提升一倍。换言之，每一美元所能买到的电脑性能，将每 18 个月翻一倍以上。这一定律揭示了信息技术进步的速度。

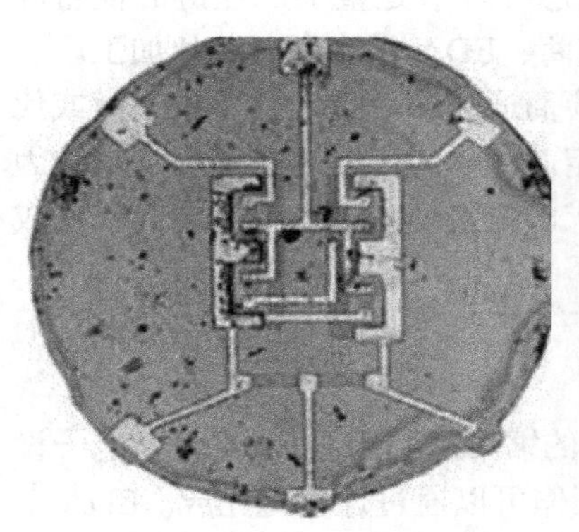

图 1-3 第一块单片集成电路

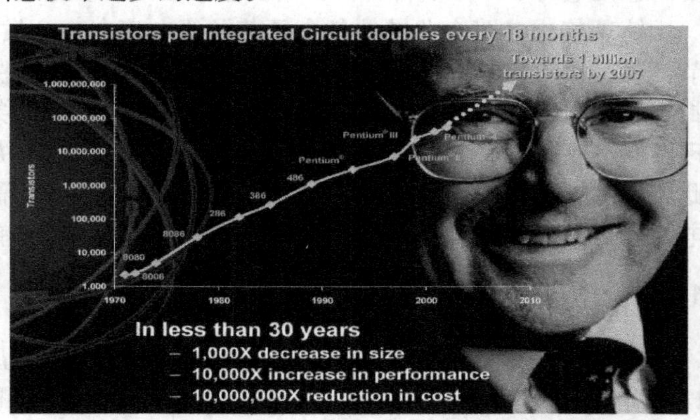

图 1-4 摩尔定律预测了每块集成电路上元件数目的增长情况

尽管这种趋势已经持续了超过半个世纪，摩尔定律仍应该被认为是观测或推测，而不是一个物理或自然法则。预计该定律将持续到至少 2015 年或 2020 年。但由于特征尺寸的缩小已接近极限，2010 年国际半导体技术发展路线图的更新增长已经放缓在 2013 年年底，之后的时间里，晶体管数量密度预计只会每 3 年翻一番。

1.2 集成电路产业链(行业)概述

一颗集成电路芯片的生命历程就是点沙成金的过程：芯片公司设计芯片，芯片代工厂生产芯片，封测厂进行封装测试，整机商采购芯片用于整机生产。按照产业链的覆盖程度，一般可将芯片供应商分为两大类：IDM 和 Fabless。

IDM 是 Integrated Device Manufacture 的缩写，即垂直集成模式，通俗理解就是集芯片设计、芯片制造、芯片封装和测试等多个产业链环节于一身的企业。有些企业甚至有自己的下游整机环节，如英特尔、三星、IBM 就是典型的 IDM 企业。

Fabless 是没有芯片加工厂的芯片供应商，Fabless 自己设计开发和推广销售芯片，与生产相关的业务则外包给专业生产制造厂商。高通(Qualcomm)、博通(Broadcom)、联发科(MTK)都是典型的 Fabless 企业。中国的海思(Highsilicon)和展讯(Spreadtrum)也是 Fabless 企业。

与 Fabless 相对应的是 Foundry(晶圆芯片生产代工厂商)和封测厂，主要承接 Fabless 的生产和封装测试任务。典型的 Foundry 包括台积电(TSMC)、GlobalFoundry、中芯国际(SMIC)和台联电(UMC)等。封测厂包括日月光(ASE)、安靠(Amkor)和江苏长电等。

一般情况下，Fabless 选择代工和封测厂主要考虑的因素包括：工艺匹配、IP 及设计服务、成本、交货周期、产品质量、沟通效率等。加工厂和封装测试厂的成本在于生产线投资和工艺开发，需要大规模的芯片出货量支撑产线的产能利润率。出货量大的 Fabless 是代工和封测厂的“金主”，小的 Fabless 有可能分不到产能。

在上述设计、代工、封测等产业链环节之外，细分出了一些其他的产业环节。芯片供应商在设计芯片过程中需要购买IP核，需要采购EDA工具，从而细分出IP产业和EDA产业；有些芯片供应商或整机厂商将芯片设计的工作委托给设计服务公司，催生了集成电路设计服务产业；在芯片卖到整机厂商的过程中，出现了专业的芯片代理商/方案商；芯片加工厂需要购进大量的半导体设备、材料用于芯片加工，形成了半导体设备产业和材料产业等。

梳理集成电路产业链的各个环节及资金流向，会发现芯片环节是整个产业链的枢纽环节，“芯片的生命历程是点沙成金的过程”。而IP核供应商、EDA供应商、芯片加工厂、封装厂和测试厂的业务收入主要来自芯片供应商，芯片供应商通过将芯片卖给整机厂商或代理商取得业务收入，实现芯片的商业价值。市场需求是决定芯片供应商是否赢利的关键，因此芯片供应商与市场需求最近。为了更好地捕捉到市场需求的快速变化，芯片供应商和集成电路分销代理商积极配合，以期拿到更多整机厂商的订单。

1.2.1 电子设计自动化行业

EDA是电子设计自动化(Electronic Design Automation)的缩写。利用EDA工具，电子设计师可以从概念、算法、协议等开始设计电子系统，大量工作可以通过计算机完成。EDA工具可以使从电子产品的电路设计、性能分析到设计出集成电路版图或PCB版图的整个过程，在计算机上自动处理完成。

EDA是集成电路行业必备的设计工具软件，是集成电路产业链最上游的子行业，公司数相对少，代表企业为Cadence，Synopsys和Mentor等。“工欲善其事，必先利其器”，集成电路设计必需的也是最重要的武器就是EDA软件，因此随着集成电路设计复杂度的提升，新工艺的发展，集成电路产业需要更先进的武器，所以EDA行业还有非常大的发展空间。

EDA工业开发软件用来支撑工程师创造新的集成电路设计。因为现在设计的复杂性高，所以EDA几乎涉及集成电路设计流程的各个方面，从高级系统设计到制造。EDA将设计者的需求分为电子系统层次结构中的多个级别，包括集成电路、多芯片模块和印制电路板(PCB)。

半导体工艺的进步推动了集成电路设计技术的飞速发展。例如，在电路中集成上亿个晶体管，装配多个芯片和数以千计的引脚，以进行封装并安装到高密度互连(HDI)的具有几十个接线层的电路板。这个设计过程非常复杂且极度依赖自动化工具。也就是说，计算机软件大多用在自动设计阶段，诸如逻辑设计、仿真模拟、物理设计和验证。

EDA最早出现在20世纪60年代，以简单程序的形式在电路板上自动布局较少数量的模块。几年后，集成电路的出现，需要使用软件来减少门级电路的总数量。如今的软件工具必须额外考虑电效应，例如相邻连线之间的信号延迟和电容耦合。在现代的VLSI设计流程中，基本上所有环节都采用软件来实现自动优化。

在20世纪70年代，半导体公司开发了自用的EDA软件，用专门方案解决公司专有设计模式。在80年代至90年代，独立软件供应商创建了能更广泛使用的新工具。这兴起了一个独立的EDA工业，这项工业每年提供了将近500亿美元的财政收入，并雇佣了大概2万多人。许多EDA公司的总部设在硅谷。现有的几个重要年度会议可以说明EDA工业和学术方面的发展。其中最引人关注的会议是设计自动化会议(DAC)，它保持了每年一次学术座谈会和工业贸易展览。计算机辅助设计国际会议(ICCAD)着重于学术研究，其论文涉及专门的算法开发。PCB开发者参加每年9月的西方PCB设计会议。在国外，欧洲和亚洲分别举办欧洲设计、自动化和测试会议(DATE)以及亚洲、南太平洋设计自动化会议(ASP-DAC)。全球范围的工程学会——美国电气与电子工程师学会(IEEE)出版了IEEE集成电路与系统的计算机辅助技术(TCAD)月刊，而美国计算机学会(ACM)出版了 ACM 电子系统设计自动化汇刊(TODAES)。

1. EDA 的影响

根据摩尔定律，一个芯片上集成的晶体管数量是以指数速度增长的。历史上，这对应于每块芯片上的晶体管数量每年 58%的复合增长率。但是，对于设计者而言，设计队伍(固定规模)每年只有约 21%的复合增长率，这导致了设计生产力缺口。晶体管数量高度依赖特定情景：模拟与数字或存储与逻辑。20 世纪 90 年代中期的半导体制造技术联盟的统计数据，基本反映了标准晶体管的设计生产力。图 1-5 来自国际半导体技术蓝图(ITRS)，表明了成本可行的集成电路产品需要在 EDA 技术上进行创新，这显示了 EDA 技术对整个集成电路设计生产力及其集成电路设计成本的影响。

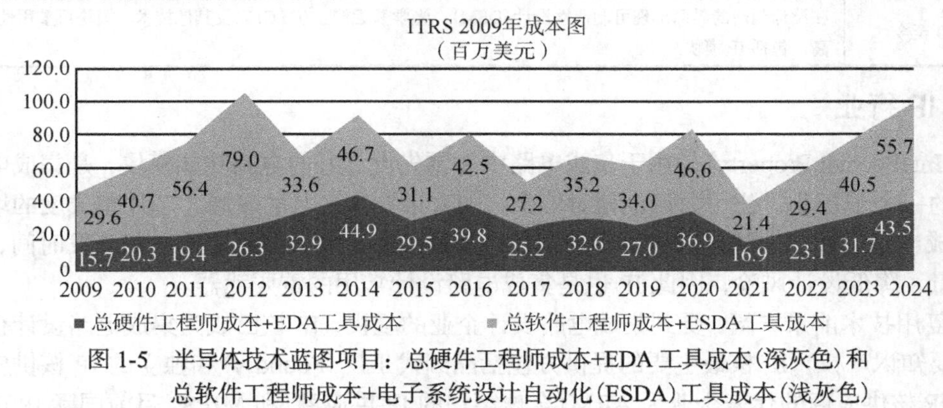

图 1-5 半导体技术蓝图项目：总硬件工程师成本+EDA 工具成本(深灰色)和总软件工程师成本+电子系统设计自动化(ESDA)工具成本(浅灰色)

如果半导体设计团队掌握了高效的设计技术，对于一个典型的便携式片上系统，例如手机的基带处理器，就能将其硬件设计成本保持在 1570 万美元(2009 年估计)。考虑相关的软件设计成本项目，总花费为 4530 万美元。如果没有 1993 年至 2007 年之间的设计技术创新及其促使设计生产率的提高，一个芯片的设计成本会是 18 亿美元，远远超过 10 亿美元。

2. EDA 的历史

当集成电路原理图输入工具开发出来后，第一款 EDA 设计工具，即能够在一个电路板上优化器件物理位置的布局软件，在 20 世纪 60 年代后期诞生了。此后的较短时间内，辅助电路版图和可视化的程序出现了。20 世纪 70 年代，第一个解决物理设计过程的集成电路计算机辅助设计(CAD)系统诞生了。在那个时代，大多数 CAD 工具是公司专有的，诸如 IBM 和 AT&T 贝尔实验室这些主流公司依靠自己设计的仅限内部使用的软件工具。然而，在 20 世纪 80 年代初期，独立的软件开发者开始编写工具，能为多个半导体生产公司服务。到了 90 年代，EDA 的市场飞速发展，许多设计团队采用商业工具，不再开发自己的内部软件。现在，最大的 EDA 软件设计公司，按字母序排列，分别是 Cadence Design Systems、Mentor Graphics 和 Synopsys。

EDA 工具总是面向整个设计过程的自动化的，并将设计步骤链接成一个完整的设计流。不过，这样整合存在一些问题，因为一些设计步骤需要额外的自由度，而且可扩展性要求独立处理一些设计步骤。另一方面，晶体管和连接线尺寸的持续减少，模糊了独立的连续设计步骤的边界和抽象，及其需要在设计周期的早期进行精确计算的物理效应，例如信号延迟和耦合电容。因此，设计过程从不可再分的步骤序列(独立的)趋向于更深层次的整合。表 1.1 总结了电路和物理设计关键发展的时间表。

表 1.1 EDA 发展中关于电路和物理设计的时间表

时间周期(年)	电路和物理设计过程的发展
1950 ~ 1965	只有手工设计
1965 ~ 1975	首次开发出 PCB 的版图编辑器，例如布局和布线工具
1975 ~ 1985	更先进的集成电路和 PCB 工具，带有更复杂的算法
1985 ~ 1990	第一个性能驱动工具和版图的并行最优化算法，更好地理解基础理论(图论、解决方案的复杂性等)
1990 ~ 2000	第一个单元上布线，第一个三维和多层的布局和布线技术。电路综合自动化和面向可布线的设计成为主流。出现并行工作负载。出现物理综合
2000 至今	在设计制造的界面出现可制造性设计(DFM)、光学邻近校正(OPC)以及其他技术。模块可重用性的提高，包括 IP 模块

1.2.2 IP 行业

IP (Intellectual Property)是用于集成电路中并预先设计好的电路功能模块，是集成电路产业链上的一个子行业，公司数目也相对偏少。随着半导体工艺的发展，芯片集成度的增加，IP 在集成电路设计中扮演越来越重要的角色，其意义在于大大缩短集成电路开发时间，提升设计质量，降低设计风险，因此 IP 也是集成电路设计常用的重要武器。

IP 复用技术前景广阔，受到集成电路设计企业的重视，IP 核已成为集成电路设计企业的一种重要知识产权。IP 核最主要的提供方包括晶圆代工厂(Foundry)和独立的 IP 核供应商。独立的 IP 核供应商的代表企业为 ARM(全球第一的 IP 供应商)和 MIPS。目前国际 IP 市场的通用商业模式是基本授权费(License Fee)和版税(Royalty)的结合：设计公司首先支付一笔不菲的 IP 技术授权费，以便获得在设计中集成该 IP 并在芯片设计完成后销售含有该 IP 芯片的权利。一旦芯片设计完成并销售后，设计公司还需根据芯片销售平均价格按一定比例(通常在 1%~3%之间)支付版税(Royalty)给 IP 厂商。

通常，IP 厂商会把设计公司支付的授权费拿来支付一定的 IP 开发成本、本公司商业运作成本和人员成本，而收取的版税部分才是公司的赢利部分。不论公司大小，这几乎是约定俗成的行规，也是 IP 公司的生存之道。

IP 其实就是一颗相对固化的小集成电路，因此 IP 行业所需的人才与集成电路设计行业所需的差不多，大都为集成电路设计人才，也有应用及技术支持人才及销售类人才。这类人才可以往下游集成电路设计行业去，因此就业面相对较宽。

1.2.3 集成电路设计服务行业

集成电路设计服务行业，是集成电路产业链细分后产生的一个较小的子行业。相关公司数目也较少，代表性企业有芯原科技(VeriSilicon)、GUC、eSilicon 和灿芯等。随着集成电路产业链垂直分工越来越细，为了缩短设计周期，加速产品上市进程，实现更高效的投入 / 产出比，集成电路设计服务行业随之诞生。

一些集成电路设计公司将芯片的后端布局布线及单元的设计交由设计服务公司处理，有的连生产、封装、测试等工作也交给了设计服务公司，即 Turnkey(一站式)服务，更有甚者连集成电路前端设计也外包出去。集成电路设计服务当然是必不可少的，主要是工艺越往高端发展，后端设计的 EDA 软件就越贵；而芯片集成度越高，后端设计难度也就越大；当然资深数字后端人才也很稀少，因此外包成为首选；某些小公司设计人员不够，或者大集成电路公司的某些项目太忙，或者下游有实力的整机追求产品差异化，也会有定制芯片的需求，因此设计服务行业还有进一步壮大之势。

设计服务行业需求的人才，主要是集成电路后端设计人才及集成电路运营类(负责流片、封装、测试等管理)的人才，也有少量数字前端与模拟人才，因为与众多的集成电路设计公司的集成电路工程师人才需求差不多，所以人才适用面很宽。

1.2.4　集成电路设计行业

从根本上讲，集成电路设计是将系统、逻辑与性能的设计要求转化为具体的物理版图的过程，也是一个把产品从抽象的过程一步一步地具体化，直至最终物理实现的过程。设计方法主要包括正向设计和逆向设计，正向设计又以层次化和结构化设计方法为主。整个过程将主要集中在图纸与计算机上，借助 EDA 工具完成，它给人的整体感觉就是“纸上谈兵”式的创意性劳动，这恰恰是整个集成电路产业链中最重要和最具创新性的一步。集成电路设计行业 IC 设计的简化工作流程图如图 1-6 所示。

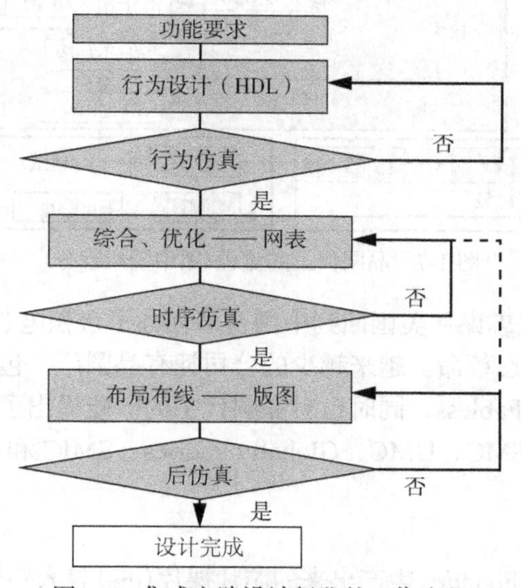

图 1-6　集成电路设计行业的工作流程

根据集成电路设计产业的固有商业模式，一个好的集成电路产品需要设计、工艺、测试、封装等一整套工序的密切配合。Fabless 是设计公司主流的商业模式，其核心竞争力在于产品的创新和知识产权，产品主要依赖 Foundry 代工。

因此，集成电路设计公司的人才需求是目前国内半导体产业中最大的。岗位大致包括：市场企划，芯片架构，算法设计，数字前端(设计与验证)，数字后端，模拟设计，版图设计，嵌入式软件设计，系统软硬件设计，现场应用，生产，测试，品质，量产计划和销售等。所以无论你是微电子、计算机专业或者电子通信专业，还是自动化专业，都能在一家集成电路设计公司内找到合适的职位。

1.2.5 集成电路晶圆制造行业

所谓的晶圆代工，即我们所说的Foundry(FAB)。一般来说，Foundry根据设计公司提供的GDSⅡ格式的版图数据，首先制作掩模(mask)，将版图数据定义的图形固化到铬板等材料的一套掩模上。一张掩模，一方面对应于版图设计中某一层的图形，另一方面对应于芯片制作中的一道或多道工艺。正是在一张张掩模的参与下，工艺工程师完成了芯片的流水式加工，将版图数据定义的图形最终有序地固化到芯片上。这一过程通常简称为“流片”。根据掩模的数目和工艺的自动化程度，一次流片的周期约为3个月。晶圆代工的流程(图中阴影部分)如图1-7所示。

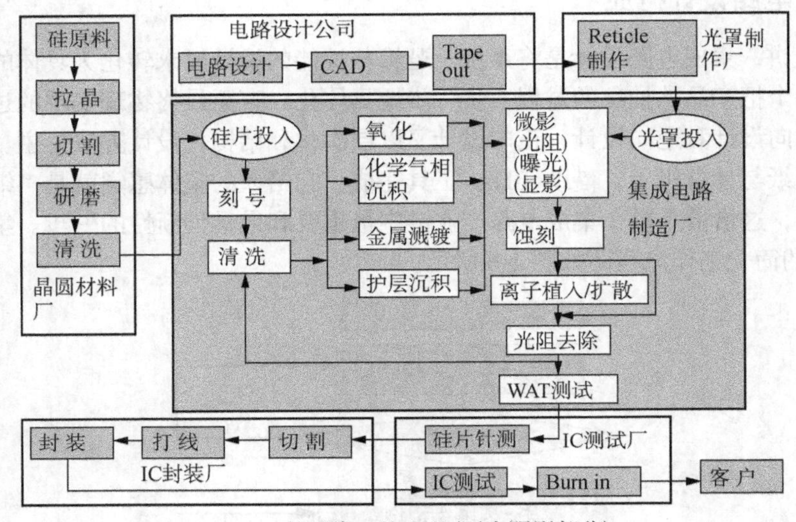

图1-7 晶圆代工的流程(图中阴影部分)

20世纪80年代，张忠谋从美国回到中国台湾创办了台积电(TSMC)，由此引发了全球集成电路产业链的一场生态革命。越来越少的公司拥有晶圆厂，包括Freescale、TI、LSI和IDT等许多IDM都转向Fabless，同时也对晶圆代工的产能提出了更高要求。目前，全球最主要的晶圆代工厂包括TSMC、UMC、GlobalFoundries、SMIC和IBM等。

1.2.6 封装测试行业

集成电路封装就是把Foundry生产出来的芯片裸片(die)封入一个密闭空间内，受外部环境的温度、杂质和物理作用力的影响，同时引出相应的引脚，最后作为一个基本的元器件使用。

集成电路封装业是集成电路产业链偏下游的一个子行业，通常封装和测试都是一体的，即做完封装后直接进行产品的测试工作。但是也有单独的封装厂，代表企业包括日月光、安靠、星科金朋、矽品、南通富士通、江苏长电、天水华天等。由于封装技术的好坏直接影响芯片自身性能的发挥和与之连接的PCB(印制电路板)的设计和制造，因此它是至关重要的。

随着集成电路器件尺寸的缩小和运行速度的不断提高，对集成电路封装也提出了新的更高要求。集成电路封装技术的进步不但体现在封装尺寸和形状上，还体现在封装材料以及内部结构的重要性上。半导体封装形式已由原来的SiP、DIP和PLCC等低端封装形式向SoP、TSSOP、QFP、LQFP、TQFP和QFN等方向发展。

集成电路的测试就是运用各种方法，检测出在制造过程中由于物理缺陷导致的不合格芯片样品，是整个集成电路产业链中偏下游的一个子行业。测试厂一般和封装厂建在一起，但也有单独的测试厂，如日月光、安靠等。由于无论怎样完美的工程都会产生不良的个体，因而测试也就成为集成电路制造中必不可少的工程。随着人们对集成电路品质的重视，再加上技术、成本和知识产权保护等诸多因素，测试业逐渐成为集成电路产业中不可或缺的独立行业。随着集成电路芯片的日益复杂和性能不断提高，芯片的测试速度和引脚数都不断攀升，对测试的要求也越来越高。

集成电路测试行业需求的人才主要为测试工程师，此类人才未来除在测试行业外，还可以到集成电路设计公司做测试工程师，职业选择面比较宽。

1.2.7 半导体设备与材料行业

半导体设备与材料主要是指集成电路产业链上下游用于芯片生产、封装、测试过程中的各种设备和原材料。制备半导体的最主要的原材料是硅，不同的半导体器件对半导体材料有不同的形态要求，包括单晶的切片、磨片、抛光片、薄膜等。半导体材料的不同形态要求对应不同的加工工艺，常用的半导体材料制备工艺有提纯、单晶的制备和薄膜外延生长。半导体设备是半导体产业发展的基础，也是半导体产业价值链顶端的“皇冠”。

从全球范围看，美国、日本、荷兰等国家是世界半导体设备制造的三大强国，全球知名的半导体设备制造商主要集中在上述国家，美国主要控制等离子刻蚀设备、离子注入机、薄膜沉积设备、掩模板制造设备、检测设备、测试设备、表面处理设备等，日本则主要控制光刻机、刻蚀设备、单晶圆沉积设备、晶圆清洗设备、涂胶机/显影机、退火设备、检测设备、测试设备、氧化设备等，而荷兰则在高端光刻机、外延反应器、垂直扩散炉等领域处于领导地位。近几年在国家科技重大专项资金的支持下，国内的北方微电子、上海中微半导体、北京七星华创等半导体设备与材料企业取得了显著发展，但在该领域具备更多竞争力的还是应用材料、ASML等外企，需要的人才是电子、材料专业的居多。

1.2.8 集成电路分销代理行业

集成电路代理分销，作为整机制造商的集成电路供应方和集成电路设计公司(集成电路原厂)的销售渠道，是集成电路产业链最下端的一个子行业，但在整个价值链上扮演着非常重要的角色。公司数目非常多，代表企业如安富利、艾春、大联大等。集成电路代理分销商的角色除了作为集成电路原厂的销售渠道之外，还要给客户提供技术支持和售后服务，有时候还要为客户提供设计服务；同时要搜集客户的需求信息反馈给集成电路原厂，从让集成电路原厂能对市场的变化快速做出反应，设计和制造出符合市场需求的产品。

由于IC产品科技含量较高，集成电路代理分销公司除了作为集成电路原厂的渠道之外，还要为最终用户提供一定的技术支持，如技术资料的提供、培训、技术解决方案的提供等。集成电路代理分销商依靠专业的销售能力、自身的物流与现金流管控能力及遍布各地的销售网络和客户群，特别是客户关系处理能力，能迅速推广集成电路原厂的产品并打开销路，是集成电路原厂的强有力的小伙伴。

集成电路代理分销需要的人才主要是集成电路销售、市场及FAE工程师，部分公司也需要做方案开发的电子软硬件开发工程师，这些职位通用性比较大，适用面很宽，一般来说比较好的选择是去集成电路原厂做相应岗位的工作。

1.3 VLSI设计流程

LSI设计流程大致可分为如下的步骤：

项目策划，总体设计，详细设计和可测性设计，版图设计，时序分析，加工以及测试。

以上步骤有的串行执行，有的则可以并行执行。如果进行到某一步时发现了问题，例如，系统有新的需求，或者时序不满足要求，或者仿真发现了 bug，就需要返回到某一点再重新开始，有时这种反复迭代需要多次之后才能投片出去。

因此，设计 VLSI 的过程非常复杂，可以分成不同的步骤(见图 1-8)。前面的步骤是高端的(前端)，后面的设计步骤在抽象概念上是低端的(后端)。

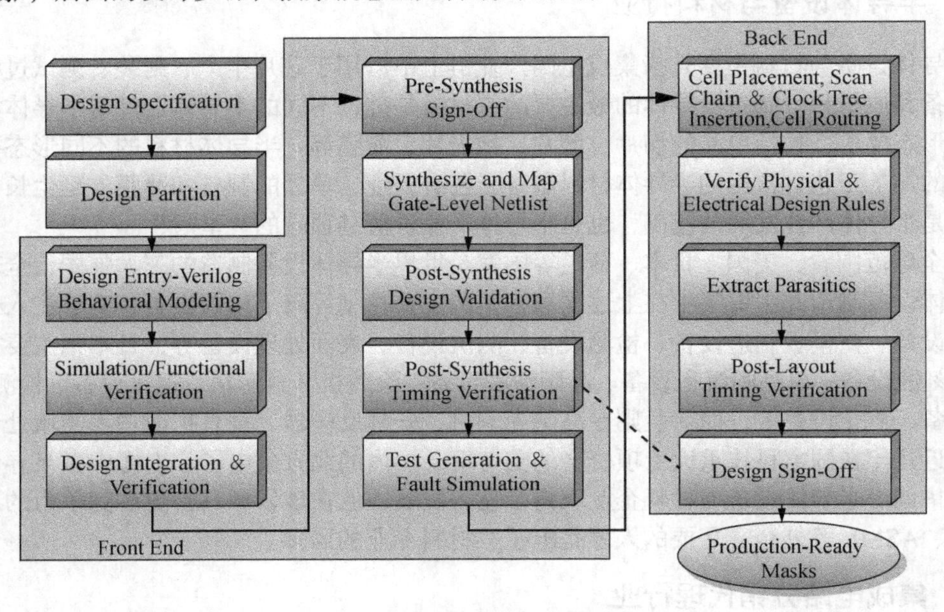

图 1-8 VLSI 设计流程框图

在流程的最后，在制造之前，设计的芯片在基于所抽取的各电路元件的几何形状和电气性能的详细信息的环境下能满足项目的系统规范性能要求。

1.3.1 系统规范(System Specification)

芯片设计师、电路设计者、产品营销者、运营经理以及版图和库设计者，共同定义了系统的总体目标和高级需求。这些目标和需求包括功能、性能、物理尺寸和生产技术，最后按照系统设计的目标需求编写设计规格书(Specification，SPEC)。

1.3.2 架构设计(Architecture Exploration)

算法和架构设计阶段是整个项目成败的关键环节，而且算法设计和构架设计也往往是结合在一起的。算法设计主要是根据功能和性能的需求，选择或设计算法，并通过仿真或其他方法进行验证和评估。

简单地说，构架设计就是如何使用芯片来实现这些算法和功能。一个基本的架构必须满足系统规范，包括：

- 模拟和混合信号模块的集成；
- 存储管理，如串行或者并行，寻址方案等；
- 计算 IP 核的类型和数量，如处理器和数字信号处理单元和专用的 DSP 算法；
- 芯片内外的通信，对标准协议的支持等；
- 硬、软 IP 模块的使用；
- 引脚分配，封装，管芯封装接口；
- 电源需求；
- 工艺技术的选择。

1.3.3 逻辑功能设计与综合(Logic Design and Syntheses)

在构架设计完成后，顶层(Top-Level)设计已经划分为较小的功能模块(Module)，接下来就要进行模块级的设计，包括模块的详细功能、算法、实现、接口时序、性能要求和子模块设计等内容。在完成了模块的设计规范后，就要进入 RTL 实现阶段(包括代码编写、仿真、验证等)。设计者可以使用硬件描述语言(Hardware Description Language，HDL)进行模块设计的描述。高质量的 RTL 代码可以大大加快芯片实现的时间，减少设计流程的反复。

一旦架构确定，就必须定义每个模块(例如一个处理器核)的功能和连接关系。在功能设计中，只能决定高层的行为，也就是每个模块的输入、输出和时序行为。

逻辑设计可用寄存器传输级(RTL)来描述，即用硬件描述语言(HDL)定义芯片的功能和时序行为。两种常见的 HDL 是 Verilog 和 VHDL。HDL 模块必须要经过仿真和验证。

逻辑综合工具自动使 HDL 转变为底层的电路单元。也就是说，如果给出一个 Verilog 或者 VHDL 的描述和一个工艺库，一种逻辑综合工具可以将描述的功能映射为信号网络的网表和特定的电路单元，诸如标准单元和晶体管。

1.3.4 电路设计、综合与验证(Circuit Design，Syntheses and Verification)

当数字集成电路设计进入超大规模时代时，设计工程师发现，设计的时间已经不是影响设计周期的关键因素，影响设计周期的关键因素在于发现和修改设计中存在的问题。而一般的仿真工具 Verilog 和 VHDL 在仿真中只适合解决低层次的设计问题，更高层次的问题需要海量的测试向量来发现，而产生这种测试向量对于 Verilog 和 VHDL 来说实现起来非常麻烦，相关代码更加繁杂，运算速度也会受到制约。更重要的是，VHDL 和 Verilog 对于建立更抽象的算法级描述并不方便。

于是，SystemVerilog 作为一种验证语言工具，引入了软件设计中类似事件的概念，使其更适合描述芯片与芯片相关的系统，方便建立更完善的验证平台。它增强了算法的描述，更便于描述抽象实现算法，同时又继承了 Verilog 对并行运算和位运算的支持，并且以时钟为基本时间单位，使其方便对重要信号在某些时钟周期内进行分析和比较。

为了保证数字集成电路设计不偏离最初的目标，自顶向下的设计方法中引入了验证(Verification)的概念。验证的概念指的是，从数字设计开始就要对系统的功能及重要信号进行描述，以便对下一级的模型设计的结果进行比较，修正下一级模型设计中引入的偏差或错误。

针对芯片上的大容量数字逻辑，逻辑综合工具将布尔表达式自动转换为指定的门级网表、更高粒度的标准单元。逻辑综合完成后，设计被翻译成门级网表，需要进行时序验证，检查该设计是否满足给定的时序要求，如建立时间、保持时间等。时序验证通常由时序分析工具（如Synopsys公司的PrimeTime）完成，时序分析可分为静态仿真验证和动态仿真时序验证。

一些关键的低（后）端的单元必须在晶体管级进行设计，在电路级设计的单元包括静态RAM 模块、I/O、模拟电路、高速函数（乘法器）及静电放电（ESD）保护电路。电路级设计的正确性可用电路仿真工具（例如SPICE）来验证。

1.3.5 物理设计（Physical Design）

在物理设计过程中，所有的设计组件都例化为几何图形表示。换句话说，所有的宏模块、单元、门和晶体管等，在每个制造层上用固定的形状和大小来表示，并在金属层上分配空间位置（布局），然后用适当的布线完成连接（布线）。物理设计的结果是一套制造规范，必须通过后续验证。

进行物理设计时，需要遵照设计规则，即制造介质的物理限制。例如，所有的线规定最小的距离间隔和最小的宽度。类似地，针对每个新的制造工艺，设计版图必须重新生成（移植）。

物理设计直接影响了电路性能、面积、可靠性、功率和制造产量。常见的影响如下。

- 性能。长的布线有明显的更长信号延迟。
- 面积。互连模块之间的布局距离大，会导致芯片面积更大，并且处理速度更慢。
- 可靠性。大量的通孔会显著地降低电路的可靠性。
- 功率。栅极长度更小的晶体管实现更快的开关速度，其代价是泄漏电流和制造变异性高；更大的晶体管和更长的线会导致更大的动态功耗。
- 产量。布线靠得太近，在制造中易发生短路，从而降低产量，但是门散布得太远，布线更长，并且开路的概率更高，也会破坏产量。

因为物理设计具有高复杂度，所以将其分为如下几个关键的步骤（见图1-9）。

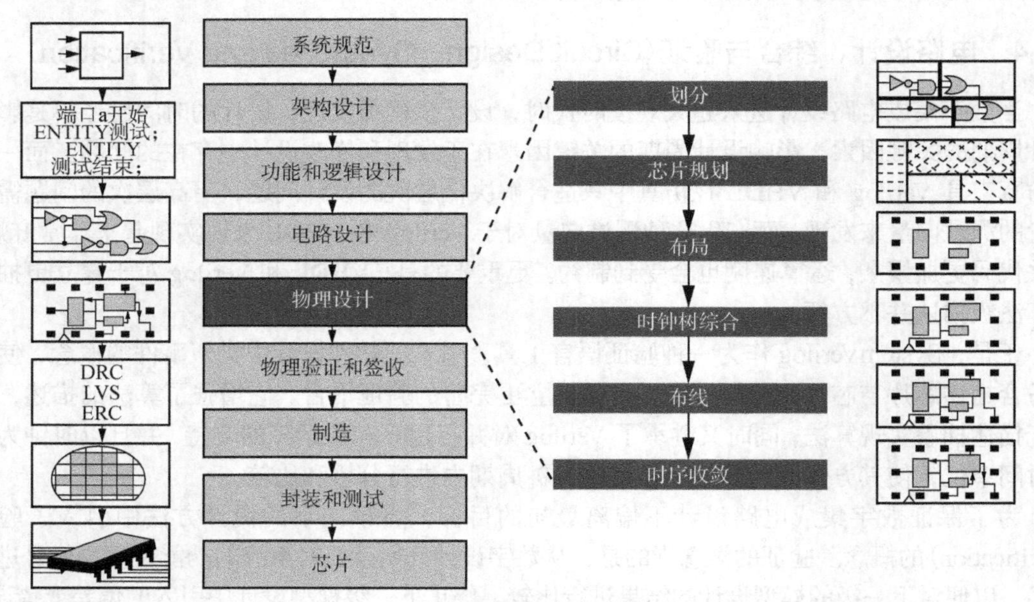

图1-9 VLSI设计流程中的物理设计的主要步骤

① 划分。将电路分解成更小的子电路或模块，使之能单独设计或分析。

② 布图规划。决定子电路或模块的形状和布局，以及外部端口、IP 或宏模块的位置。

③ 电源和地网布线。在布图规划中，对电源(V_{dd})和地(GND)，线网在芯片的各处均匀分布。

④ 布局。确定在每个模块中的所有单元的空间位置。

⑤ 时钟树综合。决定了时钟信号的缓冲、门控(例如电源管理)和布线，以满足规定的偏移和延迟需求。

⑥ 总体布线。分配布线资源用于连接，例如在通道和开关盒中，布线轨道中的布线资源。

⑦ 详细布线。分配布线到指定的金属层，以及在总体布线资源中指定布线轨道。

⑧ 时序收敛。通过专门的布局和布线技术来优化电路性能。

经过详细布线后，电精确性版图优化在小范围内执行。从完成的版图中提取寄生电阻(R)、电容(C)和电感(L)，然后放入时序分析工具中，以检查芯片的功能行为。如果分析显示出错误行为或者设计裕量(保护带)不足，与可能的制造和环境变化相违背，就会进行增量设计优化。

上述方法主要面向数字电路，模拟电路的物理设计与此不同。对于模拟电路物理设计，一个电路单元的几何表示可利用版图生成器或手工绘制来创建。这些生成器可以根据电路器件的已知电参数，例如一个电阻器的电阻，相应地生成合适的几何表示，例如一个带有指定长度和宽度的电阻器版图。

1.3.6 物理验证(Physical Verification)

当物理设计完成后，版图必须全面验证，以确保正确的电气和逻辑功能。在物理验证中发现的问题，如果对于芯片产量的影响可以忽略，这些问题就可以被容许。否则，这个版图必须更改，但是这些更改必须是最低限度的，不会产生新的问题。因此，在这个阶段，版图的更改常常由有经验的工程师来手工执行，具体步骤如下。

① 设计规则检查(DRC)。用来验证版图满足所有工艺方面的约束，设计规则检查也验证机械抛光层密度。

② 版图与原理图一致性检验(LVS)。用来验证设计功能。从版图导出的网表与逻辑综合或者电路设计产生的原始网表进行比较。

③ 寄生参数提取。用来从几何表示的版图元素中导出电气参数。对于网表，同样可以验证电路的电气特性。

④ 天线规则检查。用来防止天线效应，它会通过在没有连接到 PN 结点处金属线上积累多余电荷，在制造的等离子刻蚀步骤破坏晶体管栅极。

⑤ 电气规则检查(ERC)。用来验证电源和地连接的正确性，以及信号转换时间、容性负载和扇出在合适的边界内。

分析和综合技术都集成到 VLSI 设计中。分析通常是指电路参数和信号转换的建模，并用建立的数值方法来找到不同方程组的解。相对于综合和优化中的种种可能性，这些任务的算法设计比较简单。

1.3.7 制造(Manufacture)

经过 DRC、LVS 和 ERC 处理后的最终版图，通常表示为 GDSⅡ 流格式，发给一个专门的硅代工(晶圆厂)进行流片制造。移植设计进入制造过程称为流片，而且从设计团队到硅晶圆厂的数据传输不再依靠磁带。生成数据以用于制造，有时称为流出，这就是GDSⅡ流的使用。

在晶圆厂里，用光刻工艺将设计影印到不同的层。光掩模是在某些形态的硅上。对指定的版图，用激光源进行曝光。生产一个集成电路需要很多掩模；当设计进行了修改时，要求改变部分或者所有的掩模。

集成电路是在直径为200~300 mm(8~12 in)的圆硅片上制造的。集成电路必须通过测试，标注为可用或者有缺陷，测试可以根据功能或参数(速度、功率)测试失败进行分组，而标准可以根据这些分组来判定。在制造工艺的最后，硅片将被切割成小片，以实现集成电路的分离或颗粒化。

1.3.8 封装和测试(Packaging and Testing)

在颗粒化后，功能芯片通常需要封装。封装在设计过程的早期便已经成型，影响着应用、性能及成本。封装类型包括双列直插式封装(DIP)、针栅阵列(PGA)和球栅阵列(BGA)。当把裸片定位在封装包空腔后，将其引脚连至封装包的引脚。然后，封装加以密封。

制造、组装和测试可以用不同的方式顺序执行。例如，在日益重要的晶圆级芯片规模封装(WLCSP)方法中，高密度的金属焊接“凸块”贴装工艺便于功率的传输，在晶圆片颗体化之前，精心设计封装包到裸片的接地和信号。对于集成的多芯片模块，芯片往往不能单独封装，而是把多个裸片集成封装为 MCM，即在随后进行单独封装。封装过后，产品会通过测试来确保满足设计需求，例如功能(I/O关系)、时序或功耗。

1.4 VLSI设计模式

选择一个恰当的电路设计模式非常重要，因为这影响着上市时间和设计成本。VLSI 设计模式分为两类：全定制和半定制。全定制设计主要针对有特别多单元组成的复杂系统，例如微处理器或 FPGA，设计工作的高成本分摊到大批量的生产中。半定制设计常被大量采用，因为它降低了设计过程的复杂度，因此时间和总成本也降低了。

下面列出最常用的半定制标准设计模式。

- 基于单元。这种模式通常采用标准单元和宏单元，其中包含许多预定义元件。这些预定义元件是从元件库复制而来的，例如逻辑门。
- 基于阵列。这种模式通常采用门阵列或FPGA，其中包含了若干预先制备好的元件，并通过预布线相连。

1.4.1 全定制设计

在所有可用的设计模式中，全定制设计模式的约束在版图生成中最少，例如模块没有限制，可以安置在芯片的任何位置。这种方法通常产生非常紧凑的、具有高优化电气性能的芯片。然而，这样的设计费力、耗时，缺乏自动化支持，可能失败。

全定制设计主要用于微处理器和FPGA，其设计的高成本将摊销在量产中。全定制设计也可用于模拟电路设计，此时必须加倍认真，以获得匹配良好的版图，且严格遵守了电气性能规范。

全定制设计必不可少的工具是一种高效的版图编辑器，它不仅能绘制多边形，还可以做更多的事情(见图 1-10)。许多改进的版图编辑器集成了 DRC 检验器，这样可以连续验证当前的版图。所有违反设计规则的错误出现时，就能得到修复，最后的版图通过构造成为无DRC错误版图。

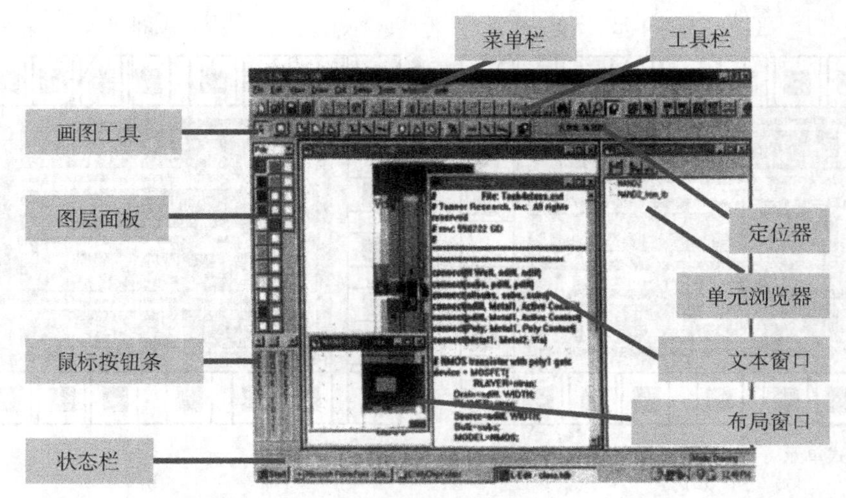

图 1-10 高功能版图编辑器的一个例子(来自 Tanner Research 公司的 L-Edit)

1.4.2 标准单元设计

一个数字标准单元是一个有固定尺寸和功能的预定义模块。例如，带两个输入端口的 AND 单元由一个两输入 NAND 门连接一个反相器构成(见图 1-11)。标准单元分布在单元库中，这常由晶圆代工厂免费提供，并进行了制造资格预审。标准单元设计成一种固定单元高度的倍数，有固定的电源(V_{dd})和接地(GND)端口位置。单元宽度变化依赖于晶体管网络的实现。在这种约束的版图模式中，所有单元按行排列。这样，电源和地网(水平方向)分布邻接(见图 1-12)。单元的信号端口可能在单元边界的“上方”或“下方”，或者分布在整个单元区域内。

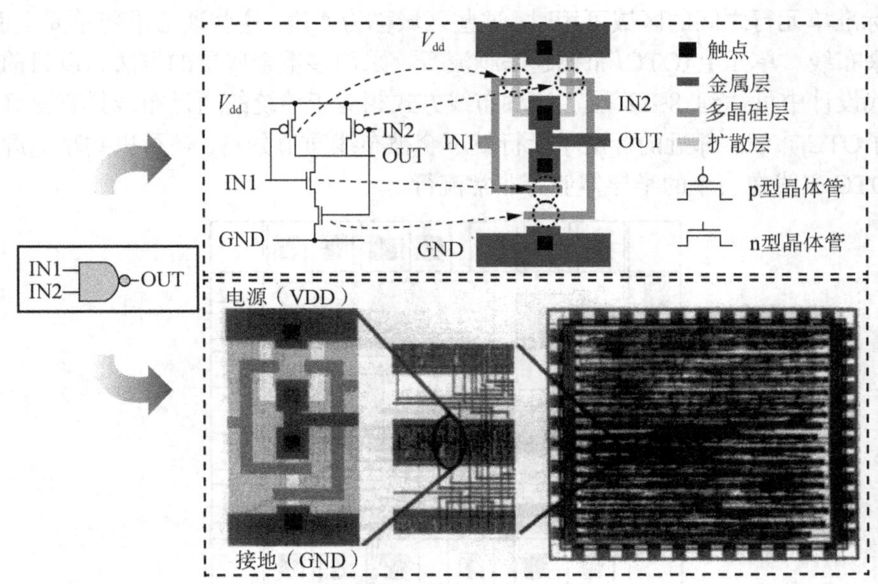

图 1-11 用 CMOS 工艺设计的 NAND 门(上图)，作为一个标准单元(左下图)，可以嵌入 VLSI 版图中(右下图)

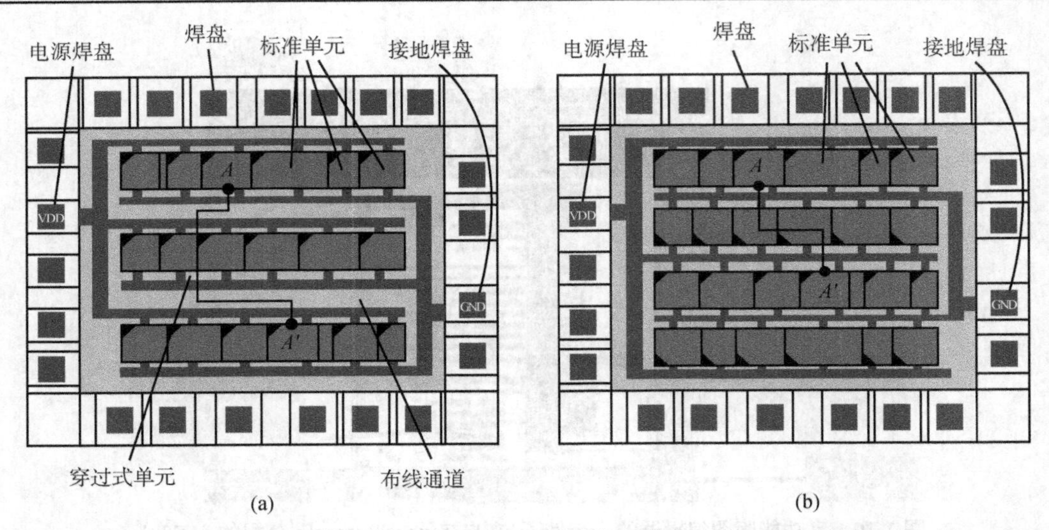

图 1-12 (a)标准单元版图中，应用穿过式单元和通道来对线网 *A-A'* 进行布线，每行有各自的电源和地轨道；(b)标准单元版图中，应用单元上(OTC)布线对线网 *A-A'* 进行布线，单元行上共享电源和地轨道，需要交替单元方位。超过三层的金属层，采用了 OTC 布线技术

因为标准单元布局的自由度较少，所以其复杂性大大降低。与全定制设计相比，这样的设计可以减少上市时间，当然它是以功率效率、版图密度、运行频率等为代价的。因此，基于标准单元的设计，例如 ASIC，与全定制设计(例如，微处理器、FPGA 和存储器产品)有着不同的细分市场。标准单元的设计模式需要在设计之前投入大量工作，以进行单元库的开发，并使之适合生产制造。

标准单元行之间的布线使用行内的穿过式(空的)单元，或者行之间可用的布线轨道(见图 1-13)。当标准单元行之间的区域可用时，这些区域称为通道。这些通道沿着单元上面的空间，也可以用来布线。单元上(OTC)布线越来越流行，采用多重金属层的方法，以目前的工艺技术，在现代设计中可达到 8~12 层。这种布线方式相对于传统的通道布线具有更好的柔性。如果采用了OTC 布线，邻近的标准单元行就不会被布线通道分离，还可以共享电源轨道或接地轨道。OTC 布线在当今的半导体业界非常流行。

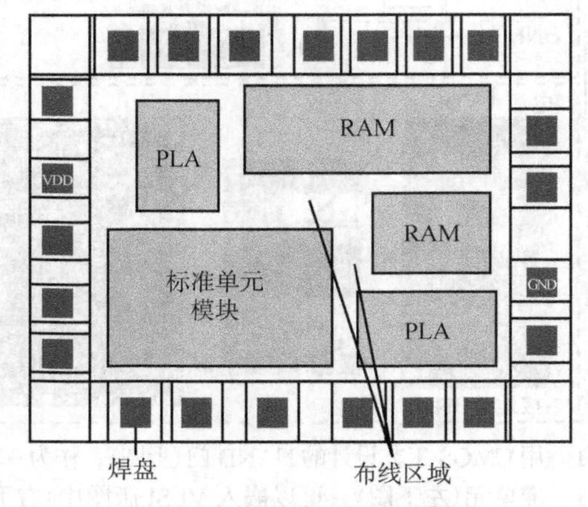

图 1-13 用宏单元的版图例子

1.4.3　宏单元

宏单元是典型的较大块逻辑，执行可重用的功能。宏单元范围从简单(一对标准单元)到复杂(整个子电路达到嵌入式处理器或存储模块级别)，并相对于它们的形状和大小可以进行较大变化。大多数情况下，宏单元可以放置在版图区域的任何地方，以达到布线距离或电气性能的最优化。

因为可重用优化模块的日益流行，所以宏单元，比如加法器和乘法器，也变得流行起来。在某些情况下，几乎整个功能设计都可用预先存在的宏单元来进行组装，这就是顶层装配。通过这种方法，不同的子电路，例如模拟模块、标准单元模块和“胶连”逻辑，组合各自的单元，例如缓冲器，以形成一个最高层级的复杂电路(见图 1-13)。

1.4.4　门阵列

门阵列是具有标准逻辑功能的硅片，例如 NAND 和 NOR，但是没有连接。当芯片指定的需求明确后，互连(布线)层会在后面添加上。因为门阵列在初始时没有定制，所以能够大量生产。因此，基于门阵列设计的上市时间主要受互连制造的约束，这使得基于门列阵设计生产比基于标准单元或宏单元设计更加便宜和快速，特别是产量不高的时候。

门列阵版图限制很多，主要是简化建模和设计。由于自由度的限制，布线算法非常简单。只需要完成以下两项工作。

单元内部布线。创建一个单元(逻辑块)，例如通过连接某些晶体管来实现一个 NAND 门。通常，单元库中提供了共栅极连接。

单元间布线。根据网表，将相应逻辑块相连以形成线网。在门列阵的物理设计过程中，① 单元是从芯片中的可用部分挑选出来的；② 因为布线资源需求依赖于布局的配置，所以不良布局可能导致布线失败。现在已有若干传统门阵列的变种和扩展。

1.4.5　现场可编程门阵列(FPGA)

在 FPGA 中，逻辑单元和互连都是预先制造好的，但是用户可以通过开关来配置(见图 1-14)。逻辑单元(LE)是通过查找表(LUT)实现的，每个查找表都可以表示任何 k 输入的布尔函数，例如 k=4 或 k=5。互连是通过开关盒(SB)配置的，它在相邻布线通道上进行线连接。LUT 和开关盒的配置是从外部存储器读入的，存储在本地的存储单元。FPGA 的主要优点是它的定制，没有制造设施的参与，这样就极大地减少了设计成本、预先的投资和上市时间。但是，FPGA 运行比较慢，比 ASIC 消耗更多的功率。超过一定的生产量，例如上百万的芯片，FPGA 就会变得比 ASIC 更加昂贵，因为 ASIC 的非反复性设计与制造成本可以分摊。

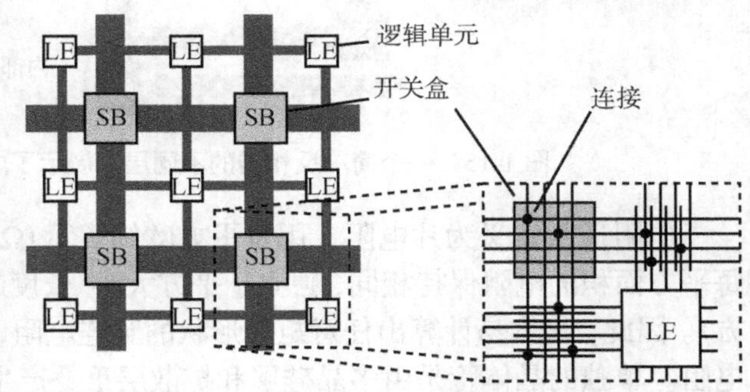

图 1-14　LE 通过 SB 连接，形成一个可编程的布线网络

1.4.6 结构化 ASIC（无通道门阵列）

无通道门阵列类似于 FPGA，不过它的单元通常不能配置。与传统的门阵列不同，结构化 ASIC 设计有许多互连层，删除了布线通道，因此提升了密度。互连（通常只有经过层）在晶圆厂是掩模可编程的，而不是现场可编程的。无通道门阵列的现代化身是结构化 ASIC。

1.5 版图层和设计规则

集成电路的门和互连是在版图层上用标准材料进行淀积和图形加工形成的，其版图模式本身遵从设计规则，确保可制造性、电气性能和可靠性。

1.5.1 版图层集成电路

版图层集成电路主要由几个不同的材料构成，其中主要包括：

- 单晶硅衬底掺杂构建 n 和 p 沟道晶体管；
- 二氧化硅，用来作为绝缘体；
- 多晶硅，形成晶体管栅极和作为互连材料；
- 铝和铜，用于金属互连。

硅作为扩散层。多晶硅、铝和铜层作为互连层；多晶硅层称为 poly 层，其余层称为 Metal1 层、Meta12 层等（见图 1-15）。过孔和接触层连接不同的层，其中过孔连接金属层，而接触层连接 poly 层和 Metal1 层。

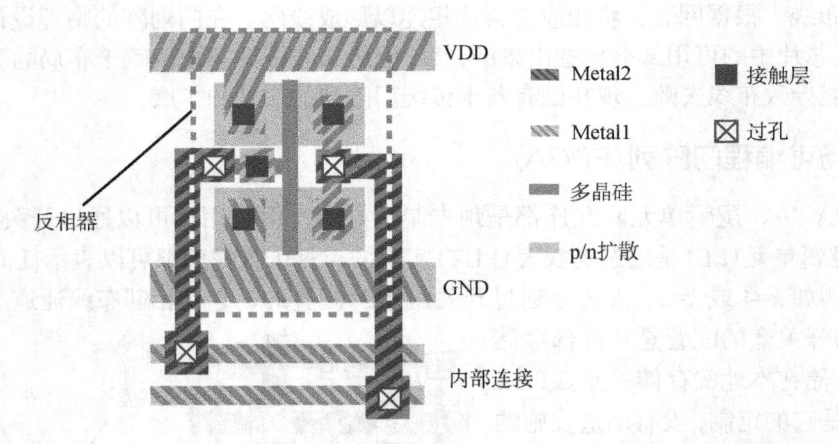

图 1-15 一个简单反相器的不同层，展示了内部连接和下面通道的外部连接

电阻通常定义为片电阻，用每平方欧姆表示（Ω/□）。也就是说，对于给定的线的厚度，每平方面积的电阻保持相同，独立于平方大小（长度越长则电阻越大，补偿为增加的宽度的平方）。因此，很容易计算出任意矩形形状的互连电阻，即单位平方面积的数量乘以对应层的片电阻。单独的晶体管是由多晶硅层和扩散层重叠产生的。单元，例如标准单元，是由晶体管组成的，但是一般只包括一层金属层。单元之间的布线是完全在金属层进行的。这是一个比较重要的任务，多晶硅层和金属层大多专用于设计单元，而且不同层有不同的片电阻，这对时序特性的影响很大。对于典型的 0.35 μm CMOS 工艺，多晶硅层的片电阻是 10 Ω/□，而扩

散层的片电阻约为 3 Ω/□，铝的片电阻则为 0.06 Ω/□。因此，多晶硅层应谨慎使用，大多数布线则采用金属层。多金属层的布线需要过孔。对于同样的 0.35 μm 工艺，两个金属层之间过孔的电阻一般为 6 Ω，而接触层的电阻则显著更高，为 20 Ω。根据技术规模，现代铜互连具有高电阻，由于更小的横截面积、粒度效应引起的电子散射以及阻挡层材料的使用，可防止活性铜原子浸出到电路的其余部分。在典型的 65 nm CMOS 工艺中，多晶硅层的片电阻为 12 Ω/□，而扩散层的片电阻为 17 Ω/□，铜金属层的片电阻则为 0.16 Ω/□。过孔和接触层在典型的 65 nm 工艺中的电阻分别为 1.5 Ω 和 22 Ω。

1.5.2 设计规则

集成电路是由激光穿透掩模来制造的，每个掩模定义某层图案。为了让一个掩模有效，它的版图模式必须满足特定技术的约束。这些约束或设计规则确保了：①设计按照指定技术来制造，②设计是电可靠和可行的。设计规则存在于所有单独层和多层的交互。特别地，晶体管需要多晶硅层和扩散层的结构重叠。

尽管设计规则很复杂，但是它们可以大致分为如下 3 类。

① 尺寸规则，例如最小宽度。任何组件(形状)的尺寸，例如边界的长度或形状的范围。不能比给定的最小值小，如图 1-16 里 a 所示。不同金属层的这些值也不同。

② 间距规则，例如最小间距。两个形状在同一层，如图 1-16 里 b 所示，或者在相邻层，如图 1-16 里 c 所示。必须相距最小的距离(直线或欧几里得对角线)，如图 1-16 里 d 所示。

③ 覆盖规则，例如最小覆盖。两个连接形状在相邻层必定有一个覆盖量，如图 1-16 里 e 所示，因为之前制作在晶圆片上的图案的掩模对齐不准。

为了将技术定标，制造工程师用一个标准单位 λ 来代表设计特征的最小值 λ。这样，设计规则指定为 λ 的倍数，简化了基于网格的版图设计。这种设计框架方便易用，因为技术量化只影响 λ 的值。但是，随着晶体管尺寸的变小，λ 度量的作用逐渐变小，部分物理和电气性能不再遵从这种理想的定标。

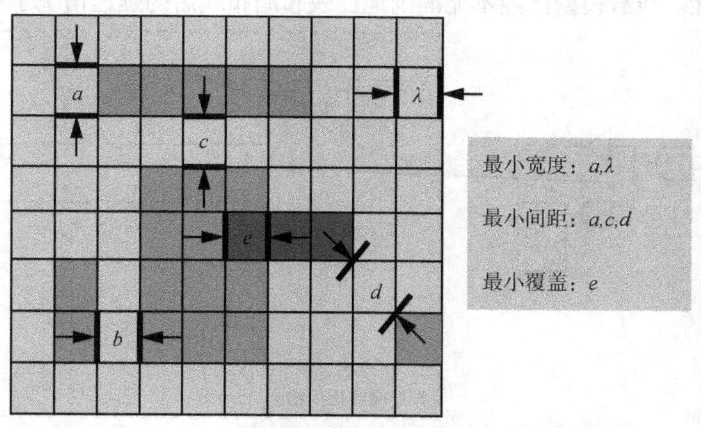

图 1-16　几种设计规则。网格的粒度是 a，最小的长度单位

1.6 目前面临的问题和发展方向

随着集成电路的特征尺寸不断减小，设计的复杂性也随之不断提高。当集成电路工艺的

特征尺寸小于 0.35 μm 时，称为深亚微米(Deep Sub-Micron，DSM)工艺。由于深亚微米工艺中，互连线(interconnect)延迟超过了逻辑门延迟，所以传统的逻辑门主导的(gate-dominated)设计方法将转为互连线主导(interconnect-dominated)的设计方法，它对集成电路设计及其设计方法学提出了新的问题和挑战。

例如，由于集成电路工作频率提高，时钟周期缩短，从而使可允许的延迟变小。假设芯片工作在 1 GHz，那么一个时钟周期只有 1 ns，两个触发器之间的组合逻辑的延迟就要小于 1 ns。随着互连线延迟的增大，传输延迟在整个逻辑延迟中的影响就会变大，按照原有的 EDA 设计流程，每进行一次逻辑优化，都需要重新进行版图综合，而新的版图综合结果又会产生不同的延迟分布，每进行一次逻辑优化，都需要重新进行版图综合，这会导致逻辑设计阶段的布线和版图设计阶段的布线很可能无法“收敛(Closure)”。所以，传统的芯片设计流程中，对于逻辑设计阶段和版图设计阶段的划分不再适用，在设计前端不得不开始考虑后端布局布线的影响，许多 EDA 厂商推出的物理综合工具就是为了解决这一问题。

此外，深亚微米设计带来的另一个问题是，由于深亚微米电路中的线间距的缩短和时钟频率的提高，必须开始考虑电路的感性负载，随之而来的信号线之间可能发生串扰，使信号的可靠性受到挑战。尽管有许多潜在的困难，深亚微米电路设计带来的益处使全世界的研究人员正在向多个方向努力，以解决这方面的问题。随着系统集成度的持续增加，特征尺寸的持续减小，设计方法在不久的将来很可能还会有很大的改变。下面讨论一些当前正在逐步使用的设计方法和今后的发展方向。

1.6.1　物理综合技术

传统的综合方法和布局布线是分离的，在综合过程中使用线载模型来预测布局布线后的延迟。这一模型是一种统计结果，在连线延迟和门延迟相比很小时是足够准确的。但是在深亚微米环境中，最显著的一个特点就是连线延迟超过了门延迟。器件在芯片中的实际布局会大大影响芯片的时间特性。线载模型已经不能准确地反映布局布线后的延迟情况了(见图 1-17)。

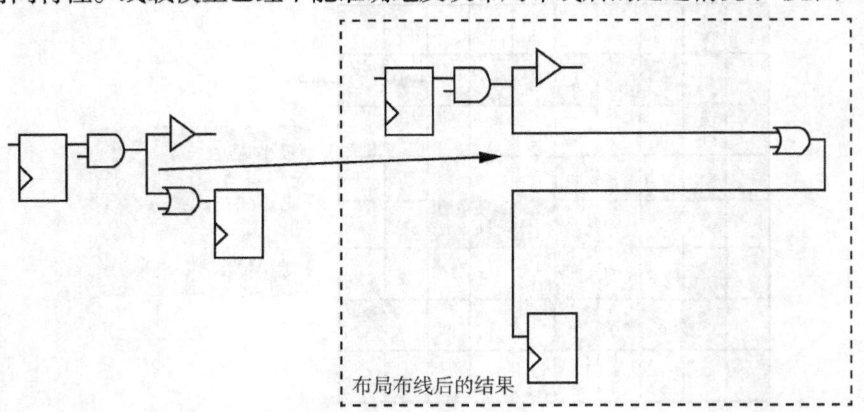

图 1-17　布局对延迟的影响

在图 1-17 中，左边是综合后的电路，而右边是经过布局布线以后的实际结果。可以看出，布局布线之后，由于器件布局的关系，有的连线会和综合后的假设差别很大，造成延迟差别很大。因此，传统的综合与布局分离的综合方式已不能满足深亚微米工艺的要求。而物理综合就是在这种情况下提出的新的综合方式。简单地说，物理综合就是在原有的设计流程中更早地考虑物理设计因素，改善综合的效果，保证实现时序收敛(Timing Closure，指满足设计的时间要求)。目前的物理综合技术主要是将布局和综合结合起来，在综合中根据布局信息估计延迟情况，这样就有了更准确的延迟信息来驱动综合的过程。

1.6.2　设计重用和片上系统

设计重用并非新概念，事实上前面讲述的基于标准单元的设计就是设计重用的绝佳例子，标准单元库经过单独的设计和优化后被许多设计反复使用。目前的趋势是，ASIC 设计越来越多地采用预先验证好的越来越大的模块来加速设计周期，如微处理器、存储器、视频编解码器(Codec)和发送接收器(Transceiver)等。这些预先设计好并通过了验证的模块称为“内核”(Core)或“知识产权”(Intellectual Property，IP)。

深亚微米技术的发展使单个芯片上集成整个系统成为可能，称为片上系统(System on Chip，SoC)，如图 1-18 所示。与 PCB 板级系统相比，片上系统的成本更低、性能更好、功耗更小、稳定性更高，此外对于一些便携式应用，采用片上系统设计可以减小系统的体积和重量。因此，片上系统设计得以迅速普及，在目前的集成电路设计中占有主导地位。与此同时，片上系统设计相对于传统的电路设计也带来了设计方法上的变革，新的片上系统越来越倾向于可重构性、高速自动化的设计方法，传统的功能设计方法逐渐转向功能组装的设计方法。这就要求设计中更关注系统的规划、设计和验证，而现在对于系统的规划初期的软硬件协同验证方法的研究还很少，使得很多本可在设计初期就发现的系统规划失误不能被尽早发现，需要等到系统实现的末期再返回，这样迭代的次数就有可能过多，不仅导致系统开发周期过长，而且这种迭代可能无法收敛，导致整个系统设计失败。

此外，片上系统中嵌入式微处理器的引入，也使嵌入式软件的开发验证成为片上系统设计中无法回避的话题。传统的嵌入式软件开发环境只是针对板级开发的，当涉及类似嵌入式存储器的设计时，已经不太适用了，这就要求开发新的适应片上系统设计的嵌入式软件开发环境。片上系统设计的发展还要求现场可编程逻辑器件的厂商不断完善、扩充 IP 库，目前可重用的 IP 模块数量和质量还不够，原有的一些 IP 模块往往是针对某个具体应用的，在应用到其他方面时，往往需要对 IP 模块进行修改，这已经失去了开发 IP 模块的最初用意，开发可重用的 IP 模块也是片上系统设计的基础。

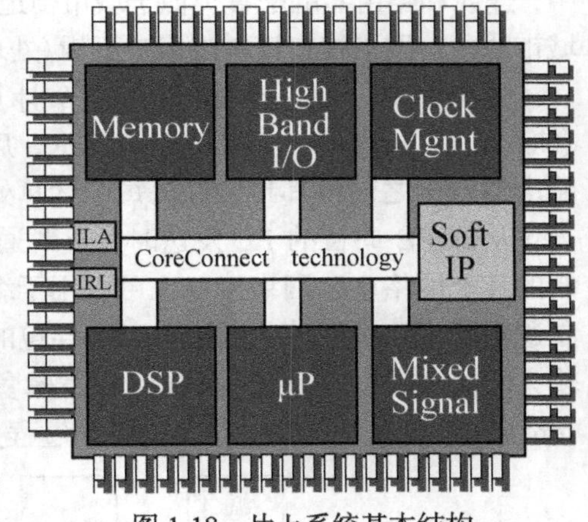

图 1-18　片上系统基本结构

总之，片上系统设计的概念虽然已提出了很长一段时间，但是在它们的发展过程中，还存在很多如上所述的问题。只有这些问题得到了解决，才可能使更多的片上系统厂商参与进来，才能真正实现片上系统设计的蓬勃发展。

1.6.3　片上网络

随着芯片制造工艺的不断发展，在一颗芯片内集成的内核数量越来越多，在实现了强大功能的同时，同时也引入了许多新的设计问题。其中之一就是如何实现内核之间的互连。首先，如何实现一个稳定可靠的内核互连机制？这种互连机制会在很大程度上影响片上系统的性能甚至功耗，简单的总线结构已无法满足片上系统中越来越复杂的通信需求。一个由多个内核组成的系统如果使用总线连接，则会需要很长的连线，而这样的总线要达到很高的速度是不可能的。另外，芯片的同步越来越困难，按照传统方式使用单一时钟已经变得几乎不可能了。

最新的处理器技术允许将更多的处理器和更多的核置于单个芯片中，但当前的基于总线的专用片上通信架构不能满足新兴的MP-SoC架构的高吞吐量、低延迟和可靠的全局通信服务的要求，由于存在包括时序收敛、性能和可扩展性等一系列问题，因此试图采用总线结构的设计来解决是有问题的。尤其当现代硅器件的特征尺寸缩小到50 nm以下时，全局互连延迟限制了可能达到的处理速度，器件参数变化更进一步使时序和可靠性问题复杂化。用以通信为中心的设计代替以计算为中心的设计，可能是解决这些通信难题的最有效办法。所以，在过去的短短几年中，作为解决这些问题的方法，一项通过引入结构化和可扩展通信结构的新技术被提了出来。

片上网络(Network on a Chip，NoC)就是将网络技术应用于片上系统模块互连的设计方法，它可以解决目前的总线结构所无法解决的上述问题。计算机网络技术的成功使人们很自然地想到将这种基于交换和路由技术,使用包进行通信的技术应用于片上系统的模块间通信。我们可以把NoC看成由很多模块组成的网络。这个网络实现了这些模块间的通信，同时必须满足一定业务质量(QoS)的要求，比如可靠性、性能(延迟)和功耗等。

一个典型的片上网络体系结构包括互连线和路由器，在一个城市块状风格的片上网络布局中，连线和路由器的配置类似于城市街道的格局，客户(如逻辑处理器核)放置在由连线分开的城市块中，网络接口模块将客户逻辑(处理器核)产生的数据包转换成固定长度的流控位)。

通常，一个片上网络包括多个计算处理单元(Processing Elements，PE)、网络接口(Network Interfaces，NI)和路由器R，后两者组成通信结构。网络接口的作用是在数据遍历路由器骨干之前将其封装好，每个计算处理单元与将其连接到本地路由器的网络接口相连。当包从源PE向目的PE发送时，逐跳通过由路由器R确定的路径。在某些具有差错控制机制的片上网络中，网络接口也可以用于编译码。路由器由开关、寄存器和控制逻辑组成，控制逻辑确定路由和仲裁通道，以引导包的流向(见图1-19)。路由器首先接收数据包并存储在输入缓冲器中，之后路由器控制逻辑负责确定路径和仲裁通道。最后，包经过交叉开关(crossbar)到达下个路由器，重复此过程直到到达目的地。

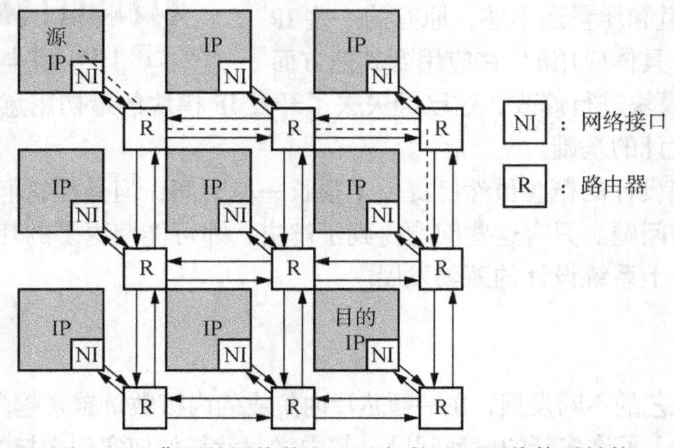

图1-19 典型的网格状(mesh)拓扑片上网络体系结构

相对于广域网，片上网络更接近于一些高性能的局域网。图1-19给出了一个片上网络的拓扑结构，它是一种网格状的结构。片上网络的结构可以使用很有规律的布局方式，而且几乎所有连线的长度都基本相同。这样，连线的延迟和串扰很容易估计，而这些使设计能更容易地达到更高的时钟频率。另外，这种分布式结构也降低了全局同步的要求。

片上网络是一个基于平台的互连设计，包括许多不同学科领域，涵盖从固体物理互连底层到最上面应用软件层的大量的复杂知识。对片上网络的研究需要在不同的层进行，根据不同的抽象层可将片上网络分为物理层、网络层和应用层，不同层存在不同的问题和不同的解决办法。

物理层的设计重点集中在信号的驱动和接收，以及信号在连线中传输的设计技术上。物理层主要涉及为保证可靠性的差错控制方法和物理链路的使用。首先，必须建立一个可信的故障模型，然后必须设计一个低功耗、小面积、高带宽和低延迟的差错控制方法。在片上网络设计中，基于包的数据传输是处理数据误码的一种有效途径，因为误码的影响包含在包边界中，可以在包与包之间恢复。

网络拓扑或互连结构是网络层的重点，决定了网络的资源是如何互连的，因此可以参考互连网络中节点和通道的静态排列。不规则拓扑形式可以通过基于扇区划分的层次、混合或不对称的混合形式的通信结构得到。在增加复杂性和面积成本后，可以提供更好的连通性和可定制性。

在应用层，将应用分解成计算和通信任务的集合，以优化能量和速度等性能。同时在满足任意指定链路的约束条件下，优化片上网络中核的布局可以降低总通信量或能量。

总之，片上网络是一个新兴的片上互连平台，通过利用现代高速通信架构的设计方法，可减轻不断增加的现代多核片上系统设计的片上通信压力。随着纳米半导体器件特征尺寸的不断缩小，引起人们对传统的基于总线的片上互连架构的可靠性、信号完整性和服务质量的极大关注。片上网络将现代高速网络单元(如路由器和开关)与基于包的路由协议结合进一个新的片上网络架构中，成为解决这些问题的主要典范，其目的是为千兆字节片上系统设计技术的应用提供一个可靠的片上通信平台。

1.6.4 FPGA的动态可重构和异构计算

在嵌入式系统快速发展的今天，不同的应用领域对电子设备的体积、功耗、速度、成本及灵活性等多个方面提出了苛刻的要求。由于动态可重构技术能够在系统运行过程中动态地重构软件和硬件系统，具有资源利用率高、功耗低、灵活性强和功能自适应等优点，为上述问题提供了很好的解决方案。

1. FPGA的动态可重构

目前，基于数字系统的可重构计算是可重构技术中研究的热点之一。可重构计算是一种新型的时空域上的计算方式。可重构计算系统通常包含大量的可编程硬件资源和路由资源，以空域的方式使算法在可重构硬件上并行执行，从而获得非常高的性能。同时，系统在运行时可以根据目标算法的特征，在时域上动态重构硬件，使之更好地匹配算法的数据宽度和运算特点等，具有很大的灵活性和动态适应性。

20世纪60年代，美国加利福尼亚大学的Geraid Estrin提出了可重构计算(Reconfigurable

Computing，RC）的概念，并且研制了原型系统。直到 1986 年 Xilinx 公司推出第一款现场可编程门阵列（Field Programmable Gate Arrays，FPGA）以来，可重构计算技术才逐渐受到人们的重视。可重构硬件可以通过改变内部配置实现不同的算法，它兼具了通用处理器的灵活性和专用集成电路（Application Specific Integrated Circuit，ASIC）的高效性。

由于 Xilinx 和 Altera 等众多公司致力于 FPGA 的技术研究和设计实现，之后出现了一系列高密度的可整合完整系统的 FPGA，基于 SRAM FPGA 的静态重构方式和设计方法趋于成熟。20 世纪 90 年代初期，出现了一些以 FPGA 为核心的面向特定应用的计算设备。其做法是将一片或多片 FPGA、CPU 和存储器等组合到一起，FPGA 作为协处理器加速 CPU 程序中一些可并行执行的代码（一般为循环体）。当时，这种结构的运算设备称为可重构计算机，这种工作方式也称为重构计算。这种运算设备在一些特殊应用领域表现出了超强的计算性能和数据处理能力，尤其对于算法内部蕴涵很大的并行性和流水性的应用表现得尤为出色。其中，最具有代表性的是 1992 年美国超级计算机研究中心（Supercomputing Research Center）基于 Xilinx 公司 4000 系列 FPGA 研制的 Splash，它对基因组测序的计算工作起到了极大的加速作用。目前，可重构计算系统已经被证明对多媒体处理、数字图像、数据加密和阵列信号处理以及遗传算法等嵌入式应用领域的性能有很大的提升。

1993 年，IEEE 出版物索引第一次出现了可重构体系结构（Reconfigurable Architecture）这一主题关键词。近十几年来，由于 FPGA 和可编程 SoC 技术在体系结构、速度和规模上的发展，为实时动态可重构数字系统研究提供了新的发展空间。可重构技术作为一个新的研究领域，在全球范围内迅速发展，每年都有可重构技术专题的国际会议，在有关集成电路、计算机、电子设计的国际期刊上，时有相关论文发表。进行可重构领域研究的单位涉及上百家科研和产业机构，研究者分布于计算机、集成电路、信号处理、电子设计、软件开发等各领域，从不同的角度开展研究，并且很多研究单位已经开发了实际平台。

可重构计算系统的典型结构如图 1-20 所示，包括可重构计算系统硬件架构和可重构计算系统支撑环境。可重构计算系统支撑部分负责算法编译、任务调度和数据管理等功能；可重构系统硬件部分被动态调用和配置，完成数据的计算和处理。

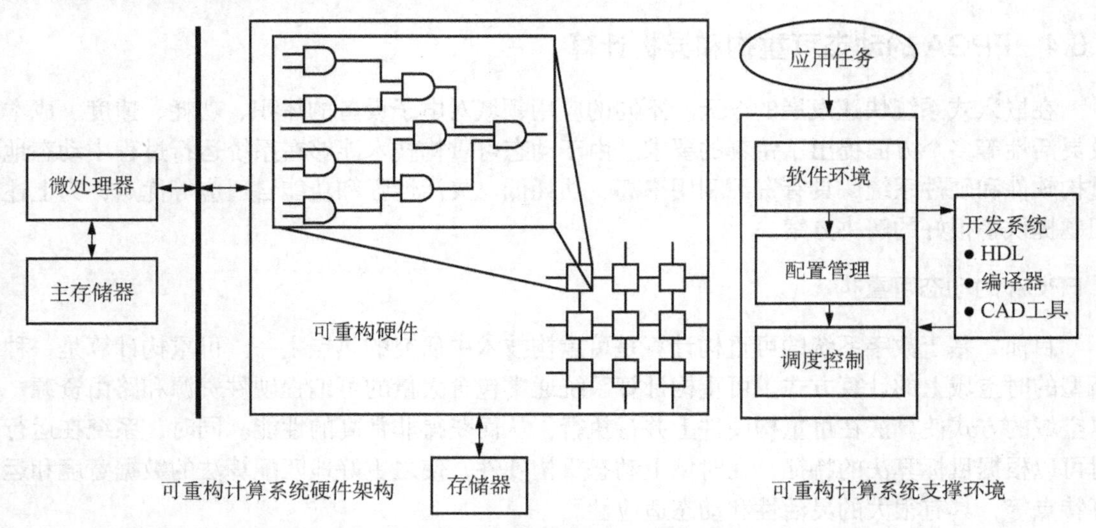

图 1-20 可重构系统硬件架构及其支撑环境

由于可重构计算系统的体系结构、配置和工作方式差异较大，人们对可重构计算系统关注的侧重面各不相同，相应地可以按照以下几种方法来对可重构计算系统进行分类。

按照重构发生的时间，可分为静态可重构和动态可重构。静态可重构又称编译时(compile-time)可重构，动态可重构又称运行时(run-time)可重构。

按照重构单元的粒度，可分为粗粒度(coarse-grained)重构和细粒度(fine-grained)重构。细粒度可重构单元在重构时更加灵活，但在配置时需要更多的配置数据，因此也就需要更长的重构时间，粗粒度与之相反。

按照重构的范围，可分为全局重构和部分重构。全局重构指的是对器件或系统进行全部的重新配置；部分重构又称局部重构，一次重构只改变部分单元的功能，这样可以减小每次重构的数据量，提高系统的带宽利用率。

FPGA 动态可重构技术的出现改变了原有的设计方法，即通过单纯扩大逻辑规模来获取系统功能的增加。设计人员发现，在系统设计中，在任意时刻，并不是系统的所有功能模块都处在运行状态。如果能够在功能模块空闲时，将其从系统中取出，在运行时再将该功能模块调入系统，就能达到减少系统占用资源数的目的，由此产生了 FPGA 可重构技术的思想。

如果能够实现 FPGA 动态可重构技术，就可以在时间轴上实现功能模块的动态调用，完成利用较少的资源实现系统功能的目的。现有的 FPGA 可以实现动态在线配置，但真正实用的动态可重构技术还无法实现，因为常规的 FPGA 是基于 SRAM 技术的，芯片功能的重新配置需要在约毫秒级的时间，在这段重新对数据进行配置的过程中，原有的数据丢失，新的数据还没有完成配置。这样，在时间轴上就出现了系统配置的断裂，因此要实现 FPGA 动态配置技术的实用，必须将系统的配置时间降低到纳秒级。但是，这项技术所具有的光明前景还是吸引了越来越多的厂商和开发人员的投入。

2. FPGA 的异构实现技术

当前计算环境变得越来越多样化，需要充分利用包括多核微处理器、CPU、数字信号处理器(DSP)、可重构硬件(FPGA)和图形处理单元(GPU)的能力。面对如此大的异构性，在众多硬件体系架构上开发高效的软件，给编程带来了诸多挑战。

开放计算语言(Open Computing Language，OpenCL)是一个由非营利性技术联盟 Khronos Group 管理着的异构编程框架。OpenCL 框架用于开发可以在各种设备上运行的应用程序。OpenCL 支持多种层次的并行，可以高效映射到同构或异构的体系结构上，比如单个或多个 CPU、GPU 和其他类型的设备等。OpenCL 提供了一个系统中设备端语言和主机端控制层两方面的定义。设备端语言可以高效映射到众多的内存系统架构上。主机端语言的目标是以较低开销来高效管理复杂的并发程序。两者共同为开发人员提供了一种从算法设计高效过渡到实现的途径。

FPGA 具有极强的可配置性能，因此已在很多领域发挥了重要作用。随着工艺的提高，FPGA 的功能也越来越强大，使其可以在某些领域替代 CPU 和 GPU 的计算功能。但是，传统的 FPGA 设计极为复杂，不仅设计思路与在 CPU 和 GPU 上设计软件完全不同，还需要大量考虑如约束等非常细节的物理底层问题。因为传统 FPGA 设计不仅门槛很高，而且设计周期也远长于纯软件设计。

如果能把 OpenCL 标准引入 FPGA 中，开发人员利用 OpenCL 就能自然地描述在 FPGA 中实现的并行算法，其抽象级要比 VHDL 或 Verilog 等硬件描述语言(HDL)高得多。

OpenCL 应用程序包含两部分。OpenCL 主程序是纯软件例程，以标准 C/C++编写，可以运行在任何类型的微处理器上。例如，这类处理器可以是 FPGA 中的嵌入式软核处理器、硬核 ARM 处理器或外置 x86 处理器。Altera FPGA 面向 OpenCL 的 SDK 设计流程如图 1-21 所示。

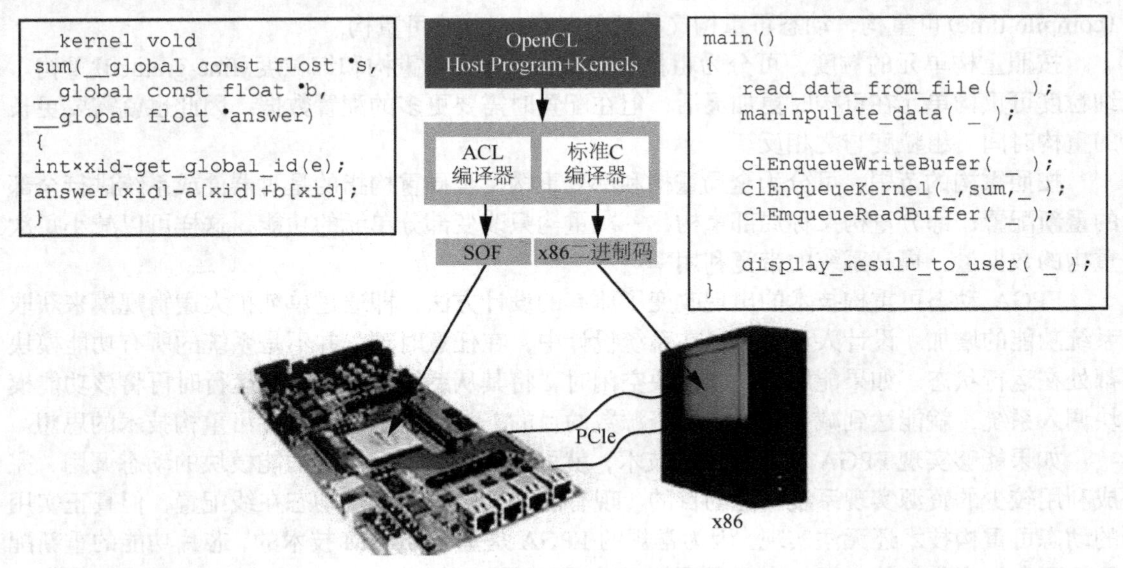

图 1-21　Altera面向 OpenCL 的 SDK 设计流程

Altera面向 OpenCL 的 SDK 为硬件和软件开发提供统一的高级设计流程，自动完成典型硬件设计语言(HDL)流程大量耗时的任务。OpenCL 工具流自动将 OpenCL 内核功能转换为定制FPGA硬件加速器，增加接口 IP，构建互联逻辑，生成FPGA编程文件。SDK 包括链接 OpenCL API 的库，调用运行在 CPU 上的主程序。通过自动处理这些步骤，设计人员能够将开发精力集中在算法定义和迭代上，而不是设计硬件。

发挥 OpenCL 代码的可移植性优势，随着应用需求的发展，用户能够将其设计移植到不同的FPGA或 SoC FPGA上。采用 SoC FPGA，CPU 主机嵌入FPGA中，提供了单芯片解决方案，与使用两个单独的器件相比，显著提高了 CPU 主机和FPGA之间的带宽，减小了延迟。

Altera面向 OpenCL 的 SDK，能够支持编程人员充分发挥FPGA强大的并行、精细粒度体系结构优势，加速并行计算。CPU 和 GPU 的并行线程是在内核阵列上执行的，与此不同，FPGA可以把内核功能传送到专用深度流水线硬件电路中，它使用了流水线并行处理概念，在本质上就是多线程的。这些流水线的每一条都可以复制多次，支持多个线程并行执行，提供更强的并行处理功能。与其他的硬件实现方案相比，结果是基于FPGA的解决方案每瓦性能提高了 5 倍以上。

1.7.6　演化硬件电路和系统

近十年来，电子与计算机系统的复杂程度急剧上升。随着对系统功能需求的增加，越来越多的复杂系统被制造出来，以满足多种需求。电子与计算机系统复杂程度的提高，使人们有能力制造出对于我们大多数人的生活而言具有重要影响的工程产品，如飞机、轿车、手机、互联网、“智能”家庭等。然而，复杂度的提高也存在着一些潜在的负面影响，最显而易见的是如何设计和管理这样的复杂系统。有一种很有趣的对比，那就是生物系统的复杂程度要比我们目前所能制造出来的任何产品的复杂程度都要高出几个数量级。此外，随着复杂程度的上升，故障和错误也会不可避免地随之出现在这些系统中。对于不可维护系统，即由于代价高昂而无法维修的系统，如卫星、深海探测器或太空飞船，故障和错误的出现会破坏这些系统的功能，使之变得毫无用处。

在高度集成的计算机系统中，故障是可以被检测到并通过维修加以修复的。采用容错技术可以使系统在发生一个或多个冗余部件失效的情况下仍能继续正常工作。而在不可维护系统中，一旦系统的特定单元发生了故障，并通过容错技术对之进行了隔离，该故障单元就会因不能被修复而无法再次投入使用。当所有可用的冗余单元均被不同故障所破坏后，整个系统就会失效。

举一个极端的例子：飞往最近的恒星的百年任务。在一百多年的漫长航行过程中，飞船电子系统将会逐渐老化，其最初的组成部件中，到后期可能只有一小部分硬件还能继续正常工作。在这种情况下，如果系统完全失效了，就意味着整个任务的失败，不可能还有派出工程师去维修飞船电子系统的机会。

图 1-22 所示的是一个存在于所有生命中的相当程式化的演化循环过程。在图 1-22 中，将选择一对夫妻作为循环的开始。由这对夫妻生育的后代，将被其所生存的环境所选择，即对环境的适应与否决定了其能否成为下一代的父母。

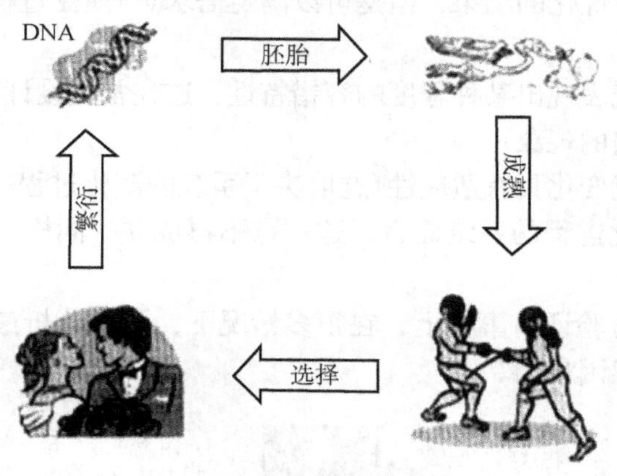

图 1-22 演化循环

此处最重要的一点是，我们拥有一个包含双亲的群体，他们将繁衍出构成下一代的新群体。某种形式上的选择将会发挥作用，群体中被甄选出来的成员将参与下一代的创造过程。

怎样才能将这种自然演化转换成演化硬件系统呢？图 1-23 所示的群体是一组用来解决同一个问题的电子系统。假设可以把对问题解的优劣程度的评价转化为一种可度量的值来进行评估。在图 1-23 中，将它称为适应度。在循环的选择阶段，可以借助这个量来进行选择操作。那些被选中的系统将会参与到构造下一代问题可能解的过程中。图 1-22 左上角所示的脱氧核糖核酸(DNA)现在变成了一个二进制串(也可以不是二进制)，这个二进制串用来“配置”我们的系统。如图 1-23 所示，该过程循环往复，可能直到永远，而更为常见的情况是，在适应度达到其最大值后或者在我们感到厌倦后，循环被终止。

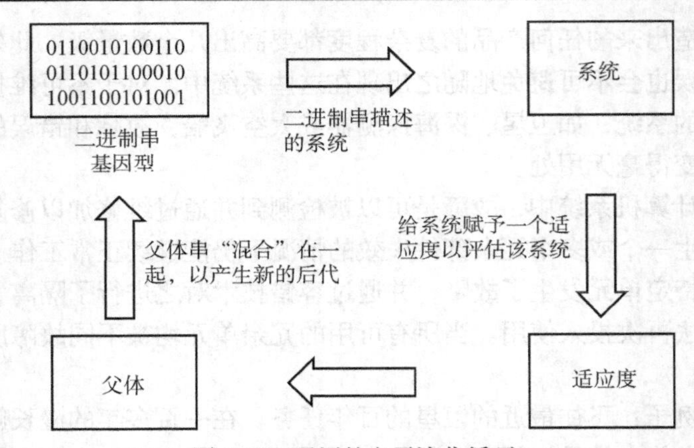

图 1-23 通用的电子演化循环

图 1-24 再次描述了这个过程，其表达方式与硬件电路近乎一致。该图同时描述了本领域中常见的在整个过程中引入一些随机特性的基本思路：图例中的交叉操作和变异操作。

演化硬件电路系统与演化的初始阶段是紧密相关的，可举例说明如下。

① 系统是演化出来的，而不是设计出来的。

② 系统可能不是最优化的结果，但是可以满足需求（与演变过程有关，这在生物系统中很普遍）。

③ 演化出来的系统表现出某种程度的容错特性，这在常规设计中是看不到的（这是在生物系统中很普遍的现象）。

④ 演化系统对环境变化具有适应性（这取决于系统的演化过程何时终止，对于达到了目标后就终止演化进程的系统而言，这一点不再成立。同样，这也是所有生物系统的一个特征）。

⑤ 产生的系统不可验证。事实上，在很多情况下，要想分析最终演化形成的系统如何完成任务，是很困难的。

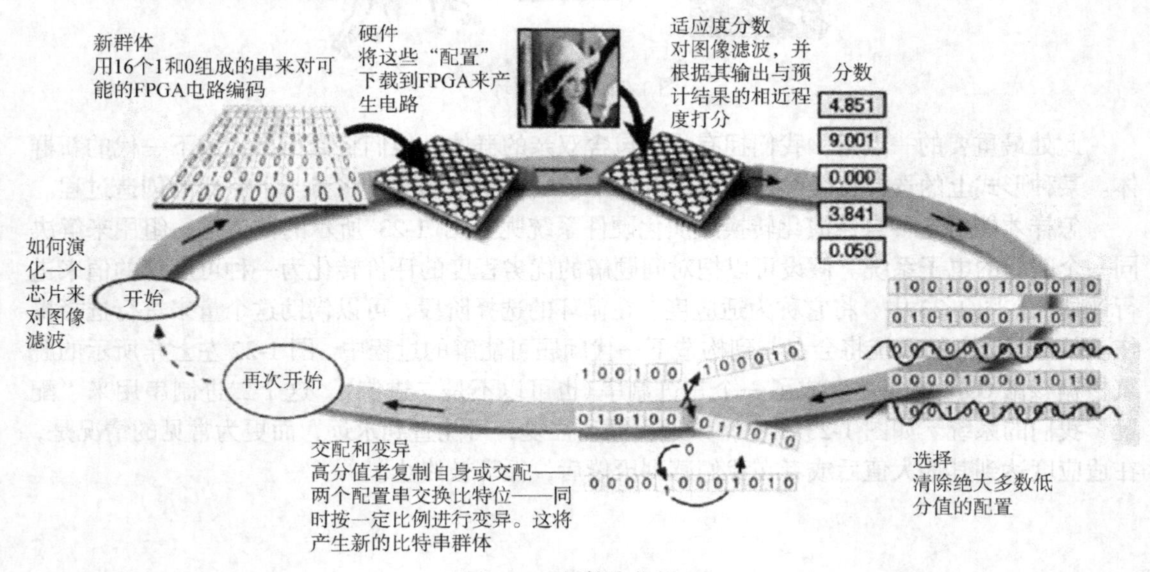

图 1-24 硬件演化循环

演化算法的基础是一个由相互竞争繁衍机会的不同系统组成的群体，因为群体中的每一个系统都是不同的，所以该算法蕴含了某种形式的冗余。由于解决方案的多样性，当系统中出现一个故障时，可能是因为外部条件的改变(传感器失效或给出错误读数)，也可能是因为内部电路故障。对于不同的系统，不同的解决方案会产生不同的效果，使得某些特定的个体不会受到故障的影响，从而为系统提供了对故障的容错能力。

演化硬件(Evolvable Hardware)是一个结合了可重构硬件、人工智能、容错和自主系统的新领域，它是指通过与环境的交互能够自主地、动态地改变自身结构和行为的硬件。理想的状态是，这种交互和改变应该是一个持续的无止境过程。演化系统在其生存期间都保持了持续变化的可能性。因此，随着环境的变化(如温度变化、传感器出错等)，系统也发生了变化(如组件失效)，一个演化系统能够适应这些变化并持续有效地工作。

图1-25描述的是电子电路演化综合中的主要步骤。

① 随机产生一个染色体群体(即电路配置编码)，染色体中的每一个位都定义了可重构硬件的架构特性，例如某一位可能代表了连接电路的两个部件的一个开关的状态；

② 对每个候选配置都需要评估出其“适应度”，用来衡量它与演化目标符合程度的高低；

③ 符合程度高的染色体，即与演化目标匹配良好的染色体，经过随机遗传算子操作后，又繁衍出新的染色体，并再次进行评估。该过程重复若干代，最后得到一个适应度较高的配置。通常在最后一代中，由设计师选中的配置就是所谓的最佳配置。

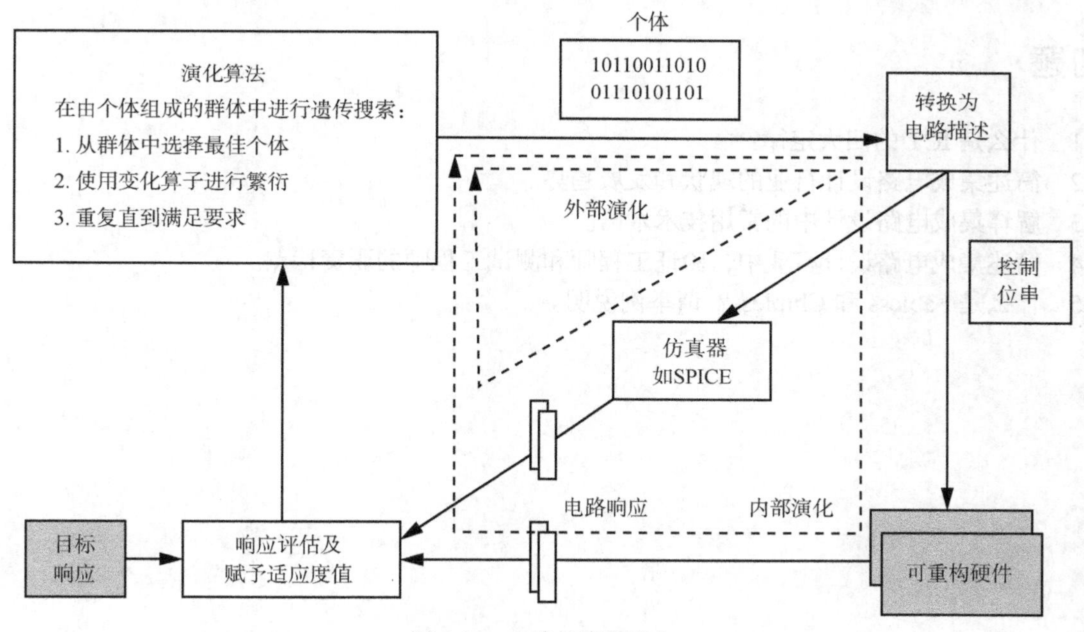

图1-25　电路的演化综合

演化硬件技术是一种受生物系统启发去演化硬件而不是设计硬件的电路设计方法。演化硬件是指在生物个体生长、发育、繁殖及群体进化等自然现象的启发下发展起来的，通过与环境的交互作用，能够自主地、动态地改变自身结构和调整自身行为，具有自组织、自适应等特性的硬件。这是近年来兴起的结合了演化计算、电子及电路设计、芯片技术等多个领域技术的一门交叉学科。

理想的可演化硬件系统拥有类似生物体的适应环境、自组织和自我修复等能力，而这些能力可以使可演化硬件系统具备较强的容错性和鲁棒性，使之能超越传统方法设计的硬件系统，应用于更为广阔的领域，对于航空、航天及海洋工程等特殊领域的电子设备及系统具有重大实用价值。

参考文献

[1] (美)安德鲁(Andrew，B．K)等著；于永斌等译．超大规模集成电路物理设计：从图分割到时序收敛．北京：机械工业出版社，2014.5

[2] 胡运旺编著．胡说IC——菜鸟工程师完美进阶．北京：电子工业出版社，2014.5

[3] (美)格林伍德，(英)泰瑞尔著；李杰，辛明瑞译．演化硬件导论：自适应系统设计实践指南．西安：西安电子科技大学出版社，2013.1

[4] 陈少杰等著；许川佩等译．可重构片上网络．北京：国防工业出版社．2014.2

[5] (美)Michael D. Ciletti 著；李广军等译．Verilog HDL 高级数字设计(第二版)．北京：电子工业出版社，2014.2

[6] 徐强，王莉薇编著．数字IC设计——方法、技巧与实践．北京：机械工业出版社，2006.1

[7] 李广军，孟宪元编著．可编程ASIC设计及应用．成都：电子科技大学出版社，2003.9

习题

1.1 什么是ICT的四大定律？

1.2 简述集成电路设计行业的现状和发展趋势。

1.3 解释集成电路设计中的常用技术术语。

1.4 简述集成电路设计行业中，验证工程师和测试工程师的职责特点。

1.5 什么是Fabless和Chipless？请举例说明。

第 2 章　可编程逻辑器件及现场可编程门阵列

可编程逻辑器件从 20 世纪 80 年代以来发展非常迅速，自从 1984 年 Xilinx 公司推出第一代现场可编程门阵列芯片以来，现场可编程门阵列(Field-Programmable Gate Array，FPGA)已经成为当今数字电路设计的一个非常流行的实现途径。随着工艺技术水平的不断发展，目前已达到超深亚微米级和纳米级，同时 FPGA 的逻辑容量也越来越大。一些大规模信号或图像处理的应用设计已经可以在单片 FPGA 上实现。这使得 FPGA 成为中小量产规模产品设计的最佳选择。2007 年，两大可编程器件供应商 Xilinx 和 Altera 均进入了全球十大集成电路设计公司。

本章对可编程逻辑器件、复杂可编程逻辑器件和现场可编程门阵列的一般特性及其各种可编程资源和特性进行了介绍。在此基础上，将深入叙述基于 Verilog 的 FPGA 设计流程，最后还将介绍如何进行 FPGA 安全设计的基础知识和常用技术。

2.1　可编程逻辑器件的分类及现状

近年来，发展迅速的可编程专用集成电路包括复杂可编程逻辑器件 CPLD 和现场可编程门阵列 FPGA 等器件，可以认为 CPLD 是将多个可编程阵列逻辑 PAL 器件集成到一个芯片，具有类似 PAL 的结构；而 FPGA 具有类似门阵列或类似 ASIC 的结构，这两类器件都具有用户可编程的特性，利用它们可以由用户实现其专门用途的集成化数字电路。

随着微电子技术的进步，FPGA 的集成度、复杂度和面积优势使其日益成为颇具吸引力的、低价格的半定制专用集成电路(Application-Specific Integrated Circuit，ASIC)替代方案。

主流的 FPGA 采用了基于查找表的可编程单元结构，使它的逻辑功能不断强大，FPGA 已成为专用集成电路原型验证的最佳途径。在基于 SRAM 的 FPGA 结构中，查找表既能作为存储单元，又能作为可编程逻辑单元。逻辑单元之间不再以总线的结构，而是以复杂的分布式层次化互连资源进行通信的。这些结构上的特点已经突破了“存储程序计算机”的局限性。如今，可编程逻辑器件内部直接嵌入了高速通信 IO 核、微处理器核、存储器核、DSP 模块和复杂的时钟管理硬件模块，从而大大提高了芯片的数据通信与计算能力。

FPGA 是很多领域关键设备的核心部件，在从无线接入点(WAP)到商用面部识别系统等几乎所有领域都有广泛的应用。与通用处理器的顺序执行方式不同，现代的现场可编程门阵列器件在每个循环中可以执行数百次乘法运算以及数千次加法运算，使其具有能够同时处理很多不同逻辑模块的计算能力。例如，采用 FPGA 的无线接入点中，可能需要使用一个信号处理器、一个协议处理器，以及一个包调度器，所有这些可以集成在一个芯片中。

从蓝牙收发器到美国宇航局的火星探测器，FPGA 已成为嵌入式系统设计的主要实现方式之一。由于 FPGA 融合了硬件和软件的特性，是一种可重构器件，因而能够在专用硬件的高性能和 CPU 的可编程性之间找到自己的应用空间，产生更好的效果。FPGA 的这种灵活性可以让开发人员快速设计出原型机，并使设计性能接近于专用集成电路的嵌入式系统。

由于FPGA集成了灵活性和计算能力，可重构器件已经推动了很多性能优异的嵌入式系统的发展。很多可重构器件的单位面积的速度和性能能够达到类似的微处理器的100倍。卫星、机顶盒、入侵探测系统、电网、加密装置、飞机甚至火星探测器，都需要通过现场可编程门阵列来实现相应的功能。

FPGA是可编程逻辑器件(Programmable Logic Device，PLD)家族中的一个分支。PLD器件在集成度和性能方面(这也是标准单元、半定制、全定制电路的性能特征)有着较好的折中，PLD器件的分类如图2-1所示。

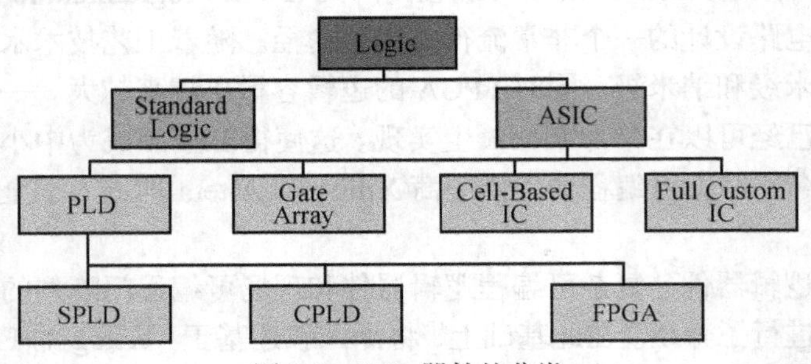

图2-1 PLD器件的分类

PLD的出现源于以下两个原因：

① 大规模、高密度、高性能的电路无法使用分立器件有效而可靠地实现；

② 无法经济有效地生产和销售复杂集成电路来应对分散的小规模应用。

由于只读存储器(Read-Only Memory，ROM)、可编程逻辑阵列(Programmable Logic Array，PLA)、可编程阵列逻辑(Programmable Array Logic，PAL)、复杂可编程逻辑器件(Complex PLD，CPLD)、现场可编程逻辑阵列(Field Programmable Logic Array，FPGA)都是可编程的，我们仍将使用术语"PLD"表示可实现两级组合逻辑的低密度结构：PLA、PAL以及类似的由厂商命名的器件。PLD具有由相同固定基本功能模块组成的规则结构。

2.2 半导体存储器及其组合逻辑实现

由于能通过将函数值存储到函数输入指定的存储器来实现组合逻辑，因此可以把ROM等存储器件视为PLD。不过，用ROM实现的是函数的全真值表。由于没有进行化简，器件资源可能未被充分利用，基于存储器实现的组合逻辑的效率较低。

2.2.1 存储器件

用于实现PLD的架构也能实现只读存储器或随机存储器(Random-Access Memory，RAM)，这取决于能否在器件正常操作期间对存储单元进行写操作。ROM的内容在操作过程及掉电后不会发生改变，而RAM的内容在操作期间可以改变且掉电后会消失。ROM和RAM还有一个主要区别：ROM可以在使用前通过改变其电路结构来编程，而RAM的电路不可编程(它是固定的)，只能在正常读写操作中动态地对其内容进行编程。

1. 只读存储器(ROM)

一个$2^n \times m$的ROM包含2^n个字、每字m位的可寻址半导体存储单元阵列。该ROM有

n 个称为“地址线”的输入端和 m 个称为“位线”的输出端。图 2-2 中的 AND 模块作为地址译码器且不可编程。地址译码器实现 n 输入的全译码，并且每个输入向量对应唯一的称为“字线”的译码输出。每个输入地址选中由字线决定的 2^n 个存储字中的一个，字中的每个单元存储 1 比特信息。因此，每条字线对应于布尔表达式的一个最小项。

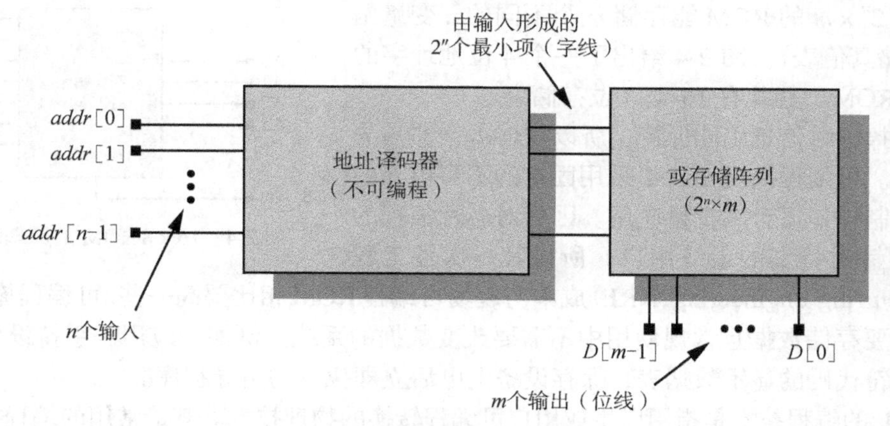

图 2-2　ROM 的 AND-OR 模块

ROM 能采用各种技术进行制造：双极型、互补型金属氧化物半导体型（Complementary Metal-Oxide Semiconductor，CMOS）、n 沟道 MOS（n-Channel MOS，nMOS）和 p 沟道 MOS（p-Channel MOS，pMOS）。采用 nMOS 技术实现的可编程掩模 ROM 的电路结构如图 2-3 所示：位线组成输出字，n 沟道链接晶体管连接字线与位线。位线通常被上拉到 V_{dd}，但当地址译码器将字线拉高后，与之相连的 n 沟道晶体管导通，从而将位线拉低。为器件编程的系列掩模固定了与给定字相连的链接晶体管的形式，由此决定了输入地址字所对应的位线上的“1”和“0”的模式。对于三态输出反相器，出现链接晶体管的位置相当于存储了“1”。

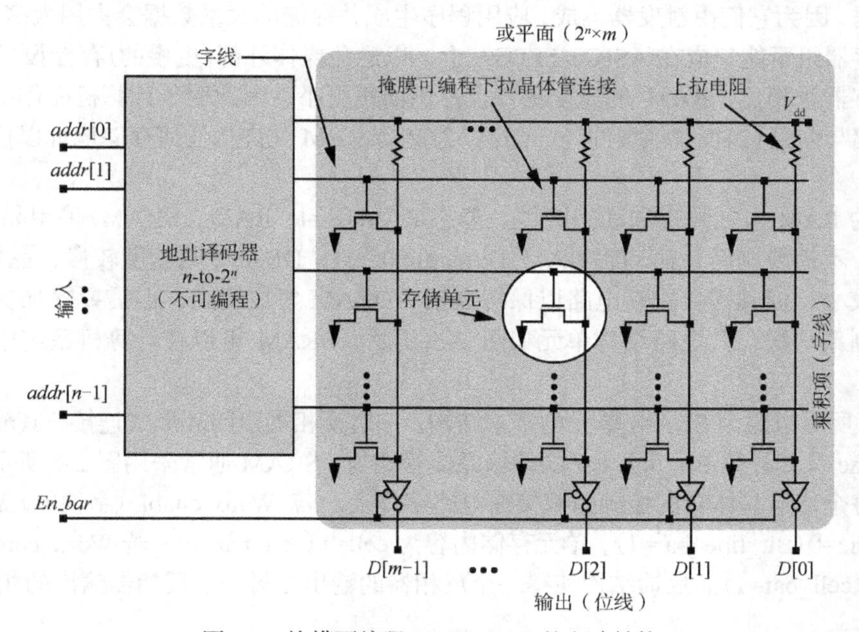

图 2-3　掩模可编程 nMOS ROM 的电路结构

存储在 ROM 中的信息可通过电路操作进行读取，但不能写入。ROM 的输出通常是三态的，因此可连接到有多个器件的共享总线。商用 ROM 附加的片选输入允许将多个器件连接到共用总线，每个器件由唯一的地址选定。当某一个 ROM 被选中时，其地址输入的 0/1 状态将确定一条唯一的字线。

一个 $2^n \times m$ 的 ROM 能存储 m 个不同的 n 变量函数(即存储真值表)。图 2-4 给出了一个 4 位地址字的 16×8 的 ROM，其共有 16 个 8 位存储字。

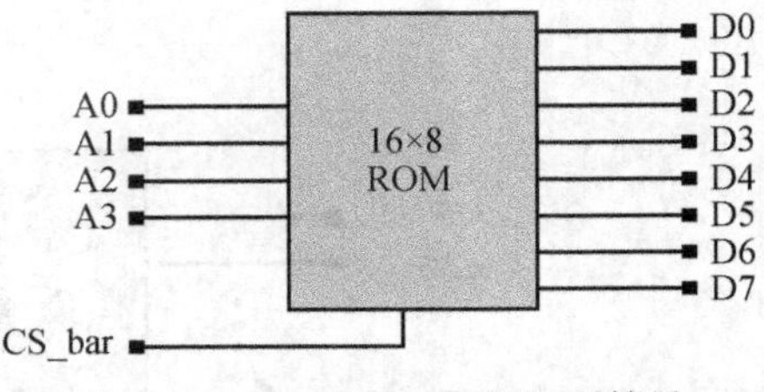

图 2-4 16×8 ROM 的原理图符号

因其掉电时信息仍能保持，所以 ROM 为非易失性存储器。可编程掩模 ROM 采用固定的不可擦除的存储结构制作，适合大批量应用。因为对芯片编程的掩模系列针对特别的最终用户，所以其一次性工程(Non-Recurring Engineering, NRE)成本与现场可编程 ROM 相比要高一些。可编程掩模 ROM 适用于需要存储数据且常规使用中不需要改变数据的系统。例如，应用于手持设备显示器以保存字符代码的显示数据表，保存设备上电后立即执行的引导程序。

ROM 的编程技术是指用以生成用户可编程转换的物理技术。其最常用的编程技术有熔断丝型链接、反熔丝型、EPROM、EEPROM、Flash Memory 单元电路、晶体管和 SRAM 单元电路等。

2. 静态随机存取存储器(SRAM)

计算机和其他数字系统常需要对数据进行恢复、处理、变换和存储操作，因此需要一种可读可写的存储器。例如，应用程序需要从速度相对较低的存储媒介(如 CD-ROM 或软盘)中恢复，并将数据复制到允许处理器快速访问的存储媒介中。ROM 不适于存储大应用程序，也不能动态地存储程序运行时产生的数据。寄存器和寄存器组支持快速随机存取，但不能存储大量数据，因为它们由触发器构成，应用程序生成并存储的大量数据会占用太多硅片面积。较小的寄存器组可能集成在 ASIC 或 FPGA 上，以避免操作外部(更慢的)存储设备。

与寄存器组相比，RAM 的速度更快且占用面积更小，因此用于计算机操作中大量数据的快速存储与恢复(如视频帧缓冲)。“随机”意味着 RAM 允许从任何存储地址以任意顺序读写字数据。

典型的 RAM 包括静态和动态两类。静态 RAM(State RAM，SRAM)采用晶体管-电容结构实现，不需要刷新；而动态 RAM(Dynamic RAM，DRAM)则速度较慢，晶体管较少，物理面积较小，但其需要刷新电路以保持数据。DRAM 集成度高，但需要附加支持电路每隔几毫秒刷新一次，其电路结构单元如图 2-5 所示。SRAM 可以在计算机系统中用来作为高速缓存。

图 2-5 所示电路为 SRAM 单元的基本结构：一对反相器以闭环形式连接，其输出分别与连接 Bit_line 及其补码 Bit_line_bar 的传输晶体管相连。SRAM 通常采用图 2-6 所示的 6 管电路结构：每个传输晶体管的控制栅都接在电路字线上。若 Word_enable(字使能)无效则输入变为 Bit_line=0(Bit_line_bar=1)，单元存储内容为 cell=1(cell_bar=0)；若 Word_enable 有效则 cell 变为 0(cell_bar=1)。反馈结构使得一个反相器的输出是另一个反相器输出的相反值。

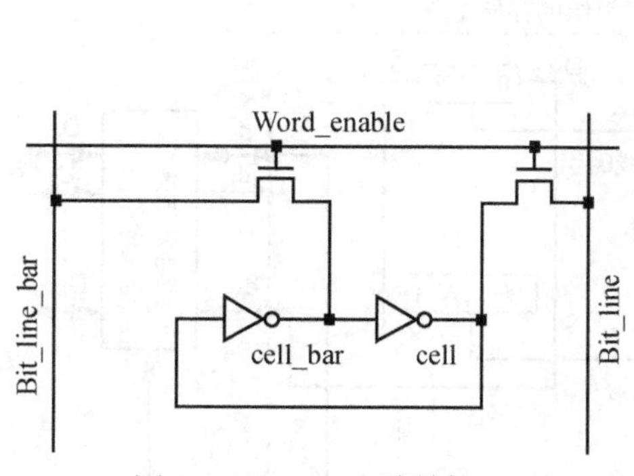

图 2-5　SRAM 电路结构

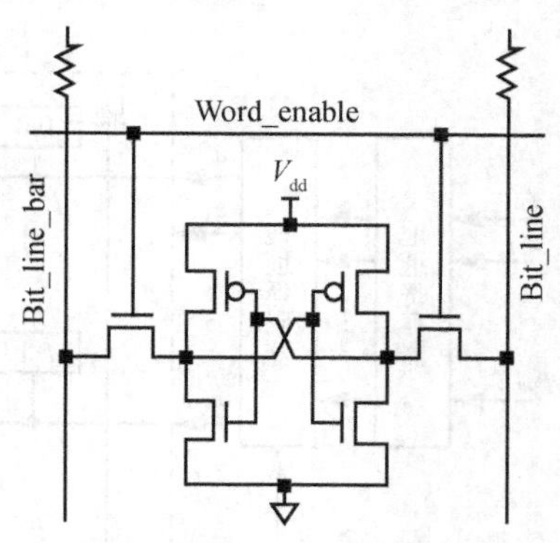

图 2-6　晶体管级 SRAM 单元

Bit_line 与 Bit_line_bar 的电平确定了读写操作的结果。读取放大器对存储单元阵列进行配置。Bit_line 和 Bit_line_bar 被设置为相反电平后，令 Word_enable 选通，数据被写入存储单元，迫使反相器的值与位线输入值一致。为便于理解读操作是如何进行的，先假定 Bit_line 和 Bit_line_bar 都被预置为 1，当 Word_enable 选通时，电平为 0 的内部节点(由反相器保持)为连接到传输晶体管的位线提供 n 沟道下拉通路。放大器检测到 Bit_line 与 Bit_line_bar 之间的电压差，并由此确定存储数据的配置。读操作是非破坏性的，因为在读周期中存储数据的内部状态不受电路活动的影响。

RAM 芯片内部包括存储矩阵(存储体)及片内控制电路两大部分。

存储矩阵由多个基本存储单元组成,每个基本存储单元用来存储 1 比特的二进制数信息。为了减少译码/驱动电路及芯片内部的走线，一般认为这些基本单元总是排成矩阵形式，存储矩阵(体)规模的大小直接决定存储芯片的容量。

片内控制电路则包括片内地址译码、片内数据缓冲和片内存储逻辑控制等几个部分。其作用是当 RAM 芯片接收到有效地址信号后，片内地址译码电路将寻找到相应的一个或多个基本存储单元，并在存储逻辑控制电路的作用下通过片内数据缓冲完成数据读/写。

RAM 芯片的内部结构如图 2-7 所示，系统地址总线上送来的有效地址信号经译码后选中存储矩阵中的基本存储单元，并在读/写逻辑的控制下通过数据缓冲器完成数据的输入/输出。

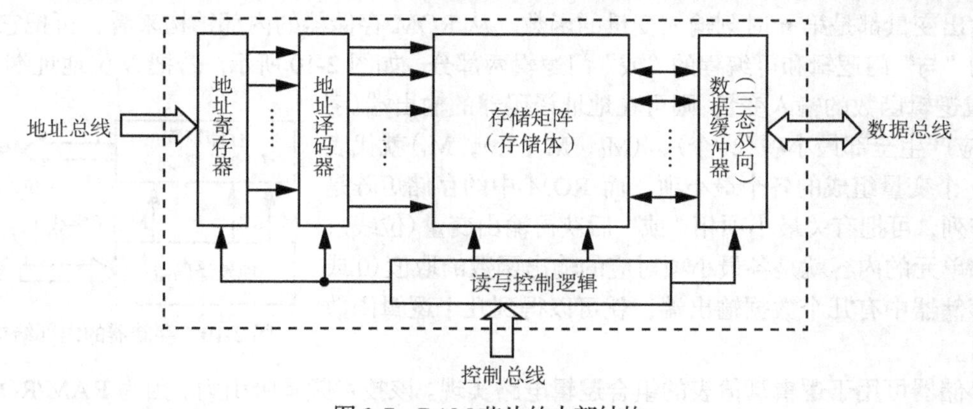

图 2-7　RAM 芯片的内部结构

根据存储矩阵中的基本存储单元排列方式的不同，片内译码电路可以有单译码和双译码两种基本结构。单译码也称为字译码，对应 $n \times m$ 的长方存储矩阵，如图 2-8 所示。

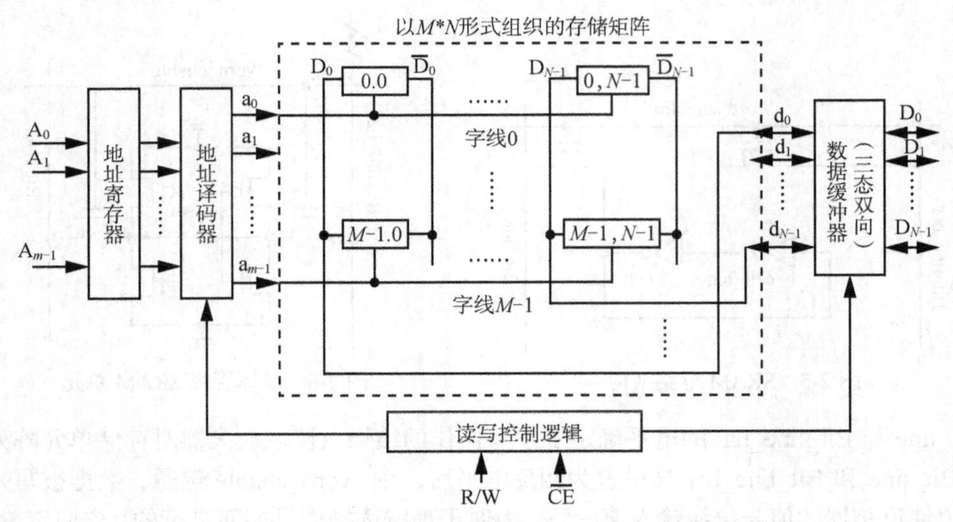

图 2-8　存储矩阵中的基本存储单元排列结构

图 2-9 给出的基本 RAM 单元框图符号具有低电平有效的片选输入 $\overline{CS}$ 和写使能 $\overline{WE}$。片选信号由译码器产生，它能对同一系统中的多个芯片进行选择。注意，这里没有时钟信号。寄存器和寄存器组由触发器实现，而 RAM 存储器件由锁存器实现，支持异步存储和数据恢复并能最小化 RAM 向共用总线请求服务的时间。

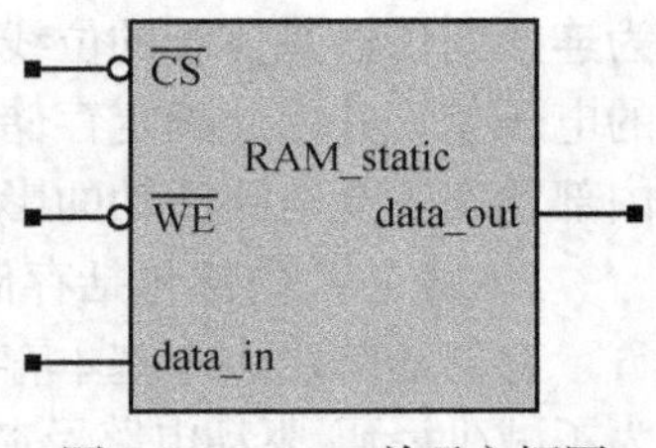

图 2-9　SRAM 单元方框图

2.2.2　基于存储器 ROM/RAM 的组合逻辑及状态机实现

1. 基于存储器 ROM/RAM 的组合逻辑

组合逻辑电路可以用表达式 Y_n=F(X_n) 表示，其中 X_n 是 n 时刻输入变量集合，X_n＝{X_{1n}，X_{2n}，…，X_{in}，…}。X_{in} 为第 i 个输出变量在第 n 时刻的状态。Y_n 是 n 时刻输出变量集合，各个输出变量都是第 n 时刻输入变量的函数。从 ROM 存储器的内部结构来看，可把它视为固定的“与”门逻辑和可编程的“或”门逻辑两部分，如图 2-10 所示。若把 N 位地址端 A_0～A_n 当成逻辑函数的输入变量，则可在地址译码器的输出端（字线）对应产生全部最小项（2^N 个），（M_0，M_1，…，M_x）就代表了由 n 个变量组成的各个最小项。而 ROM 中的存储矩阵是个或阵列，可把有关最小项相“或”后获得输出变量（位线），各存储单元的内容就是各最小项对应的输出函数的取值（0 或 1）。存储器中有几个数据输出端，就可以得到几个逻辑函数的输出。

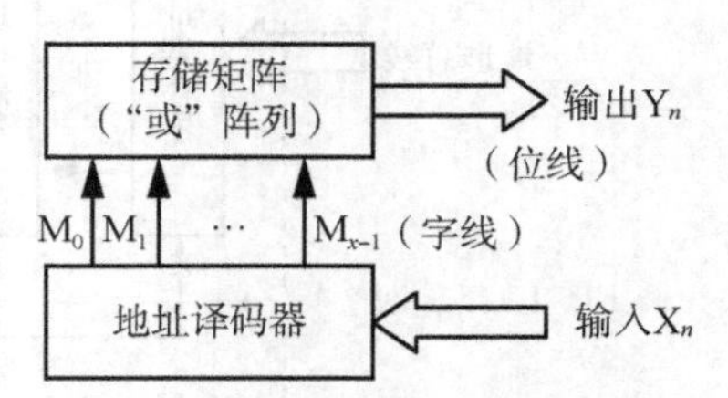

图 2-10　存储器的内部结构图

存储器可用于逻辑真值表的组合逻辑电路实现。该技术颇具吸引力，因为 RAM/ROM 电路可通过编程实现 2^{2^n} 个不同的 n 输入函数，且单片 RAM/ROM 可在任一位线上实现任一函数（标准逻辑可能需要新的电路结构来实现不同的函数）。基于存储器的设计也可以通过简单更换 RAM/ROM 而无须改变外围电路来实现新功能。对于离散或积木式逻辑，实现复杂度不会影响器件的编程难度。对于中等规模的电路应用，RAM/ROM 通常比大部分 LSI/MSI（Large-and Medium Scale Integrated）器件及 PLD 都更快，在类似技术下也比 FPGA 或定制 LSI 更快。但另一方面，对于中等复杂度的电路，基于 RAM/ROM 的电路价格较高、功耗更大，且速度可能比使用多个 LSI/MSI 器件及 PLD 或小规模 FPGA 的电路要慢。RAM/ROM 的全地址译码电路使其不适用于超过 20 个输入的应用。与其他半导体器件类似，RAM/ROM 受益于技术的发展，价格越来越低廉，集成度越来越高。

2. 基于 ROM 的状态机

ROM 可以方便地用于状态机的实现，若器件特性符合应用要求，则状态机的实现会变得十分经济划算。图 2-11 给出了一个基于 ROM 的状态机，$2^n \times m$ 的 ROM 用于存储状态机的下一状态和输出函数，而状态则存储在一组 D 触发器里，因为与 J-K 型触发器相比，D 触发器需要更少的 ROM 输出。

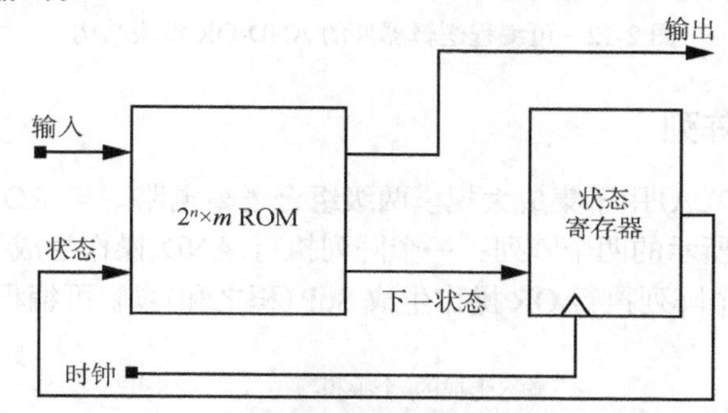

图 2-11　基于 ROM 的有限状态机框图

基于 ROM 的状态机的设计方法很简单，因为真值表可以直接实现而不必最小化。存储阵列的大小取决于输入端数目，而与实现逻辑的复杂度无关。例如，建立一个 ROM 表，其中的列地址表示当前状态，而其内容对应输出及下一状态。

2.3　可编程逻辑器件

可编程逻辑器件（PLD）具有固定架构，其功能可由厂商或最终用户根据具体应用编程实现。由厂家编程的 PLD 称为可编程掩模逻辑器件（Mask-Programmable Logic Devices，MPLD），而由用户编程的 PLD 则称为现场可编程逻辑器件（Field-Programmable Logic Devices，FPLD）。可编程逻辑器件的基本功能模块单元的架构是固定的，并且无法由用户修改，因此其研发和生产费用可由大量用户分摊，应用范围非常广泛。这种情况减少了用户的单位费用，降低了厂商的生产和库存风险，同时有利于新技术融入不断改进的产品线中。因为预定制的 PLD 在应用之前已经历了制造、测试和库存，所以使用 PLD 的系统的设计周期将大大缩短。PLD 适用于快速原型的设计。

以下 3 个基本特征用于区分可编程逻辑器件。

① 相同基本功能单元的架构；

② 可编程的互连结构；

③ 可编程技术。

ROM、PLA和PAL具有图2-12所示的AND-OR模块结构。它们以积之和(Sum of Product, SoP)的形式实现布尔表达式：AND模块从输入中选取某些项形成乘积，OR模块将选中乘积项的和输出。可编程结构将两个模块互连，以使输出实现输入的积之和。模块能否以及怎样编程，决定了整个架构所实现的PLD的类型。ROM、PLA和PLD有着相似的阵列结构。PLA提供了最大的灵活性，多用于大规模复杂组合逻辑电路。

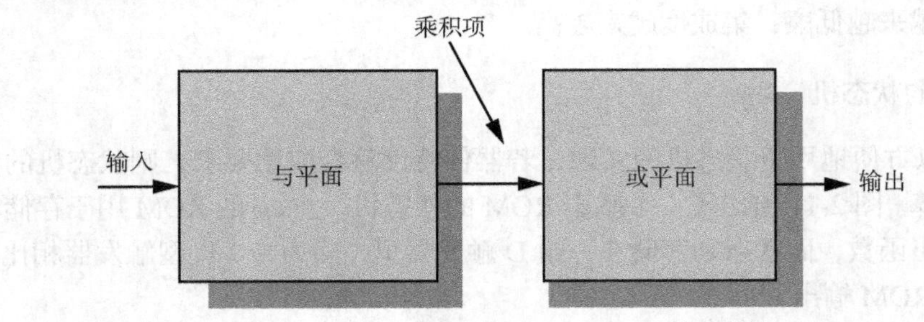

图 2-12 可编程逻辑器件的AND-OR模块结构

2.3.1 可编程逻辑阵列

可编程逻辑阵列(PLA)用于集成大规模两级组合逻辑电路。与ROM类似，可编程逻辑阵列结构包括图2-13所示的两个阵列：一个阵列执行AND操作生成乘积项(布尔立方项，可能为最小项)，另一个阵列执行OR操作生成SoP(积之和)项。可编程逻辑阵列以积之和形式实现两级布尔函数。

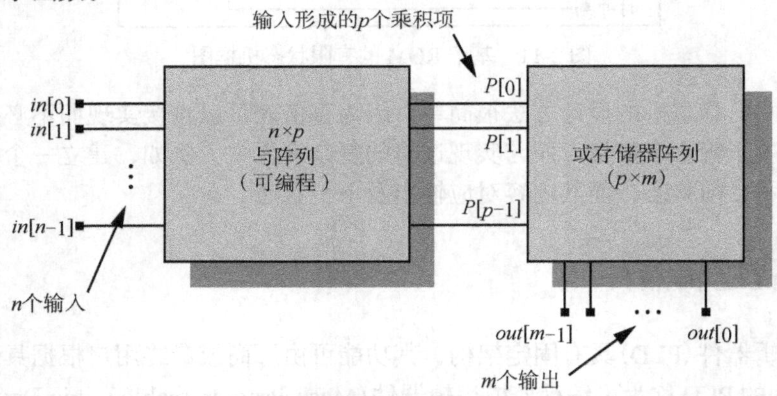

图 2-13 可编程逻辑阵列的AND-OR平面结构

与ROM不同的是：可编程逻辑阵列的两个阵列都是可编程的(掩模可编程或一次性现场可编程)。可编程逻辑阵列的AND模块不进行全译码而只形成有限个乘积项，可编程的OR模块则通过将乘积项(立方项)求“或”来形成表达式。一个$n \times p \times m$的PLA有n个输入端、p个乘积项(AND模块的输出)和m个输出表达式(来自于OR模块)：一个16×48×8的可编程逻辑阵列可以产生48个乘积项(而一个16输入的ROM有2^{16}=65 536种输入模式作为最小项译码并输出)，并由48个乘积项(不必是最小项)产生8个输出。

可编程逻辑阵列可以实现一般的乘积项，不只是最小项或最大项。因为AND模块资源有限，为满足应用对乘积项的需求，就必须找到最小的SoP形式。可编程逻辑阵列的最小化算法使通常应用于ASIC的综合算法得到了广泛应用。

由 nMOS 技术实现的可编程逻辑阵列电路结构如图 2-14 所示。图中的 AND-OR 模块实现了 NOR-NOR 逻辑，等价于输入反相和输出三态反相的 AND-OR 逻辑。PLA 的每一个输入都提供原码和反码形式，AND 模块中的可编程连接决定了相应输入(或其反码)是否与缓冲字线相连。

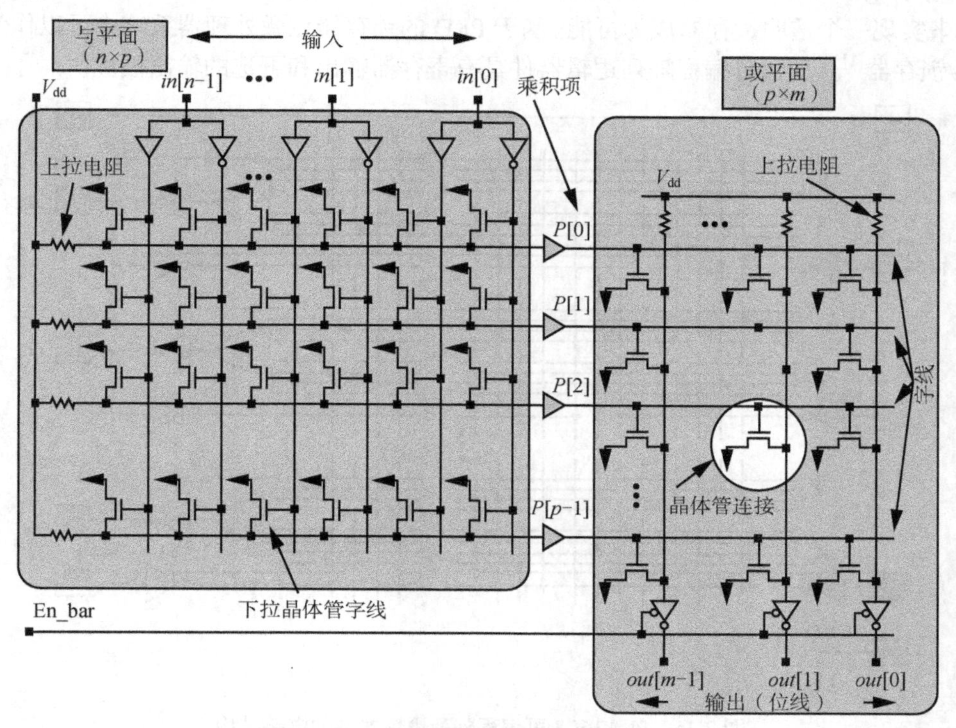

图 2-14　可编程逻辑阵列的电路结构

输入是否与字线相连，以及字线是否与输出相连，由编程决定。字线可能连接到输入或其反码中的一个。每条字线连接到一个上拉电阻(有源器件)。原始输入及反码输入都连接到与字线上，生成一个布尔立方项，未连接的输入对字线没有影响。如果未与有效的输入(原始或反码)相连，则字线电平会被上拉至高电平；如果某列线没有恰当的电平与字线相连，则该列线将会被拉至高电平。有效输入使 AND 模块内的链接晶体管导通，上拉电阻失效，字线被下拉到地电平。在所有与之相连的字线都无效(低电平)时，列线为高电平。有效字线使 OR 模块内的链接晶体管导通，导致字线电平被下拉。若任一与之相连的字线有效(高电平)，则列线为低电平。若任何字线为高电平，则与之相连的列线为低。仅当所有与之相连的字线都无效(低电平)时，列线才会为有效(高电平)。

2.3.2 可编程阵列逻辑

可编程阵列逻辑(PAL)技术晚于可编程逻辑阵列出现。可编程阵列逻辑固定 OR 模块而只对 AND 模块进行编程，由此简化了双阵列结构。每个输出由特定数目的字线形成，而每条字线由少量的乘积项形成。一个 PAL16L8 的结构如图 2-15 所示：16 个输入端，8 个输出端，包括地和电源线在内为 20 脚封装。每个输入可以是原码或反码形式。8 个七输入 OR 门通过 AND 模块连接到字线，每条字线可连接到任意一个输入或其反码。每组的第 8 条字线控制一个由 OR 门驱动的三态反相器。每个输出可实现最多 7 项的积之和表达式。器件只有 20 个引脚，所以有 6 个引脚是双向的。与每条字线相连的 AND 门(未画出)固定与一个 OR 门连接，因而不能被其他 OR 门共享，但是连接到三态反相器的 6 个输出端可以反馈到 AND 模块，并与其他 AND 门共享，这使表达式中的乘积项可以超过 7 个。双向引脚使得通过组合反馈来实现一个透明锁存器成为可能。基于 PLD 的锁存器在微处理器系统中可以作为地址译码器/锁存器[1]。现代可编程阵列逻辑器件具有寄存器输出和可选的输出极性。

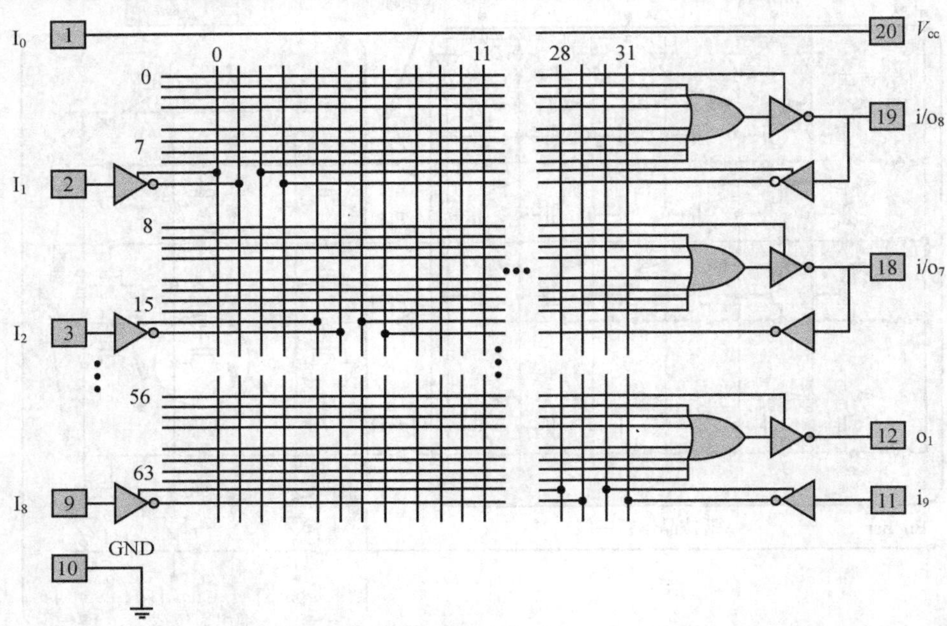

图 2-15 PLA16L8 可编程阵列逻辑器件的电路结构

早期的 PAL 器件(如 ROM)采用双极工艺制造，通过汽化金属连线实现编程。现代器件则采用有浮栅链接晶体管的 CMOS 工艺制造。

2.3.3 复杂可编程逻辑器件

随着技术的发展，用于实现大规模现场可编程组合和时序逻辑的、集成度更高更复杂(如超过 1024 个函数)的器件称为复杂可编程逻辑器件(CPLD)。典型 CPLD 的上层结构(见图 2-16)包括 PLD 块阵列与可编程片内互连系统。除了能提高性能，这种结构也突破了传统 PLD 只有相对较少输入的限制。CPLD 的宽输入并不以面积的明显增加(如指数型)为代价。传统 PLD 的输入宽度以 n 倍增加时，其面积将以 2^n 倍增大。相同的互连 PLD 阵列也会随输入的增加而增大面积，但除了互连线面积以外，其单元面积只以 n 倍增大。CPLD 的区别是具有宽扇入与门。大型 CPLD 并不将每个宏单元输出都连接到输出引脚，但通常宏单元之间具有 100%的连通性。

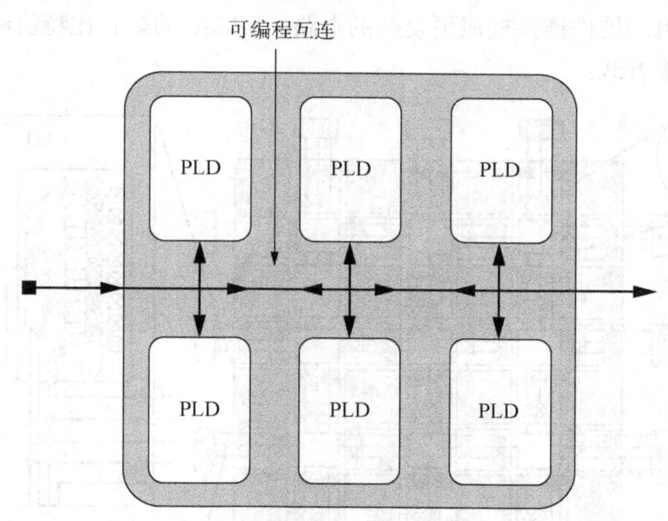

图 2-16　CPLD 的上层结构

CPLD 中每个 PLD 块的内部都具有类似 PAL 的构成输入组合逻辑的结构。在 PLD 中，宏单元的输出可编程连接到其他逻辑模块的输入，以形成更复杂的多级逻辑，而不受单个逻辑模块的限制。一些 CPLD 是电可擦除和可重编程的（EPLD）。CPLD 适用于多扇入 AND-OR 逻辑结构，并可利用多种编程技术：SRAM/传输门、EPROM（浮栅晶体管）以及反熔丝。

CPLD 的基本特点是以组合逻辑的类 PAL 块阵列实现宽输入 SoP 表达式。CPLD 具有可预测时序特性和交叉型内联结构，适用于低、中集成度的应用。

与 CPLD 相比，FPGA 的集成度、复杂度和面积具有明显的优势，使其日益成为颇具吸引力的、低价格的半定制专用集成电路（Application-Specific Integrated Circuit，ASIC）替代方案，下节将讲述 FPGA 的基本结构和工作原理。

2.4　现场可编程门阵列

现场可编程门阵列（FPGA）之所以流行，关键在于只要通过合适的编程，它就能实现任意电路。对于其他电路实现方法，例如标准单元和掩模可编程门阵列（MPGA），就要求对每个设计都必须制造不同的 VLSI 芯片。相对于这些定制技术，使用标准 FPGA 有两个重要的优点：降低一次性费用（NRE）和缩短上市时间。

2.4.1　FPGA 的典型结构

所有的 FPGA 均由 3 个基本的组件构成：逻辑单元块、输入 / 输出单元和可编程布线资源，如图 2-17 所示。通过对各逻辑单元块编程以实现一小部分所需的逻辑，并且对各输入 / 输出单元编程使其成为电路需要的输入或输出端口，就用 FPGA 实现了一个电路。可编程布线资源被配置成逻辑单元块之间或从逻辑单元块到输入 / 输出端口所需的连接。

如图 2-17 所示，FPGA 的典型结构中的多个配置逻辑块（Configurable Logic Block，CLB）被内部连线结构所围绕。每个配置逻辑块中都带有查找表（LUT），通过对其进行配置可以实现最基本的逻辑门功能。内部连线同样可以进行配置，从而能将配置逻辑块连接起来，进而能将这些基本的逻辑门器件连接构成更复杂的电路。FPGA 的配置比特流将明确配置逻辑块以及内部连线的配置方式。

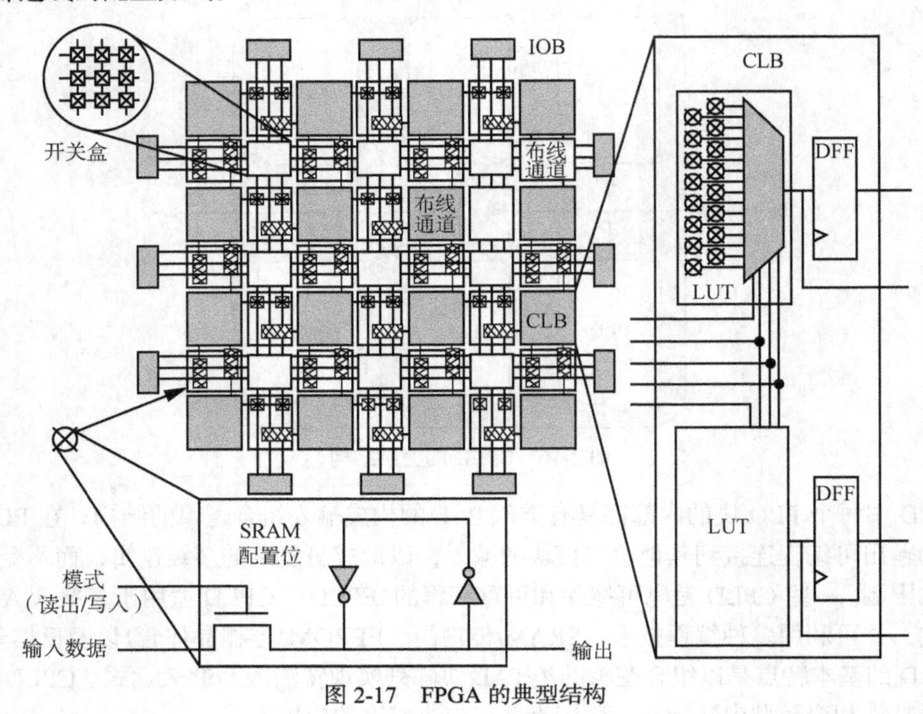

图 2-17 FPGA 的典型结构

1. FPGA 可编程技术

FPGA 可编程有 3 种不同的实现方法，即 RAM、ROM 和 MUX。

目前，最普遍的技术是使用 SRAM 单元来控制传输管、多路选择器和三态缓冲器，以配置所需的可编程布线资源和逻辑单元块。这些基于 SRAM 单元 FPGA 的 3 种可编程开关如图 2-18 所示。注意，传输管是用 nMOS 管来实现的，而非互补传输门，这是因为 nMOS 晶体管载流子的迁移率较高，电路速度更快。绝大部分 Xilinx 的 FPGA、大部分 Altera 器件、最新 Actel 的 FPGA，以及朗讯科技的所有 FPGA，均基于 SRAM。其他可编程技术包括 Actel FPGA 所使用的反熔丝和诸多复杂可编程逻辑器件所使用的浮栅器件（如 EPROM、EEPROM 和闪存）。

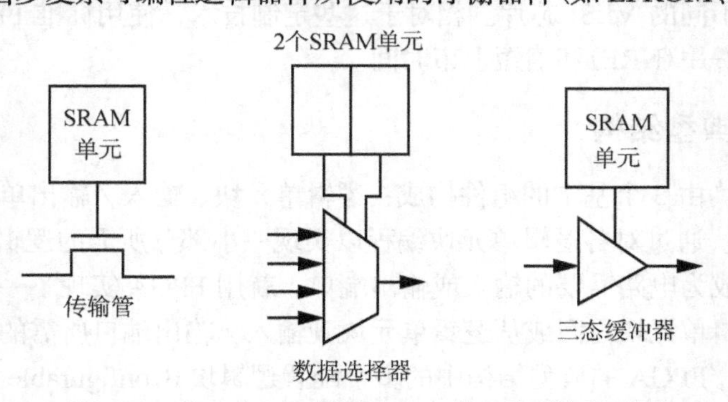

图 2-18 基于 SRAM 单元 FPGA 的 3 种可编程开关

另一种可编程技术如图 2-19 所示，可利用二选一 MUX 逻辑单元及其晶体管实现电路。

图中共有 3 个输入端和 1 个输出端。其基本逻辑功能是：当选择端 s 为 0 时，输出端 f 就是输入 x_0 的值；当选择端 s 为 1 时，输出端 f 就是输入 x_1 的值。用布尔表达式描述如下：

$$f=\bar{s}x_0+sx_1 \tag{2-1}$$

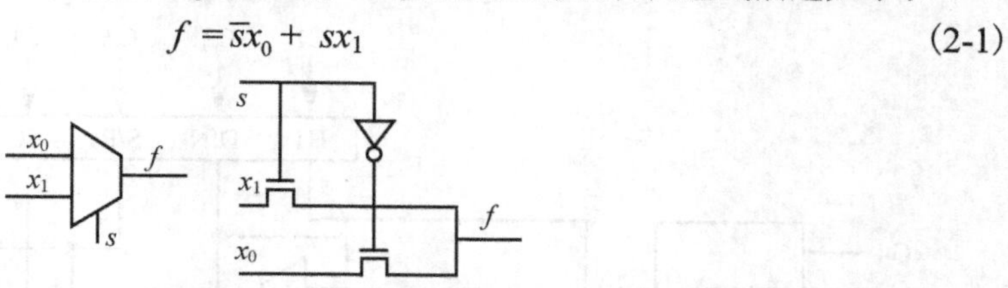

图 2-19　最简单的二选一 MUX 端口及其晶体管实现电路

图 2-19 也给出了利用 MOS 传输晶体管实现二选一 MUX 的单元电路，其中反相器只需要两个晶体管就能实现。

为了便于和 LUT 进行比较，图 2-20 画出了八选一的 MUX 符号及其输入／输出端口。图中共有 11 个输入端，其中 3 个输入端 $s_0s_1s_2$ 为选择端，由它们选择其余的 8 个输入端 x_i 中的一个连到输出 $f(0\leqslant i\leqslant 7)$。用布尔表达式描述如下：

$$f=\sum_{i=0}^{7}\dot{s}_{i2}\dot{s}_{i1}\dot{s}_{i0}x_i \tag{2-2}$$

其中，∑表示连续的逻辑或运算；且

$$\dot{s}_i=\begin{cases}\overline{s_i}, & i=0\\ s_i, & i=1\end{cases}$$

例如，当 i=5=(101)$_2$ 时，$\dot{s}_{i2}\dot{s}_{i1}\dot{s}_{i0}=s_{i2}\,\overline{s}_{i1}\,s_{i0}$，即 MUX 的输出值是 x_5。

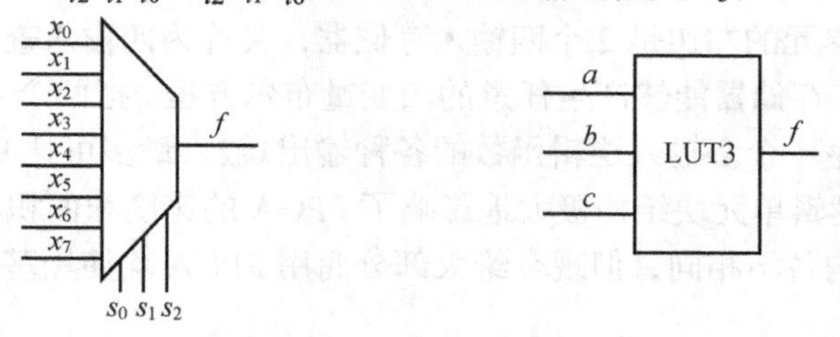

（a）八选一MUX符号和输入／输出端口　　（b）LUT3的符号和输入／输出端口

图 2-20　MUX 和 LUT 的比较

图 2-20(b)是 LUT3 的符号和输入输出端口。它能够实现任意的三输入单输出函数，只需要把这个函数的真值表配置到 LUT3 内部即可。三输入的 LUT3 内部有 8 个配置数据，用于表达任意的逻辑函数真值表。这些配置数据有时简称为“配置点”或“码点”。比较图 2-20 中的两个图可发现，如果把 MUX 左边的 8 个输入端作为配置点使用，即在电路工作时这 8 个值不变，MUX 在逻辑上就作为一个 LUT3 使用了。MUX 的 3 个选择端 $s2$、$s1$ 和 $s0$ 就等价于 LUT3 的 3 个输入端 a、b 和 c。或者反过来说，如果把 LUT3 中的 8 个配置点都作为用户输入数据使用，即在电路工作时这 8 个数据值都可由用户随时改变，那么它就成了一个 MUX。

2. FPGA 逻辑单元块结构

可配置逻辑单元模块包含了 FPGA 的可编程逻辑。图 2-21 所示框图为一个典型的可配置逻辑单元，其中包含用于产生任意组合逻辑函数的 RAM，还包含用于钟控存储单元的触发器和多路选择器，这样就便于在模块中为逻辑电路布线，以及模块内部的逻辑电路与外部资源之间的布线连接。这些多路选择器还允许极性的选择、复位输入和清除输入选择。

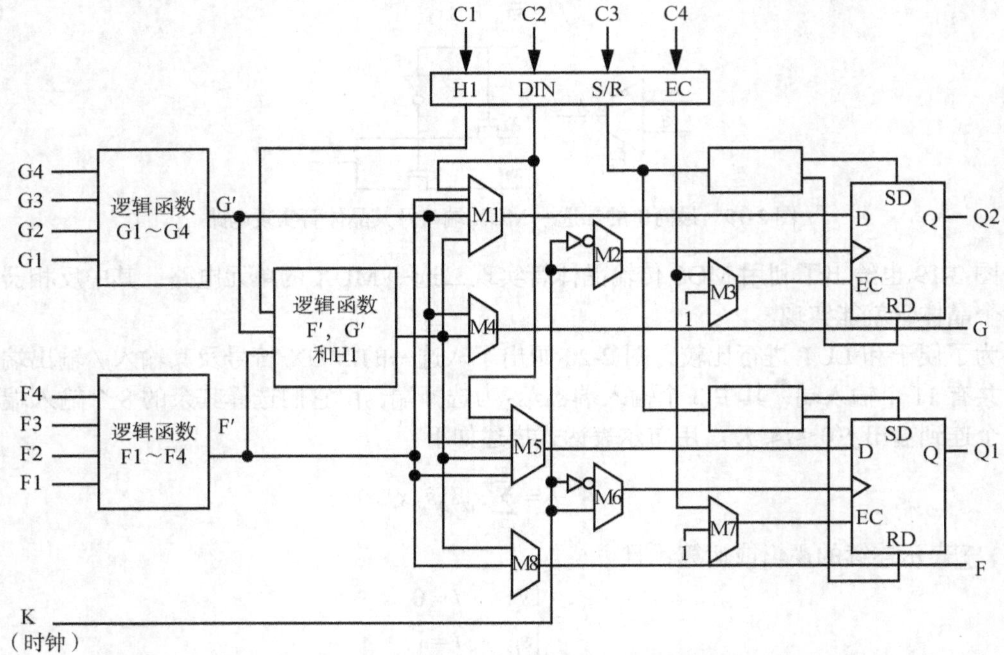

图 2-21　基于 SRAM 查找表的可编程逻辑模块

在可配置逻辑单元的左边是 2 个四输入存储器，又称为四输入查询表或 4-LUT。正如前文所讨论的，四输入存储器能够产生任意的四变量布尔方程。把两个 4-LUT 的输出馈送进一个 3-LUT，就能产生一个多输入逻辑函数的各种输出(输入最多可达 9 个)。

FPGA 所用的逻辑单元块结构极大地影响了 FPGA 的速度和面积利用率。虽然 FPGA 所用的逻辑单元块结构各不相同，但现今绝大部分商用 FPGA 均使用基于查找表(LUT)的逻辑单元块。

为方便讨论，下面以基于 SRAM 的二输入查找表的逻辑单元块进行简要讨论，基于 SRAM 的二输入查找表的实现如图 2-22 所示。

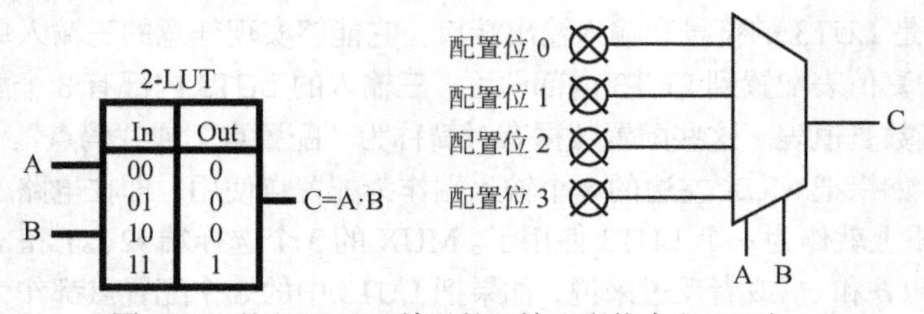

图 2-22　基于 SRAM 单元的二输入查找表(2-LUT)

我们知道，k 输入的查找表需要 2^k 个 SRAM 单元和一个具有 2^k 个输入端的多路数据选择器。只要把 2^k 个 SRAM 单元编程为所需函数的真值表，一个 k 输入的查找表就能实现任意 k 输入的函数。

研究表明，四输入查找表的 FPGA 具有最高的面积利用率，因此绝大部分商用 FPGA 是基于四输入查找表的。如图 2-21 所示，当前的绝大部分 FPGA 并不是由一个孤立的查找表组成的，而是由一组查找表和寄存器及其之间的一些局部互连组成的。

3. 可编程布线资源

根据 FPGA 的布线结构，商用 FPGA 可以划分成 3 类。Xilinx，朗讯和 Vantis 的 FPGA 是岛形结构的，而 Actel 的 FPGA 是基于行的，Altera 的 FPGA 是层次化的，下面只研究岛形布线结构。

图 2-23 所示为一种岛形 FPGA 结构。逻辑单元块四边被预制的布线资源通道所包围。逻辑单元块的输入或输出，即引脚，可以通过连接盒中的可编程开关与相邻通道中的部分或全部互连线段相连。每个水平通道和垂直通道的交叉处都有开关盒。它是一组可编程开关，让进入开关盒的一些布线资源能够连接到其他布线资源。为了清楚起见，图 2-23 只画出了开关盒包含的部分可编程开关。通过打通适当的开关，长互连线可以由较短的互连线段连接而成。注意，图 2-23 所示的 FPGA 结构中有一些布线资源直接通过开关盒而不断开。这些跨越多个逻辑单元块的互连线是商用 FPGA 的关键特征。

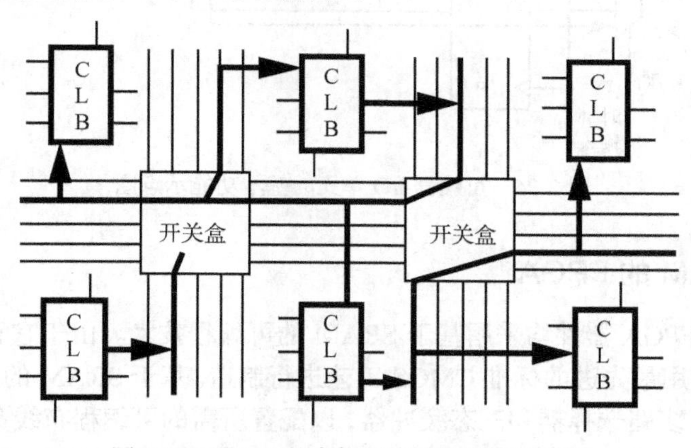

图 2-23　FPGA 的内部可编程连线体系结构

4. 可编程 I/O 单元

作为可编程逻辑器件和片外电路的接口，可编程 I/O 是可编程逻辑器件的基本组成单元。出于灵活性的考虑，可编程 I/O 单元必须实现基本的功能：带寄存器和不带寄存器的输入，带寄存器和不带寄存器的输出，双向 I/O，并且要支持多种电平标准等。

图 2-24 是具备简单输入 / 输出的 I/O 功能示意图。首先，它具有一个统一的对外端口，即图中右边标记为“端口”的部分。无论采用何种配置模式，这个端口都是共享的。左上方的输出使能端用于让用户控制 I/O 端口的输入 / 输出方向。如果该信号为 1，这个端口就作为输出使用：反之，如果该信号为 0，这个端口就作为输入使用。这个控制信号本身又是可配置的：带寄存器和不带寄存器的信号控制方式。

图 2-24 中共有 3 个配置码点，分别用于端口方向控制信号、输入和输出这 3 个信号的组合和时序模式控制，因此这些信号的寄存器模式控制就需要 3 个寄存器。如果要让用户还能把端口配置为双向模式，就需要另外添加配置点和输出使能信号端口。图中用粗线画出了各

种 I/O 控制方式和信号流向，包括“组合输入”、“组合输出”、“带寄存器输入”、“带寄存器输出”，并且还能实现电路工作时改变方向的双向 I/O 功能。另外，出于芯片测试的需要，一般可编程 I/O 单元还带有边界扫描的功能，用于支持 JTAG 的自动测试技术。

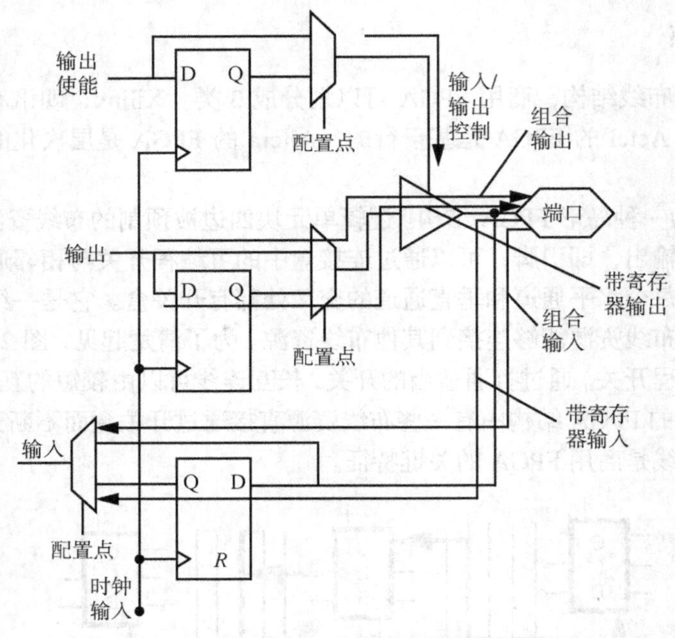

图 2-24 可编程 I/O 单元的基本功能示意图

2.4.2 基于 SRAM 的 FPGA

主流的大容量 FPGA 器件均采用基于 SRAM 的可编程技术。由于它和标准的 CMOS 工艺兼容，因此可以利用最先进的标准 CMOS 工艺进行制造。基于 SRAM 的 FPGA 使用 SRAM 单元来控制传输管、多路选择器和三态缓冲器，以配置所需的可编程布线资源和逻辑单元块。

与 CPLD 相比，FPGA 拥有更复杂、更多寄存器的平铺结构的函数单元，以及灵活的基于通道的内联结构。基于 Flash 的可重配置性，CPLD 可在有限次数内重编程，而基于 SRAM 的 FPGA 则几乎没有限制。FPGA 适于中、高集成度的应用。

FPGA 具有两个显著的特点：(1)对于特定应用，其性能取决于器件内的布线情况；(2)通过查找表实现可编程逻辑功能单元(Function Unit，FU)，而并非类似 PAL 的宽输入与门。

查找表(Look-Up-Table，LUT)本质上就是一个 RAM。当用户通过原理图或 HDL 语言描述了一个逻辑电路以后，FPGA 开发软件会自动计算逻辑电路的所有可能结果，并把结果事先写入 RAM。每输入一个信号进行逻辑运算，就等于输入一个地址进行查表，找出地址对应的内容，然后输出即可。

一个 4 输入的 LUT 可看成一个有 4 位地址线的 16×1 的 RAM，该查找表的工作原理如图 2-25 所示。

基于 SRAM 的 FPGA 具有可针对特别应用进行现场编程的固定结构。图 2-26 给出的典型基本结构包括以下几部分。

① 用于实现组合/时序逻辑的可编程功能单元阵列；

② 用于建立信号通路的、固定但可编程的互连结构；

③ 对器件功能进行编程的配置存储器；

④ 在器件与周围环境之间提供接口的 I/O 资源。

FPGA 的性能和集成度随着技术的发展不断提高。目前最先进的器件包括块存储器和分布式存储器，以及可靠互连结构、用于高速同步操作的全局信号和适用于各种接口标准的可编程 I/O 资源。

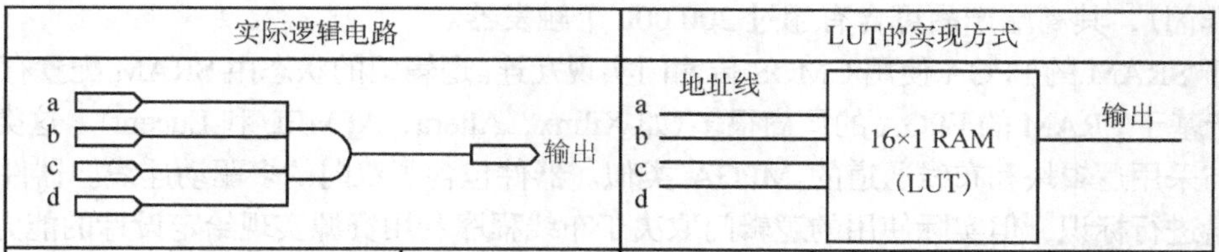

实际逻辑电路		LUT的实现方式	
a b c d → 输出		地址线 a b c d → 16×1 RAM (LUT) → 输出	
a,b,c,d 输入	逻辑输出	地址	RAM中存储的内容
0000	0	0000	0
0001	0	0001	0
…	0	…	0
1111	1	1111	1

图 2-25　查找表的工作原理

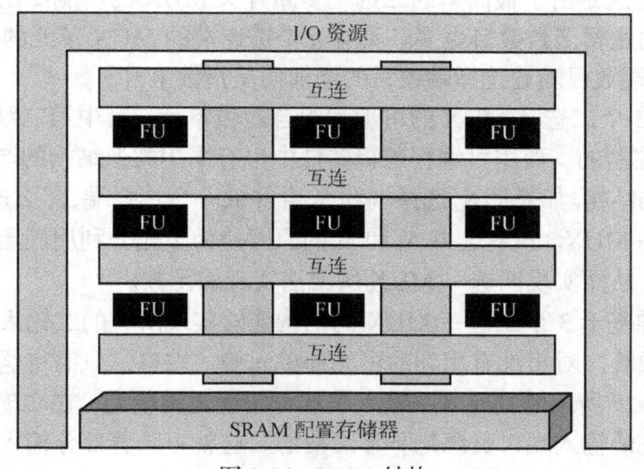

图 2-26　FPGA 结构

易失性 FPGA 可通过程序进行配置，该程序可下载并存储在称为配置存储器的静态 CMOS 存储器中。静态存储器的内容作用于静态 CMOS 传输门及其他器件的控制线，以实现：

- 对单元功能进行编程；
- 对可配置特性(如翻转速率)进行定制；
- 在功能单元之间建立连接；
- 对器件的 I/O/双向端口进行配置。

配置程序可通过主机或电路板上的 PROM 下载到 FPGA 中。易失性 FPGA 在掉电时存储器内的程序将丢失，再次使用前必须重新编程。

基于 SRAM 的 FPGA 的程序的存储易失性是一把双刃剑。FPGA 一旦掉电必须重新编程，但相同的部分也可重编程用于多种应用，并可在处理器的控制下，在同一个电路板上重新进行配置。FPGA 可执行程序用来测试它所在的主系统。存储程序 FPGA 易于重编程，可用于迅速建立原型，使得设计小组在成功概率很小的情况下能够有效地完成工作。在许多设计中，上市时间很重要，FPGA 提供了更快进入市场的途径。FPGA 可通过互联网进行远程配置，允许设计者在现场进行修复、改进、升级或完全重新配置器件。

先进的 FPGA 技术可以在单芯片上实现超过数千万个逻辑门(每个逻辑门等效于一个二输入与非门)，其高端产品可含有超过 200 000 个触发器。

基于 SRAM 的 FPGA 使用 CMOS 传输门实现互连。逻辑门的状态由 SRAM 配置存储器决定。生产基于 SRAM 的 FPGA 的厂商很多(如 Xilinx，Altera，ATMEL 和 Lucent)。这类 FPGA 的结构与采用逻辑块和布线通道的 MPGA 类似。器件包含了双向的多驱动连线。器件根据逻辑门数量进行标识，但实际使用的逻辑门取决于布线程序利用资源实现给定设计的能力。

2.4.3 基于反熔丝多路开关(MUX)的 FPGA

利用不同存储结构的硬件可编程技术及其所控制的基本可编程单元，可以构成不同类型的 FPGA 器件架构。

为了提高可编程逻辑器件互连资源的利用率和性能，一种可行的办法是提升可编程单元的粒度，即从单个晶体管，到与非门，或者是图 2-1 和图 2-5 所示的与或阵列，再到功能强大的多路开关 MUX。这是由于最简单的二选一多路开关 MUX 的功能要比二输入与非门或与门、或门所能实现的逻辑函数数目更多。具有 n 个选择端的 MUX 单元的输入数目为 $n+2^n$。因此，MUX 的输入端数目随着选择端数目的增加而呈指数上升。

图 2-27 是基于 3 个二选一 MUX 的可编程组合逻辑单元，其中第二级的 MUX 的选择端是由 1 个或门进行控制的。商用可编程逻辑器件中也有采用类似结构的产品，这种单元是 8 个输入和 1 个输出的结构。如果把 S_a 选择端和 S_b 合并成一个选择端，那么这 3 个二选一 MUX 就构成了一个四选一 MUX。没有合并 S_a 和 S_b 的原因是为了充分利用底层的硬件资源，提高电路实现的灵活性，从而实现四选一 MUX 所无法实现的函数。

研究指出，这种基于 3 个二选一 MUX 的结构能够实现所有的二输入、大部分的三输入和较多的四输入函数等。对于没有用到的可编程单元输入端口，只需将这些输入端置为常数值。由此可见，图 2-27 所示的具有 8 个输入端的可编程逻辑单元，在实现少变量函数，例如变量数小于 4 时，它的输入端口资源是非常浪费的。这就意味着部分输入端是作为常数信号使用的。这些常数信号会占据部分的局部互连资源，从而造成了互连资源的浪费。

在 Actel 的多路开关型结构中，基本的积木块是一个多路开关的配置。利用多路开关的特性，在多路开关的每个输入接到固定电平或输入信号时，可以实现不同的逻辑功能。

例如，具有选择输入 s 和输入 a 和 b 的二选一多路开关，输出为 $f = sa + \bar{s}b$，当置 b 为逻辑零时，多路开关实现与的功能：$f = sa$；当置 a 为逻辑 1 时，多路开关实现或的功能：$f = s + b$。大量的多路开关和逻辑门连接起来，就能构成实现大量函数的逻辑块。

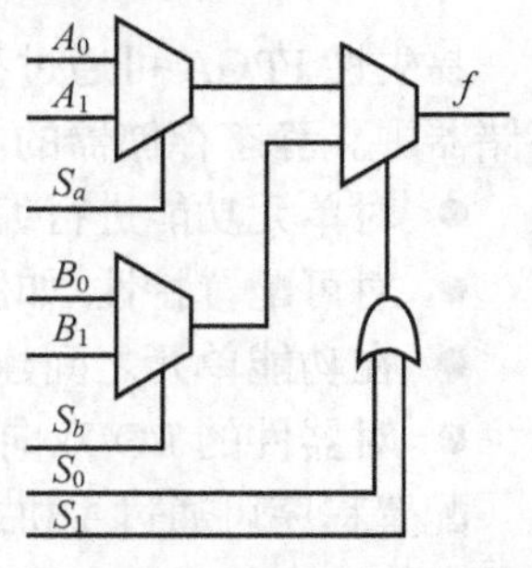

图 2-27 基于二选一 MUX 的可编程组合逻辑单元

Actel 的 FPGA ACT-1 是由 3 个二输入多路开关和 1 个或门组成的基本积木块，如图 2-28(a)所示，这个宏单元共有 8 个输

入和 1 个输出，可以实现的函数为

$$f=\overline{(s_3+s_4)}(\overline{s_1}w+s_1x)+(s_3+s_4)(\overline{s_2}y+s_2z)$$

当设置每个变量为一个输入信号或一个固定电平时，可以实现 702 种逻辑函数。

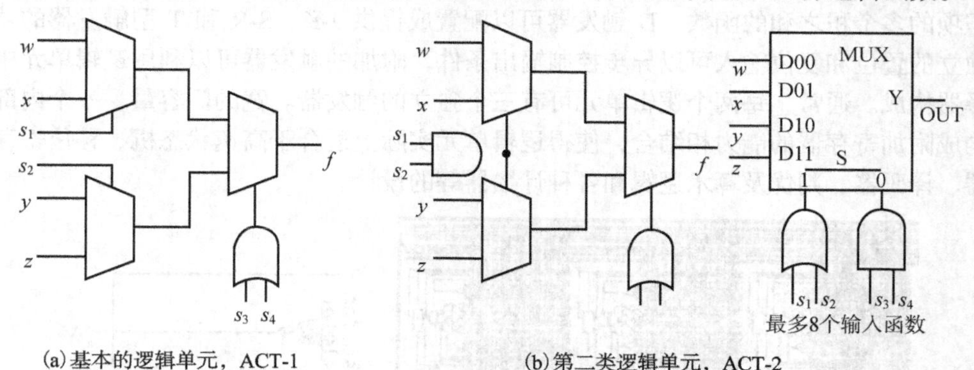

(a) 基本的逻辑单元，ACT-1　　(b) 第二类逻辑单元，ACT-2

图 2-28　Actel 的多路开关型逻辑单元

反熔丝器件通过在两个节点之间加高电压破坏绝缘材料来实现编程。该技术不需要使用存储器来保存程序，但一次写入后便不可更改。反熔丝在器件引脚之间形成永久的低阻通路。反熔丝自身尺寸很小(仅过孔大小)，一个 FPGA 上可以分布上百万个。这项技术最显著的优点在于反熔丝的导通电阻和寄生电容要比传输门和传输晶体管小得多，因此具有更高的开关速度和可预测的通路延迟。

例如，当设置为 $w=A_0, x=\overline{A_0}, s_1=B_0, y=\overline{A_0}, z=A_0, s_2=B_0, s_3=C_i, s_4=0$ 时，可实现全加器输出 S_0 的逻辑函数：

$$\begin{aligned}S_0&=(A_0\oplus B_0)\oplus C_i\\&=\overline{(C_i+0)}(\overline{B_0}A_0+B_0\overline{A_0})+(C_i+0)(\overline{B_0A_0}+B_0A_0)\end{aligned}$$

当设置为 $w=0, x=C_i, s_1=B_0, y=C_i, z=1, s_2=B_0, s_3=A_0, s_4=0$ 时，可实现全加器输出 C_o 的逻辑函数：

$$\begin{aligned}C_o&=(A_0\oplus B_0)C_i+A_0B_0\\&=\overline{(A_0+0)}(\overline{B_0}0+B_0C_i)+(A_0+0)(\overline{B_0}C_i+B_01)\end{aligned}$$

ACT-2 逻辑块类似于 ACT-1，仅在第一行的两个多路选择器选择端都连接到一个二输入的与门，如图 2-28(b)所示。ACT-2 的组合逻辑模块执行 4 到 1 线的多路开关作用，可实现 766 种函数。给定一个多路开关型结构，必须选择一组 2 到 1 线的多路开关作为基本函数，然后再相应地对它们进行编程，相同的函数可用不同的形式来实现，取决于输入选择控制和输入数据的选择。

Actel 的 FPGA 中，每行逻辑块由组成布线线路的布线通道和时钟分布网线分隔开。

QuickLogic 的 FPGA 是采用 ViaLink 反熔丝的通道型结构，如图 2-29 所示。

QuickLogic 的 pASIC 系列中，逻辑单元由 2 个六输入与门、4 个二输入与门、6 个二选一多路选择器和 1 个具有异步置位及复位的 D 触发器组成。每个单元代表近似 15 个可用等效门的逻辑容量，逻辑单元有包含寄存器控制线在内的 29 个扇入，并适合高达 16 个同时输入的宽范围的函数。这样高的逻辑容量和扇入具有用单级逻辑延迟满足许多用户需求的功能，在其他结构中可能要求二至三级的延迟，用单级逻辑单元延迟可以实现的函数包括：1 个十六输入与门；2 个六输入与门加 2 个四输入与门；2 个六输入与门加 2 个二选一或 1 个四选一多路选择器；1 个五输入异或门；1 个三输入异或门和 1 个二输入异或门；高达十六输入或十六乘积项的多个积之和的函数。D 触发器可以配置成提供 J-K、S-R 和 T 型触发器的功能，两个独立的置位和复位输入可以异步控制输出条件，附加的触发器可以利用逻辑单元中的多路选择器构成。通常，每两个逻辑单元可有三个独立的触发器。宽的门容量、一个内部寄存器和构成附加寄存器的能力相结合，使得逻辑单元实际上适合于高速状态机、移位寄存器、编码器、译码器、判优及算术逻辑和各种计数器等的设计。

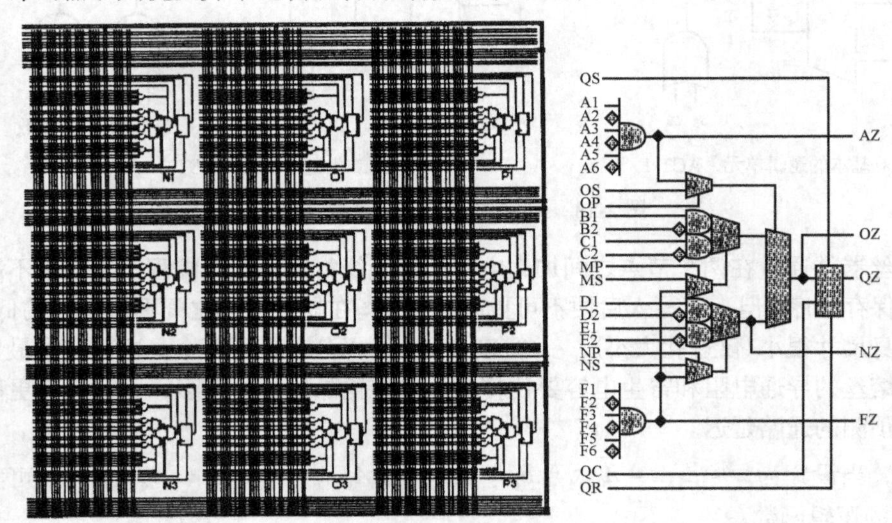

图 2-29 QuickLogic pASIC 的逻辑单元阵列和布线通道

逻辑单元可以由成行和成列的金属布线和金属-金属可编程通孔反熔丝 ViaLink 配置和互连。在采用三层金属工艺之后，使 ViaLink 金属的优点进一步增强，允许所有布线和可编程元件置于逻辑单元之上，而不是与逻辑单元相邻，该方法使小的芯片尺寸上可以有丰富的互连资源，以低的成本提供用户 100%的布通率和引脚锁定能力。

编程的 ViaLink 反熔丝具有极低的电阻，与灵活的逻辑单元结构相结合，使其内部逻辑单元延迟在 2 ns 以下，总输入到输出的组合逻辑延迟在 6 ns 以下，因此反熔丝 MUX 系列 FPGA 具有非丢失、高保密性、无配置加载时间和一次性编程的特点。

反熔丝系列 FPGA 的主要特点是功耗低。在接上了所有内部寄存器之后，200 MHz 运行时的功耗不到 1 W，而且价格也较为低廉，并拥有良好的性能。

另一方面，采用反熔丝技术的 FPGA 尽管具有许多优点，如开机运行，安全保密性强，以及适合太空和军方应用等，但它也有一个致命的弱点，即只能进行一次性编程。这就为大规模 FPGA 产品的开发带来了许多不便。

为了弥补这一不足，Altel 公司也在积极开发其他结构类型的 FPGA 产品。最具代表性的是其新近推出了一种非易失性的可重新编程门阵列 ProASIC FPGA。该系列产品集高密度、低功耗、非易失性和可重新编程于一身。例如，Actel 公司 ProASIC FPGA 的主要特点是：提供 98 000~110 000 个可用门；内嵌拥有 FIFO 控制逻辑的双端口 SRAM(容量达到 138 000 比特)；提供大于 200 MHz 的内部时钟频率；该系列产品的功耗仅是基于 SRAM 的 FPGA 产品的 1/3 到 1/2。

2.4.4　Xilinx 和 Altera 的系列 FPGA

随着可编程逻辑器件应用的日益广泛，许多集成电路制造厂家涉足 CPLD/FPGA 领域。目前世界上有十几家生产 CPLD/FPGA 的公司，最大的 3 家是 Xilinx，Altera 和 Lattice，其中 Xilinx 和 Altera 占有了 60%以上的市场份额。

1. Xilinx 公司的 Virtex 系列 FPGA

Xilinx 提供综合而全面的多节点产品系列，充分满足了各种应用需求，还包含采用 28 nm 工艺技术的 Virtex-7 系列 All Programmable FPGA，其在优化性能价格与功耗比的同时，实现了突出的性能、容量与系统集成度，不但可提供前所未有的系统集成度，还支持 ASIC 类系统级性能。从 Virtex-7 FPGA 系列开始，Xilinx 的低中高端系列均沿用统一芯片架构，从而使设计者的 IP 可以达到更高的复用率。Virtex-7 系列的架构如图 2-30 所示。

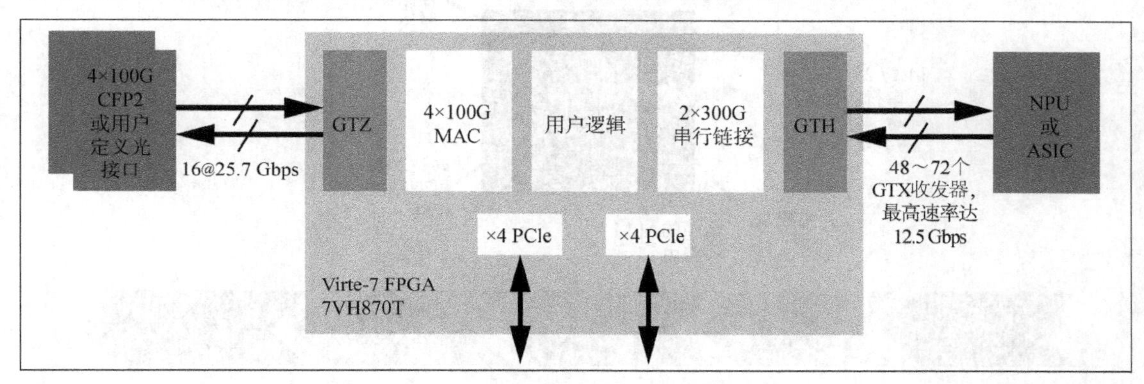

图 2-30　Virtex-7 FPGA VH870T 的整体架构

Virtex-7 系列由 T、XT 和 HT 器件组成，可满足以下不同市场需求。

- Virtex-7 T 器件提供空前的容量与性能，足够进行 ASIC 原型设计、仿真和 ASIC/ASSP ASIC/ASSP 置换，如：
  - ✓ 在单一器件上实现 2M 2M 2M 逻辑单元，6.8 B，6.8 B，6.8 B，6.8 B，6.8 B 晶体管和 12.5 Gbps，12.5 Gbps，12.5 Gbps，12.5 Gbps，12.5 Gbps，12.5 Gbps，12.5 Gbps，12.5 Gbps 串行收发器；
  - ✓ 使非线性集成能减少板空间，降低功效，改善系统；
  - ✓ 通过突破多芯片瓶颈，实现行业最高带宽、低传输延迟时间；
  - ✓ 实现高级节点 ASIC。
- Virtex7 -XT 器件为高性能的收发、DSP 和 BRAM 提供了高处理带宽：
  - ✓ 集成高达 96 10G Base KR 背板串行收发器；
  - ✓ 5.3 TMAC DSP 带宽；
  - ✓ 67 M 比特内存；
  - ✓ >1 M 逻辑单元。
- Virtex-7 HT 内置 2.78 Gbps 串行收发器，可提供超高速的串行带宽：
  - ✓ 多达 16 个针对超高宽带应用的 28 Gbps 串行收发器；

✓ 采用全新 CFP2 型光纤模块来优化设计新一代 100G、Nx100G 和 400 Gbps 系统；
✓ 卓越的抖动性能，超越了 CEI 28G 规范。

2. Altera 公司的 Stratix 系列 FPGA

Stratix V GX 和 Stratix V GS FPGA 含有 66 个高性能、低功耗 12.5 Gbps 收发器。Stratix V FPGA 支持多种 3G、6G 和 10G 协议以及电气标准，满足兼容性要求，例如，10G/40G/100G、Interlaken 和 PCI Express（PCIe）Gen 3、Gen2、Gen 1。该器件还支持与 10G 背板（10GBASE-KR）和光模块的直接链接。Stratix V GT FPGA 的 28 Gbps 收发器设计用于满足 CEI-28G 规范。28 Gbps 收发器每通道功耗只有 200 mW，大幅度降低了系统单位带宽功耗。Altera Stratix V Device系列 FPGA 的整体性能如图 2-31 所示，其中 ALM 代表自适应逻辑模块。

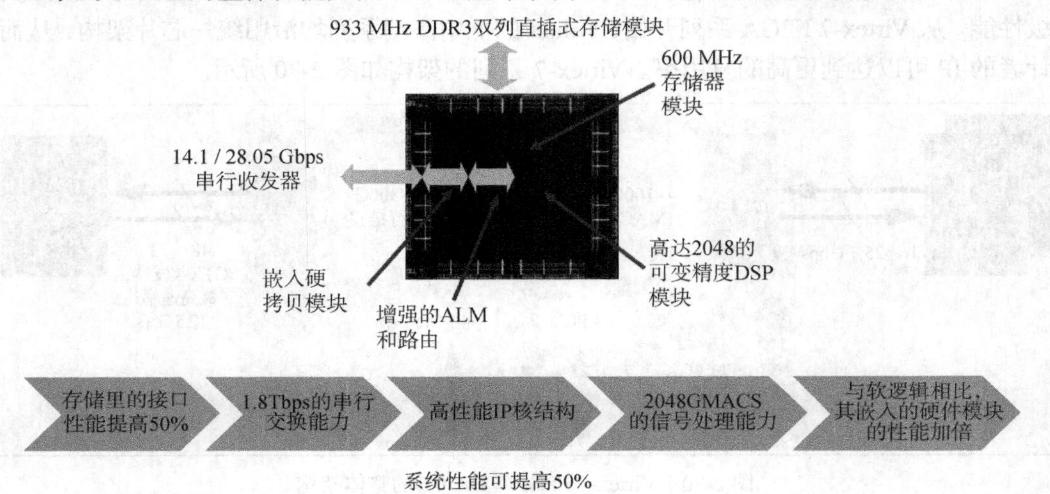

图 2-31　Altera Stratix V Device 系列 FPGA 的整体性能

Altera 28-nm Stratix V FPGA 在高端应用中实现了业界最大带宽和最高系统集成度，非常灵活，降低了成本和总功耗。Stratix V FPGA 的优点如下：

- 高功效收发器突破了带宽
- 单芯片提高集成度，降低了成本
- 提高设计灵活性
- 降低系统功耗

对于大批量产品，采用Stratix V FPGA进行原型开发，将设计移植到低风险、低成本HardCopy V ASIC，可将功耗降低 50%并提高性能。

除了收发器带宽，Stratix V FPGA 还包括一个 7 × 72 位、1600 Mbps DDR3 存储器接口，以及所有 I/O 上的 1.6 Gbps LVDS 通道。

Altera 对 Stratix V FPGA 内核体系结构进行了改进，提高了面积和逻辑效率，以及系统性能，具体特点如下。

- 新的自适应逻辑模块（ALM）体系结构。在最大的器件中额外增加了 800K 寄存器，提高了逻辑效率。自适应逻辑模块体系结构适用于需要大量流水线和寄存器的设计。
- 含有 M20K 模块的增强嵌入式存储器结构。提高了面积效率，性能更好。

- 精度可调的 DSP 模块。实现了效率最高、性能最好的多精度 DSP 数据通路。
- 用户友好的部分重新配置功能。设计人员可以重新配置部分 FPGA，而其他部分仍然正常运行。

Stratix V FPGA 在所有 FPGA 中实现了集成度最高的硬核 IP，提高了器件性能，没有功耗或者成本代价。器件内置的接口包括：PCIe（Gen3，Gen2，Gen1）、40G/100G 以太网、CPRI/OBSAI、Interlaken、Serial RapidIO（SRIO）2.0 和万兆以太网（GbE）10GBASE-R。增强了读/写通路的存储器接口，包括 DDR3、RLDRAM II 和 QDR II+。

Altera 在 2014 年发布的 28 nm Stratix V FPGA 中采用了公司的嵌入式 HardCopy 模块。这一独特的方法使 Altera 能够迅速改变 FPGA 中的增强功能，在 3~6 个月内完成专用器件型号的开发。嵌入式 HardCopy 模块为用户提供了 700K 等价 LE，与软核逻辑实现相比，功耗降低了 65%。

2.5　基于 Verilog 的 FPGA 设计流程

在整个开发周期中，设计实现阶段所花费的时间占据了相当大的比例。在该阶段尽可能做到高效就显得尤为重要。在设计实现阶段及其之前所做的决策，对设计实现和项目进度有举足轻重的影响。FPGA 设计实现阶段的主要步骤如下所示。

- 架构设计。定义结构、接口及系统功能模块之间的关系。可以采用不同的架构实现，如层次化架构或扁平化架构。
- 设计输入。使用一种硬件描述语言 HDL（VHDL 或 Verilog）进行设计输入。如果设计团队有合适的工具，也可以通过 MATLAB、Simulink、C 或 C++完成。然而，这些可供选择的设计输入方法通常都会在某个中间步骤中，将设计转译成 RTL 级代码（VHDL/Verilog）。
- 逻辑综合。基于工具（tool-driven）的处理过程，将 VHDL/Verilog 代码转换成指向特定目标器件的门级网表。
- 布局布线。基于工具的处理过程，确定寄存器和门电路在 FPGA 的物理结构（fabric）中所放置的位置，同时确定设计模块之间的连接路径。最终以设计网表的方式描述整个设计的布局布线。

设计输入和逻辑综合通常归类为“前端”的处理，而布局布线和配置文件生成一般归类为“后端”的处理。

图 2-32 给出了基于 FPGA 目标工艺的设计流程，它在很大程度上依赖于配套软件来完成设计的综合、实现与下载。ASIC 设计中起决定作用的“布局布线”环节没有显示在设计流程中，是因为它对用户透明。同样，没有显示“寄生参数提取”是因为器件的固定结构使时序参数能预先做成实现工具内的数据库。简化的流程使设计者能够迅速生成设计迭代及相关的设计，最终得到硬件原型。

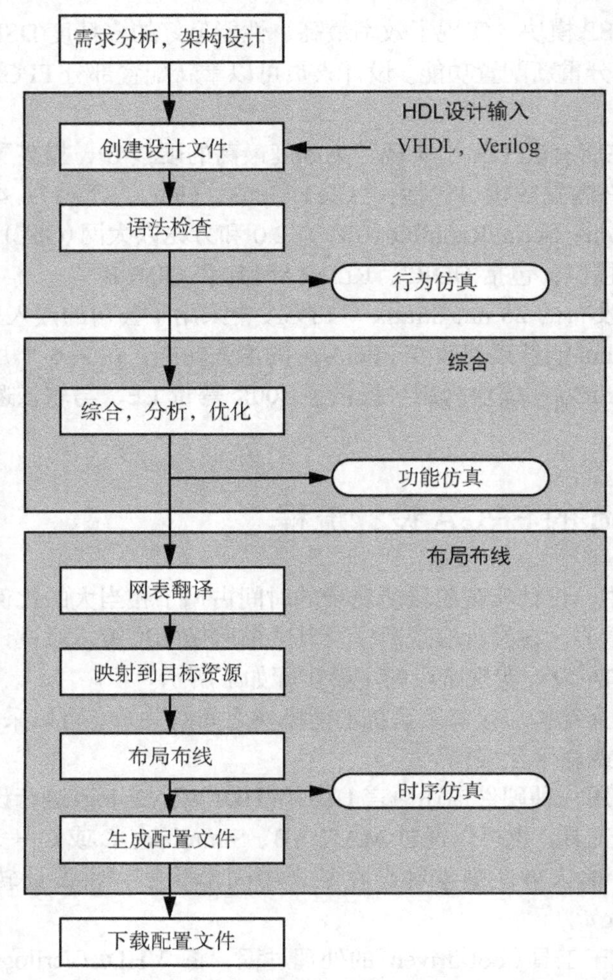

图 2-32 基于 Verilog HDL 输入的 FPGA 设计实现流程

2.5.1 架构设计

一旦确定了需求、功能和设计架构，就必须着手进行设计获取。虽然通常认为设计获取(design capture)是设计输入，但还是有一些特别的因素需要额外进行考虑。相同的处理功能和高级设计架构可以采用多种不同的实现方法，获得相同的功能和性能。这种底层设计如何实现的细节称为设计获取方法。几乎所有 FPGA 设计都偏重使用同步设计，而非异步设计。下面将讨论不同的设计获取方法的特性和优点。

1. 同步设计

同步设计是一种关键的 FPGA 设计实现方法。使用同步设计可获得稳定、可靠的 FPGA 设计，能够更有效地实现、测试、调试和维护。使用同步设计的优点包括以下几方面。

- 简化时序仿真、静态时序分析及约束。
- 隔离 FPGA 内部功能与外部板级之间的时序问题。
- 减少 FPGA 器件工艺变化带来的影响，例如 0.13 μm 到 90 nm 的转变。

- 简化设计复用。
- 最大限度与外部设计兼容(但如果是异步的 FPGA 设计，对于协助设计人员会带来很大挑战)。

2. 扁平化设计与层次化设计

FPGA 设计实现的架构组织(设计获取方法)会显著影响整个开发周期。两种最流行的架构设计方法是扁平化设计和层次化设计。扁平化设计是将 FPGA 的设计实现在同一个层次上，即单一的全局设计实现。层次化设计方法是将 FPGA 设计划分为不同的层次和独立的设计模块。设计的划分会对设计实现产生重要的影响。图 2-33 示意了这两种架构设计获取方法。

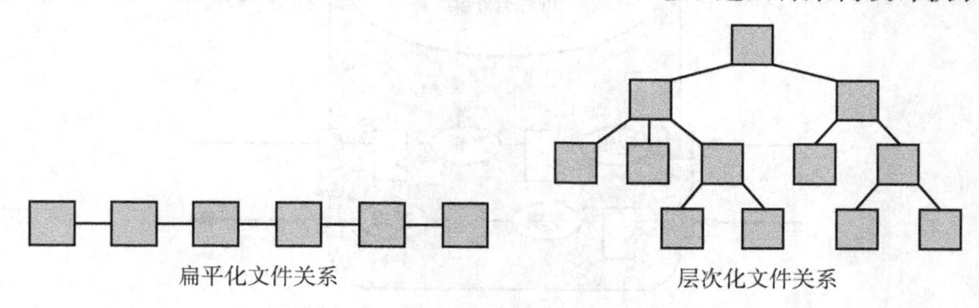

图 2-33　扁平化与层次化设计架构

在扁平化设计中，HDL 输入仅定义单个实体，并且只有一个优先等级。通常情况下，系统的性能会受到全局约束的影响。整个 FPGA 的设计实现需要经过综合、布局和布线阶段。实现大型的扁平化设计可能会在一定程度上延缓开发进度。

层次化设计将整个设计隔离或者划分成更小、更易于管理的设计模块，降低了 HDL 代码的复杂度。一般来说，这些设计模块在功能上相关，共用相同的信号和时钟。层次化设计方法更容易将复杂的设计划分成易于管理的子设计模块，这些子模块可以单独(或局部)进行约束。层次化设计支持全局和局部的设计约束，在设计实现上允许更多准确、细致的控制。约束是设计团队指导和影响电路设计实现的最有效方法之一。后续章节将会进一步讨论设计的约束和优化。

将一个设计划分成多个模块和子模块，各个单独模块就能分开实现。这样就能使这些从整个设计中分离出来的模块，可以分配给不同的开发团队并行开发。层次化设计有助于提高设计效率，增加可选方案，缩短项目进程。以下总结了层次化设计方法的优点。

- 设计模块更小、更容易进行设计、实现、管理和维护。
- 独立的模块可以分开实现。
- 可以实现分布式地开发。
- 同时支持全局和局部的约束。
- 可以使用区域约束来引导、控制功能模块的布局。
- 兼容 IP 模块的实现。
- 简化设计模块的替换过程。
- 支持设计复用。

2.5.2　设计输入

常见的设计输入方法包括原理图和硬件描述语言(HDL)。通过综合，HDL 模型可以实现针对某一特定厂商的芯片的设计。只需要简单地重新综合 HDL，就能将设计移植到其他的厂商、系列和型号的器件上。基于 HDL 的设计提供了更好的设计复用、配置控制和设计仿真。这些优点对于较大规模的 FPGA 设计而言都很重要。图 2-34 提供了一张概念图，说明了基于 HDL 描述的 FPGA 设计。由图 2-34 可以看出，FPGA 的设计模块由可综合的 VHDL/Verilog 代码子集描述而成。

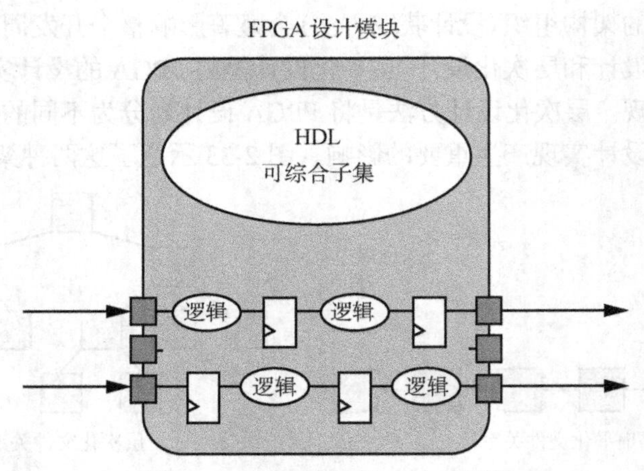

图 2-34　HDL 描述的 FPGA 设计

HDL 是一种用于描述数字电路运行和实现的计算机语言。设计从 HDL 语言转化到寄存传输级（Register-Transfer Level，RTL）的过程，称为综合。综合工具的一个重要的特征是，只支持 HDL 语言可编译的结构范围中的一个子集。这个子集可以用来实现硬件电路，通常称为硬件描述语言中“可综合”的部分，这个有别于所有有效语言结构的可编译全集。基于 HDL 的设计有一个明显的优势，即复杂硬件功能的抽象化。抽象是一种用来减少底层设计复杂性的技术。图 2-35 描述了 HDL 的抽象层次。VHDL 和 Verilog 都是与实现技术无关的、基于文本的电路描述语言。两种语言都可以用来实现组件库的模型和更详细的门级网表，也可以对数字电路的行为进行建模仿真。

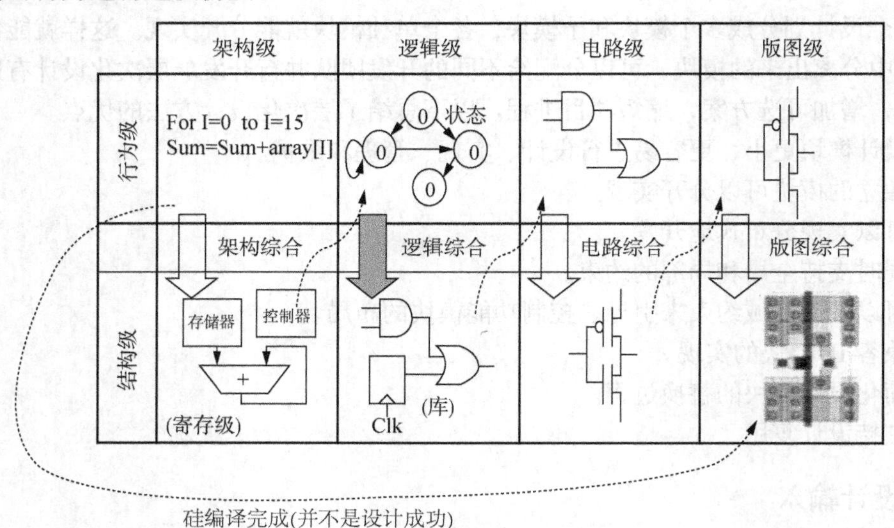

图 2-35　HDL 描述的抽象层次

2.5.3　RTL 设计

集成电路设计师们常用寄存器传输级硬件描述语言进行设计。设计师用 RTL(Register Transfer Language)源代码描述了设计的时序电路和组合电路的功能。RTL 代码中通常既不包含电路的时间(路径延迟)，也不包含电路的面积，用 RTL 代码描述电路的功能有很多好处，其中之一是修改设计很方便。

RTL 的一种定义是：当使用 VHDL 进行电路建模时，寄存器传输级用来进行寄存器传输级综合。在数字设计中，寄存器传输级用来描述数据在组合逻辑和时序逻辑之间传输的时钟行为，其中用于存储的时序逻辑可能是推导出来的，而组合逻辑可能代表任何一种计算或算术逻辑单元的逻辑。RTL 建模允许设计分层，这些层次代表着其他 RTL 模型的结构化描述，RTL 设计的基本原理和电路结构如图 2-36 所示。

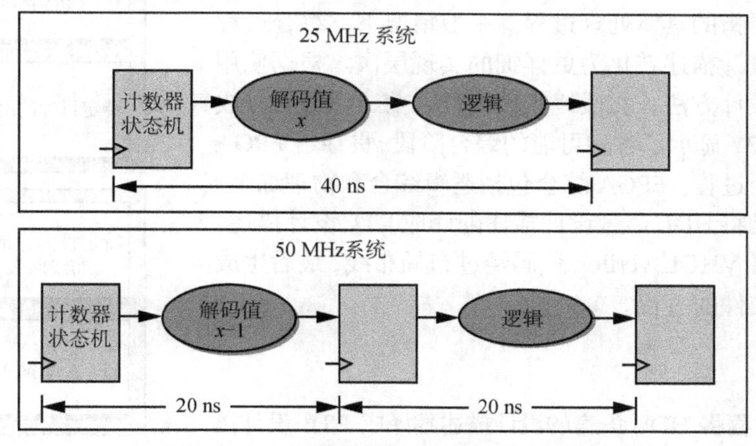

图 2-36　RTL 设计的基本原理和电路结构

按照系统性能需求，RTL 设计通过将组合进行逻辑分割，并在各部分之间插入寄存器，提高了设计的数据吞吐率。例如，一个 16 位加法器可以分割为两个 8 位加法器，并进行流水操作，以将进位链路延迟减少一半。流水线缩短了给定信号在一个时钟周期内必须通过的路径长度，因此时钟频率可以更高并能消除时序违例，其可能无法接受的代价是流水线数据通路会有延迟(取决于增加的流水线级数)，因为数据的传输需要增加一个或多个时钟周期。第二个代价是流水线寄存器将占用 CLB，因此设计的物理实现必须足以为流水线提供附加的寄存器。

基于 RTL 设计的 HDL 代码应包括：

- 电路的寄存器结构和寄存器数目；
- 定义了电路的拓扑结构；
- 输入／输出接口与寄存器之间的组合电路的逻辑功能，寄存器与寄存器之间的组合电路的逻辑功能。

虽然行为综合器可以综合算法级别的代码，但大多数设计团队事实上只使用 RTL 综合工具，这意味着他们必须学会像硬件工程师一样思考，才能编写高效的可综合 RTL 代码。

虽然 VHDL 和 Verilog 提供了更多的数据类型以及算术、逻辑和条件等表达式，但 RTL 代码能直接映射到硬件电路，正因为如此，RTL 综合是目前最成熟的技术，得到了各种综合工具的广泛支持。

2.5.4 FPGA 综合

综合工具从芯片厂商提供的库中选择了合适的逻辑单元，进行布线延迟估算。通过这种方法，设计架构在布局布线阶段可以有效地固定，最终布局布线工具反复地放置逻辑块，然后找出设计单元之间最优的布线。

从 HDL 代码翻译成门级电路，这个过程已经是一个相当成熟的技术，但为了满足特定的设计时序和面积要求，如何选择更好的门级电路并进行布局布线，仍是一个重大的挑战。

"综合"可以用来形容多种不同的设计过程，这可能会造成一定程度上的混淆。只有在具体的情景下，"综合"这个术语才能确定其所指的具体处理过程。一般情况下，综合过程涉及将抽象的设计描述转化为更详细的实现层次。根据使用的工具套件和设计方法，在最终实现设计之前，综合会分成几个阶段。图 2-37 显示了各种可能的综合阶段，贯穿了 FPGA 设计实现的整个过程。FPGA 综合包括逻辑综合和物理综合。逻辑综合过程是将 HDL 语言设计描述翻译成 RTL 设计描述，而物理综合是将 VHDL/Verilog 代码经过布局布线，最后生成一个版图网表文件的过程。

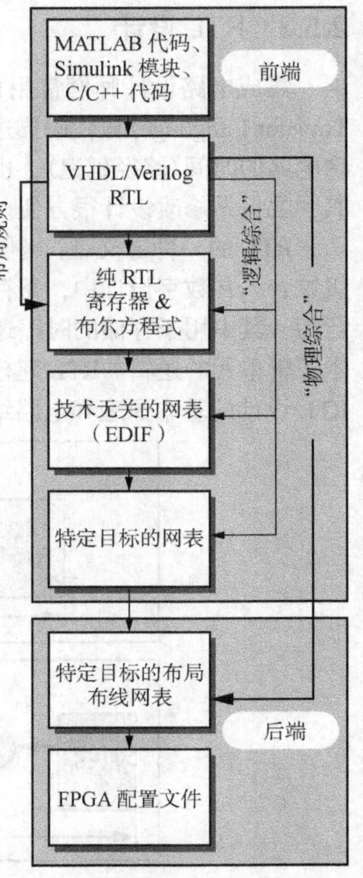

图 2-37　FPGA 综合的各个阶段

1. 逻辑综合

逻辑综合过程将 HDL 语言的设计描述翻译成 RTL 设计描述。综合的过程需要经过多个步骤。首先分析 HDL 代码中的语法错误。当验证完代码的语法正确性时，综合工具开始将设计翻译成 RTL 描述（寄存器、布尔方程、时钟和互联信号）。综合之后会生成一个网表文件，供布局布线工具使用，这些内容将在本章后面讨论。输出网表的通用格式是电子设计交换格式（Electronic Design Interchange Format，EDIF）。

逻辑综合的完整过程包括：

- 编写 RTL 级 VHDL/Verilog 代码，描述所需的设计功能；
- 编写 VHDL/Verilog 测试平台，对设计描述进行验证；
- 使用测试平台评估设计的功能；
- 若设计正确地通过仿真，就能将设计综合到门级电路；
- 通过测试平台评估已综合成门级的设计；
- 验证综合前和综合后的功能是否相同，综合后的时序要求是否得到了满足。

2. 物理综合

物理综合是一个基于工具的处理过程，将 VHDL/Verilog 代码经过布局布线，最后生成一个网表文件，在中间设计流程步骤中不需要任何用户的交互。物理综合一般只支持高端的设计工具，因为很多算法非常复杂，需要详细了解目标芯片的架构。物理综合常常用在高性能的设计上，因为它实现了更高（更全局）的优化级别。

物理综合交互性地选择逻辑单元、逻辑单元的位置和互联的布线路径。这些选择会受到线延迟时间的影响，而不是简单地逻辑综合所给出的估计值。这种方法消除了简单的逻辑综合工具对布线延迟估计的误差，以适应布线的不确定性。布线的不确定性的原因是，在综合过程中，工具并不知道随后执行的布局布线延迟大小，物理综合需要对目标 FPGA 芯片级架构有全面的认识。

3. 可综合的设计

在 ASIC/FPGA 设计中，可综合的描述风格非常重要，无法综合的模型的作用有限。此外，所描述的模型还必须能充分利用目标的架构、资源和性能。例如，FPGA 工具必须能够优化分布式存储器和块存储器资源之间的比例。在 DSP 应用中，尤为重要的是综合工具应减少片外存储器，以达到最佳性能。

FPGA 厂商提供了用于实现特殊功能的宏单元库。设计者可以选择已封装的宏单元或由行为描述综合得到的电路。如果用到基于特定工艺的核，应将其从设计层次中独立出来。

由于 FPGA 中有大量的寄存器，因此一般建议采用独热(one-hot)码形式对有限状态机进行编码。采用连续二进制编码来减少可配置逻辑块(configurable logic block，CLB)数量的做法，通常几乎没有效果，因为这种方案需要额外的单元来形成更复杂的组合逻辑。

通常，非优先级的译码逻辑应优先使用 case 语句而不是 if ... then ... else 语句。前者产生并行逻辑(速度更快)，后者则可能产生嵌套逻辑(如优先编码器)，并在 LUT 的多层结构中产生级联，从而导致更慢的电路。

布局布线工具完全自由时，会生成优化的引脚分配，但如果 FPGA 需要适应预先配置好的主板接口，则其自由度将受到限制。理想情况下，应在 FPGA 设计完成后才配置主板。对输出引脚的限制约束了优化过程，或许还会牺牲一些性能。因此，应仔细分配引脚并尽可能优化设计布线。

由于在任意系统中至少有一个系统时钟，而逻辑电路都会产生一定的延迟，因此只有在一定时钟约束下，FPGA 设计才能正常工作。设计人员应该在设计综合之前了解板级电路的路径延迟和优化，以提升设计的性能。

在一般情况下，为了提升可综合设计的性能，根据 FPGA 的设计特点应该掌握下面所罗列的信息。

- 使用 VHDL 或 Verilog 中可综合的子集，来完成设计的输入。
- 选择合适的目标器件的系列和型号。
- 明确设计约束，例如：
  - ✓ 确定设计的时钟频率(或者在多时钟的情况下，确定各时钟的频率及其之间相位/时序的关系)；
  - ✓ 确定输入信号的延迟；
  - ✓ 确定输出到信号终端的时序要求；
  - ✓ 确定输入信号的边沿变化率；
  - ✓ 确定输入信号的驱动能力；
  - ✓ 确定 FPGA 内部的信号负载；
  - ✓ 确定 FPGA 的工作环境。

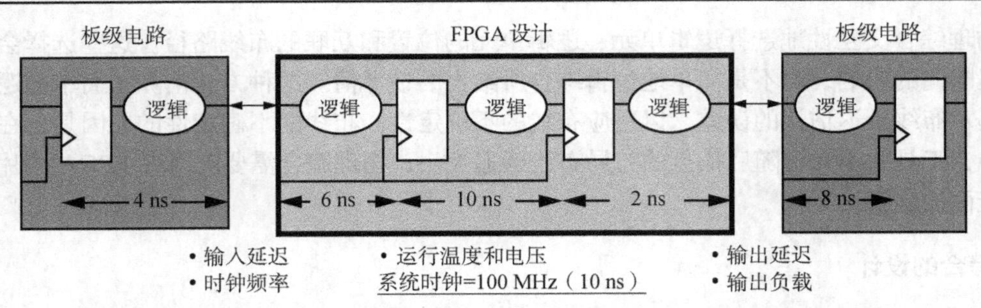

图 2-38 FPGA 内部设计与板级电路之间的时序关系及综合工具所需的约束

图 2-38 所示为 FPGA 的内部设计与板级电路之间的时序关系，该图说明了一些 FPGA 的设计特点。下面的公式表明了一般情况下，设计需要满足的时序关系。以图 2-38 为例，若系统时钟是 100 MHz，即 T_clk_period=10 ns，则系统时钟 T_clk_period 必须满足如下表达式：

$$T\_clk\_period \geq (T\_clk\_Q+T\_pd(logic)+T\_wiring\_delay+T\_setup+T\_clk\_skew)$$

其中，

- T_clk_Q+T_pd(logic)表示：有效的时钟周期内，FPGA 外部的输入逻辑使用了 4 ns 的延迟，而 FPGA 内部路径的有效延迟是 6 ns，或者告知工具 FPGA，内部的逻辑延迟应该小于 6 ns。
- T_wiring_delay+T_setup 表示：根据 100 MHz 的时钟约束，可以确定内部寄存器与寄存器之间的路径延迟小于 10 ns。
- T_clk_skew 表示：由于 FPGA 外部输出逻辑延迟 8 ns，决定了 FPGA 内部的输出路径到 FPGA I/O 引脚的延迟应该小于或等于 2 ns，可告知工具 FPGA 内部输出逻辑的延迟应该小于 2 ns。

综合
将综合输出的文件转换成所需的文件格式
将设计映射到可用的物理结构上
布局
布线
是否满足约束
否
是
设计实现完成

图 2-39 物理实现的各个阶段

2.5.5 布局布线

综合阶段完成之后，设计还需要经过布局布线才能下载到 FPGA 器件中。图 2-39 显示了物理实现的各个阶段。

布局布线是一个工具驱动的过程，用来决定在器件的物理结构中放置寄存器和门级电路的具体位置，确定各个设计单元的互联路径，最后生成一个网表文件。布局布线工具从获取设计单元开始，可以将任意设计单元放置在芯片结构中的任意合法位置。

这种灵活性看上去很有优势，但是对于规模较大的设计来说，因为有太多的选择，这种灵活性反而会使工具不知所措。布局布线的算法通常具有一定程度的随机性。由于随机的布局，可能会造成相关的逻辑没有放置在一起。如果设计是扁平化的(而不是层次化的)，那么相关逻辑单元没有放置在一起的概率会大大增加。层次化的设计为工具提供了额外的信息，可以引导工具如何布局。这也能够从一定程度上说明糟糕的设计划分将会对设计性能产生负面的影响。

所有设计单元一旦完成了一次布局布线，工具就会运行内部的静态时序分析(Static Timing Analysis，STA)，以确定当前的时序是否满足要求。如果未满足时序要求，工具就会迭代性地重新调整布局和布线。每次调整后将再次进行静态时序分析，直到满足时序或因无法满足时序要求而停止尝试。设计团队可以利用布局布线工具的组合选项和工具选项向导，以控制或影响布局布线的主要目标和优化力度(如速度和面积)。

大规模、高性能设计的布局布线过程可能要花费数小时。设计约束是设计团队用来引导和影响设计工具的实现过程的主要方法。设计约束可能会减少工具可选的布局布线方案，设计中相关的逻辑放置在一起，与没有任何约束引导的设计相比，放置的位置会更紧密。

在常见的设计流程中，第一次进行布局布线是没有布局规划(floorplanning)的。如果布局布线之后的设计仍不能满足时序要求，就应该对设计中存在的瓶颈或布线问题进行评估。根据评估的结果，设计者就能制定一份设计布局规划，然后重新进行布局布线。一般的布局规划目标包括相关逻辑的就近放置，以及使用 FPGA 固有的资源达到高性能电路的布局。FPGA 固有的资源包括时钟管理模块、存储器模块、DSP 模块和高性能的串行数据收发器或者串行器/解串器模块。

2.5.6　仿真与验证

1. 基于仿真的验证

验证(verification)是检查设计实现的结果能否达到设计规范要求的过程。这里所指的设计实现的结果，包括功能、性能、规模、功耗等方面的实现结果。验证是集成电路设计过程中必不可少的关键步骤，对于保证设计的正确性，提高设计效率具有重要意义。

验证过程是一个与设计过程相反的过程。它从实现方案开始，验证其是否符合设计规范。在设计的每一步骤都有验证步骤与之相对应，例如综合前的 RTL 模型和综合后网表的功能等效性验证。

通常，我们把验证方法分为两种类型：基于仿真的验证和形式化验证。

基于仿真的验证依赖于测试向量，验证者利用仿真工具在设计模型的输入端口施加测试激励，并由仿真工具模拟设计模型的工作过程，得到响应输出，然后评估输出是否符合规范要求，以此判断设计模型是否有错误。

形式化验证方法不依赖于测试向量，它通过分析和推理的方法验证设计的正确性。形式化验证又分为两种类型：等价性验证和模型验证。

基于仿真(simulation)的验证可分为 3 种方式：软件仿真、硬件加速和硬件仿真。软件仿真是最常用的验证方法，可以基于很多层次，如系统级、算法级和 RTL 级等。

软件仿真通过仿真工具(simulator)对设计模型的行为进行模拟，以此来检查设计模型是否有错误。仿真器的输入包括两部分：设计模块和验证平台(testbench)。其中设计模块是用硬件描述语言(通常是 Verilog 或 VHDL)建立的设计模型，而验证平台则是为设计模块建立的一个验证环境，用于为设计模块产生输入信号(称为测试激励)，采集设计模块的响应输出，并判断响应输出是否正确。验证平台也可以使用硬件描述语言编写，由于验证平台只用于验证而不用于实现，因此不要求其可综合，可以使用行为级描述语法以提高其仿真效率。

FPGA 设计输入基本完成后，就能开始进行设计仿真了。FPGA 设计验证主要有两种方法：仿真和板级测试。板级测试是指完成布局布线的设计，在目标硬件平台上运行的过程。虽然板级测试是一种有效的设计测试和调试方法，但如果在实验室中没有做大量的模块级测试，而是一次性地将全部模块上板测试，那么这种做法一般只适用复杂度有限的中小型设计。仿真对 FPGA 设计验证过程起着至关重要的作用，特别是对快速系统开发的影响。

仿真的最大好处是，在项目最初阶段就能开始验证设计功能，不需要可用的目标硬件平台。从综合阶段之前就可以开始仿真，并能持续到 FPGA 开发流程中的实现阶段，有可用的目标硬件平台为止。仿真主要分为 3 个阶段，每个仿真阶段与综合实现过程中划分的各个阶段一一对应。对应不同仿真阶段的常用术语包括：行为仿真、功能仿真和时序仿真，FPGA 开发流程中的各个仿真阶段如图 2-40 所示。

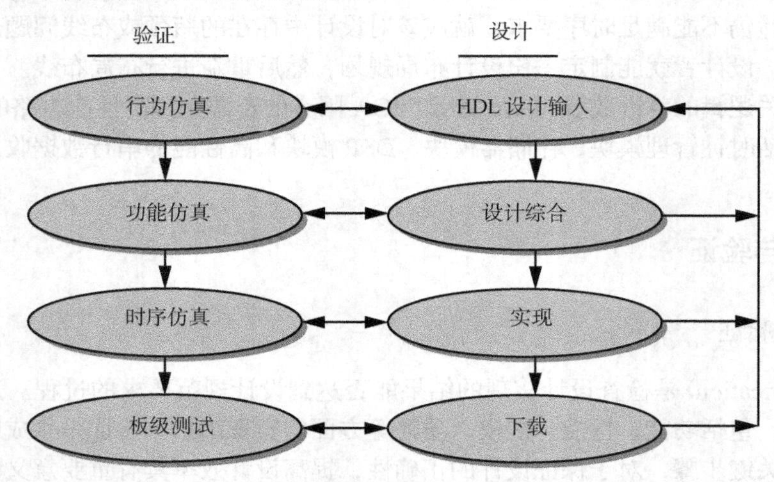

图 2-40 FPGA 开发流程中的各个仿真阶段示意图

行为仿真处于设计的获取阶段和预综合阶段之间，其主要目的是验证 HDL 代码描述的较高抽象层次的硬件电路高级功能。行为和功能仿真可以消除 HDL 代码中存在的设计缺陷。通常来讲，行为仿真、时序仿真，再加上板级验证，对快速系统原型应用来说已经足够了。尽管功能仿真不常用到，但在一些情况下，也能带来不少好处。

功能仿真是综合之后的仿真过程，此时 HDL 代码已经转化成 RTL，其主要目的是验证正在仿真的 HDL 代码的更低层次的功能。因为 RTL 描述设计中的寄存器、布尔方程式、时钟和互连信号，所以仿真工具可以利用这些描述估计电路的延迟。因此，在功能仿真阶段就可以进行最初的时序分析。尽管如此，需要重点强调的是，该阶段所做的时序分析是基于对门和路径延迟的估计的，与目标 FPGA 架构无关。这就是通常不进行功能仿真的一个主要原因。另外，需要特别注意的是，很多情况下，为了获得准确的时序信息和时序仿真结果，需要投入大量时间在布局布线上，而实际情况并不允许。此时，功能仿真就有了用武之地。例如，在某些情况下，一个设计的布局布线周期很长，每次的布局布线周期都会对开发进度产生显著的影响，这个时候更适合选择功能仿真。

时序仿真阶段的时序分析是最精确的仿真。由于 FPGA 设计已在目标 FPGA 器件中完成布局布线，因此提高了这种精确度。仿真工具可以提供更精确的门和互连延迟。这些延迟都是根据目标 FPGA 架构的反标注时序(back-annotated timing)计算出来的。另外，时序仿真还可以验证建立和保持时间是否正确。

时序仿真阶段是 FPGA 测试的一个重要组成部分。只有通过了时序仿真，才能极大地提高设计的成熟度。这也确保了在实验室中进行板级测试的高效性。

传统上，行为仿真一般在综合之前，而功能仿真紧随在综合之后，时序仿真则在布局布线阶段之后。行为仿真和功能仿真分别用来验证高层次的行为描述和较低层次的功能描述；另一方面，时序仿真可用来验证实现的设计在时序上的特性。

2. 模拟/仿真工具软件 ModelSim

ModelSim 仿真软件是由 Mentor Graphic 公司开发的，是用于模拟 / 仿真和调试(查错)的工具软件，适用于用 VHDL、Verilog、SystemVerilog、System C 和混合语言描述的设计模型。

Mentor 的 ModelSim 的每个系列有好几个版本，比如 PE、SE 及 OEM 版。OEM 就是 Mentor 针对各个 EDA 公司所出的版本，比如针对 Altera 的称为 AE。AE 版本不需要设计者再单独提取仿真库，只有独立版本需要提取器件厂家的库。

2.5.7　基于 ModelSim 的设计与仿真流程

下面简单概述基于 ModelSim 仿真环境的设计流程，分以下 4 个方面进行介绍：基本模拟/仿真流程，基于工程(项目)的模拟/仿真流程，基于多库的仿真流程，以及调试工具。图 2-41 展示了在 ModelSim 中模拟/仿真一个设计需要经历的基本步骤。

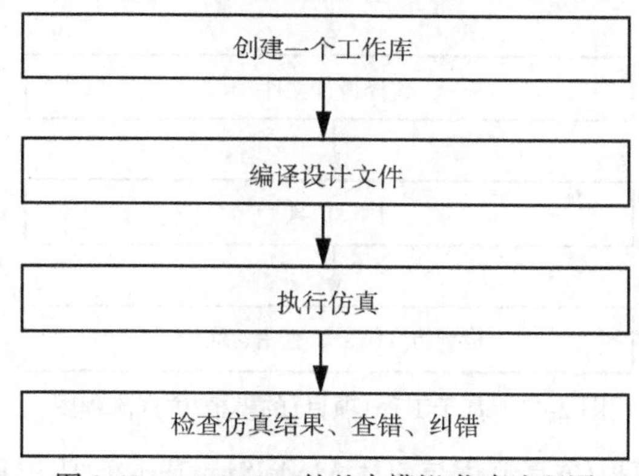

图 2-41　ModelSim 的基本模拟/仿真流程图

1. 基于 ModelSim 的设计与仿真流程

ModelSim 的基本模拟/仿真流程如图 2-41 所示。

(1)创建工作库

在 ModelSim 中，所有的设计，包括 VHDL、Verilog、SystemVerilog、System C 和混合语言描述的设计模型，都被编译到一个库里。一般来讲，利用 ModelSim 开始一个新的仿真之前，首先要创建一个名为“work”的工作库，该库作为默认目的地被编译器用来存放编译后的设计模块。

(2)设计的编译

在建立工作库之后，就可以编译你的设计并将编译后的设计模块保存到工作库。ModelSim的库格式在所有支撑平台上都是兼容的,因此可以在任何一个支撑平台上仿真一个已经编译过的设计而不必重新编译。

(3)执行仿真

当设计被编译以后，就可以在顶层模块启动仿真器。当设计被成功装入仿真器后，仿真时间被设为零，这时输入一个运行命令就可以开始仿真了。

(4)检查仿真结果

如果仿真结果不正确，则应利用ModelSim强大的调试功能进行跟踪。

2. 基于工程(项目)的模拟/仿真流程

工程(或者称为项目)是指组织并管理一个待描述或测试的RTL设计的机制。在ModelSim中，尽管你并不是必须使用工程进行仿真，但工程确实能够使得你与仿真工具的交互变得容易、方便，并且对文件的组织和仿真属性的设置非常有用。图2-42展示了利用ModelSim工程仿真一个设计的基本步骤。

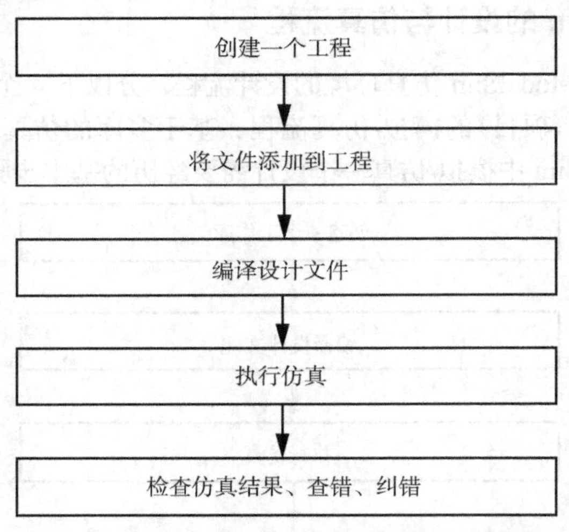

图2-42　基于工程(项目)的模拟/仿真流程图

基于工程(项目)的模拟/仿真流程与前述ModelSim基本模拟/仿真流程相似，但二者有两个重要的不同之处：你不必在基于工程的流程中创建工作库，它会被自动创建；工程是永久性的，换句话讲，每次你启动工程时，项目都会自动打开，除非你关闭它们。

3. 基于多库的仿真流程

ModelSim以如下两种方式使用库：

- 作为一个保存已经编译过的设计模块的本地工作库；
- 作为一个资源库。当你更新一个设计并重新编译时，工作库的内容会改变；而资源库通常是静态的，并且作为该设计所调用的部分原始资源。你可以创建自己的资源库，也可以采用其他设计团队或第三方(比如芯片制造商)提供的资源库。

在编译一个设计时，需要指明将要用到哪些库，有一些规则用来说明以什么样的顺序来搜索这些库。一个既使用工作库又使用资源库的通常的例子是：门级设计和相应的测试台 C testbench，被编译到工作库中，而门级设计中所调用 C(或称例化)的每门级模型则保存在一个独立的资源库中。图 2-43 展示了基于多库的仿真流程中的基本步骤。

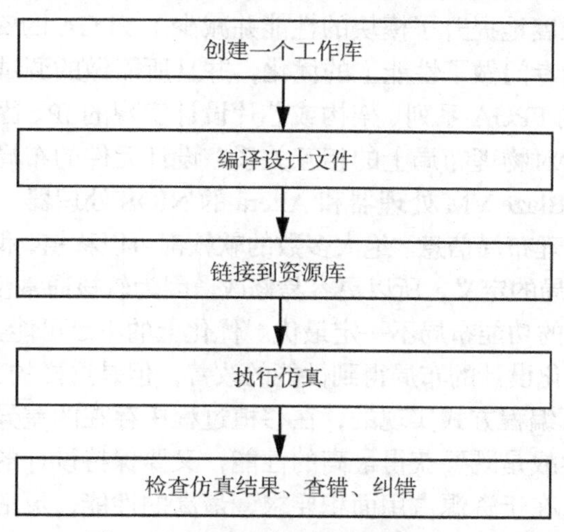

图 2-43　基于多库的模拟/仿真流程

也可以从一个工程内部链接到资源库。如果使用了工程，则将用以下两个步骤代替上述第一个步骤：创建工程，并将设计文件和测试文件添加到工程中。

4. 调试工具

ModelSim 提供了大量的工具用于调试和分析一个具体的设计，包括设置断点并单步执行源代码、观察波形图并测量时间、查看设计中的“物理”连接、观察并初始化存储器、分析仿真性能、测试代码覆盖率以及比较波形等。

2.5.8　基于 IP 的 FPGA 嵌入式系统设计

1. IP 核的复用技术

IP 核指的是由厂家设计、验证并投入市场供其他用户重复使用的 IP(Intellectual Property，知识产权)核。IP 核可以是软核(软件模型)或硬核(掩模集)。在 ASIC/FPGA 中使用预先完成并验证过的内核，能够减少需研发电路的数目，从而缩短新产品的上市时间。这种经济方案的实现取决于内嵌逻辑的可靠性和文档的完备，以及集成和测试内嵌部件的系统级工具。

FPGA 的 IP 是一个功能相对固定且可复用的设计模块(硬核、固核或软核)。术语 IP 通常指已经验证过的设计模块，一般是从外部获取的，也可以从公司内部的项目中获取。而且，IP 通常意味着通过了某种程度的测试，尽管这并不是绝对的要求。市场上供应的 IP 涵盖了广泛的设计应用和功能。用于描述 IP 的常用术语包括：参数化模块库、宏功能模块库、宏(macro)、核(core)以及可综合的核。IP 节省了所需功能模块的开发和测试时间，进而缩短了开发周期。项目获得每个 IP 应用的受益程度会受到多种因素的影响，包括 IP 所实现的功能和性能与项目要求的匹配程度，IP 通过的测试等级，IP 模块投入使用的次数，以及 IP 的成本、许可证发放和文档。

IP 硬核是在芯片级别上优化过的，并且实现了固定的功能。这样的 IP 已经在 FPGA 芯片中实现成了一个具有固定门电路和布线的模块。与在可编程 FPGA 逻辑结构中实现等效功能相比，IP 硬核通常具有更高的效率、更优的性能、更低的功耗以及更小的占用面积。缺点是功能固定，即便不使用相应的功能，仍会占用器件资源并持续产生功耗。硬核固定地实现在 FPGA 结构中，最大限度地提升了模块的性能并减少了 FPGA 的资源占用。一般来说，IP 硬核针对特定的设计功能专门做了性能上的优化，并且所需做的调试工作量大大减少。

IP 固核是针对特定的 FPGA 系列、架构或芯片设计实现的 IP。固核意味着在架构上有一定程度的优化，特别是针对物理布局上的相互关系、设计元件的布局和物理信号布线三者的组合。如 Xilinx 的 MicroBlaze VM 处理器和 Altera 的 NIOS 处理器。

软核没有明确定义物理布局信息。绝大多数的软核都可以移植，但常常在性能上会有所不足。由于软核缺少物理布局的定义，所以更容易修改。因为软核通常没有针对一种特定的芯片架构进行优化，所以实现的功能布局不一定最优。优化上的不足可能会影响 IP 模块实现最佳的性能。尽管可以通过优化设计的布局得到性能的改善，但是这样的工作要耗费很多时间。

软核和固核都是以可编程方式实现的，在移植过程中存在的差异主要取决于它们的实现方式。设计实现最大的挑战是既要获得最高的性能，又要保持设计的灵活性。在硬核、固核和软核之间，主要的权衡在于资源占用面积要求、最高的性能、灵活性和可移植性。

FPGA 厂商在器件和设计工具上做出了努力，并提供了多种可嵌入器件的 IP 核，从而简化了设计者的工作。例如，FPGA 公司直接或通过合作伙伴提供了基本单元(如累加器和移位寄存器)和数学函数(如乘法器、乘加器和通用异步收发器)。

FPGA 厂商通过将处理器嵌入 FPGA 器件里，使基于 SRAM 的 FPGA 的灵活性进一步增强。例如，Altera 公司的 NIos-Ⅱ处理器和 Xilinx 公司的 MicroBlaze 处理器就是固核处理器的例子。硬核是在 FPGA 结构中实现的一种固定功能的门级 IP，Xilinx 公司的 Virtex-II Pro 和 Virtex-4 FX FPGA 都内嵌了 PowerPC405 硬核处理器。另外，Altera 公司和 Xilinx 公司也都提供了内嵌 ARM 微处理器的系列产品。图 2-44 给出了硬核和软核处理器的例子。

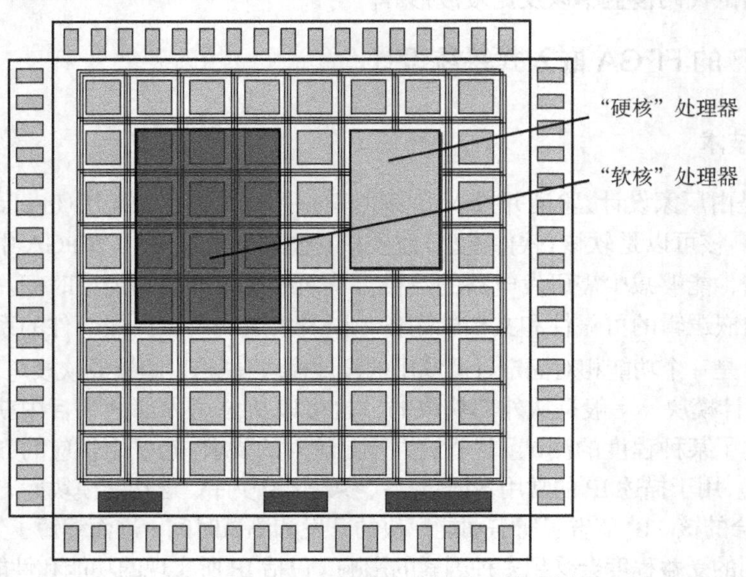

图 2-44　FPGA 硬核和软核处理器示例

嵌入式处理器可以作为软核、固核或者硬核实现。将处理器在 FPGA 里实现的潜在优势包括器件更新、增强设计内容的所有权和减少板级组件。在 FPGA 内部实现处理器需要做出多种硬件和软件权衡。硬件上的设计考虑包括处理器、外围设备模块和 IP 核的选择，处理器存储架构以及设计模块之间的互连。软件上的设计考虑包括知情编码（informed coding）、实时操作系统（Real-Time Operating System，RTOS）和开发设备驱动的选择和使用。另外，因为软件和硬件开发工具都是相当重要的因素，所以要尽可能选择最好的开发工具。

在实现设计的过程中，IP 功能集成占据着相当大的比例。这也是 IP 持续发展的领域之一。当项目计划要直接连接两个或更多 IP 模块时，会面对相当大的挑战。如果 IP 模块和相关的技术支持来自同一个供应商，就可以预期 IP 模块在一定程度上互相兼容。遗憾的是，如果 IP 模块来自不同的供应商，则可能需要完成大量的接口设计工作。

2. 软硬件的协同设计

当实现 FPGA 处理器时，需要考虑许多系统设计因素。这些因素包括协同设计（co-design）的使用、处理器架构的实现、系统实现的可选项、处理器核和外设的选择，以及软件和硬件的实现。嵌入式软件开发可能消耗 50%或更多的嵌入式处理器开发周期。因此，在一个快速系统开发项目中，拥有并执行一个紧密结合的软硬件开发流程是很重要的。软硬件设计团队之间的合作很重要，有助于实现高效和并行的开发。

软硬件的并行开发又称为协同设计。有效的协同设计对于完成高效的快速系统开发工作是至关重要的。协同设计可提高系统灵活性并缩短开发周期。系统设计工具链对于高效的协同设计至关重要。协同设计工具链是用来进行设计输入、仿真、配置和调试的软硬件工具的集合。一个有效的工具链将在软硬件工具集和设计文件之间提供高层次的交互与同步。图 2-45 说明了两个工具流程之间的交互关系。

在 FPGA 器件上实现嵌入式处理器的整个设计周期中，会遇到比传统的分立式处理器设计更高的灵活性。在 FPGA 器件上实现嵌入式处理器是一个充满挑战的复杂过程，应包括以下几个关键因素。

- 决定采用硬核、固核或软核处理器来实现系统功能；
- 选择正确的处理器核架构、协同设计（工具和流程）；
- 外设功能的实现、调试和验证策略。

3. 现代基于 FPGA 的嵌入式系统设计

在基于 FPGA 的典型嵌入式系统中，同一片芯片上通常包括各种不同的核。可编程逻辑电路、硬核、硬的 SRAM 及 BRAM 都布置在同一个 FPGA 之上，就能共享相同的外部存储器。在很多情况下，绝对不允许不同核之间通过共享资源（如外部存储、片上存储器以及总线）互相干扰或互相窥视。这导致 FPGA 系统的安全设计面临着严重的挑战。

如图 2-46 所示，现代基于 FPGA 的嵌入系统的单个芯片上集成了多种具有不同来源的核。例如，通过将硬件描述语言代码转化为比特流的网表可实现 AES 核，通过将 DSP 程序转化为 MATLAB 算法，再转化为硬件描述语言以及比特流的网表可实现 DSP 核。图 2-46 描述的系统为电子系统级（ESL）设计示例。Celoxica 是 ESL 设计的另一种流程，在这种流程中将 C 语言代码转化为处理器软核。最后，采用诸如 GCC 等 C 语言编译器可将 C 语言代码转化为能够在硬核上执行的可执行程序。

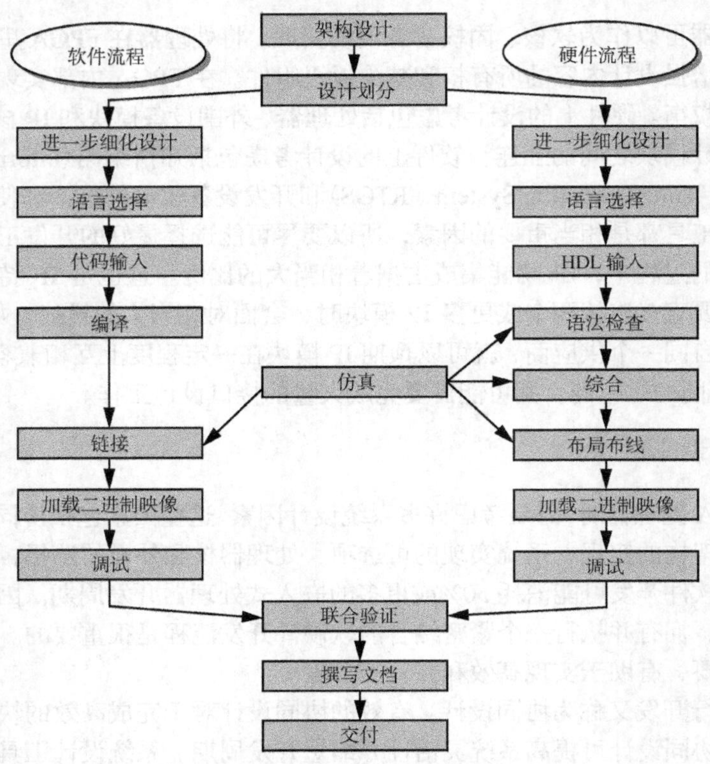

图 2-45 FPGA 软硬件协同设计流程

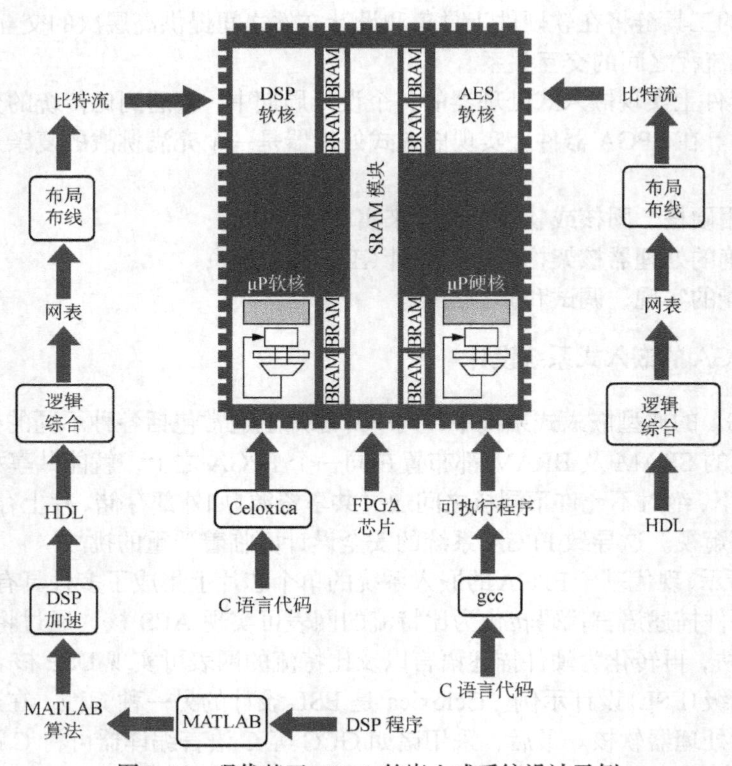

图 2-46 现代基于 FPGA 的嵌入式系统设计示例

图 2-46 中明确了在相同的 FPGA 上可能出现的如下 4 种嵌入式系统设计流程。

① 通过逻辑综合将硬件描述语言代码转化为网表，然后通过一个称为布局布线的流程将其转化为比特流。

② 通过系统级（ESL）电子设计工具，如 Celoxica，将用 C 语言（一种高级程序语言）编写的代码转化为处理器软核。

③ 在另一种系统级（ESL）电子设计流程中，使用 Xilinx 公司的 AccelI DSP 将 MATLAB 算法转化为硬件描述语言，然后将其转化为自定义的数字信号理核。

④ 通过 C 语言编译器，将用高级程序语言编写的代码转化为可执行程序，然后在硬核处理器上执行。

2.6 ASIC 设计与 FPGA 设计之间的移植

2.6.1 可供选择的设计方法

为了创建一个 FPGA 设计，有很多种设计方法可供选择，具体选择哪一种取决于用户的最终目标，如图 2-47 所示。

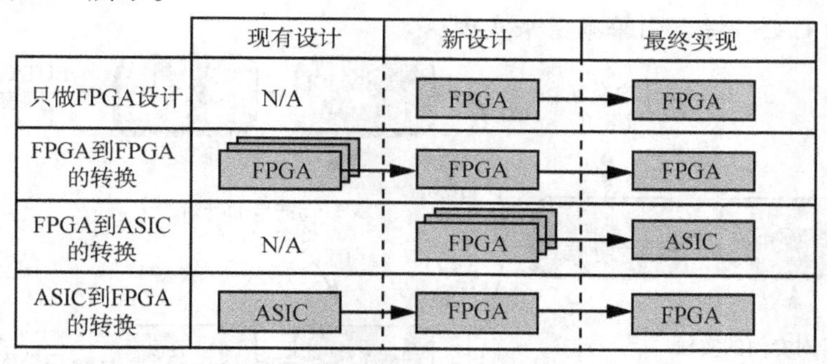

图 2-47　可供选择的 FPGA 设计转换方案

2.6.2 FPGA 之间的转换

FPGA 之间的转换，是指将现有 FPGA 设计移植到新的 FPGA 技术中。这里的新技术通常是指同一个 FPGA 厂商的新的器件系列。或者，可以将现有 FPGA 设计转到新的 FPGA 厂商的器件中。

使用这种方法，比较少见的情况是简单地进行一对一的移植，即把现有的整个设计直接移植到一个新的器件中。更常见的情况是，将原来由多个 FPGA 实现的功能移植到一个单一的 FPGA 芯片中，或者也可能是将一个或多个现有的 FPGA 设计，以及周边的一些离散逻辑，一起放入一个新的 FPGA 芯片中实现。这些情况下，一般的做法是将全部原有的 RTL 级代码和离散逻辑合并到一个新的设计中。设计源代码可能需要进行一些修改，以便能利用目标器件的新特性，然后重新合成。

2.6.3 FPGA 到 ASIC 的转换

此处是指利用一个或多个 FPGA 作为 ASIC 设计的原型。一个较大的问题是，除非用户的 ASIC 设计是中小规模的，否则常常需要将 ASIC 设计分解到多个 FPGA 芯片中。一些 EDA 厂商和 FPGA 厂商具有这类软件，可以自动对设计进行划分。比如，Synopsys 公司已经开发出了一个 FPGA 优化版本，称为 Design Compiler FPGA（DCFPGA）。DCFPGA 可以过指令控制来使用不同的微观结构，还可以对 RTL 中 ASIC 设计的门控时钟进行自动转换，从而在利用 FPGA 做最终的 ASIC 设计时，使 DCFPGA 和 ASIC 有效结合。

另一个需要考虑的问题是，在使用 FPGA 内部的嵌入式 RAM 块实现 FIFO 存储或双口 RAM 这样的配置时，都进行了特殊的处理。这些处理方式与 ASIC 中实现同样功能时采用的方式一般并不相同，不注意这一点可能会引起一些问题。

一种解决方法是创建自己的 RTL 级 ASIC 功能库，其中包含乘法器、比较器、存储器以及类似的模块，它们都应该与相应的 FPGA 实现存在一一对应的关系。但是，这样就要求 RTL 源代码中对这些模块进行例化，而不是使用通用 RTL 描述，让综合工具处理一切。

在针对 FPGA 实现的设计中，各级寄存器之间的逻辑层要比纯 ASIC 设计中的少。如果最终的设计目标是 ASIC 实现，则最好直接用 ASIC 设计思路来实现设计，进行 RTL 代码的编写。当然，这样做会对 FPGA 原型设计的性能造成一定的影响。

如图 2-48 所示，一种解决方法是使用纯粹的基于 C/C++的工具，即不要故意在 RTL 源代码中增加智能型的描述（否则会将设计锁定在某种固定的实现上），而是将所有智能型描述交由控制和引导 C/C++综合引擎本身来实现。

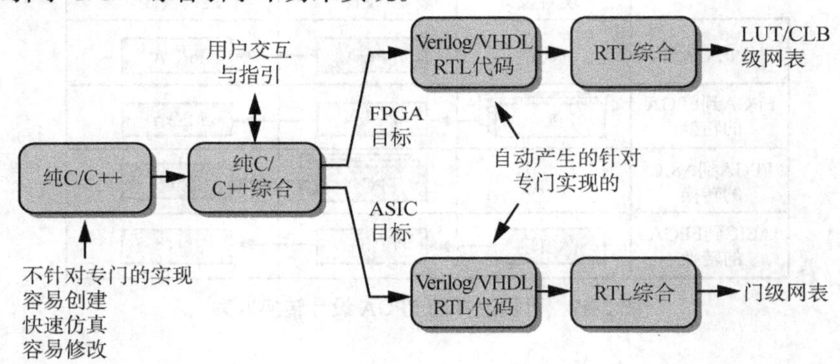

图 2-48　纯粹的基于 C/C++的设计流程

一旦综合引擎解析完 C/C++源代码，就能用它来权衡一下微观结构，并在面积和速度方面评估它们的效果。与每个假设方案相关的用户配置都可以保存下来以备重用。这样，用户可以先创建一个配置文件用于 FPGA 原型设计，验证后就可以创建第二个配置文件用于最终的 ASIC 实现，关键是两个设计流程使用同样的 C/C++源代码。

最后还应了解，现代 ASIC 设计所包含的时钟域和子域数量相当多，而 FPGA 中的主时钟域就非常有限。因此，如果使用一个或多个 FPGA 进行 ASIC 原型设计，就必须花大量的精力考虑如何处理时钟的问题。

2.6.4　ASIC 到 FPGA 的转换

这是指将现有的 ASIC 设计移植到 FPGA 中，原因多种多样，比如想要对现有 ASIC 的功能进行调整，而不花费太多的钱。原有 ASIC 的制造工艺可能已被废弃，但是该器件仍需继续交货以履行合同。有趣的是，近来 FPGA 器件发展非常迅速，几年前的 ASIC 设计可以完全放进一个单片 FPGA 中。即使必须将 ASIC 设计划分到多个 FPGA 中，如今也有一些工具可以帮助用户完成这项任务。

首先，需要对原有的 RTL 代码进行一番精细的梳理，以便移除，至少是评估一下电路中存在的异步逻辑、组合电路反馈环、延迟链以及类似的问题。对于既有置位端又有复位端的触发器，需要重新编码，只使用其中之一。另外还需要寻找所有的锁存器，然后使用寄存器取代它们，重新设计电路。还应该检查类似于 if ... then ... else 的结构有没有 else 分支，没有这个分支会导致综合工具推断出锁存器。

针对时钟，必须保证所使用的 FPGA 器件能提供足够的时钟域，以满足原始 ASIC 设计对于时钟的要求，否则就必须重新设计时钟电路。此外，如果原始 ASIC 设计使用了门控时钟技术，就必须用具有时钟使能端的等效电路来代替。一些 FPGA 厂商和 EDA 厂商提供了具有这种功能的综合工具，可以自动将使用了门控时钟技术的 ASIC 转换为支持时钟的等效 FPGA 设计。

对于像记忆模块这样的复杂功能单元(例如 FIFO 和双口 RAM)，可能有必要调整 RTL 代码，以使它们适用于 FPGA 的结构。有些情况下，会调用专门的子电路或 FPGA 单元来代替原设计中的一些普通 RTL 描述(将由综合来处理)。

最后，原始的流水线型 ASIC 设计中，各级寄存器之间的逻辑层次要比相应的 FPGA 设计多，为了保持原有的性能，在转换时需要进行一定的调整。现在，大多数逻辑综合工具和物理综合工具都提供时序重调(retiming)的功能，就是将各级流水线寄存器之间的逻辑电路在各级之间进行移动，以便平衡分配，从而获得更好的时序性能。

也可能存在这种情况，现代的 FPGA 采用比较先进的制造工艺，比如 130 nm，而原始 ASIC 设计却用 250 nm。这就给了 FPGA 一个内在的速度优势，从而弥补了其固有的线路延迟缺陷。然而，在设计的最后阶段，有可能需要手工修改代码，以增加更多的流水线平台。

2.7　FPGA 的安全性设计

从蓝牙收发器到美国宇航局的火星探测器，现场可编程门阵列(FPGA)已成为嵌入式系统设计的主要实现方式之一。FPGA 是一种可重构器件，由于融合了硬件和软件的特性，因而能够在专用硬件的高性能和 CPU 的可编程性之间找到自己的应用空间，产生更好的效果。尽管这种灵活性可以让开发人员快速设计出原型机，并使设计性能接近于专用集成电路(ASIC)的嵌入式系统，但其可编程性可能会被敌方利用来中断关键的功能，窃听加密的通信内容，甚至摧毁芯片。

构建高效灵活的系统，并确保其具有足够的安全性，是研究人员及业内人士必须面对的艰难挑战。在可重构系统的设计过程中，由于通常到设计末期才意识到可能面临的安全问题，唯一的安全屏障就在于相关系统的深奥难懂。

下面将从安全性角度对 FPGA 进行概述，阐述由日益增加的用途而导致的安全衍生问题，以及可能适用于此领域的安全性方面的经验教训。

2.7.1　设备对 FPGA 日益增加的依赖

FPGA 是很多领域关键设备的核心部件，在从无线接入点(WAP)至商用人脸识别系统等几乎所有领域，都有广泛的应用。与通用处理器的顺序执行方式不同，现代的现场可编程门阵列器件在每个循环中可以执行数百次乘法运算以及数千次加法运算，使其具有能够同时处理很多不同逻辑模块的计算能力。例如，采用 FPGA 的无线接入点中，可能需要使用一个信号处理器、一个协议处理器，以及一个包调度器，所有这些都能集成在一个芯片中。另外，可重构硬件能同时在实验室及现场重新写入，因此可以保证较快的设计周期，相关的补丁甚至可以下载到已开发完成的设备中。例如，可以根据需要，将错误修正或功能增强补丁通过网络向手机或无线接入点推广。

由于 FPGA 集成了灵活性和计算能力，可重构器件已经推动了很多性能优异的嵌入式系统的发展。很多可重构器件的单位面积的速度和性能能够达到类似的微处理器的 100 倍。卫星、机顶盒、入侵探测系统、电网、加密装置、飞机甚至火星探测器都需要通过 FPGA 来实现相应的功能。

1. 航空航天用 FPGA

由于 FPGA 能够兼顾性能、成本及灵活性等诸多方面，很多航空航天电子设备中都开始使用这种器件。例如，在联合打击战斗机中，新的波音 787 梦幻客机中，美国航空航天局的火星探测器中，都使用了 FPGA 来实现重要功能。在这些应用领域中，FPGA 被用在驾驶员座舱显示装置、飞行管理装置、航空电子设备、武器制导设备以及飞行雷达设备中。

电路可以是反熔丝电路、Flash 电路或 SRAM 电路。其中，基于反熔丝电路的 FPGA 为一次性写入器件，而 SRAM 型和 Flash 型的 FPGA 可以多次写入，可以在实验室写入或在现场写入。Flash 型的 FPGA 还具有低功耗的优点。

以军用航空电子设备为例。在这种设备中，单片机需要同时处理机密的目标信息，以及非机密的燃料和维护信息。航空电子设备涉及的其他多级安全(MLS)问题还包括传感器-发射器问题。与接到命令攻击相关目标的士兵相比，决定攻击目标的情报分析师具有更高级别的指挥决策权。

由于可重构系统常常缺乏存储保护、虚拟内存及其他通用系统中经常采用的传统隔离方式，因此需要采取必要的安全措施来防止机密数据和非机密数据之间发生混淆。另外，与软件更新机制类似，在对器件进行远程更新时，保证安全十分重要，这能够有效阻止破坏行为。最后，由于所涉及的知识产权的敏感性，如何防止竞争对手或者敌人轻易地对芯片实施逆向工程，也是至关重要的。

2. 超级计算用 FPGA

尽管台式计算机的性能以不可思议的速度持续提高，但总是存在处于这些计算能力范围之外的问题，在需要超强计算能力时，科学家和工程师最终不得不使用“大铁家伙”。很多超级计算机公司，包括 SRC 电脑公司、Cray 公司和 SGI 公司，都将可重构硬件集成到其系统中以提高性能。这种系统的一个最好例子就是 Cray 公司的 XDl 计算机系统结构，系统中每个机架由 6 片大型 Xilinx FPGA(Virtex -4)和 12 片 x86 处理器组成。加载到计算机中的应用程序包含了与其相关的可重配硬件的配置信息。

与微处理器相比，尽管过去几代的 FPGA 在进行双精度浮点计算方面并没有成本优势，但将其运用在定点运算占绝对多数的应用程序中，能够大大提高计算性能(约为 100 倍)。目前，FPGA 对于浮点运算提供了更多的综合支持。在超级计算环境中，所运行的代码或数据通常具有敏感的知识产权，甚至是机密信息，因此需要相当安全的运算环境。此外，对于入侵者而言，超级计算中心是非常值得关注的目标。因此，超级计算中心还必须具有很强的物理安全等级。

SRC 公司的可重构计算机是采用 FPGA 对通用型处理器上运行的程序提供加速的一个例子。在 SRC 上执行程序时，需要将比特流载入可重构硬件中，同时将可执行程序载入通用硬件中。从安全性角度看，如果主机的操作系统、应用软件或用户账号被盗用，则可能会将恶意的比特流加载到可重构硬件中。此恶意硬件可能会干扰应用程序的正常运行，甚至损坏硬件。由于 FPGA 是更大型系统中的一部分，安全分析必须考虑 CPU 和 FPGA 的相互作用。

3. 用 FPGA 分析视频

FPGA 天生适用于复杂的高速信号处理应用程序，例如视频分析软件及面部识别系统。绝大多数这种类型的算法都是以大量的矩阵运算为主的，属于吞吐量驱动算法，这就意味着对于这些应用程序而言，并行及流水线运算能够大大提高性能。下面以视频编辑问题为例，说明这些系统中由安全性衍生出来的问题。修订过程涉及从资料(诸如文件、歌曲及电影等)中删除敏感信息。视频修订可以用来从秘密文件中截取不需要保密的部分向公众公开，也可以用于保护个隐私。视频修订的一个例子就是将监控摄像机所拍摄画面中的人的面部进行模糊化处理。由于进行系统测试或维护的人员不一定具有查看相关人员面部的权限，进行面部模糊化处理是非常必要的。

IBM 公司开发出了一种称为 PeopleVision 的视频隐私系统。要在 FPGA 上实施这种系统，至少需要使用 3 个 IP 核，其中一个视频核用于视频处理，一个修订核用于将面部进行模糊化处理，一个以太网核用于将修订后的视频传输到安全保卫人员的终端。每个 IP 核都需要单独的外部存储器，同时必须对存储在外部存储器中的数据隐私进行保护。例如，视频核绝对不能绕开修订核将数据直接传输到以太网核处。由于应用程序经常采用由第三方开发的模块，因此构成嵌入式系统的模块的可信度是一个日益值得关注的问题，尤其是在软件和硬件开发过程中，知识产权的重新利用都是非常普遍的事情。

4. 高吞吐量加密用 FPGA

在 FPGA 上实施加密具有很多优点。分组密码需要很多比特级运算，例如比特移位或变换，这种运算能够在 FPGA 上有效实施。FPGA 还能非常容易地更换算法参数，甚至将整套电路彻底更换。例如，如果数学家在某个密码中发现缺陷，就能很容易地用补丁版更新 FPGA 的配置比特流。这些优点在 MD5，SHA-2 及其他一些加密算法中得到了应用。

FPGA 对于公开密钥也非常有用，例如 RSA 加密算法，其中的基本运算是模乘运算以及椭圆曲线加密算法，基本运算是点乘运算。由于能够以较高的吞吐量对数据包流进行并行多规则搜索，可重构器件在网络入侵检测系统(IDS)中也得到了广泛的应用。绝大多数现代的对称密钥密码系统都具有针对一个给定的输入进行一系列重复循环运算的特征。

以循环运算为例，在循环运算中，将一个字中的 b 个比特位移动 n 个位置。在循环运算之前，此位原处于 i 位置，在运算之后处于 $i+n$ 模(mod) b 位置。使用软件实现这个操作需要多个指令，以便将比特位在字中进行移位，并将比特重新组合成字。与之不同的是，FPGA 可以通过重新排列连线的方式，使比特位到达其新位置处，进而简单地实现这些算法。

5. 入侵检测及防范用 FPGA

一个广泛使用可重构器件并与安全相关的领域是网络入侵检测系统(IDS)。由于很多 IDS 系统需要对每个数据包中的每个字节都进行扫描，以确定其中是否存在已知的攻击方式或可疑行为。入侵检测是一个对计算速度要求极高的难题。现在的网络速度基本上已达到每秒数千兆比特(Gbit)，而入侵探测系统必须随时能跟上网络流量。这种最坏情况下的性能要求加上进行分析时采用的流水线方式，使得 FPGA 成为在该应用领域中几乎完美的器件。实际上，已经建立了很多采用 FPGA 的入侵检测系统。这其中非常重要的一点是必须保证入侵检测系统(IDS)的完整性，并确保 IDS 系统不会被绕开，例如以 IDS 核为中心来组织路由通信。

2.7.2 FPGA 的安全设计及技术要点

在经济利益的驱使下，FPGA 在很多重要系统中的应用范围日益扩大，这使得设计师们不得不考虑安全问题。但在目前，从业人员依然没有可以遵守的设计规范。另外，由于嵌入式系统的资源限制，保证安全性更加困难。除了将可编程器件应用于安全处理外，研究人员也已经开始考虑可重构系统本身的安全性。由于硬件设计能够直接从现场系统中复制，因此行业内部必须在如何保护知识产权方面加大投入，保证相关的 FPGA 器件只能由授权方进行更新，同时研究人员还要关注 FPGA 器件中的恶意硬件模块等安全问题。

针对 FPGA 可能存在多种攻击类型。在隐蔽信道攻击中，采用共享资源作为非法通信的手段。例如，恶意核可以对功耗进行调节，用来发送秘密信息给一直监控些波动的另一个核。部分 FPGA 支持比特流的远程更新，在这种情况下，重要的一点是必须确保只有授权方才能进行这些更新。否则，攻击者可以上传恶意逻辑指令，将 FPGA 配置在短路状态，进而改变系统的行为模式，或者损坏芯片。尽管通过加密、指纹及水印等方式能够防止知识产权失窃，但在对抗隐蔽信道攻击、侧信道攻击方面还需要采取更多的措施，并且进一步了解恶意硬件。针对 FPGA 的应用特点，下面介绍几种常见的 FPGA 安全设计技术。

1. FPGA 的恶意硬件和软件

从 20 世纪 60 年代早期开始，系统开发人员就一直关注未详细指明功能所导致的问题。这些问题包括在开发过程中引入的错误，以及由工程师添加的某些性能所引起的问题。通常这些添加的性能是善意的，不会造成任何问题，但在某些情况下，它们是恶意的，会造成严重的问题。

与软件相比，工程师们通常更相信硬件。他们经常假设硬件是值得信赖的，但事实却是，绝大多数恶意软件都可以在硬件中实现。

(1) 恶意软件

恶意软件是指在功能上故意违反系统安全策略的软件。恶意软件的类型和可供恶意软件侵入的系统漏洞的种类非常之多。2007 年在常见漏洞及披露(Common Vulnerabilities and Exposures)项目提供的一份报告中，列出了 41 种不同类型的系统漏洞，其范围涵盖了从较弱的认证方式到跨网站脚本攻击。主要有两大类恶意软件，一类是在未授权域内执行的恶意软件，另一类是在已授权域内执行的恶意软件，如特洛伊木马或后门等。

在大多数系统中，特洛伊木马都能给系统的保密性、完整性及可用性造成严重破坏。比如，特洛伊木马可能会将相关的信息发送到远程站点。这些应用程序的行为模式通常非常复杂，因此发送信息的机制可能会逃过内核级(kemel-level)审查机制的监控。

后门可以破坏软件的运行，最著名的例子是较早版本的 Excel 电子表格中隐藏着一个简单的飞行模拟器。该模拟器由表格正常操作过程中几乎不会出现的条件组合激活。激活后，该模拟器会带领用户在一片阴郁的风景上空飞翔，缀有一个数字不停滚动的墓碑，墓碑上刻有程序开发小组人员的名单。

后门和特洛伊木马之间存在下述区别。首先，后门能够由攻击者根据其意愿随时激活，而特洛伊木马需要受害者合作。其结果是，后门攻击者能够自由选择激活时间，通常通过一个触发器来激活或者使其不激活；对特洛伊木马而言，恶意程序的激活时间完全取决于受害者使用软件的时间：其次，一个低等级的后门可以绕过安全控制，而特洛伊木马的权限被它所依附的“受害者”权限所限定。最后，特洛伊木马通常在应用程序域执行，而后门的理想执行域为操作系统。

(2) 恶意硬件

恶意硬件主要是指 FPGA 产品中的恶意硬件或门件(gateware)所带来的问题，其中包括恶意硬件的分类、晶圆代工厂的可信度、由植入的恶意硬件发起的攻击，以及 FPGA 中的隐蔽信道问题等。

攻击者可以把恶意功能植入硬件或软件中。恶意硬件和恶意软件有很多相同之处，恶意软件的分类方式也适用于恶意硬件。对付恶意硬件是很困难的，一般情况下很难确定计算机程序(或硬件模块)的可信度，因为根据 Rice 定理，这种分析等同于挂起问题。规避恶意硬件需要采用安全的设计方式，包括强制的访问控制机制、安全系统的形式验证和配置管理。后门或暗门允许未获得授权的用户访问某系统。这些功能可以在系统开发阶段被植入，也可以在系统升级阶段被植入。

破坏开关是另一种破坏性的植入体，攻击者只要操纵破坏开关就能禁用硬件或软件的某些功能。在系统的开发或系统维护过程中，可以与暗门一样植入破坏开关，但其破坏功能不是由授权其执行非法访问，而是由于其拒绝执行某些服务(DoS)而造成的。破坏开关可以作为比特流的一部分被植入芯片中，也可以由第三方开发工具或由海外晶圆代工厂内的敌方人员植入芯片中。

已经证实，部分 FPGA 病毒能够对 FPGA 器件进行配置，使其发生短路，最终导致器件的损毁。病毒可以通过软件(带有恶意 FPGA 配置信息的恶意软件)或者硬件复制(比软件更加困难)进行传播。尽管 FPGA 病毒并不常见，但对于敏感性应用领域而言，必须考虑到可能性极小的事件。正如 FPGA 比特流的逆向工程一样，尽管非常难以实现，但在特定的环境中必须加以考虑。

2. FPGA 更新及可编程性

与 ASIC 不同，SRAM 型 FPGA 在其加工完毕后，也能够改变其逻辑配置方式。用于定义逻辑功能的比特流存储在非易失性的片外存储器中，在 FPGA 上电后再加载到 FPGA 中。这种设计方式的优点在于，在逻辑功能设计中发现缺陷的情况下，可以采用新的比特流更换存在缺陷的比特流，且成本远低于重新制造芯片。另外，比特流可以在 FPGA 制造完毕之后，通过安全的设施加载到 FPGA 中，避免了将敏感性 IP 提交给无法完全信任的晶圆代工厂可能带来的风险。

由于 FPGA 能够在运行时更改其部分或全部配置，下面讨论如何防止攻击者利用此特点发动攻击。

(1) 比特流加密和认证

由于将专有的比特流存储在非易失性的片外存储器中可能引起安全问题，FPGA 业界投入了很大的努力来开发比特流加密机制，以防止设计被从非易失性存储器中提取出来。对称加密算法用于对存储在非易失性存储器中的比特流进行加密。这种方法可防止比特流从非易失性存储器载入 FPGA 的过程中，从电路板级对比特流进行探测攻击。解密过程在 FPGA 内部完成。所以，从理论上讲，窃取 FPGA 的设计需要昂贵的、侵入性的打磨和扫描攻击。这种攻击方式需要利用物理方法来对芯片做逆向工程。

(2) 远程更新

通过远程使用补丁或升级包对现场 FPGA 的比特流进行升级所带来的安全问题，类似于在联网的个人计算机中使用软件升级包带来的安全问题。很多安全相关的问题都是类似的，例如重放(replay)攻击和中间人(man-in-the-middle)攻击。

(3) 部分可重构

部分 FPGA 能够在运行过程中改变其部分配置。这种动态部分可重构(也称为部分可重构)的能力，可使器件中某个核的逻辑功能被完全不同的核的逻辑功能所替换。这种节省空间的特征在面积有限的设计中非常有用。

3. 采用壕沟技术和吊桥技术的空间隔离

壕沟技术是通过一种可验证的方式，将多个核放置在芯片的不同区域来实现逻辑上的隔离。吊桥技术采用互连跟踪技术来对以下两个方面进行静态验证。第一，各系统元件之间仅允许合法连接；第二，传送敏感数据的接口未被窃听或被错误地连接到其他核或 I/O 上。

为促进芯片中各个核之间的合法通信，下面对两种可供选择的通信架构进行了比较。

(1) 隔离

隔离是有关计算机安全的一个基本概念，它结合了隔离和受控共享的理念。对密码系统(如加密设备等)而言，特别需要研发强有力的隔离手段，因为通过红线传送的分类明文必须与通过黑线传送的密文隔离开。完整的隔离可以定义为一种“将主体分隔为彼此之间无任何信息流或彼此不受控制的数个隔离区的保护系统”。如果系统的各个部分完全被隔离，则功能性将被大大降低，因此需要一种技术来促进各个隔离区之间数据的受控共享。在 FPGA 系统中，受控共享的一种解决方案是采用壕沟技术实现隔离，采用吊桥技术提供精确共享的手段。

(2) 采用壕沟技术的物理隔离

由于综合工具以性能为目标对设计布局进行优化，所以生成电路的逻辑元件和互连线路往往盘根错节，FPGA 的每个编程单元可由开关盒、查找表和布线这三部分可编程部件组成。对于一个拥有 30K 开关盒编程单元的 FPGA，对比特流进行静态分析在计算上并不可行。为了保护核的数据并防止对核的运行造成干扰，要确保对核进行隔离。

例如，对于映射到 FPGA 上的一个简单的双核系统，为了防止核的重叠，必须对设计工具施加约束，因为核的重叠会增大产生非预期信息流的风险；为了使大型设计的静态分析任务具有可运算性，这些约束也是必须的。

通过对设计工具稍加约束，壕沟就能从空间上对各个核进行隔离，以增强安全性。设计工具如 Xilinx 公司的 PlanAhead 软件等，能够帮助设计人员对核布局进行精细的控制，从而为设计过程提供极大便利。

(3)使用吊桥的安全互连

虽然壕沟能够对核进行隔离，但核之间必须能够以受控方式进行通信。“吊桥”为各个核之间或核与 I/O 之间的通信提供了一条精确定义的路径。各个核的位置以及所允许的连接线路必须预先指定。吊桥技术适用于多种互连架构，包括直连线路和共享总线。未来的工作将会把吊桥技术向片上网络的方向扩展。常用的吊桥技术分为：直连的吊桥技术、局部重构的路线跟踪和共享总线架构的吊桥技术。

4. FPGA 选型

SRAM 型 FPGA、Flash 型 FPGA 及反熔丝型 FPGA 具有不同的安全性能。

反熔丝型 FPGA 的缺点是只能写入一次，优点是窃取设计时十分费力，必须采用破坏性的研磨及扫描破译技术(Sand-and-Scan Attack)。如果要窃取反熔丝型 FPGA 的设计，需要的工作包括：拆除器件的封装、逐层研磨和剥离蚀刻的微电路，以及电子显微摄影，并通过这些来创建芯片的三维图像。由于反熔丝具有非易失性，比特流不需要由外部存储器载入，可以避免板级探测的破译，防止针对比特流加密机制的破译攻击。

Flash 型 FPGA 同样可以将比特流存储在芯片中，这种方式也不需要从外部存储器载入比特流。因此，同样可避免上述方式的攻击。尽管如此，与反熔丝 FPGA 相比，由于 Flash 存储器可以被修改，因此设计可能被改变。另外，与反熔丝型 FPGA 相比，Flash 型 FPGA 很容易被芯片探测技术破译，而芯片探测破译的成本比研磨和破译的成本低得多。

RAM 型 FPGA 在上电之后，必须重新载入比特流，同时软存储错误或比特流解密机制实现过程中产生的缺陷会为破译者提供窃取设计信息的机会。在不断电的情况下，SRAM 型 FPGA 类似于非易失性的 FPGA 器件，此时不需要从非易失性的外部存储器加载设计信息。

由于硬件也能够被实施恶意的攻击，因此一个基于可重构硬件的嵌入式系统与各种软件设计过程类似，其中也包括复杂的工流程的运用和源代码的重复使用等。设计工具和 IP 核中的缺陷可以被人利用来系统地实施攻击。

事实上，FPGA 为新型硬件安全技术的原型设计提供了一个理想的评估平台。由于硬件制造商通常不愿意采纳由研究人员开发的安全方法，因此 FPGA 为这些增强功能提供了一个验证平台。例如，FPGA 可以承载多达 8 个完整的 PowerPC 软处理器核，从而为进行单芯片多处理器的安全改进实验提供了理想的环境，很多用于改进 FPGA 系统安全性的设计技术也同样能够改进 ASIC 系统的安全性。

参考文献

[1] (美)R. C. Cofer，Benjamin F. Harding．吴厚航，姚琪，杨碧波译．FPGA 快速系统原型设计权威指南．北京：机械工业出版社，2013.12

[2] (美)Thuy D. Nguyen 等著；房亮等译．FPGA 安全性设计．北京：机械工业出版社，2014.2

[3] (美) Clive "Max". Maxfield 著；杜生海，邢闻译. FPGA 设计指南：器件、工具和流程. 北京：人民邮电出版社，2007.12
[4] (美) Michael D. Ciletti 著；李广军等译. Verilog HDL 高级数字设计(第二版). 北京：电子工业出版社，2014.2
[5] 牛风举，刘元成，朱明程编著. 基于 IP 复用的数字集成电路设计技术. 北京：电子工业出版社，2003.9
[6] 李广军，孟宪元编著. 可编程 ASIC 设计及应用. 成都：电子科技大学出版社，2003.9
[7] 虞希清编著. 专用集成电路设计实用教程. 杭州：浙江大学出版社，2007.1
[8] 王伶俐，周学功，王颖编著. 系统级 FPGA 设计与应用. 北京：清华大学出版社，2012.1
[9] 曲英杰，方卓红编著. 超大规模集成电路设计. 北京：人民邮电出版社，2015.2

习题

2.1 简述 PLD 的基本类型。
2.2 概述 PAL 和 GAL 器件的结构，并比较它们的异同。
2.3 什么是基于查找表的可编程逻辑结构?
2.4 什么是基 MUX 的可编程逻辑结构?
2.5 FPGA 器件通常包括哪 4 类可编程资源?
2.6 按照可编程 ASIC 芯片中的可编程逻辑功能单元的实现方法分类，FPGA 有哪两类主要的逻辑功能块结构?
2.7 概述 FPGA 器件的优点及主要应用场合。
2.8 Xilinx 公司和 Altera 公司各有哪些器件系列？各有哪些特点?
2.9 描述 ISP 的概念。
2.10 Actel 公司主要有哪些产品系列？各有什么特点?
2.11 理解并解释在可编程 ASIC 设计中，编程与配置这两个概念的异同。
2.12 CPLD 与 FPGA 的区别是什么？如何选用?
2.13 在进行数字逻辑系统设计时，根据什么理由来选用 CPLD 或 FPGA 实现你的设计?

第3章　数字集成电路系统设计工程

现代电子系统日益复杂，随着半导体工艺水平的提高，单芯片的集成度和功能得以不断增强，其设计复杂度和各种风险也随之增大，甚至影响到投资者对研发新的更复杂系统芯片的信心。但是，为了有效地降低便携式移动系统的产品单位成本和能量消耗，同时为了在产品独特性方面更有竞争力，越来越多的电子产品仍然必须采用专用芯片(ASIC)解决方案。因此，深入了解数字集成电路设计的基本方法和关键问题，并明确开发过程的各个实践环节存在的风险，就变得十分必要。

数字集成电路工程设计非常复杂，需要项目经理和集成电路设计工程师具有宽广的知识及技能。项目人员需要深入了解 ASIC 工程设计流程的每个环节，而且还需要知道如何保证设计的每个环节的可靠性，保证设计质量的同时保证设计按时完成，另外还需要了解一些管理技能：怎样组建合理高效的项目团队，进行项目成员培训的方式，激发项目团队积极性的技巧；怎样与产业链的上下游供应商，如代工厂、EDA 工具供应商和 IP 供应商等沟通；怎样降低 ASIC 工程设计过程中的风险；怎样监控工程设计的每个环节。

3.1　数字集成电路设计的基本流程

数字集成电路设计是一个非常复杂的系统工程，其流程并非固定不变，而是随着设计复杂度、设计方法、制造工艺、EDA 工具的发展而不断演化。图 3-1 是业界普遍认可的数字集成电路设计的基本流程。

在数字集成电路的实际设计过程中，各个阶段之间必然会有交互和反复，只有在设计的前一阶段充分考虑到后续阶段将遇到的困难，后续阶段才可能顺利完成，否则需要返回到前一阶段重新设计。例如，体系结构设计阶段不考虑算法硬件实现代价，到了 RTL 设计阶段才发现面积或功耗上的要求无法实现，RTL 工程师就只能将设计返回到系统工程师，重新设计或修改；再如，RTL 代码编写的质量较差，或者综合时约束条件不完备，会导致后端布局布线时时序无法收敛，只能重新修改 RTL 代码，重新综合仿真。显然，反复的次数过多会大大影响设计的进度。

现代 EDA 工具发展的一个重要原则是，尽可能在设计的前端发现并克服或减少后端将要面临的困难，减少设计中反复的次数。在数字集成电路的实际设计过程中，各个阶段之间也不是完全串行进行的，在合理安排的情况下，多个阶段之间可以并行操作。例如，RTL 编码阶段及 RTL 综合等后端处理阶段与 RTL 代码功能仿真阶段可以并行进行；再如，后端设计过程中的静态时序分析与后仿真可以并行进行。多阶段之间的并行操作缩短了集成电路设计周期，但也给设计中的数据管理提出了更高的要求。这是因为多个并行操作阶段之间有数据依赖关系，比如代码功能仿真需要 RTL 代码稳定才能进行。设计各阶段之间的反复迭代和并行操作，要求数字集成电路设计必须有严格的数据管理机制才能保证项目正常进行。

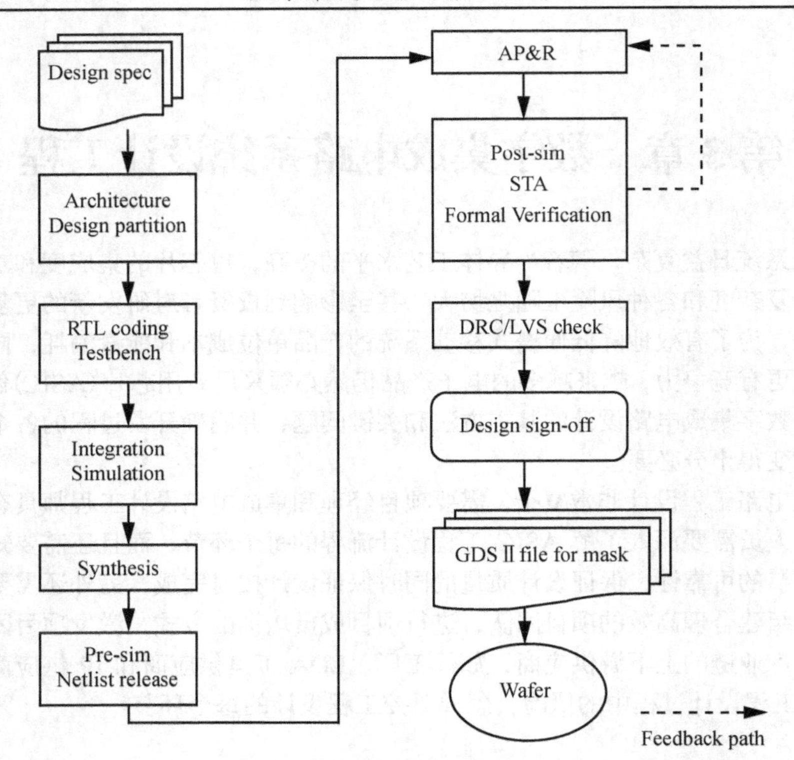

图 3-1 数字集成电路设计的基本流程

3.2 需求分析和设计规格书

一个数字集成电路设计项目的实施始于项目策划立项。项目策划立项阶段的基本流程是：市场需求→调研→可行性研究→论证→决策→任务书。在项目策划立项阶段，需要进行细致的市场调研、规格定义和竞争产品分析。这些措施对整个项目的成功与否，具有决定性的影响。因此在项目策划立项时，切忌草率，宁可多花些时间进行充分的调研和论证。

在项目策划立项时，必须完成项目任务书(项目进度、周期管理等)和 ASIC 规格书的编写。此阶段的任务涉及：初步的体系结构设计，预估芯片的面积，风险及成本分析，初步的资源需求计划，预估完成项目所需的时间及所需的资源研发费用，确定项目总体设计目标及阶段性设计目标、设计工具及设计所采用的工艺等多项工作。

一个集成电路开发计划始于设计规格书(SPEC)的建立，而规格书的完成则有赖于市场人员勤于搜集市场信息，对所设计的芯片的大致功能和成本提出要求。这个阶段往往非常不确定，原因在于市场的变动性。市场并非一成不变，而是迅速变化的，不易取得市场信息。有一些市场信息，如规格、售价等往往是各公司的机密。

设计规格书的制定，除了有市场人员的参与外，也需要在芯片设计上有经验的工程师就芯片规格提出意见。工程师至少必须对可行性、架构需求、开发的工作量及产品开发日程(Schedule)提出意见。市场人员则至少对潜在的客户和市场的需求进行分析，因为产品毕竟是因需求而存在的，再怎样好的产品若不能得到认同，终究不算是成功的产品。因此，市场人员不能完全不考虑技术问题而制订规格，工程师也不能完全不考虑市场而根据想象来设计芯片。两方面的人员的工作一定要相互配合，相互沟通，才能紧紧把握市场和技术，设计出成功的芯片产品。

该阶段的输入是用户或市场需求、新的标准、新的科研成果等等，输出是芯片需求规范(Specification)。其中，芯片需求规范应该包括下面这些主要内容：

- 系统描述和典型应用
- 芯片的外部接口情况
- 芯片的功能需求
- 设计的约束条件
- 芯片的性能要求

因此，SPEC应从总体以及各功能模块不同层次的角度详细地描述芯片，通常包括：

- 描述芯片的总体构成和结构组织，芯片顶层的主要结构图；
- 顶层模块的功能说明、接口信号、结构框图、数据通路和设计细节；
- 各子模块的功能说明、接口信号、结构框图、数据通路和设计细节；
- 子模块功能，描述各个模块的特性、构成、软件接口、操作步骤等；
- 子模块的接口信号；
- 子模块的主要结构图；
- 子模块的实现原理；
- 时钟信号的连接；
- 复位信号的连接；
- 描述如何达到最好的性能，如何达到最低的功耗；
- 引脚和相关的信号；
- 工艺和封装。

3.3　算法和架构设计

算法和架构(Architecture)设计阶段是整个项目成败的关键环节，而且算法设计和架构设计也往往是结合在一起的。算法设计主要是根据功能和性能的需求，选择或设计算法，并通过仿真或其他方法进行验证和评估。简单地说，架构设计就是如何使用芯片来实现这些算法和功能。

3.3.1　算法设计

我们知道，算法是解决一个问题的方法和过程。在涉及较多算法设计的集成电路设计过程中，如图形处理或无线通信基带信号处理芯片等，首先需要构建抽象的算法仿真模型(使用C/C++、System C、MATLAB等)。这一模型可以仿真系统应用的具体环境(如无线信道的模型)，从而验证相应算法的功能和性能。

在产生了初步的算法之后，架构设计者会选择或设计一个能够实现该算法的软硬件架构。他所做的工作包括几个部分：① 软硬件划分，其中软件部分应包括运行在嵌入式内核上的固件(Firmware)；② 功能模块的划分，即确定芯片中各个模块的功能；③ 模块接口的定义(包括软件和硬件)；④ 片上的总线和模块互连方式的设计以及实现一些特殊的需求(如功耗的要求等等)。对于复杂的设计，架构设计也应当通过建模和仿真进行定量的分析，以比较和验证所选定的架构能否支持设计的功能和性能目标。

要注意行为级模型（用于算法或架构仿真）和功能级模型（用于硬件功能仿真）的区别。行为级模型仅仅模仿了设计的输入输出接口，因此它的仿真速度非常快。也正因为如此，可以多次使用，以便对多种算法或架构进行比较和取舍。

另外，建立抽象的行为级模型可以作为以后设计各阶段的参考。例如，在微处理器的设计中，经常需要首先构建抽象指令集模型（ISA），在功能 RTL 代码完成后，可以让二者运行同样的测试程序，然后比较最终的指令执行结果是否正确。

算法规范应当包括下面这些内容：

- 算法描述
- 性能分析
- 仿真环境描述和仿真结果分析
- 实现指导
- 测试向量说明

3.3.2 架构设计

芯片架构的选择和设计对于以后各个设计阶段是否成功起着决定作用，通常需要多名有经验的工程师与架构工程师协同工作，从其他设计小组借调一些专家参与制定或审核所做的架构设计，将非常有帮助。在进行架构选择和设计的过程中，必须对以下问题进行分析和回答：

- 该架构是否自然地分解为相对容易设计、验证和测试的模块？
- 如果使用 SoC 方式，应采用哪种微处理器、DSP 核及总线结构？
- 对于芯片的应用，该架构设计是否太复杂？是否存在更容易实现的架构？将多个可选的架构进行性能、成本和设计复杂性进行比较。
- 是否有同类型或相似的模块在以前设计中使用过？或可以从第三方获得？是否可以重用？如何重用这些模块？

对于常见的设计，架构的选择和设计又可分为以下几个步骤：

① 软硬件划分

② 硬件功能模块划分

③ IP 选择和设计

④ 模块互连机制的选择和设计架构的建模和仿真验证

目前的芯片（特别是 SoC）往往是一个复杂系统的核心器件，只要增加少量的外围器件，就能构成一个完整的系统。这个系统中一般不仅包括硬件，还包括运行于硬件上的固件（Firmware）和软件。固件和软件通常运行于芯片中的嵌入式处理器（CPU 或 DSP）之上。其中，固件一般指固化在芯片中的软件，一般用户是无法修改的。

以一个典型的手机基带处理器芯片为例，通常它嵌入了一个以上的 CPU（如 ARM）和一个以上的 DSP，以及支持其他任务的功能单元。那么，在进行芯片架构的选择和设计之前，必须首先确定整个基带处理器的功能怎样划分，也就是哪些功能应当由硬件实现，哪些功能应当由 DSP 上的软件（或固件）实现，哪些功能应当由 CPU 上运行的软件实现（见图 3-2）。

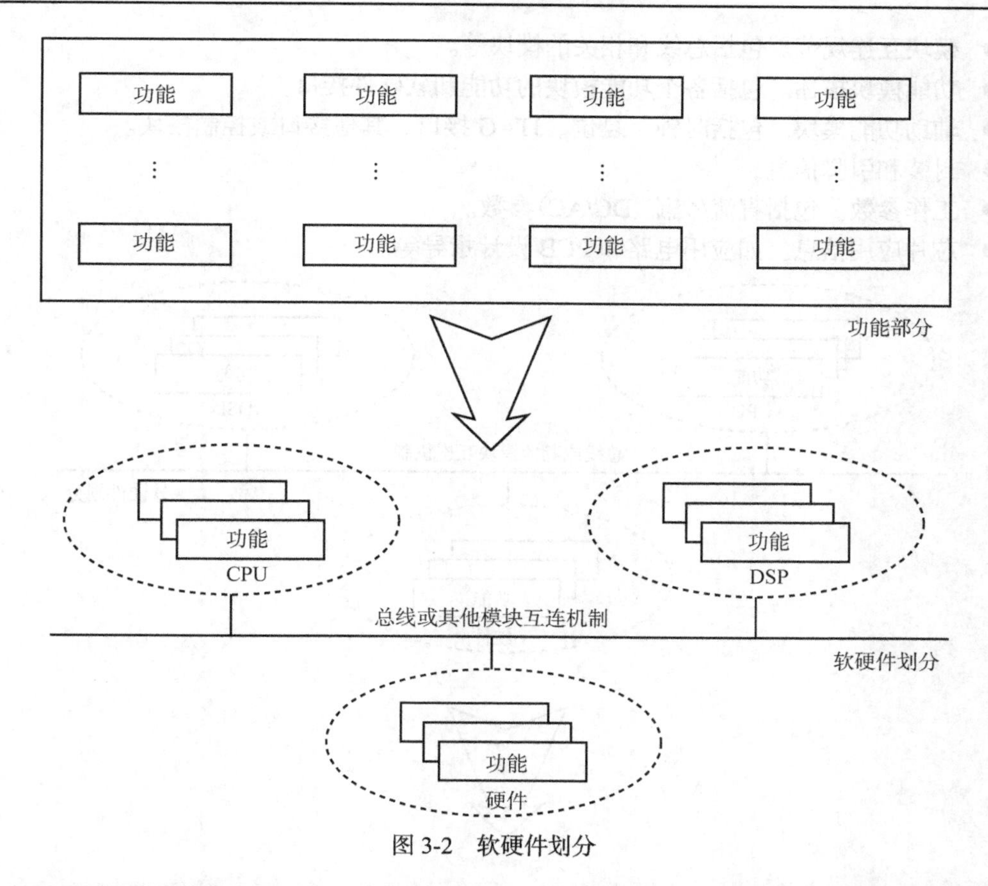

图 3-2　软硬件划分

在完成了软硬件划分的工作之后，我们对芯片的硬件功能已经有了清晰的定义，但此时这些功能还只是逻辑上的描述，我们必须进一步将这些功能细分成功能模块，形象地说，就是要建立一个芯片的功能框图(见图 3-3)。这个框图中的模块可能是需要全新设计的模块，也可能是已有的设计或第三方的 IP。同时，还必须定义模块之间的连接关系和相应的接口。这一步骤就是模块划分和接口定义。

在某些情况下，架构设计过程中可能会发现，为实现前面设计的算法所需的硬件代价过大，或者根本无法实现。这时就需要重新考虑算法的设计。

举个简单的例子，视频处理设计通常使用有损压缩算法。如果使用比较简单的压缩算法，则图像质量下降，但能够降低芯片的处理速度要求，因此必须对所用的压缩解压缩算法进行仿真，在保证图像质量满足要求的前提下采用硬件代价最小的设计方案。

此时的输入是需求规范，输出是算法规范(Algorithm Specification)、架构规范(Architecture Specification)和功能规范(Functional Specification)。对于架构规范和功能规范，也可以整合为一个文档。

芯片架构规范应该包括系统描述、芯片的功能和特性、外部接口、典型应用、调试特性、芯片应用的一些条件与约束。架构规范(功能规范)应包括如下内容。

- 芯片功能描述。包括数据结构和数据流，软硬件划分，工作模式。
- 顶层功能框图。包括所有重要的模块和连接关系，包括时钟、复位和初始化过程等。
- 处理器子系统。如 CPU、DSP 等子系统。

- 模块互连规范。包括总线和相关的模块等。
- 功能模块描述。包括各个功能模块的功能和软硬件接口。
- 辅助功能模块。包括时钟、复位、JTAG 接口、其他接口或控制模块。
- 封装和引脚信息。
- 工作参数。包括直流/交流(DC/AC)参数。
- 芯片应用信息。如应用电路和 PCB 设计指导等。

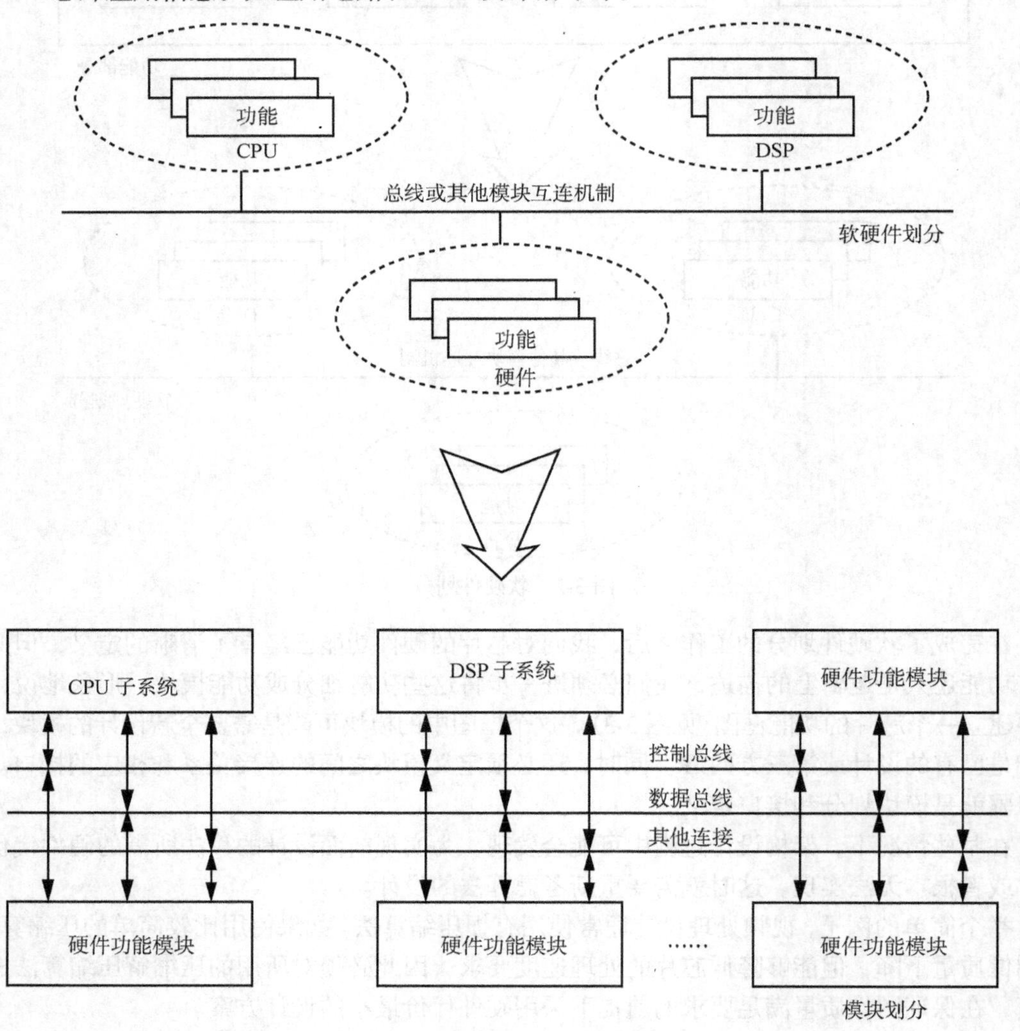

图 3-3　功能模块划分和接口定义

3.4　模块设计、RTL 设计和可测性设计

3.4.1　模块设计

模块划分是将复杂的设计分成许多小模块，它的好处是区分不同的功能模块，使每个模块的尺寸和功能不至于太复杂，便于数据文件的管理和模块的重复使用，同时也有利于一个

团队共同完成设计。可以把不同的模块分配给团队中不同的人来完成，每个人再按照设计文档的建议来进行细化，如图 3-4 所示。

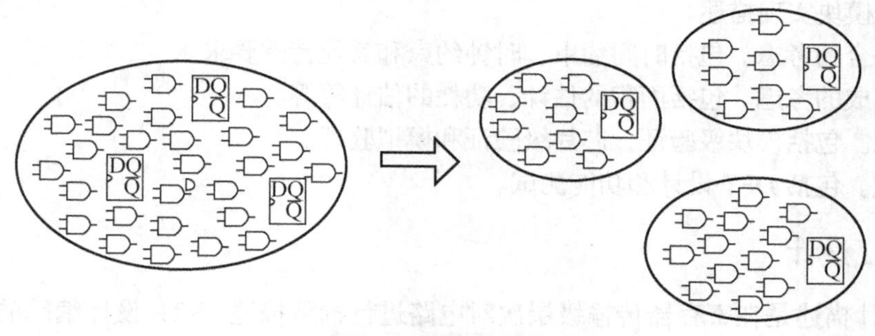

图 3-4　模块的划分

总体设计和模块划分的好坏对于采用分块式综合及布局布线也是很有影响的。良好的模块划分可以减少综合工具的运行时间，采用比较简单的综合约束就能得到时序和面积都能满足需求的结果。模块划分的主要工作包括如下几方面。

1. 关于芯片级的模块划分

在进行芯片级的模块划分时，建立明确的层次结构仍然是经典的设计形式。这种方式不仅有助于基于 IP 复用设计的进行，而且对于以团队形式实施的设计管理、分模块的验证、分阶段设计和档案标准化等工作，都提供了清晰的界面和实施基础。顶层模块组织结构一定要简单，这样可以使顶层连接更加简单直观，同时也有利于分块式的布局布线。

2. 关于核心逻辑的模块划分

在对核心逻辑进行模块划分时，要避免子模块之间出现连接用的粘附逻辑。

3. 把多周期路径或伪路径限制到一个模块中

在设计中，如果模块包含了多周期路径或伪路径，则应尽可能地把这些逻辑限制到一个模块中，并在代码编写时用注释行明确地指出。

4. 根据时钟的相关性划分

应当尽量根据时钟的相关性来划分模块。简单地说，就是将时钟分频、门控单元和复位等电路尽量放在同一模块中，从而使综合时便于设置时钟约束。

在架构设计完成后，顶层(Top-Level)设计已经划分为较小的功能模块(Module)，接下来就要进行模块级的设计，包括模块的详细功能、算法、实现、接口时序、性能要求和子模块设计等内容。在完成了模块的设计规范后，就要进入 RTL 实现阶段了(包括代码编写、仿真、验证等)。

该阶段的输入是架构或功能规范，输出是模块设计规范(Module Design Specification)和 RTL 代码、仿真的 testbench、仿真的结果报告、综合约束、物理设计约束等。该规范一般应当包括如下内容。

- 模块功能描述。包括功能框图(应包括所有子模块)、子模块描述、模块接口和基本的操作描述。

- 寄存器。包括寄存器描述、模块内存映射(memory map)和应用指导。
- 设计实现。包括设计的性能、寄存器的读写、时钟、门控时钟和复位、接口实现描述和子模块实现描述。
- 对综合的考虑。包括时间约束、时钟约束和其他特殊要求。
- 对集成的考虑。包括面积的估计、功耗的估计等等。
- 验证。包括模块级验证、芯片级验证和模拟验证。
- 测试。包括 DFT 设计和功能测试。

3.4.2 RTL 设计

RTL 设计描述是在寄存器传输级层次对电路进行抽象描述。RTL 设计编码的重点是描述寄存器及其之间的逻辑。RTL 编码规范比系统级、行为级更严格，可以使用 EDA 综合工具转换为门级电路，具有物理可实现性。虽然目前业界已有系统级综合工具，但转换效率和可靠性在短时间内还无法达到 RTL 综合工具的水平。

RTL 抽象层次比门级高，描述简洁、清晰，设计效率比门级设计高几十到上百倍。RTL 设计在很大程度上已经决定了设计的功能和性能，虽然可以通过此后的综合和布局布线来对设计进行一定程度的优化，但优化的结果依赖于 RTL 编码的质量。RTL 编码设计者要在不依赖后端的综合和布局布线的情况下，尽可能多地解决延迟、面积和测试等问题。

在 RTL 编码过程中，最初就要考虑到综合，以及最终会生成的硅物理电路。高质量的 RTL 编码设计应该考虑以下因素。

① 可综合性。设计者头脑中要始终保持有电路的概念，即保证编码是综合工具可综合转换的，并保证编码能够被综合工具正确识别，最终产生设计者所期望的电路。

② 可读性。在 RTL 编码过程中采用统一的、规范的书写风格，避免复杂的、难以理解的语法形式，并应加入清晰易懂的注释。

③ 时序优化。设计者要选择恰当的电路结构和时序划分，保证同步电路的时钟约束(建立时间、保持时间)在综合阶段较容易满足。

④ 面积优化。在 RTL 编码阶段考虑节约面积往往会得到比只靠综合优化工具更好的效果；另外，对于一些复杂的电路结构，不同的 RTL 编码方法会得到面积和单元数目完全不同的综合结果。设计者需要学会估算各种 RTL 编码设计在特定的综合工具和综合库下占用面积资源的情况，从而选择最优的编码形式。

⑤ 功耗优化。设计者在 RTL 编码阶段就要考虑减少不必要的信号跳变，降低信号翻转频率，以降低整个数字集成电路系统的功耗。

⑥ 可测性。设计者只有按照一定的可测性规则进行 RTL 编码，后端的可测性设计工作才能顺利进行。

⑦ 物理实现性。在 RTL 编码阶段还应该考虑到后端布局布线的难度，例如多个模块之间数目巨大的交叉走线必然会让后端工具无能为力；再例如，某些电路信号扇入扇出太多会造成布局布线的局部拥塞。

设计者可以使用硬件描述语言(Hardware Description Language，HDL)，如 VHDL 或 Verilog HDL 等，或者使用原理图进行模块设计的描述。目前来说，顶层(仅含模块之间的连接关系)或有限状态机的设计采用原理图输入效率较高，其他情况下一般都采用 HDL 语言设计。高质量的 RTL 代码可以大大加快芯片实现的时间，减少设计流程的反复。

在 RTL 编码完成之后，可以使用 RTL 代码质量检查工具进行代码分析，用来发现程序员经常犯的错误，使他们能够无须动态仿真而更快地发现和改正错误。在使用 Verilog 等硬件设计语言时同样存在陷阱，使用这些工具可以尽早地发现问题，从而加快调试时间。

在 RTL 编码完成之后，要进行仿真和验证。在 RTL 设计阶段，主要进行的是功能仿真，其特点是该阶段的仿真没有包括时间信息。

针对功能规范的每个设计特征(Feature)，都要设计相应的测试用例和测试向量来进行验证，这往往需要详细的验证规划和外部环境的构造。对于较大的设计来说，RTL 工程师在完成自己的代码之后首先进行单元测试，验证接口特性和简单的功能，符合要求后交给专门的验证工程师，由他们编写详尽的 testbench(泛指用来测试一个待测系统的平台)进行测试。

RTL 设计应包括面向系统功能的设计和面向测试的设计，后者称为可测性设计(Design For Test，DFT)。可测性设计通常指设计测试电路和设计测试用的输入/输出数据模板这两类内容。

3.4.3　可测性设计

在芯片的生产制造过程中，由于各种原因会产生一定的制造缺陷，导致小量芯片不可用。制造测试要求检查出制造缺陷，保证每个逻辑门和寄存器都可运行，从而保证芯片的所有功能都正确。对于大规模的数字集成电路设计，仅仅依靠功能测试向量不足以高效地测试出所有的制造缺陷。

数字集成电路设计中插入的专为提高测试效率的电路，称为可测性设计电路。可测性设计的目的是要实现电路的可测量、可控制和可观察。良好的可观察性和可控制性能提高测试效率，在相对较少的测试向量下能够得到高的故障覆盖率。常用的可测性设计方法包括基于扫描链(scan chain)的测试方法和内建自测试电路(BIST)。

可测试性设计建立在逻辑系统的设计之上。首先必须进行逻辑系统的设计，然后对设计完成的系统进行可测试性分析，确定哪些节点的测试比较困难或不可测，在分析的基础上决定改善可测试性的方案，最终获得具有一定可测试性的逻辑系统。

在研究芯片电路的可测性及设计测试电路时，需要从如下两方面改善可测性(Test ability)。

可控性(Controllability)。对电路中的某个节点状态，可以通过对特有的输入端口施加一定的激励，将其状态按指定目的加以改变，我们称之为可控性。可控性有难易之分，在对芯片内分块、分功能测试时就尤其需要可控性。

可观察性(Observability)。通过观察特有的输出端口的输出并加以判断，可获得电路中的某个节点状态。

3.5　综合

综合(synthesis)是目前超大规模集成电路设计中至关重要的一步，根据不同的抽象层次分为电路级综合、逻辑级综合、行为级综合、晶体管级综合和版图级综合(见图 3-5)。

电路综合将电路的逻辑描述翻译成满足性能要求的晶体管网表，包括选择使用的电路类型(静态或动态CMOS等)和确定各三极管的大小，以满足时序要求等，主要用于单元库(Cell Library)元器件设计。

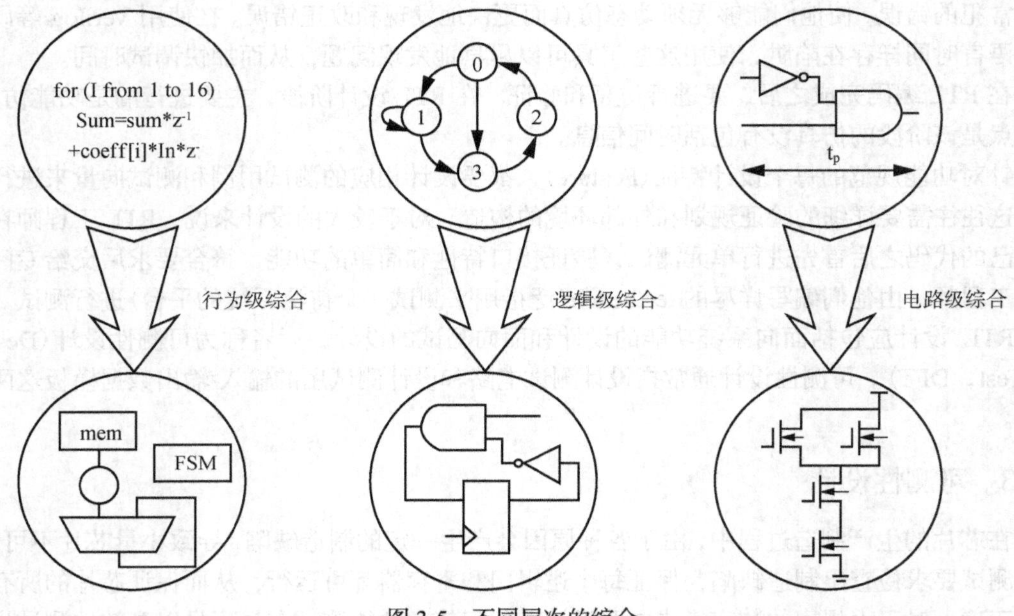

图3-5 不同层次的综合

逻辑综合(或RTL综合)产生逻辑电路的结构，通过EDA工具将RTL代码映射到由制造厂家标准单元库中的元件所构成的门级电路的过程。常用的综合工具包括Synopsys公司的Design Compiler，Cadence公司的RTL Compiler，Magma公司的RTL Blaster等。

RTL综合大大简化了设计的难度，开辟了数字电路设计的新纪元。不同的电路种类(组合逻辑/时序逻辑)和最终实现方式(标准单元或FPGA)使用不同的逻辑综合技术。根据用户设置的速度、面积、功耗等约束条件，逻辑综合工具采取一系列优化步骤来满足需求。典型的逻辑综合过程分为如下两个阶段。

① 与工艺无关(Technology-independent)的优化阶段。使用多种布尔方程和离散数学处理技术优化逻辑电路实现，这一阶段使用通用的元件库。

② 映射(Technology-mapping)阶段。根据不同实现方式和工艺的特色，将第一阶段产生的与工艺无关的逻辑描述翻译成门级网表(Gate Netlist)。

行为综合根据给定任务的行为级描述，以及性能、面积和功耗等约束条件产生电路结构，包括确定需要哪些硬件资源(如执行单元、存储器、I/O接口等)，将行为级的操作与硬件资源相结合，并决定系统架构和执行顺序。尽管行为综合的研究取得巨大进展，但目前仅在一些特定场合得到了应用(如无线通信、存储和影像处理等采用大量数字信号处理算法的领域)，这主要是由于SoC时代的来临使设计重心转向软硬件的协同设计，行为综合仅仅考虑了各种硬件资源的使用，因而限制了它的使用。

逻辑综合是由各种约束条件驱动的，这些约束条件包括工作环境、时间、面积、功耗等等。综合的最终目标是产生满足这些约束条件的结果。其中最重要的约束是时间约束，通常把满足时间约束称为时序闭合或时序收敛(Timing Closure)。因此，时序收敛也是综合的最重要的目标。逻辑综合工具一般使用脚本程序(Script)来控制综合的过程，脚本程序包含了电路的物理和时序特性等各项约束条件(constraint)，如时钟信号特性(周期、相位、占空比等)、复位信号和输入信号驱动能力、输出信号负载特性、输入输出的时序要求以及伪路径的标识等等，这些约束条件对于将 RTL 代码有效地映射到满足性能要求的门级网表非常重要。

要强调的是，设计是性能、面积和功耗等多种约束条件下的折中，需要根据不同的设计要求对硬件资源进行取舍，这不仅仅体现在系统级设计中，在综合过程中也非常重要。

例如，目前的综合工具内部包含很多通用算法的硬件实现(如 Synopsys 公司的 DesignWare 库)，针对不同用途采用不同的优化方式，实现 32 比特的加法在 RTL 代码中仅需要一条语句(如 C<=A+B)，在硬件实现时却有多种选择，可以使用并行加法器(Ripple-Carry Adder)，也可以使用超前进位加法器(Carry Look-ahead Adder)，甚至还可以使用多个 8 比特加法器，需要根据系统要求来选择合适的实现方式，而不是由于超前进位加法器的性能比较好，所以一定要使用它。如果该加法器用在对性能要求不高的场合，则很可能会采用第一种实现方式来减小它的面积和功耗。

3.6　时序验证

逻辑综合完成后，设计被翻译成门级网表，需要进行时序仿真以验证是否满足时序要求(建立、保持时间等)。

时序仿真是在考虑了电路信号的传输延迟之后，对电路的行为进行模拟。时序仿真不仅能够验证设计是否达到了预期的功能，而且能够验证设计是否达到了预期的性能。与功能仿真相比，时序仿真更准确和全面，更接近于实际情况。在经过后端布局布线之后，利用 EDA 工具就能提取到所设计电路的准确而详细的延迟信息，将此延迟信息和设计文件及测试文件一起输入到仿真器中，就能对电路进行时序仿真，从而验证其是否能够达到预期的功能和性能。

3.6.1　动态时序仿真和静态时序分析

时序验证可以由动态时序仿真与静态时序分析两种途径完成。

在动态时序仿真过程中，首先需要输入一系列激励信号，然后通过观察得到的波形或其他结果来检查设计是否符合功能和时序要求。仿真模拟了系统的运行环境，非常灵活，但它的一个最大缺点是结果依赖于输入的激励信号。例如，为了通过仿真得到加法器的最大时延，必须仔细挑选输入激励，使该操作经过整条进位路径(该路径是加法器的关键路径)。因此，设计者首先必须对电路的结构和功能有很深的认识，然后还要写出相应的 testbench(测试平台)来得到期待的结果。另外，仿真需要的计算资源很多。一个大型设计可能需要几天的时间进行一次仿真。

与此不同的是，静态分析可以直接从电路中提取系统的各项参数。例如，同样的加法器，它的关键路径可以不需要仿真而从电路图中直接得到，因此静态分析对某些特定任务(如时序分析、等效性检查等)非常有效，而且有结果与输入激励无关且速度非常快的优点。但是，它的使用基于特定的设计方法，因此有许多限制。例如，为了确定同步电路的最高工作频率，静态分析工具首先需要识别电路内部的所有触发器，这样就限制了该工具的处理范围，并且对电路的特性提出了要求(如单时钟同步设计)。

但是，静态时序分析工具一般无法区分伪路径，即在正常的激励路径下，芯片内部不可能出现的路径。因此，使用静态时序分析时还需要避免错误地将伪路径(false path)识别为关键路径。所谓伪路径，是指在电路正常操作时不可能经过的路径，这也需要对电路功能的深入了解。但是，在实际设计过程中，由于目前静态时序分析工具功能的局限性，如对异步设计、多时钟设计和基于锁存器(latch)的设计等支持不够，通常在综合后除了进行静态时序分析之外，还要辅以部分动态仿真，主要用于仿真系统的 Reset 特性、多时钟模块的接口、异步电路接口以及少部分关键应用。

静态时序分析计算和比较延迟，基于的是分析对象为同步电路的假设，它对异步电路无法分析。因此，功能仿真和动态时序仿真(反标 RC 参数延迟)都是对静态时序分析的有力补充。

在实际应用中，静态时序分析结果是最终时序收敛的判断依据，同时辅助后仿真，以增加仿真的覆盖率，并对比检查静态时序分析的时间约束是否正确。

3.6.2 时序收敛

时序收敛是指后端设计符合时序约束条件的要求。

在深亚微米设计中，由于布局布线的延迟可能远远超过综合时的估计值，导致最终布线后的电路时序无法收敛，这是因为综合后得到的延迟信息基于虚拟的统计模型，而非电路的实际 RC 参数。如果时序不收敛，则需要返回到布局布线阶段，通过修改设计和约束等手段来改进时序，这就是常说的后端的迭代。有时迭代多次还不能解决问题，就需要返回到综合甚至 RTL 设计阶段重新进行设计，显然这种迭代对集成电路设计的进度影响很大。目前，很多 EDA 工具厂商都推出了物理综合工具，以解决后端时序不收敛的问题。

所谓物理综合，是指通过将 RTL 综合与布局甚至布线阶段相结合来克服综合时对线延迟的估算严重不准确。物理综合时，可以根据布线之后真实的 RC 延迟信息来优化关键路径，但也正由于它在综合阶段引入了类似布局布线的计算，导致综合分析的计算量增加了很多，也就导致了物理综合工具往往需要远大于普通综合的计算资源，同时运行速度也很慢，这些都限制了物理综合的广泛应用。

尽管存在问题，但随着特征尺寸的减少，物理综合工具将越来越多地应用到数字集成电路设计流程中，通常在特征尺寸为 0.13 μm 以下的设计中都会考虑使用物理综合工具。时序收敛除了依赖于 EDA 工具，更依赖于设计各个环节的质量。因此，需要在前面集成电路设计的各个环节提前考虑后端问题，才能有效地减少后端时序收敛的难度。

3.7 原型验证

根据一般的经验，大多数芯片在第一次投片后可能只有约 50%的芯片能够在整个系统中正常工作。造成这种差别的原因是，一般的芯片设计项目都只能对芯片本身进行验证，而在投片前没有进行整个系统的验证。

对于一个复杂的系统，如果其中的芯片设计在投片之前只通过仿真进行验证，由于仿真环境和实际系统环境的差异加之仿真时间的限制，使得仿真一般很难模仿系统级的工作，芯片能否在系统中正常工作，仍存在很大的风险。因此，如果能够在实际系统中验证芯片的设计，将可能大幅提高芯片的投片成功率。这种验证一般称为原型验证(prototyping)。

原型验证可以使用 3 种途径，即使用 FGPA、通用的模拟平台(Emulator)或用试验性投片的方法(如 MPW)在芯片投片前验证芯片设计。原型验证的一个很大的用处是，在芯片正式投片之前建立一个硬件测试平台，为系统中的软件提供条件，这将大大加快软件开发的进度。

使用 FPGA 建立原型验证平台一般就是用 FPGA 而非最终的 ASIC 构建硬件系统，然后将 ASIC 设计的代码映射到 FPGA 中，实现 ASIC 的功能。然后对整个系统进行测试，以验证 ASIC 设计的正确性。

由于 FPGA 的容量有所限制，有时不能把整个 ASIC 的设计都映射到 FPGA 中。另外，FPGA 的性能和 ASIC 有较大差别，有时不能确切地验证 ASIC 所能达到的性能指标。最后，FPGA 无法提供和 ASIC 工艺库完全一致的库，比如内存、锁相环等。所以，FGPA 的原型验证并不能完全证明 ASIC 设计的正确性，但如果合理地使用 FPGA 原型，结合仿真验证，相互补充，就可以大大降低投片的风险。

模拟平台一般是由多个 FPGA 和处理器构成的，有丰富的接口和资源。它非常适合大规模设计的原型验证。而且，由于使用了专用的设计，它们的性能也要好于普通的 FPGA 模型。但是，通用的模拟平台往往和实际系统有所差别，而且价格昂贵，因此只适用于验证特定的应用。

试验性的投片使用与实际芯片设计一样的工艺，但一般不一定包括实际设计的全部内容。由于这种方式的成本很高，所以如果进行试验性投片，必须做到最大程度地利用这次投片实现验证和优化设计的目的。因此，在试验性投片中，首先要强调对调试的支持，也就是如何便捷地发现和定位问题，为设计的改进提供参考数据。另外，还应当注意故障的隔离，考虑到试验性投片出现问题的可能性很大，所以应当避免一个模块的故障影响其他模块测试的情况发生。例如，试验性芯片的设计应当支持对一个模块的单独复位、中止或旁路(Bypass)。

通常把 RTL 设计、HDL 仿真、RTL 综合和时序分析及验证(Timing & Verification)的设计流程统称为半定制集成电路设计前端流程。集成电路设计前端流程如图 3-6 所示。

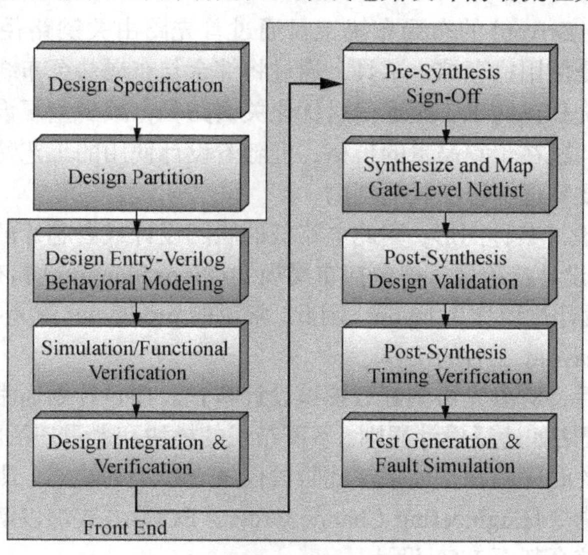

图 3-6　集成电路设计前端流程

3.8 后端设计

综合完成并且其结果满足系统的性能要求后，设计就进入了后端(back-end)设计(又称版图设计或物理设计)阶段。后端设计(物理设计)的主要任务包括：布局布线、时钟树插入以及物理验证等任务，最终产生了芯片生产用的版图。半定制集成电路设计后端流程如图 3-7 所示，主要包括以下几方面。

- 物理综合(Physical Synthesis)。以上一步生成的结构网表作为输入并产生物理版图的过程。
- 布局规划(Floor Plan)。根据模块之间的通信方式，将各个模块分区聚集起来，形成布局规划。
- 布局(Placement)。将各个单元版图按照一定的规则排布成有序的行列。
- 布线(Routing)。对电路中的信号线网进行布线，完成信号互连。
- 后仿真。在生成了 GDS 文件、寄生参数提取、DRC/LVS/ERC 之后，进行后仿真。
- 设计完成(Design Sign-Off)。后仿真完成后，整个集成电路的设计流程结束。

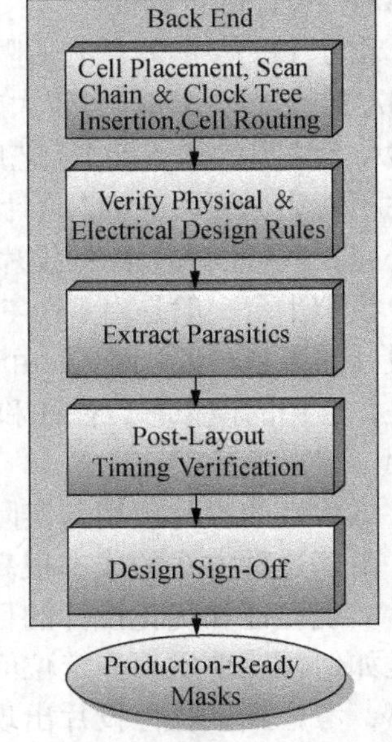

图 3-7 半定制集成电路设计后端流程

这一阶段涉及许多复杂而且昂贵的 EDA 工具，设计难度较高，尤其是随着芯片规模的增大和工作频率的提高，深亚微米设计的版图设计风险随之增大，这是一个巨大的挑战。布局布线后的延迟可能会远远超过综合时的估计结果，从而可能导致最终的电路时序无法闭合。这是由于综合后得到的延迟信息是基于统计而并非电路的实际 RC 参数，因此可能会有较大的误差。

时序驱动(Timing-Driven)的布局布线工具通过首先路由关键路径而有助于改善这一问题。更好的解决方案是使用物理综合工具，通过将综合与布局甚至布线阶段相结合，设计者在综合时可以根据系统真正的 RC 延迟信息优化关键路径，减少重复设计的次数，目前限制物理综合使用的最大问题在于它昂贵的价格，但随着设计使用的工艺特征尺寸逐渐减小，设计者将不可避免地需要物理综合工具的帮助。

Layout 的含义是设计某种图形，因此电路板的版图设计或者芯片的版图设计就可以称为 layout。目前，在芯片设计流程里，把包括布局规划(Floor Planning)和布局布线(Placement & Routing)的整个物理设计过程称为 layout。因此，常说的 pre-layout 就是指 layout 之前的工作，而 post-layout 就是指 layout 之后的工作。

当版图设计完成后，应事先协调好版图试设计事宜。项目计划通常应该包括两次版图试设计。第一次用来发现诸如违反设计规则、不可布线的模块和严重违反时序要求等主要问题；第二次用来解决所有的时序问题，如果在此阶段仅发现较小的缺陷，则通常可在版图设计的过程中使用工程更改指令(Engineering Change Order，ECO)方式加以解决，否则设计可能不得不返回，重新进行综合甚至 RTL 设计。

在各项物理验证(包括设计规则检查、时序分析、天线效应以及一些关键应用的后仿真等)满足要求后，就可以进行投片(也可以称为 Tape out)。此外，在投片之前一般需要进行最后的仿真，通常要求对最好情况、典型情况和最坏情况都进行仿真，这可能会需要较长时间，因此应该提前规划好。

3.9 CMOS 工艺选择

硅基 CMOS 工艺是目前和今后一个比较长的时期内的主流工艺。在选择 CMOS 工艺和制造厂家时，要考虑以下问题。

① 特征尺寸。对于日益复杂的数字集成电路和 SoC，必须采用特征尺寸足够小的工艺，才能保证在适当尺寸的芯片上集成足够多的晶体管，以满足设计要求；通过缩小特征尺寸提高集成度也是提高产品性/价比的最有效手段之一。

② 晶圆尺寸。晶圆尺寸增大可降低单个芯片的成本。

③ 功耗。当工艺特征尺寸缩小时，应保持芯片的功率密度基本不变。可通过降低工作电压、减少 MOS 器件漏电流等方法降低功耗。

④ 工艺能够达到的最高工作频率。一般来说，特征尺寸越小，速度越高。同一制造厂家的同一特征尺寸也往往会提供多种不同速度的工艺供用户选择。

⑤ EDA 工具对工艺的支持。集成电路设计的每个阶段都需要对应的 EDA 工具的支持，以保证设计高效可靠地进行。对于深亚微米工艺，如 90 nm、65 nm 和 45 nm，EDA 工具的发展速度明显滞后于工艺的发展速度，很多 EDA 工具的功能还达不到最新工艺的要求，因此盲目追求采用最新工艺会带来很多工具开发的困难。

⑥ 工艺库和设计参数。目前大规模数字集成电路大都采用标准单元库的设计方法，所以制造厂家是否提供标准单元、标准 I/O，提供的标准单元、标准 I/O 是否准确，与通用 EDA 工具是否配合得好，都会成为影响设计的关键因素。另外，集成电路设计过程中还往往需要厂家提供 RAM、CPU 核、PLL 及其他常用的 IP 模块。

⑦ 工艺 NRE 费用和生产成本。采用的工艺越先进，NRE 费用和单片生产成本就越高。另外，工艺的生产良率和生产周期也会对芯片的最终制造成本带来很大影响。

在集成电路制造领域，全球范围内主要存在两种服务模式：IDM(Integrated Device Manufacture)模式和晶圆代工(Foundry)模式。IDM 模式的特点是，业务覆盖芯片设计、生产制造、封装测试等各环节，甚至延伸至下游终端。美国和日本半导体产业主要采用这一模式，典型的 IDM 大厂有 IBM、Intel、三星、东芝和 NEC 等。晶圆代工厂则专注于集成电路制造环节，不涉足集成电路设计和封装测试，只为设计公司(Fabless)和 IDM 提供代工服务。

目前全球最大的 4 家晶圆代工厂是台积电(TSMC)、台联电(UMC)、新加坡特许半导体(Chartered)和中芯国际(SMIC)。

3.10 封装

集成电路封装的开发是一项充满活力的技术，日益要求更小、更快和更廉价的产品，已迫使封装工艺必须跟上半导体工艺进步的步伐。应用领域的巨大分散性，如汽车、识别、移动通信、医疗和消费等，连同飞速增长的器件复杂性及对性能提高的不断要求，已实际产生了大量先进的封装技术。

封装是指把集成电路芯片和电子系统连接起来的整套技术和工艺。有种比喻是把电子产品视为人的躯体，像人体一样，电子产品有“大脑”，可类似为集成电路，电子封装提供了“神经系统”和“骨骼系统”。封装承担着连接、供电、冷却和保护集成电路的任务。这些概念的说明如图 3-8 所示。

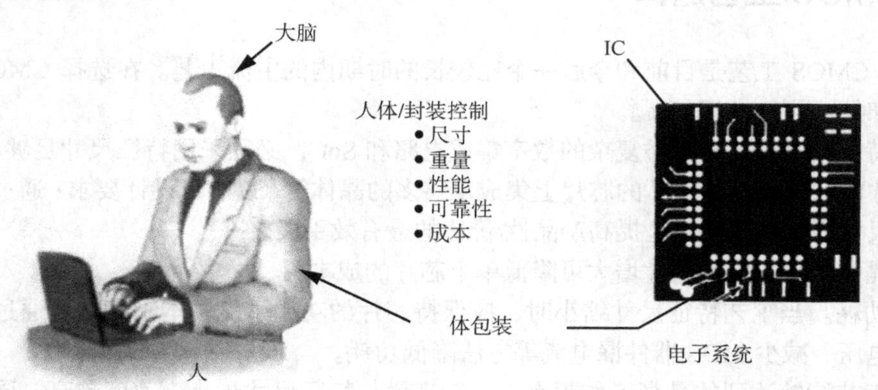

图 3-8 电子封装和人体之间的比喻

封装已不再是半导体产品整个开发链的最后一步，因此它已成为集成电路设计和制造过程整体的一个特殊的组成部分。

封装支持下列各种重要的功能。

- 使能运送集成电路，以进行 PCB 组装并在进一步的 PCB 生产时保护集成电路。
- 机械和化学保护，以免受环境影响。
- 与 PCB 的机械接口。
- 使在 PCB 和芯片之间有良好的电气连接(信号和电源)。增强热学特性，以改善集成电路至周围环境的热传导。
- 使标准化。

当前，集成电路可以包含几亿至十亿以上的晶体管。对于如此高的集成密度，集成电路封装已变得非常重要，它不仅仅决定了部件的尺寸，而且也决定着部件的总体性能和价格。较多的引线数、较小间距、最小的印迹(footprint)面积及缩小的部件体积，都有助于更为密集系统的实现。由于直接影响热耗和频率相关性这样的因素，所以选择正确的封装对优化集成电路性能至关重要。

封装可以根据(电路)板上安装技术、结构形式、承受功率能力分成几种不同的类型。属于功率类型的封装提供了高的散热能力，使集成电路能用在某些对功耗要求最高的应用领域。根据不同的板上安装技术，可以选择几种主要的封装技术，例如通孔封装(through-hole package)、双边／四边表面安装(surface mount)封装、表面安装面阵列封装(area array package)和表面安装圆片级封装或带凸点芯片(bumped die)。

几种常见的封装类型如下所示(见图 3-9)。

- 双列直插封装(Dual Inline Package, DIP)和单列直插封装(Single Inline Package, SIP)。

  DIP 是 20 世纪 60 年代开发出来的，很快就成为集成电路的主流封装形式，长期主导着电子器件封装市场。DIP 可以用塑料和陶瓷制成。SIP 是为缩小 DIP 封装集成电路在组装基板上所占的面积而开发出来的。

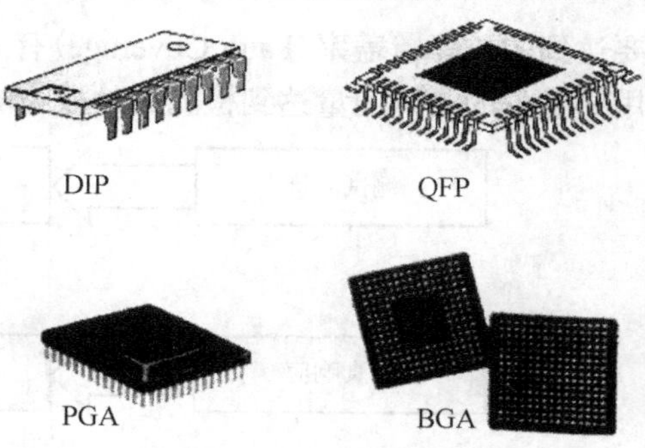

图 3-9　各种封装的照片

- 方形扁平封装(Quad Flat Package，QFP)。其引出线由从双侧引出改为从四周引出，因而有利于集成电路集成度的提高。在 20 世纪 70 年代和 80 年代，根据市场要求比 DIP 方式所能提供的更高的连接密度之需要，开发出了表面固定封装。与 DIP 相比，表面固定封装的引脚不用伸进所黏附着的印制电路板(PCB)内，这意味着该封装芯片可以贴装在 PCB 的两个面上，可以有更高的贴片密度，因为其四面都有引脚，可进一步增多输入 / 输出(I/O)连接的端口数。QFP 封装密度约为 200。
- 阵列引线封装(Pin Grid Array，PGA)。封装基材基本上都采用多层陶瓷基板，也有的采用玻璃环氧树脂印制电路基板。在未专门表示出材料名称的情况下，多数为陶瓷 PGA，用于高速大规模逻辑 LSI 电路。PGA 封装能够有约 600 的 I/O 端口密度。
- 球栅阵列封装(Ball Grid Array Package，BGA)。BGA 封装内部芯片采用引线键合连接的 BGA 模型，能够有超过 1000 的端口密度，BGA 封装比 QFP 封装有更高的引脚密度和更小的间隙，但其制造工艺本身更昂贵。

封装的选择取决于一个应用领域所期望优先考虑的特征，例如高密度(非常小的封装)、高带宽(许多端口及低的自感)和高功率(良好散热行为)等。

3.11　生产测试

集成电路的制造是一个非常复杂的过程，即使是相对成熟的工艺，成品率也仅仅为 80%~90%。显而易见，为了给用户提供高质量的产品，我们需要进行生产测试(manufacturing test)来挑出那些包含制造缺陷(defect)的芯片。

一般来说，生产缺陷可能有下面几种。

- 随机缺陷(random defects)。制造过程中随机产生的故障，如由于灰尘颗粒导致的连线的开路、电源或地的短路等。
- 系统化的缺陷(systematic defects)。主要指由工艺自身的缺陷引起的故障。此类故障在 130 nm 以下工艺频繁发生。
- 参数缺陷(parametric defects)。制造过程中由于温度、湿度和工作电压变化引起的故障。

生产测试的过程如图 3-10 所示。测试设备(Automatic Test Equipment，ATE)向待测试芯片输入测试激励，然后将输出的测试响应与仿真得到的预期结果进行比较，以判断芯片是否有制造缺陷。

通常把测试激励和预期的结果称为测试向量，一般由芯片的设计者提供。由于测试设备的价格非常昂贵(通常为几百万美元)，对于大规模生产的集成电路，它的测试成本主要取决于它的测试时间，也就是测试序列的长度。一般的半导体生产厂商都对测试向量的长度和所要达到的故障覆盖率(Fault Coverage)有一定的限制。因此，对于芯片的设计者来说，必须使用尽量少的测试向量达到检测芯片故障的目的。

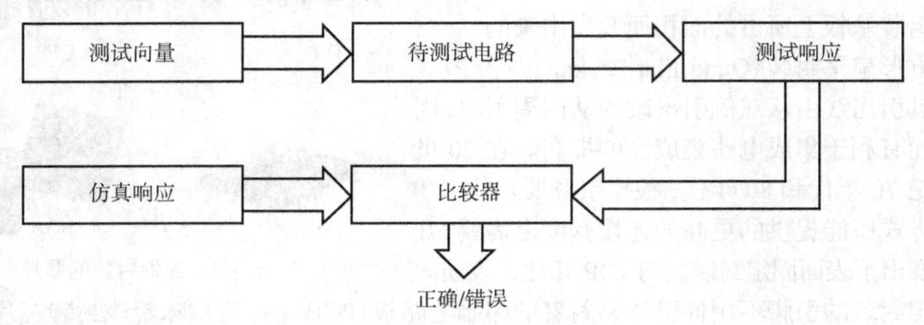

图 3-10 生产测试的过程

如果芯片的规模较小(小于 10 万门)，则设计者通常可以使用功能仿真向量作为测试向量。然而，对于大规模的芯片，由于内部逻辑门的数量远远大于它的引脚数，内部电路的可控性(Controllability)和可测性(Observability)非常差，使用功能仿真向量很难达到较高的故障覆盖率。设计者必须在芯片中插入特定的针对测试用途的电路，同时使用自动测试向量生成(Automatic Test Patten Generation，ATPG)工具产生测试向量。

3.12 集成电路产业的变革及对设计方法的影响

微电子技术的迅速发展主要归功于产业的分工。自 1947 年晶体管发明以来，半导体产业共经历了三次变革，如图 3-11 所示。

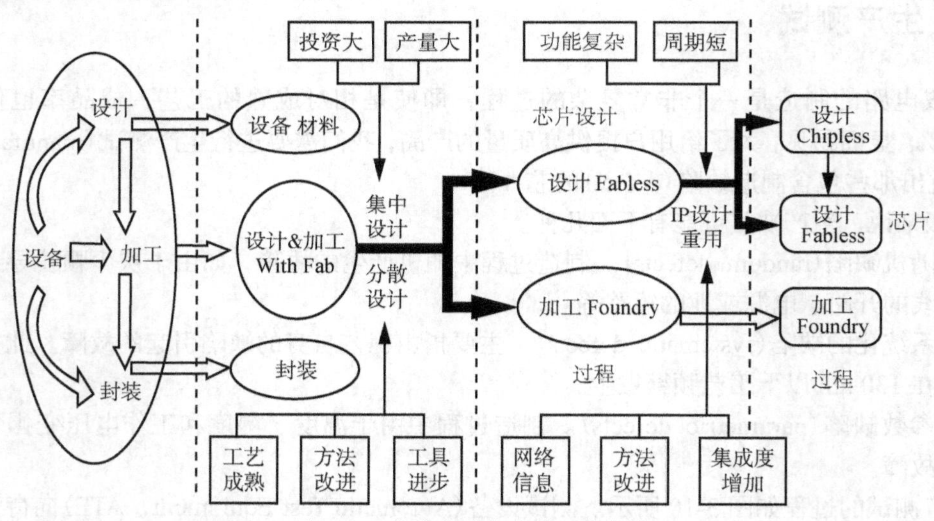

图 3-11 集成电路产业的三次变革

第一次变革是集成电路发展初期。随着微处理器与内存的诞生，IDM(Integrated Design and Manufacture)从系统公司中分离出来，IDM 厂商掌握全面的技术，包括集成电路的设计、制造，甚至封装和 CAD(Computer Aided Design)设备的制作，在集成电路发展初期傲立潮头，独领风骚。

第二次变革是在 20 世纪 80 年代，因为专用集成电路(Application Specific Integrated Circuit，ASIC)与专用标准产品(Application Specific Standard Product，ASSP)的出现、门阵列(Gate Array)与标准单元(Standard Cell)设计技术的成熟，以及制造业投资需求的急剧增加，使得专业代工与集成电路设计公司出现，集成电路厂家细分出代工厂和无工厂的设计厂家。

2000 年以后，集成电路产业迈入专业分工的时代，由以往的垂直整合型态转变成水平分工的时代，变化为系统设计、IP(Intellectual Property)核设计、设计服务、晶圆代工、封装、测试等公司各司其职，形成了以系统芯片 SoC 技术为主的无芯片(Chipless)设计方式。

随着专业分工的进一步细化，IP 核的取得不再困难，SoC 与产品周期加速的潮流逐渐形成，集成电路设计公司的产出速度越来越赶不上制造技术的进步，加上 IP 核重复使用可使成本降低 1/3 以上，因此 IP 核便逐渐由集成电路设计中独立出来，自成一局。系统设计和 IP 核设计的分工，形成了以 SoC 技术为主导的 Chipless 设计方式，对集成电路产业和信息技术发展将产生较为深远的影响，有望解决工艺和设计发展的剪刀差问题。

参考文献

[1] (荷)维恩德里克(Veendrick，H.)著；周润德译．纳米 CMOS 集成电路：从基本原理到专用芯片实现．北京：电子工业出版社，2011. 1

[2] 徐强，王莉薇编著．数字 lC 设计：方法、技巧与实践．北京：机械工业出版社，2006.1

[3] (美)Mary，G，S，施敏著．代永平译．半导体制造基础．北京：人民邮电出版社，2007.11

[4] 梁瑞林编著．表面组装技术与系统集成．北京：科学出版社，2009.1

[5] 曲英杰，方卓红编著．超大规模集成电路设计．北京：人民邮电出版社，2015. 2

[6] 郭炜等编著．SoC 设计方法与实现(第 2 版)．北京：电子工业出版社，2011.8

[7] 金玉丰，王志平，陈兢编著．微系统封装技术概论．北京：科学出版社，2006

习题

3.1　什么是集成电路设计的基本流程?

3.2　什么是全定制和半定制设计?

3.3　SPEC 应包括那些基本内容?

3.4　IP 核如何分类？各有什么特点?

3.5　集成电路设计中的验证和测试有何区别?

3.6　集成电路封装的功能是什么?

3.7　什么是算法设计和架构设计?

第 4 章　Verilog HDL 基础

Verilog HDL（Verilog Hardware Description Language）是一种硬件描述语言，可以对电子电路和系统的行为进行描述。基于这种描述，结合相关的软件工具，就能得到所期望的实际的电路与系统。

Verilog HDL 从 20 世纪 80 年代初由 GDA（Gateway Design Automation）公司最早推出，至今已被全球范围内的众多设计者所接受。Verilog HDL 最初是 GDA 公司为其数字逻辑仿真器产品配套开发的硬件描述语言，用于建立硬件电路的模型。那时它只是一种专用语言，但随着这种仿真器产品及其后续版本 Verilog-XL 的出现和广泛应用，Verilog 也因其使用的方便性和实用性而逐渐被众多设计者所接受，影响力不断扩大。

1987 年，著名的电子设计自动化（Electronic Design Automation，EDA）厂商 Synopsys 公司开始使用 Verilog 语言作为其综合工具的标准输入语言。

1989 年，另一个著名的 EDA 厂商 Cadence 公司收购了 GDA 公司，并将 Verilog HDL 公开发布，随后成立了一个名为 OVI（Open Verilog HDL International）的组织来专门负责 Verilog 的发展和标准化推动工作。

到了 1993 年，几乎所有专用集成电路设计厂商都开始支持 Verilog，并且认为 Verilog-XL 是最好的电路仿真软件。同时，OVI 推出了 2.0 版本的 Verilog 规范。美国电气和电子工程师协会（Institute of Electrical and Electronics Engineers，IEEE）接受了将 OVI 的 Verilog HDL 2.0 作为 IEEE 标准的提案，并于 1995 年 12 月制定了 Verilog 的国际标准 IEEE 1364-1995。此后，IEEE 于 2001 年又发布了更为完善和丰富的 IEEE 1364-2001 标准。这两个标准的发布极大地推动了 Verilog 在全球的发展。

Verilog 语言被广泛使用的基本原因在于它是一种标准语言，与设计工具和实现工艺无关，从而可以方便地进行移植和重用。

Verilog 语言的两个最直接的应用领域是可编程逻辑器件和专用集成电路（ASIC）的设计，其中可编程逻辑器件包括复杂可编程逻辑器件（CPLD）和现场可编程门阵列（FPGA）。一段 Verilog 代码编写完成后，用户可以使用 Altera 或 Xilinx 等厂商生产的可编程逻辑器件来实现整个电路，或者将其提交给专业的代工厂用于 ASIC 的生产，这也是目前许多复杂的商用芯片（如微控制器）所采用的实现方法。Verilog 语言不同于常规的顺序执行的计算机程序（program），从根本上讲，Verilog 是并发执行的。

硬件语言与软件语言的不同主要在于本质的区别：硬件语言描述的是硬件系统，而软件语言主要描述的是具体应用。Verilog HDL 语言作为硬件描述语言之一，它的本质也就是为了描述整个硬件系统。

Verilog HDL 语言的主要特点如下所示。

- 并行性。所谓并行性是指可以同时做几件事情。Verilog HDL 语言不会顾及代码顺序问题，几个代码块可以同时执行；而软件语言必须按顺序执行，上一句执行不成功，就不能执行下一句。

- 时序性。Verilog HDL 语言可以用来描述过去的时间和相应发生的事件，而软件语言则做不到。
- 互连。互连是硬件系统中的一个基本概念，Verilog HDL 语言中的 wire 变量可以很好地表达这样的功能；而软件语言并没有这样的描述。

4.1　Verilog HDL 的基本结构及描述方式

Verilog HDL 采用自顶向下的设计理念，从设计规格开始入手，然后把规格分解成一个个的硬件模块继续划分，最后采用 HDL 语言来直接描述硬件的行为。图 4-1 为典型的 Verilog 设计描述方式，显然模块是 Verilog HDL 的基本单元，所有的 Verilog 设计就是各个模块之间的组合和例化。

4.1.1　模块的结构

在 Verilog 中，使用模块(module)来描述一个电路单元的功能。一个 Verilog 模块包含了描述电路功能的描述性信息。关键字 module 和 endmodule 在一个模块中是必须的，作为一个模块起始和结束的分隔符。

- module。关键字 module 是 Verilog 模块的第一条语句，定义了模块的起始边界。module 不必位于第一行，模块的第一行通常是描述模块功能的注释。
- endmodule。关键字 endmodule 是模块的最后一条语句，表示了这个模块的结束。

内部功能描述语句是实现模块电路功能的主体部分，模块以软件形式描述硬件单元的结构和行为。模块的功能在这两个分隔符之间，用变量声明、语句和实例定义。模块的结构如图 4-1 所示。

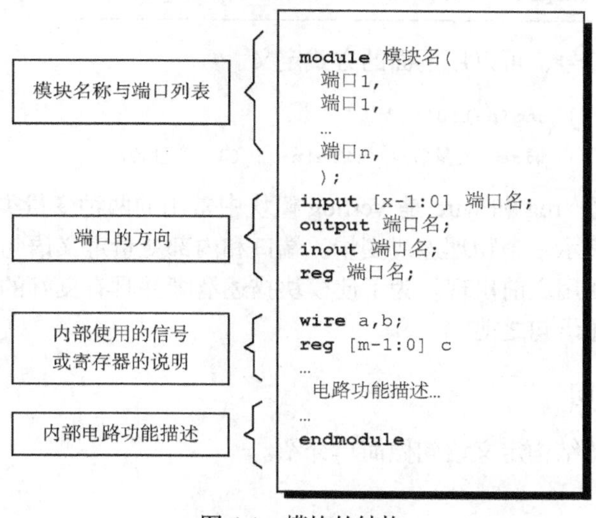

图 4-1　模块的结构

4.1.2　Verilog 中的标识符

模块名是一个电路模块的标识符，它在一个设计项目中应该是唯一的。Verilog 中的标识符可以是任意一组字母、数字、$符号或 _(下划线)符号的组合，但标识符的第一个字符必须是字母或下划线。另外，标识符是区分大小写的。以下都是合法的标识符：

```
Counter
COUNTER       // 注意它与 Counter 不同
_R1_D2        // 可以使用下划线
r56_78
SIX$
```

Verilog HDL 定义了一系列保留字(或称为关键字)，用户不能使用这些保留字作为自定义的标识符。需要注意的是，只有小写的标识符才是保留字。例如，标识符 always(关键字)与标识符 ALWAYS(非关键字)是不同的。

4.1.3 Verilog 中的端口和内部变量的定义

端口是模块与外部电路连接的通道，就像使用电路元件的引脚一样，包括输入端口、输出端口和输入/输出双向端口这 3 种类型。如果端口以总线方式出现，那么需要在端口定义时明确地给出其位宽。常用的端口定义方式如下：

- 输入端口。
- 输出端口。
- 输入/输出端口。

```
input 端口名; input[n-1:0]  端口名;
output 端口名; output[n-1:0]  端口名;
inout 端口名; inout[n-1:0]  端口名;
```

其中，n 为端口信号的位宽。

端口方向说明也可以采用下面的方式在端口列表中进行：

```
module module_name(input port1, input port2, …, output port1, output port2,…);
```

对于模块内部的信号，可以用下面的方式定义。

对于 reg 变量名：　`reg[n-1:0]`

对于变量名：　`wire  变量名;   wire[n-1: 0]  变量名;`

其中，n 为变量的位宽；reg 和 wire 是 Verilog 模块中常用的两种变量类型，其中 reg 表示一个寄存器变量，wire 表示一个物理连线变量。端口和内部变量定义语句可以散布在模块中的任何地方，但必须在使用之前出现。为了使模块描述清晰并具有良好的可读性，最好将所有说明部分放在功能描述语句之前。

4.1.4 结构定义语句

下面对几个常用的结构定义语句做简单介绍。

1. 连续赋值语句

连续赋值语句是用来描述组合逻辑电路的语句。组合电路的特点是，输入一旦发生变化就会立即影响到输出。也就是说，对于连续赋值，等号右侧表达式的值将连续不断地赋值给左侧的线网(net)。连续赋值通过布尔表达式这种逻辑运算系统来描述电路。连续赋值语句只能用于线型变量，而不能用于寄存器型变量。连续赋值语句在右边的表达式和左边的变量之间确立了一个等效关系，如下所示。一个连续赋值语句绝对不能包含在 initial 块或 always 块中。连续赋值必须遵守以下语法：

```
assign [delay] lhs_net=rhs_expression
```

无论何时，等式右侧的表达式的值一旦发生变化，经过指定的延迟时间后立刻会被赋值给左侧变量。换句话说，等式的右侧产生一个值，然后把这个值赋值给目标变量。延迟是指右侧变量发生变化后引起左侧变量值更新的这段时间间隔。

2. 过程连续赋值语句

这是一种以过程赋值形式出现的连续赋值语句，通常在过程块(initial 块或 always 块)中出现，其作用是动态地将变量绑定到一个值上。这一用法对线网类型变量或寄存器类型变量有效，例如可以采用 assign ... deassign 或 force ... release 过程连续赋值语句，对寄存器类型变量在一个受控制的特定时间内进行连续赋值。

通常而言，连续赋值语句都是用于描述组合逻辑的，因为静态绑定的影响在仿真期间一直保持不变。一个过程连续赋值语句可以用于动态绑定，是指在语句执行过程中被绑定的赋值可以改变。

① 过程(procedure)。与所有的编程语言一样，过程是一组能产生结果的操作序列。

② 过程赋值语句。过程赋值语句是指令的同义词。

③ 过程赋值。一个过程赋值语句描述了一块逻辑电路的功能。在过程赋值语句中，表达式右侧算式经过运算后，将结果赋值给左侧的目标变量。过程赋值语句只能在 always 块或 initial 块中使用。某个值在被赋值给一个变量后，这个变量的值会一直保持，直到另一条过程赋值语句对其赋了新值。有两种不同的过程赋值语句：阻塞和非阻塞。

- 阻塞赋值语句。仅当一个过程块描述组合逻辑电路时才应使用阻塞赋值语句。阻塞赋值语句应当写在过程块里，这样它们才会执行。阻塞赋值语句使用的符号是“=”。
- 非阻塞赋值语句。同一过程块中的非阻塞赋值语句在赋值过程中不阻塞后续语句。非阻塞赋值语句通常用于描述只包含时序元件的电路模块。非阻塞赋值语句使用的符号是“<=”。

4.1.5 注释语句

注释对于 Verilog 代码的可读性和可移植性有非常重要的意义，在 Verilog HDL 中有两种形式的注释。

第一种形式是多行注释，格式如下：

```
\*…
注释内容
  注释内容
    …*\
```

- 第二种形式是在本行内结束的注释，具体形式如下：

```
// 注释内容
```

4.1.6 Verilog 原语(Primitives)

使用预定义的原语可以产生 Verilog 模块。Verilog 共有 26 个原语描述，每个原语都用相应的关键字表示。原语可用来对数字电路和开关级电路逻辑进行建模和仿真。例化原语的输出端列在原语终端表的最前面，输入端列在输出端的后面。buf 和 not 原语通常为单输入，但可能有多个标量输出。其他原语可能有多个标量输入，但只有一个输出。

对于三态原语(bufif1，bufif0，notif1，notif0，tranif1，tranif0，rtranif1，hranif0)，控制输入是终端列表的最后一个输入端。当一个原语向量被例化时，端口可以是向量形式。如果一个原语的输入与输出均为向量，输出向量则是由输入向量按位运算形成的。

原语的例化可以是带传输延迟的，而且可以给它们的输出指定强度。

1. 门级原语

Verilog 门级原语如图 4-2 所示。这个列表包括标准的 n 输入(n_input)、n 输出(n_output)和三态门。图中也给出了这些门的 Verilog 例化。

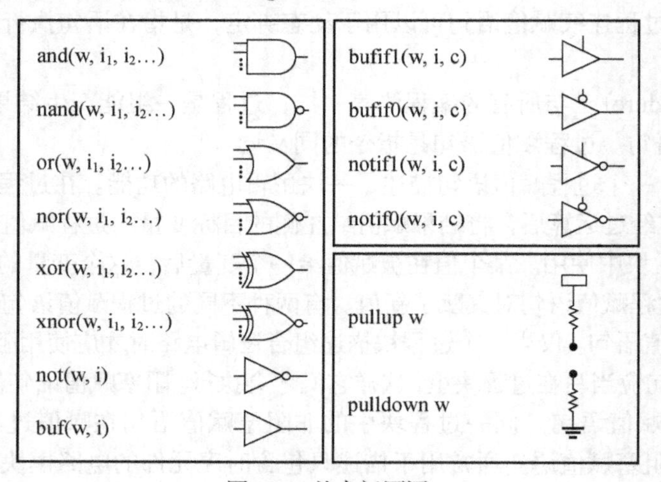

图 4-2　基本门原语

门级范畴的 n 输入门包括 and，nand，or，nor，xor 和 xnor。一个 n 输入门有一个输出，它是最左边的变量，可有任意数目的输入，在变量列表中用逗号分隔。这些门最多有两个延迟参数，放在门名称及#号后的一对括号中。一个四输入 nand 门的例化如下：

```
nand #(3, 5) gate1(w, i1, i2, i3, i4);
```

在这个例子中，t_{PLH}(低到高传输)和 t_{PHL}(高到低传输)时间分别是 3 和 5。门延迟是可选的，如果没有指明，则假定延迟值为 0。如果仅使用一个延迟参数，如#3 或#(3)，则该参数值应用于所有门输出转换。指定延迟的最小值用于输出转换到 x 的延迟。上面例子中的 gate1 为实例名，这个名称是可选的，可以去掉。

图 4-3 显示一个输入为 a，b 和 c，输出为 y 的多数电路(maj3)。电路的基本输入与 and 门的输入直接相连。为了将 and 门的输出与输出 or 门相连，采用了中间连线 im1，im2 和 im3。该多数电路(maj3)的 Verilog 代码如图 4-4 所示。

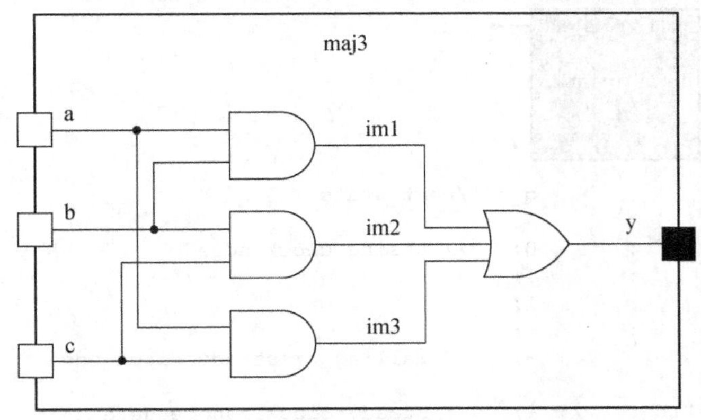

图 4-3　多数电路

```
`timescale 1ns/100ps

module maj3 (a, b, c, y);
    input a, b, c;
    output y;
    wire im1, im2, im3;

    and #(2, 4)
        (im1, a, b),
        (im2, b, c),
        (im3, c, a);
    or #(3, 5) (y, im1, im2, im3);

endmodule
```

图 4-4　多数电路(maj3)的 Verilog 代码

2. 用户定义原语

门级建模中使用的 and、or、not 等逻辑门是 Verilog HDL 自带的内建语法。对这些门的描述是以原语的形式在 Verilog HDL 中定义的，即 Verilog HDL 的内置原语。在实际设计中，设计者有时需要使用自己编写的原语，Verilog HDL 也支持这种语法，这种原语就是用户自定义原语(User Defined Primitive，UDP)。用户自定义原语的设计独成体系，内部不能调用其他的模块和原语，定义的语法也完全不同，但定义之后的使用方式与逻辑门完全相同。

尽管 Verilog 的内置原语对应于简单的组合逻辑门，并且不包括时序部分，但是利用用户自定义原语来描述时序行为与 / 或更复杂的组合逻辑。用户自定义原语具有仿真速度快、所需存储容量少等特点，所以被广泛用于 ASIC 单元库中。

组合用户自定义原语可构成多达 10 个输入和 1 个输出的组合功能。用户自定义原语的定义仅包含一个逻辑真值表形式的表格。输出仅能指定为 0 或 1，而不能指定为 z 值，当输入组合没有指定时，输出为 x。用户自定义原语定义中不能包含延迟值，但是在对它进行例化时，可以指定上升和下降(t_{PLH} 和 t_{PHL})延迟值，方法与上面讨论的 Verilog 原语一样。用户自定义原语输出的初始值为 x，在指定延迟之后变为 0 或 1。

例 4.1　多数电路的 Verilog UDP 代码描述

多数电路的 UDP 代码定义如图 4-5 所示，该 UDP 与图 4-3 模块实现的功能相同。UDP 定义以关键字 primitive 开始，之后定义它的名称和端口。在端口列表中，第一个总是 UDP 的输出端。该 UDP 表示具有该原语的 3 个输入的共 8 个组合。表输入列的顺序与输入声明的顺序一致，即 a，b 和 c。表中的符号?代表 0，1 和 x。因此 00?扩展为 000，001 和 00x。对于所有这样的组合，maj3 产生相同的输出。

```
primitive maj3 (y, a, b, c);
    output y;
    input a, b, c;
    table
        0 0 ? : 0;
        0 ? 0 : 0;
        ? 0 0 : 0;
        1 1 ? : 1;
        1 ? 1 : 1;
        ? 1 1 : 1;
    endtable
endprimitive
```

图 4-5　多数电路的 UDP 代码

UDP 表必须包含输出值为 0 和 1 的所有输入组合，否则未指定的输入组合会产生 x 输出。UDP 可以像 Verilog 原语一样例化，例化时可以指定 0 个、1 个或 2 个延迟值。

例 4.2　边沿敏感 D 触发器的 Verilog UDP 代码描述(见图 4-6)

下面的 UDP d_prim1 描述了边沿敏感 D 触发器的行为特性。输入信号 clock 同步了 data 到 q_out 的转换。

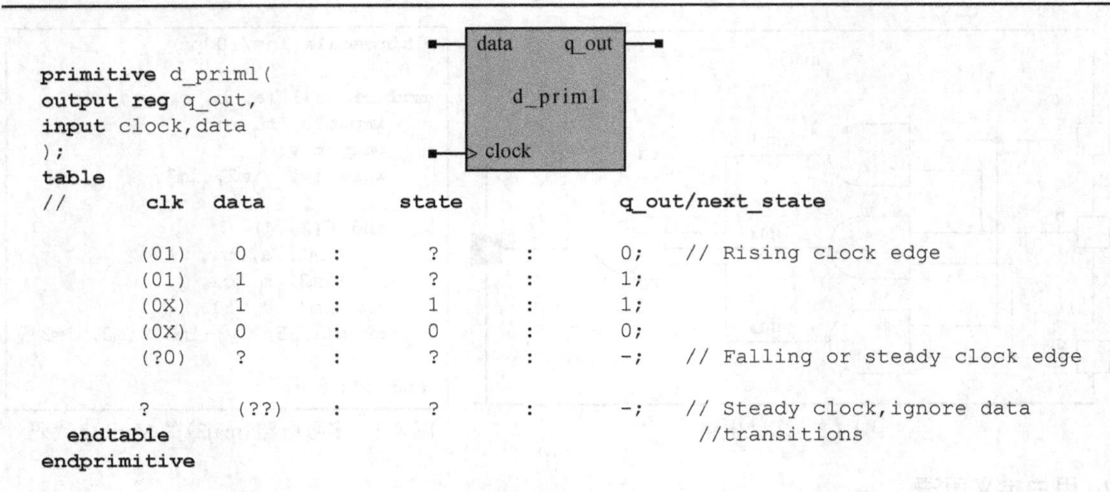


```
primitive d_priml(
output reg q_out,
input clock,data
);
table
//      clk  data          state          q_out/next_state

        (01)   0     :       ?      :      0;   // Rising clock edge
        (01)   1     :       ?      :      1;
        (0X)   1     :       1      :      1;
        (0X)   0     :       0      :      0;
        (?0)   ?     :       ?      :      -;   // Falling or steady clock edge

         ?      (??)  :       ?      :      -;   // Steady clock,ignore data
 endtable                                        //transitions
endprimitive
```

图 4-6　边沿敏感 D 触发器的 Verilog UDP 代码

对于时序行为描述，表格录入的标记是用圆括号把那些在发生跳变时会影响输出的信号逻辑值括起来(如同步输入信号)。在图 4-6 的真值表中，clock 对应列的(01)表示信号 clock 由低向高转换，即值在变化。应该注意，某行中有两个以上问号出现时，对于 clock 而言，对应输入为(?0)的行实际上表示了 27 种输入的可能性，而且可以替换 27 个输入行。例如，(?0)表示(00)，(10)和(x0)。它们中的每一个都可以与数据的 3 种可能值结合在一起，而得到的 9 个可能结果中的每一个又可以与状态的 3 种可能值结合在一起,这样就出现了 27 种可能的输入情况。实际上，这一行明确指出了在任何一种输入情况下，输出都不会发生变化。由于该模型表现出了上升沿敏感行为的物理特性，所以输出不应该在下降沿或根本没有沿跳变(00)时发生变化。如果这一行被省略掉，该模型在仿真中就会传输一个 x 值。记住，我们希望 UDP 表应尽可能地完整而且不模糊。

真值表可以包括电平敏感行为和边沿敏感行为两种情况，用来模拟具有异步置位和复位条件的同步行为。因为仿真器自上向下搜索真值表，所以仿真时电平敏感行为应该优先于边沿敏感行为。

4.2　Verilog 中的常量、变量和数据类型

为了更有效地进行代码编写，必须了解 Verilog 中的常量和变量的定义及表示方法，可用的数据类型以及怎样说明和使用它们。本节将学习 Verilog 的所有基本数据类型，尤其是那些可以综合的数据类型。

4.2.1　数字声明

Verilog 语言包含了 19 种数据类型，主要是整型、参数型、寄存器型和连线型这 4 种。数据类型中，整型是常量，参数型也是常量。

1. 数字表达方法

Verilog 中的标识符是区分大小写的，但在表示进制和数值时使用大写或小写都可以。数

字的表示方法见表 4.1。整数表达方式有以下 3 种。

- <位宽><进制><数字>。这是一种完整的描述方式。
- <进制><数字>。在这种描述方式中，位宽采用默认位宽（具体数值由机器系统决定，但通常为 32 位）。
- <数字>。在这种描述方式中，采用默认 32 位位宽和十进制。

表 4.1　数字的表示方法

数字格式	数字符号	数字示例	说　明
Binary	%b	8'b0010_0110	8 位二进制数
Decimal	%d	8'd17	8 位十进制数
Octal	%o	8'o10	8 位八进制数
Hex	%h	32'h29 或 h29	32 位十六进制数
Time	%t		64 位无符号整数变量
Real	%e　%f　%g		双精度的带符号浮点变量，用法与 Integer 相同
x 值		8'b1000_xxxx	x 表示不定值
z 值		8'b1000_zzzz	z 表示高阻

2. 不同进制整数的表示方法

Verilog 中，整型常量有以下 4 种进制表示形式：

- 二进制整数（b 或 B）
- 十进制整数（d 或 D）
- 十六进制整数（h 或 H）
- 八进制整数（o 或 O）

当数字描述没有使用标准表达式格式时，默认为十进制数。Verilog 语言支持负数表达，以 2 的补码来表示负数。x 的表示形式是在位宽前面加一个负号，负号必须在数字表达式的最前面。注意，负号不能放在位宽和进制之间，也不能放在进制和具体数之间。举例如下：

```
-8'd5            // 表示位宽为 8 的十进制负数
-8'b1010 1110    // 表示位宽为 8，数值为 8'b1010 1110 的二进制负数
-16'h14f8        // 表示位宽为 16，数值为 16'h14f8 的十六进制负数
-10'o0423        // 表示位宽为 10，数值为 10'o0423 的八进制负数
```

3. 数值逻辑

Verilog 语言提供了数值逻辑值（见表 4.2），该数值逻辑值的逻辑电路图描述如图 4-7 所示。

表 4.2　数值逻辑值

数　值	电　位
0	低电位或接 Gnd
1	高电位或接 V_{dd}
x	不确定电位
z	高阻态

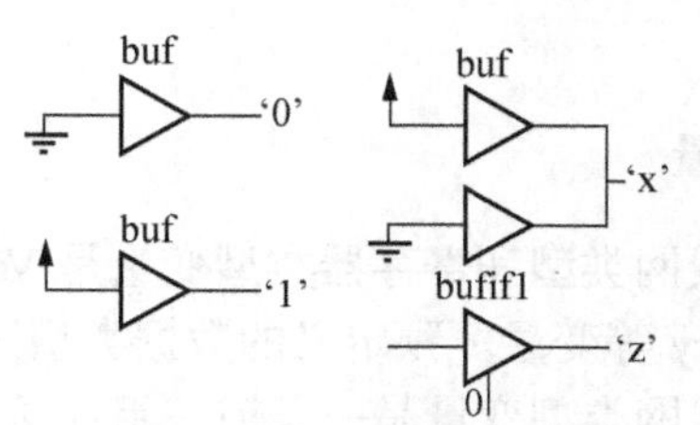

图 4-7　逻辑电路图

4.2.2 常量、变量和运算表达式

1. 常量

在代码执行过程中，值不能被改变的量称为常量。作为一种硬件描述语言，Verilog 中对数字、常量的表示方法与普通的计算机编程语言有明显的不同。比如，4′d8 表示的是一个 4 位宽的十进制整数 8。

在 Verilog HDL 中，有 3 种不同类型的常量：整数型、实数型以及字符串型。整数型常量可以直接使用十进制的数字表示，如 23 表示为十进制的数字 23，默认位宽为 32 位。也可以采用基数表示法来表示，基数表示法的格式如下：

```
长度'+数制简写+数字
```

例如，16′d234 表示 16 位宽的十进制整数 234；4′b0101 表示 4 位宽的二进制数 0101(注意，长度和数字简写之间有′符号)。

如果设定的位宽比实际数字的位宽少，则自动截去左边超出的位数，反之则在左边不够的位置补足 0。如果长度不显示，那么数字的位宽则取决于本身的长度，如 5′b100 表示 5 位宽的二进制数 100，左边补两位 0，所以实际为 00100，′b100 则表示 3 位宽的二进制数 100。注意，如果遇到的是 x 或者 z(如 4′hx)，位宽大于实际数字的位宽，这时在左边不是补 0，而是补 x。

Verilog HDL 中，可以用参量 parameter 定义一个标识符来表示一个常数，在后面的代码中可以直接使用该标识符来代表这个常量，这对提高程序的可读性和可维护性非常有利。

参量的说明格式如下：

```
parameter   参数名 1=表达式 1，参数名 2=表达式 2，…，参数名 n=表达式 n;
```

parameter 是进行参数定义的关键字，参数名的选择必须遵守 Verilog 中标识符定义的规则，多个参数名之间用“,”隔开。需要注意的是，参数定义中的表达式必须是常数表达式，其中只能包含数字或已经定义过的参数。例如下面的定义方式：

```
parameter P1=3.14;    // 定义实型参数
parameter R=3, F=4;   // 定义两个常数参数
parameter BUS_WIDTH=8'b0000 1000;  // 定义一个整型参数
parameter AVERAGE_DELAY=(R+F)/2;   // 用常数表达式赋值，R 和 F 已经定义过
```

参数类型的常数经常用于定义电路的时间延迟和变量的位宽，这样有利于提高模块的通用性。

2. 变量

线网类型和寄存器类型变量是 Verilog 中最常用的两种数据类型，其余还定义了 integer、memory 等变量。预定义的数据类型用于连接逻辑器件和存储数据。

线网类型变量是一条或一组连接模块内部硬件单元或不同模块的物理连线。线网类型变

量的值取决于驱动线网型的逻辑，如连续赋值语句。寄存器类型变量可以表示存储元件，其值在赋予新值之前保持不变。寄存器类型变量在 initial 语句或 always 语句中赋值。

(1)线网数据类型

wire 类型是最常用的类型，(wire，tri)表示电路器件之间的物理连接，只有连接功能。tri 类型是线网数据类型的一种，tri 类型可以用于描述多个驱动源驱动同一根线的线网类型。没有声明的连线的默认类型为 1 位(标量)wire 类型。在 Verilog 程序模块中，输入、输出信号类型默认为 wire 类型。

wire 类型信号可以用做方程式的输入，也可以用做 assign 语句或者实例元件的输出。wire 类型信号的定义格式如下：

```
wire[n-1:0]  变量名 1,变量名 2,…,变量名 n;//共有 n 条总线,每条总线内有 n 条信号线
wire [n:1]  变量名 1,变量名 2,…,变量名 n;
```

例如：

```
wire a;               // 定义了一个 1 位的 wire 型变量
wire  [7:0] b;        // 定义了一个 8 位的 wire 型变量
wire  [4:1]c, d;      // 定义了两个 4 位的 wire 型变量
```

(2)reg 类型变量

寄存器类型变量是数据存储单元的抽象描述，通过赋值语句可以改变寄存器变量存储的值。Verilog 语言提供了功能强大的结构语句，使设计者能够有效地控制是否执行这些赋值语句。这些控制结构用来描述硬件触发条件，例如时钟的上升沿和多路选择器的选通信号。reg 类型数据的默认初始值为不定值 x，这在电路仿真时需要十分注意，建议仿真前要明确每个寄存器都有确定的初始值。

在 always 块内被赋值的每个信号都必须定义为 reg 类型。reg 类型变量的格式如下：

```
reg [n-1:0]  变量名 1,变量名 2,…,变量名 i;
reg[n:1]  变量名 1,变量名 2,…,变量名 i;
```

例如：

```
reg  rega;  // 定义了一个 1 位的名为 rega 的 reg 类型变量
reg [3:0] regb;  // 定义了一个 4 位的名为 regb 的 reg 类型变量
reg[4:1]  regc,regd;  // 定义了两个 4 位的名为 regc 和 regd 的 reg 类型变量
```

(3)integer 类型变量

在 Verilog 中可以定义 integer 类型的变量，其定义格式如下：

```
integer 变量名;
```

integer 类型变量的位宽由计算机系统决定，通常为 32 位。综合时，integer 类型变量的实际综合后的位宽通常由实际使用的最大数值决定。

integer 类型的变量与 reg 类型的变量在使用上有相似之处，但 reg 类型的变量表示的是

无符号数，而 integer 类型变量表示的是有符号数。

(4)数组类型的变量

Verilog 语法允许声明 reg、integer、time、realtime 及向量类型的数组(array)，可以声明二维数组。数组中的元素可以是标量和向量，例如：

```
reg [n-1:0]  数组名[m-1:0];
reg [n-1:0]  数组名[m:1];
```

其中，数组 reg[n-1:0]定义了数组中每个单元的大小，即该数组的每个单元是一个 n 位的寄存器。数组名后的[m-1:0]或[m:1]则定义了该数组中有多少个这样的单元。

Verilog HDL 可以通过对 reg 类型变量建立数组来建立存储器的模型，可以描述随机存储器(RAM)和只读存储器(ROM)，数组中的每个单元通过一个数组索引进行寻址。在 Verilog 语言中没有多维数组存在，memory类型的变量是通过扩展reg类型变量的地址范围来生成的。其格式如下：

```
reg [7:0] mema[255:0];
```

这个例子定义了一个名为 mema 的存储器，该存储器有 256 个 8 位的存储器，其地址范围是 0 到 255。尽管 memory 类型变量和 reg 类型变量的定义格式很相似，但要注意其不同之处。例如，由 n 个 1 位寄存器构成的存储器组不同于一个 n 位寄存器，如下所示：

```
reg [n-1:0] rega; // 一个 n 位寄存器(定义了一个 n 比特的数组)
reg mema  [n-1:0];// 一个由 n 个 1 位寄存器构成的存储器组(定义了一个 n 比特的向量)
```

如果想对 mema 中的存储单元进行读／写操作，则必须指定该单元在存储器中的地址。如下写法是正确的：

```
mema  [4]=0;          // 将 mema 中的第 4 个存储单元赋值为 0
```

进行寻址的地址索引可以是表达式，这样就可以对存储器中的不同单元进行操作。

3. 运算符和表达式

与其他高级语言一样，Verilog HDL 语言使用运算符进行数学计算和逻辑运算。运算符按功能可以分为算术运算符、逻辑运算符、位运算符、关系运算符、赋值运算符、缩位运算符、移位运算符、拼接运算符和条件运算符，如图 4-8 所示。

位运算符中，按其所带操作数的个数不同可以分为如下 3 种。

- 单目运算符：带 1 个操作数，且放在运算符的右边。
- 双目运算符：带 2 个操作数，且放在运算符的两边。
- 三目运算符：带 3 个操作数，且被运算符间隔开。

基本运算符	操作	说明	结果
算术运算符	+ − * / **	基本算术运算	多比特
关系运算符	> >= < <=	比较	1比特

相等运算符	操作	说明	结果
逻辑运算符	= = ! =	相等（不包括高阻和不定态） 不相等	1比特
case等式运算符	= = = ! = =	相等（包括高阻和不定态） 不相等	1比特

<table>
<tr><th>布尔运算符</th><th>操作</th><th>说明</th><th>结果</th></tr>
<tr><td>逻辑运算符</td><td>&& ‖ !</td><td>简单逻辑运算</td><td>1比特</td></tr>
<tr><td>位运算符</td><td>~ & | ^ ^~ ~^</td><td>矢量逻辑运算</td><td>1比特</td></tr>
<tr><td>缩位运算符</td><td>& ~& | ~| ^ ^~ ~^</td><td>对所有比特执行操作</td><td>1比特</td></tr>
</table>

移位运算符	操作	说明	结果
逻辑右移	>>n	移n位补0	多比特
逻辑左移	<<n	移n位补0	多比特
算术右移	>>>n		多比特
算术左移	<<<n		

拼接运算符	操作	说明	结果
位连接	{ }	比特连接	多比特
复制	{{ }}	连接并复制	多比特

条件运算符	操作	说明	结果
结合	? :	条件运算	多比特

图 4-8　Verilog 运算符

在 Verilog 语言中，运算符是根据其优先级的不同来决定计算的先后顺序的。运算符的优先级见表 4.3。

表 4.3 运算符的优先级

<table>
<tr><th>优先级别</th><th>操 作 符</th><th>说 明</th></tr>
<tr><td>最高</td><td>! ~
* / %</td><td>逻辑非 按位取反
乘、除、取模</td></tr>
<tr><td rowspan="10">依
次
递
减</td><td>+ -</td><td>加、减</td></tr>
<tr><td><< >></td><td>移位</td></tr>
<tr><td>< > <= >=</td><td>关系</td></tr>
<tr><td>== != === !==</td><td>等价</td></tr>
<tr><td>& ~&</td><td>按位 与/与非</td></tr>
<tr><td>^ ^~ ~^</td><td>按位 异或/同或</td></tr>
<tr><td>! ~ |</td><td>按位 或/或非</td></tr>
<tr><td>&&</td><td>逻辑与</td></tr>
<tr><td>||</td><td>逻辑或</td></tr>
<tr><td>最低</td><td>?</td><td>条件运算</td></tr>
</table>

4.3 赋值语句

在数字电路中，信号经过组合逻辑就像数据在流动，没有任何存储，当输入发生变化时，输出也会在一定的时间延迟后发生相应的变化，当然这个延迟有长有短。这样的建模方式就是数据流建模，最常见的语句是 assign 赋值语句。赋值语句包括连续赋值语句和过程赋值语句两种类型.

4.3.1 连续赋值语句

连续赋值语句的基本格式如下：

```
assign Target=Expression;
```

连续赋值的对象为 Target，而等号右侧的表达式则是赋值的驱动和来源。一旦等号右侧表达式有事件发生即计算右侧表达式，并把计算得出来的值赋给左侧的变量。

连续赋值语句是基本数据流建模，用于对线网(net)信号赋值，主要用于实现组合逻辑的功能过程。连续赋值语句的特点是：

① 原赋值信号必须是标量或向量线网或其拼接，不能是向量或向量寄存器；

② 连续赋值语句一直置于激活状态。

连续赋值语句是用来描述组合逻辑电路的语句。组合电路的特点是输入一发生变化就会立即影响到输出。也就是说，对于连续赋值，等号右侧表达式的值将连续不断地赋给左侧的线网。连续赋值通过布尔表达式这种逻辑运算系统来描述电路。连续赋值语句只能用于线网类型变量，而不能用于寄存器类型变量。连续赋值语句在右侧表达式和左侧变量之间确立了一个等效关系，如下所示。一个连续赋值语句绝对不能包含在 initial 块或 always 块中。连续赋值必须遵守以下语法：

```
assign [delay] lhs_net=rhs_expression
```

无论何时，等式右侧的表达式的值一旦发生变化，经过指定的时间延迟后立刻会被赋值给左侧变量。换句话说，等式的右侧产生一个值，然后把这个值赋值给目标变量。延迟是指等号右侧变量发生变化后引起左侧变量值更新的这段时间间隔。

4.3.2　过程赋值语句

过程赋值语句用于赋值或更新寄存器、整数、实数或时间变量的值。过程赋值式的右侧可以是数值或表达式。这是一种以过程赋值形式出现的连续赋值语句，通常在过程块(initial 块或 always 块)中出现，其作用是动态地将变量绑定到一个值上。

Verilog 中对变量的赋值有两种常用方式：非阻塞赋值和阻塞赋值。非阻塞赋值常用于时序逻辑电路的设计，阻塞赋值常用于组合逻辑电路的设计。

1. 阻塞赋值语句

仅当一个过程块描述组合逻辑电路的时候才应使用阻塞赋值语句。阻塞赋值语句应当写在过程块里，这样它们才会被执行。在阻塞赋值语句中，表达式左侧的值更新发生在下一条阻塞赋值语句执行之前。

阻塞赋值语句是按时间顺序串行执行的，使用“=”作为赋值符号。

2. 非阻塞赋值语句

在同一过程块中的非阻塞赋值语句在赋值过程中不阻塞后续语句。非阻塞赋值语句通常用于描述只包含时序元件的电路模块。仿真器首先执行阻塞赋值语句。当阻塞赋值语句执行完毕之后，接着将计算非阻塞赋值语句的值，放入事件队列中。

所有变量的值都在当前仿真时刻被计算出来并赋值。一旦非阻塞赋值语句中所有变量的值已经计算出来，非阻塞语句中的变量将被计算并放入事件队列中。非阻塞赋值语句通常用于同步赋值，使得赋值的行为看上去像是同时发生的。这种调度机制不会阻碍同一过程块中后续赋值语句的执行。非阻塞赋值语句使用的赋值符号是“<=”。

下面的图 4-9 和图 4-10 分别对非阻塞赋值和阻塞赋值语句的执行时序和电路的综合映射结果予以了简要说明。

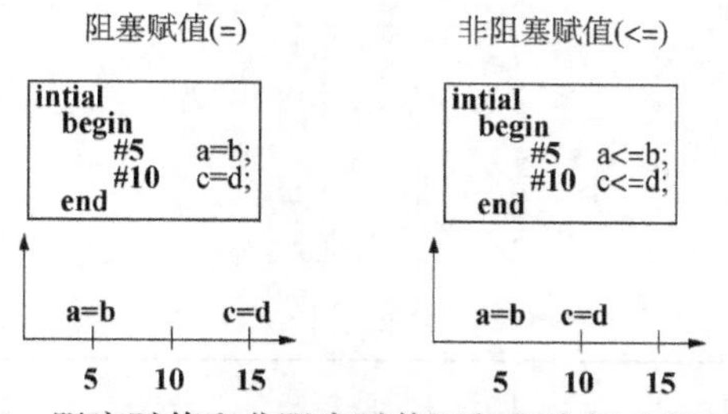

图 4-9　阻塞赋值和非阻塞赋值语句的执行时序示意图

根据图 4-9 和图 4-10 的运行结果，几个专用术语的含义及用法的解释如下。

- 过程(procedure)。与所有的编程语言一样，过程是一组能产生结果的操作序列。
- 过程赋值语句。过程赋值语句是指令的同义词。
- 过程赋值。一个过程赋值语句描述了一个逻辑电路的功能。在过程赋值语句中，表达式右侧算式经过运算后将结果赋值给左侧的目标变量。过程赋值语句只能在 always

块或者 initial 块中使用。某个值在被赋值给一个变量后，这个变量的值会一直保持，直到另外一条过程赋值语句对其赋了新值。

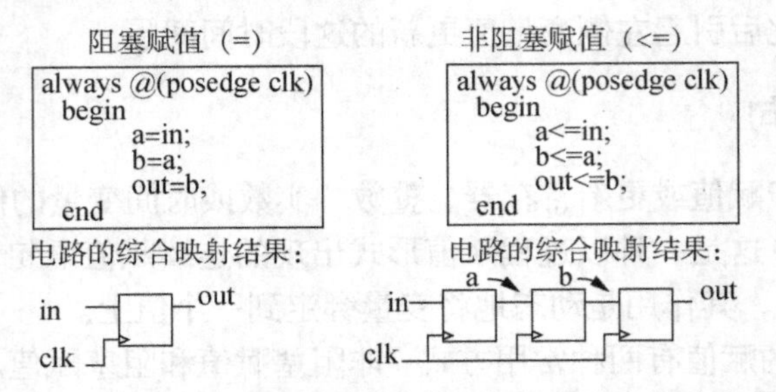

图 4-10　阻塞赋值和非阻塞赋值语句的电路映射示意图

4.3.3　块语句

在代码书写时，将相互关联的多条语句以一定的方式组合在一起，就可以构成块语句。语句块就是在 initial 或 always 块中位于 begin ... end / fork ... join 块定义语句之间的一组行为语句。语句块用来将多个语句组织在一起，使它们在语法上如同一个语句。块语句分为两类：顺序块语句和并行块(又称为并发块)。

1. 顺序块

关键字 begin ... end 在顺序块中对多条语句进行分组。这些语句在顺序块中按顺序执行，即每条语句要等前一条语句执行完毕后才能执行，非阻塞语句除外。

begin ... end 块的名字，即块标识符跟在冒号的后面，即块标识符是可选的，如下所示。

```
begin [: 可选的块标识符]
          过程赋值语句或过程赋值语句块
end
```

例如：

```
begin  [: 块名]
          语句 1;
          语句 2;
          语句 2;
          ...
          语句 n;
end
```

2. 并行块

关键字 fork 和 join 之间的是并行块语句，块中的语句并行执行，一般用于测试分支中，不可综合。

并行块的格式如下：

```
Fork  [: 块名]
```

```
    语句 1;
    语句 2;
    语句 2;
    …
    语句 n;
join
```

这里的块名是可选的。并行块的基本特点是其内部代码从语句 1 至语句 n 是同时开始执行的。当执行时间最长的语句执行完成后，就从块中跳出，接着执行其他语句。需要注意的是，fork ... join 是不可综合的，只能用在测试代码(testbench)的编写中，不能出现在 RTL 代码设计中，而 begin ... end 的使用则非常普遍。

例 4.3　用顺序块和并行块产生波形

下面的代码中将 initial，always，begin ... end 和 fork ... join 进行了不同方式的组合，读者可运行该代码并观察仿真波形，对代码加深理解。

```
`timescale 1ns/100ps
module wave_test;
reg [1:0] wave1, wave2, wave3, wave4;
reg clk;
// 下面的代码生成了周期为 20 ns 的时钟信号
always begin
  #10 clk=1;
  #10 clk=0;
end
initial clk=0;//仿真时刻 0 时 clk 为 0
// 下面的代码生成了 wave1 的波形，这段代码在整个仿真过程中只执行一次，
// 内部语句是顺序执行的
initial begin
  wave1=0;
  #50 wave1=1;
  #50 wave1=2;
  #50 wave1=3;
  #50 wave1=0;
  end
  // 下面的代码生成了 wave2 的波形，这段代码在整个仿真过程中只执行一次，
  // 内部语句是并行执行的
  initial fork
   wave2=0;
   #50  wave2=1;
   #100 wave2=2;
   #150 wave2=3;
   #200 wave2=0;
  join
  // 下面的代码生成了 wave3 的波形，这段代码在整个仿真过程中是循环执行的，
```

```
// 每次循环过程中，内部语句是顺序执行的
always begin
  wave3=0;
  #50 wave3=1;
  #50 wave3=2;
  #50 wave3=3;
  #50 wave3=0;
end
// 下面的代码生成了 wave4 的波形，这段代码在整个仿真过程中是循环执行的，
// 每次循环过程中，内部语句是并行执行的
always fork
  wave4=0;
  #50  wave4=1;
  #100 wave4=2;
  #150 wave4=3;
  #200 wave4=0;
  #200 wave4=0;
join
endmodule
```

需要指出，在可综合风格的代码中，常用的是always与begin ... end的组合。initial和fork ... join不能用在可综合风格的代码中。

4.4　电路功能描述方式

在 Verilog 中，描述电路功能和建立电路模型的含义是相同的。根据习惯，通常在使用Verilog 可综合语法子集进行电路设计时使用“功能描述”一词，而对电路进行仿真时常常使用“电路模型”一词。在一个 module 中，可用下述方式描述一个电路的功能(或称建立一个电路的模型)：

- 数据流描述方式
- 行为描述方式
- 结构描述方式
- 上述描述方式的组合

4.4.1　数据流描述方式

在数字电路中，信号经过组合逻辑就像数据在流动，没有任何存储，当输入发生变化时，输出也会在一定的时间延迟发生相应的变化，当然这个延迟有长有短。这样的建模方式就是数据流建模，最常见的语句是 assign 赋值语句。

数据流建模通常只用于组合逻辑的设计。与采用内建原语的门级建模相比，采用数据流建模具有更高的抽象层次。数据流建模的基本方式是采用连续赋值语句来进行数据流的描述，一个典型的例子是：

```
assign dout=din_a^din_b^din_c;
```

根据数据流描述方式，对于图 4-11 所示的组合逻辑电路，可以用连续赋值语句描述输入与输出之间的逻辑关系，这种描述方式称为数据流描述方式，其基本语法格式如下：

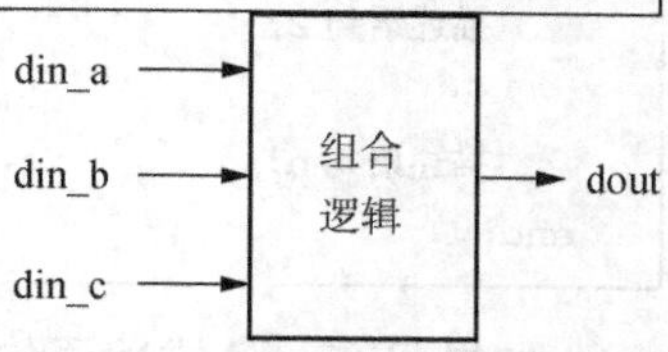

```
assign[延迟]  变量名=表达式;
```

图 4-11　组合逻辑电路示意图

等号右侧的表达式所用的操作数无论何时发生变化，都要重新计算表达式的值，并且计算结果在指定的时间延迟后被赋给左边的变量。延迟的大小与电路具体实现方式有关，如果没有定义具体值，则默认为 0。需要注意的是，等号左侧只能是 wire 类型的变量或 wire 类型的输出端口。

例 4.4　2 选 1 电路

图 4-12 是一个简单 2 选 1 电路的顶层示意图，其功能为：当 sel 为 1 时，dout=din_a;当 sel 为 0 时， dout= din_b。

该 2 选 1 电路的 verilog 代码如图 4-13 所示。

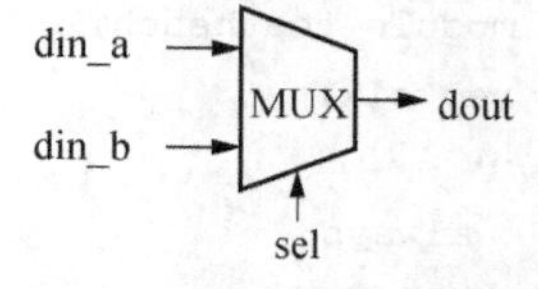

图 4-12　2 选 1 电路示意图

```
'timescale 1ns/100ps                      // 声明仿真时间单位是1 ns，仿真精度为100 ps
module sel2_1 (din_a,din_b,sel,dout);     // 定义名为sel2_1的module
input din_a;                              // 定义名为din_a的输入端口
input din_b;                              // 定义名为din_b的输入端口
input sel;                                // 定义名为sel的输入端口
output dout;                              // 定义名为cout的输口端口
assign #2 dout=(sel)?din_a:din_b;         // 描述电路的功能
endmodule
```

图 4-13　2 选 1 电路的 Verilog 代码

4.4.2　行为描述方式

行为级描述是采用硬件描述语言来描述电路的行为。它所描述的对象(即被赋值的对象)必须定义为 reg 类型。它有两种表现形式：一种是 always 语句，另外一种是 initial 语句。always 语句是总在运行的语句，一旦敏感事件被触发就会被执行，而 initial 语句只能执行一次。

采用行为级建模的方式来描述一个模块，本质上是完成这个模块功能的抽象，而并不是要描述如何用门级电路实现这个模块。模块的输出特性取决于输出和输入之间的关系。通常采用过程语句块结构来描述设计的行为。这些结构包含了 initial 块和 always 块。

initial 块中的语句在仿真过程中只被执行一次，时间的起点是 0 时刻，当其执行完之后将会永远挂起。

在 always 块中同样是从 0 时刻开始执行仿真，但 always 块中的语句会重复不断地执行下去。在这两种过程块中，都只能使用寄存器类型变量。寄存器类型变量在没有给它们指定新值之前一直保持着原来的值，这就模拟了硬件中的存储元件。

Verilog 中经常使用 always 语句进行电路的行为功能描述，该语句在 Verilog 仿真和综合中非常重要，其语法结构如下：

```
always @(敏感信号列表)
begin
```

```
    描述语句 1;
    描述语句 2;
    …
    描述语句 n;
end
```

如果只有一条描述语句，则可以省略 begin 和 end。另外，如果电路功能是无条件循环执行的，则可以没有敏感信号列表。例如，在测试代码（testbench）中经常使用下面的方法来产生时钟信号。下面的代码可以产生周期为 20 ns 的时钟。

```
`timescale 1ns/100ps
module testbench;
reg clk;
…
  always
  begin
    #10 clk=1;
    #10 clk=0;
  end
…
```

always 语句的执行特点是：如果敏感信号列表中的信号发生了符合执行条件的变化，那么 always 块中的描述语句就从第一句开始并顺序执行到最后一条语句结束。如果以直观的方式理解 always 语句，则是每当敏感信号列表中的信号发生变化时就执行该语句。如 图 4-14 所示，在 t1 时刻，敏感信号发生了符合执行条件的变化，那么 always 中的描述语句从第一条开始顺序执行，执行过程中各描述语句所带来的时间延迟不断累加，一直到 t2 时刻结束；在 t3 时刻条件再一次满足，always 中的操作依次被执行。

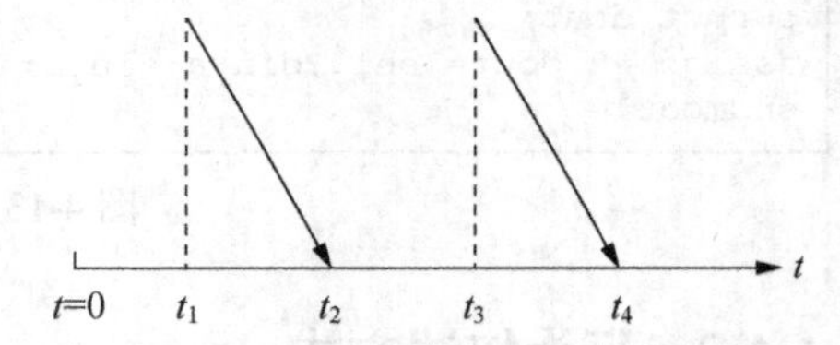

图 4-14　always 块内语句执行的时间关系

最常使用的 always 块描述方式有以下两种。

方式 1：生成组合逻辑电路

```
always @(input_1, input_2, …, input_n)
begin
… //组合逻辑
end
```

与组合逻辑对应的电路结构如图 4-15 所示。

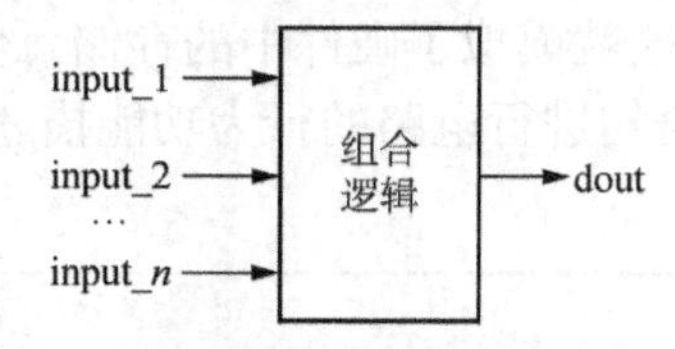

图 4-15　组合逻辑电路示意图

例 4.5 二输入与门电路

这种方法可以用于描述组合逻辑电路的功能，需要注意的是，该电路的所有输入信号都应该出现在敏感信号列表中。

```
`timescale 1ns / 100ps        // 声明仿真时间单位是 1 ns，仿真精度为 100 ps
module and2(a,b,out);         // 定义模块名称为 and2，有 a，b 和 out 三个端口
input a;                 // 定义 a 为输入端口
input b;                 // 定义 b 为输入端口
output out;              // 定义 out 为输出端口
reg out;                 // 定义 out 为寄存器类型的输出端口
always @(a or b)         // a，b 为 always 语句的敏感信号
 out=#2 a & b;           // 电路功能描述
endmodule                // 电路模块结束
```

关于这个电路有以下几点需要注意。

① always 内部的赋值语句的左侧必须是寄存器类型变量，这与综合后的电路中是否包含寄存器是两个概念，两者不要混淆。

② “=”是寄存器赋值符号中的一种，后面的章节中将详细讨论寄存器赋值。

③ #2 表示“a&b”的结果经过 2 ns 的延迟后赋给 out。

④ 这一模块经过综合后可以得到一个二输入与门电路，如图 4-16 所示。

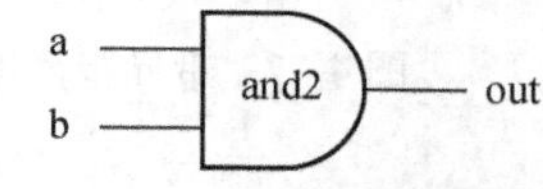

图 4-16 二输入与门电路示意图

方式 2：生成时序逻辑电路

如果 always 语句的敏感信号列表中包含时钟边沿，它描述的就是时序逻辑电路。我们以 D 触发器电路加以说明。

例 4.6 带异步复位端的 D 触发器

图 4-17 给出了一种具有异步复位端(rst)并采用时钟(clk)上升沿触发的 D 触发器。当 rst =1 时，无论时钟是什么状态，D 触发器的输出(q)都将被置为低电平。否则，只要时钟信号出现上升沿，输入的值就传递给输出(也就是说，D 触发器是靠时钟的上升沿触发的)。有许多方法可以实现图 4-17 中的 D 触发器，下面给出了其中一种解决方法。

```
`timescale 1ns/100ps          // 声明默认时间单位为 1 ns，仿真精度为 100 ps
module dff(d, q, rst, clk);  // 定义模块名称为 dff，有 d，q，rst 和 clk 共 4 个端口
input d;       // 定义数据输入端口 d
input rst;     // 定义复位信号输入端口
input clk;     // 定义时钟输入端口
output q;      // 定义数据输出端口
reg q;         // 定义 q 为寄存器类型的输出端口
always @(posedge clk or posedge rst)
    if (rst)  q<=#2 0;// “<=” 是一种常用的寄存器赋值方法
    else q<=#3 d;
endmodule
```

关于上述的代码，以下 4 点需要注意。

① 在 always 语句的敏感信号列表中，包括时钟 clk 的上升沿和复位信号 rst 的上升沿，表示当 clk 或 rst 出现上升沿时执行 always 中的描述语句。

② always 块后面的 if ... else 语句是一个条件判断语句。当触发条件满足，开始执行 always 中的描述语句时，首先判断 rst 是否为 1，如果条件成立则将 0 赋给 q 端，否则执行后面的语句，将当前 d 的值赋给 q 端。

③ "<=" 是一种常用的寄存器赋值方法，后面章节将进行详细说明。

④ #2 和#3 用来模拟实际复位和赋值操作时电路中存在的延迟，若不使用则延迟默认为 0。

在 Verilog 中还经常使用的一种行为描述语句是 initial，它与 always 的不同之处在于它只用在电路仿真中，并且从仿真时刻 0 开始，只将内部的描述语句执行一次，以后不会再次执行。initial 语句的特点如图 4-18 所示，本书后面的电路仿真中会经常用到该语句。

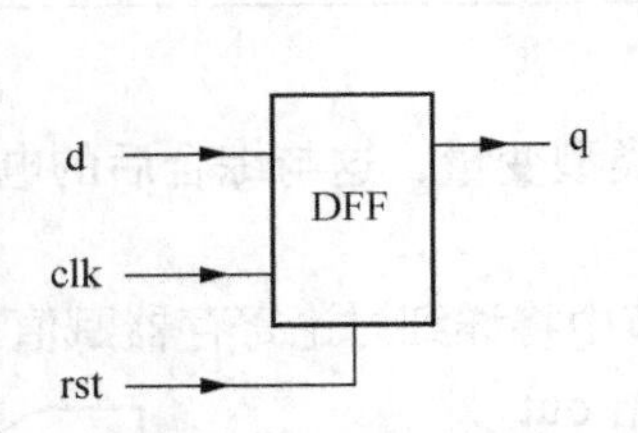

图 4-17 带异步复位端的 D 触发器

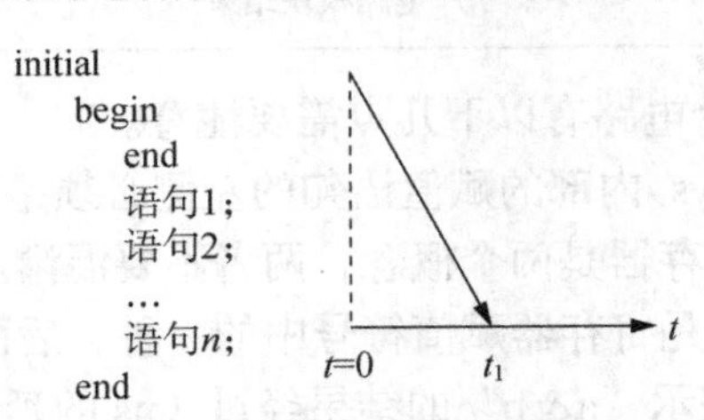

图 4-18 initial 语句的执行特点

4.4.3 结构描述方式

结构描述方式是将现有的电路单元或模块作为"元件"来调用和连接，实现设计者所需的新电路功能。

例 4.7 带寄存器输出的与逻辑电路

```
`timescale 1ns/100ps      // 声明默认时间单位 1 ns，精度为 100 ps
module and2_dff(din_a, din_b, out, rst, clk); // 定义模块名称为 and2_dff
 input din_a;
 input din_b;
 input rst;
 input clk;
 output out;
 wire temp;
  and2 u1(.a(din_a), .b(din_b), .out(temp)); // 调用二输入与门电路
  dff u2(.d(temp), .q(out), .rst(rst), .clk(clk)); // 调用 D 触发器电路
 endmodule
```

关于上例有以下两点需要说明。

① temp 是 wire 类型的内部变量，wire 类型的内部变量常用于进行内部电路的连接。

② 整个电路是通过将 and2 和 dff 进行适当连接而构成的，如图 4-19 所示。整个模块的最终功能是由这两个前面设计完成的电路单元及其连接关系决定的。

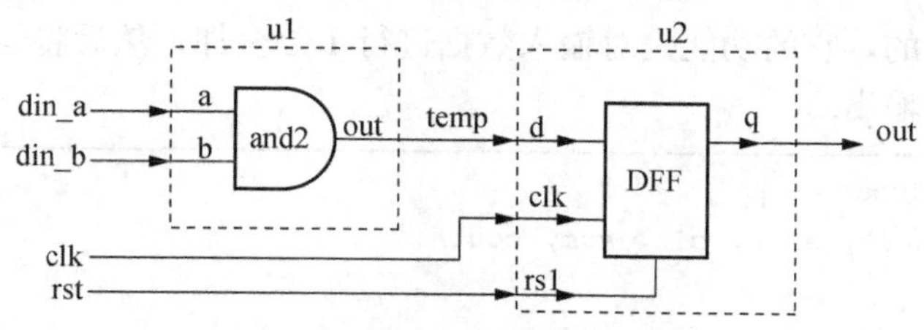

图 4-19　and2_dff 的电路结构

调用现有的 Verilog 模块是实现电路层次化设计的重要方法。调用一个电路模块通常又称为元件（模块）例化（instantiation）或例化某个元件（模块）。例化一个元件（模块）可以使用两种常见的方式，如图 4-20 所示。

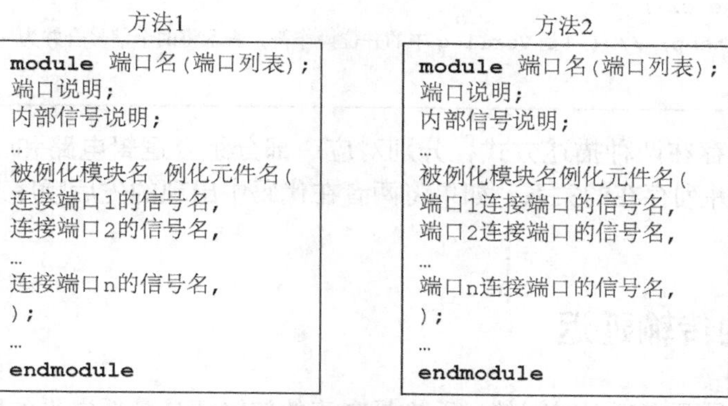

图 4-20　两种模块调用方式

方式 1 中直接将连接在被例化元件各个端口上的实际信号排列出来，这种方法显得比较简洁，但要求实际信号的排列顺序与模块定义时的端口顺序完全相同，否则就会出错。例如，模块定义时若端口信号的顺序为

```
dff(d, q, rst, clk),
```

那么，例化该元件时应写成

```
dff u2(temp, out, rst, clk)
```

必须保证对应关系的正确性。

方式 2 略显复杂但不容易出错，使用这种方法时信号的顺序可以改变，也可以将其写成

```
dff u2(.q(out), .d(temp), .rst(rst), .clk(clk));
```

4.4.4　混合描述方式

上面 3 种描述方式在一个 module 中可以同时存在，设计者可以根据需要进行选择。当 3 种描述方式同时存在时，每种方式描述的电路功能都是整体电路功能的一个组成部分。

例 4.8　带寄存器输出的加法器

下面的代码同时使用了数据流描述方式和行为描述方式。在 module 中，两者是并行的，也就是说是同时执行的。它的功能是对输入数据进行 1 位全加，然后将运算结果在时钟上升沿到达时通过寄存器输出。

```
`timescale 1ns/100ps
module adder_reg(clk, a, b, cin, sum, cout)
input clk;
input a, b, cin;
output sum, cout;
reg sum, cout; // sum和cout为寄存器类型的输出端口
wire [1:0] temp; // 定义一个中间变量 temp
assign temp=a+b+cin;
always @(posedge clk)
  {cout, sum} =temp; // { }是Verilog中的并位操作符，表示将两个信号合并为一个整体对待
endmodule
```

上面的电路中存在两种描述方式，分别对应一部分组合逻辑电路和一部分时序逻辑电路，两部分之间是并列存在的关系，如果将两者在代码中出现的先后顺序改变，仍然会得到相同的结果。

4.5　门电路的传输延迟

实际电路工作是要有延迟时间的，无论是电流的传输还是高低电平的翻转，都是需要时间的。但是在之前编写 Verilog 代码时根本没有考虑时间的问题，更多的是强调功能方面如何能够得到实现。

从输入信号发生变化的时刻到输出响应变化的时刻之间的时间，就是实际逻辑门的传输延迟，Verilog 中的基本门原语被默认为是零时延的，也就是输出对输入的响应是同时发生的，但是基本门原语也可能有非零延迟。因此，所有基本门和线网都有一个默认的零传输延迟模型。

时序验证最终取决于电路中传输延迟的实际值，但是通常采用零模型进行仿真，目的是为了快速验证模块的功能特性。而单位延迟也经常用于进行仿真，因为它能反映信号动作的时间顺序，而这种时间顺序有可能在零延迟仿真中被忽略掉。

我们知道，ASIC 是通过将标准单元库中的逻辑单元刻蚀在通用硅片晶圆上制造而成的。库单元都是预先设计好的，并且能满足一定的功能要求；而库单元的 Verilog 模型包含精确的定时信息，使得综合工具能够利用这些信息对设计的性能(速度)进行优化。在实际工程设计中，通过工艺独立的行为级电路模块描述，并利用标准单元或现场可编程门阵列(FPGA)来综合门级结构。

因此，FPGA 的定时特性分析已被嵌入到 FPGA 综合工具中，而前者的时间特性也已嵌入到单元模型中，并且通过综合工具把分析电路的定时关系与选择单元库中的部件结合起来，实现某一特定逻辑。电路设计者不要试图用手工方法来创建一个电路的精确门级定时模型，而应该借助综合工具来实现能满足定时约束的设计。

4.5.1 惯性延迟

数字电路的逻辑转换对应于物理节点或线网上由于电荷的积累或消散而导致的电压电平的变化。信号变化的物理行为是有惯性的，因为每个传导路径都具有一定的电容性和电阻性，电荷无法在一瞬间积累或消散。HDL 必须具有模拟这些效应的能力。

Verilog 中基本门的传输延迟符合惯性延迟模型。这个模型考虑到了在建立一个对应于 0 或 1 的电压电平之前，在物理电路中电荷必须聚集或消散的事实。若把一个输入信号加到一个门的输入端，在聚集足够的电荷之前把它撤销掉，输出信号就不会达到对应于转换的电压电平。例如，一个 NAND 的所有输入都长时间地保持为 1，这时突然有一个输入端变为 0，那么输出不会马上变为 1，除非该输入端保持 0 输入足够长的时间。为了能够进行门的惯性延迟转换，就要求输入脉冲在一个持续时间内是不变的。

Verilog 将一个门的传输延迟时间作为能够影响输出的输入脉冲的最小宽度；这个传输延迟值也被当成惯性(inertial)延迟值。脉冲宽度必须至少与门的传输延迟一样长。Verilog 仿真引擎若检测到输入脉冲持续时间太短，就撤销由脉冲前沿触发所产生的待输出状态。因此，惯性延迟具有抑制那些持续时间比门的传输延迟短的输入脉冲的作用。

例 4.9　图 4-21 中反相器的输入在 t_{sim}=3 时变化，因为反相器的传输延迟为 2，因而这种变化所导致的输出应该在 t_{sim}=5 时才能发生。然而对于脉宽 Δ=1，输入在 t_{sim}=4 时就又变回初始值，所以仿真器没有监测到这一行为。由于该脉宽比反相器的传输延迟要小，使得两个连续变化的结果只是在反相器的输入端产生了一个窄脉冲，因此仿真器将取消已预置的对应于窄输入脉冲前沿的输出事件，也要取消对应于脉冲后沿的预置输出事件。取消已预置事件是由于仿真器不能在后沿发生时检测到。所以，为了能够对输出产生影响，必须要求输入脉宽维持得足够长，例如图 4-21 中脉宽为 Δ=6 时，就会对输出产生影响。

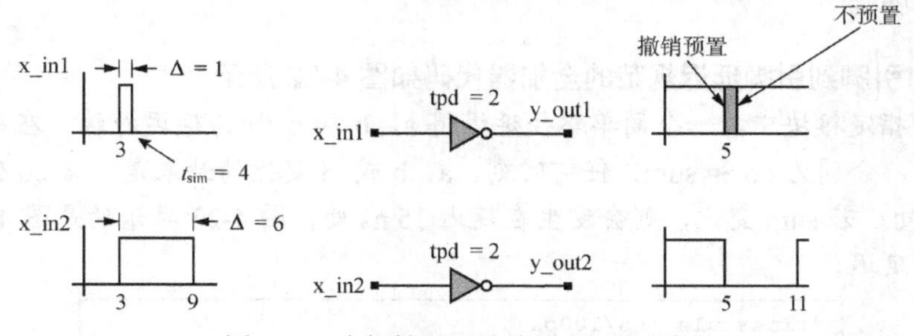

图 4-21　由惯性延迟导致的未规划事件

在实际电路中，逻辑门的传输延迟会受到门的内部结构和它所驱动的电路的影响。内部延迟也称为门的固有延迟。在电路中，被驱动门及其扇入线网的金属连接在驱动门的输出处，也产生了附加的电容负载，并影响了它的定时特性。输入信号的转换速率表示逻辑值之间信号变化的斜率，它会影响输出信号的转换。精确的标准单元模型会涉及所有这些效应。

4.5.2 传输延迟

信号流经电路导线所耗用的时间可用来建立传输延迟的模型。利用这个模型，窄脉冲不会被抑制，导线驱动端的所有变化将在一段有限的延迟后显现在接收端。在大多数 ASIC 中，实际的线长很短，使得信号在线上流经的时间可以忽略，例如信号以光速通过 1 cm 的金属线只需 0.033 ns。然而，Verilog 能够将延迟分配给电路中的各条导线来模拟电路中的传输延迟的影响。这里不能忽略传输延迟，就像在一个多芯片的硬件模块或在印刷电路板上不能忽略传输延迟一样。

导线延迟可以用线网声明语句定义，例如：

```
wire #2 A_long_wire
```

说明 A_long_wire 具有 2 个时间单元的传输延迟。

4.5.3 模块路径延迟

上面讨论的 Verilog 延迟均可称为分布式延迟，即由一个事件经该模块的门和线网传输所需的时间决定。换句话说，延迟分布在设计中的各个元件上，而模块路径延迟规范是指一个事件从源端(输入端或双向端)传输到目标(例如到一个输出端)所需的时间。这种形式的延迟规范又称为引脚到引脚延迟。

模块路径延迟(引脚到引脚)是在一个模块内的指定模块中定义的。一个指定模块由关键字 specify 开头，以关键字 endspecify 结束。在指定模块内，可定义输入到输出路径延迟。

specify 模块是一个独立部分，不在任何其他模块(如 initial 或 always)内出现，内部语句含义必须非常明确。

例 4.10 带有引脚到引脚延迟规范的全加器代码如图 4-22 所示

在该图的指定模块中，一个简单路径延迟将 a，b 和 ci 列为延迟源端，在符号*>之后列出延迟目标端，分别为 co 和 sum。任何时刻，a，b 或 ci 变化的结果是，若 co 变化则会发生在延迟 12 ns 处。若 sum 变化，则会发生在延迟 15 ns 处。图 4-23 显示的是图 4-22 中全加器的输入到输出延迟。

```
`timescale 1ns/100ps

module add_1bit_p2p (input a,b,ci,output sum,co);
   specify
      (a,b,ci*>co)=12;
      (a,b,ci*>sum)=15;
   endspecify

   xor3_P xr1 (a,b,ci,sum);
   maj3_p mj1 (a,b,ci,co);

endmodule
```

图 4-22 全加器的模块路径延迟规范

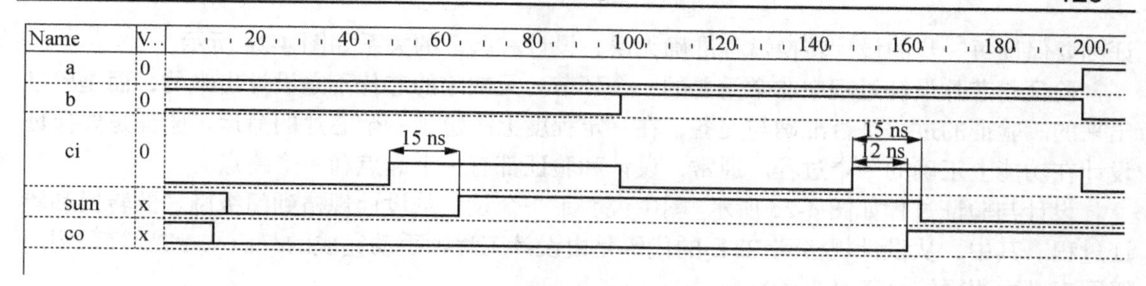

图 4-23　全加器的模块路径延迟仿真结果

4.5.4　延迟建模的表达式

真实世界中的任何逻辑元件都会有延迟，但如果不在连续赋值语句中明确定义时间延迟，则右边表达式的值会立即赋给左边的表达式，延迟为 0。如果要定义延迟则需要明确定义为

```
assign #3 portA=input_B;
```

当右边表达式 input_B 发生变化时，计算出结果后需要等待 3 个延迟单位后才赋给 port_A。

另外，信号的边沿跳变的延迟往往不一样，在 Verilog 语言中同样可以建模如下，包括上升延迟、下降延迟、变为 z 的延迟以及变成 x 的延迟。

```
assign #(1, 2) A=B^C;
```

表示上升延迟为 1 个单位，下降延迟为 2 个单位，关闭延迟和变成 x 的延迟为两者中的最小值，即 1 个单位。

```
assign #(1, 2, 3) A=B^C;
```

表示上升延迟为 1 个单位，下降延迟为 2 个单位，变为 z 的延迟为 3 个单位，变成 x 的延迟为三者中的最小值，即 1 个单位。

```
assign #(3:4:5, 4:5:6) A=B^C;
```

这是另一种延迟建模的方式，因为即使是上升延迟，事实上它也存在着最大值、最小值，这个模型可以表示出其关系，采用“min:typ:max”的格式来表示。这样，上例的最小的上升延迟为 3 个单位，最大为 5 个单位，典型值为 4 个单位，而下降延迟最小为 4 个单位，最大为 6 个单位，典型值为 5 个单位。

需要注意的是，这些延迟只能在仿真中有效，在综合语句中是被忽略的，也就是说人为定义的延迟在实际生成的逻辑电路中是不会体现出来的。

4.6　数字逻辑验证和仿真

设计的过程实际上是从一种形式到另一种形式的转换，比如从设计规格（通常讲的 Specification 或 SPEC）到 RTL 代码；从 RTL 代码到门级网表；从网表到版图（layout）等。验证则要保证每一步的设计转换过程准确无误，设计和验证的关系如图 4-24 所示。

验证是芯片设计过程中非常重要的一个环节。无缺陷的芯片不是设计出来的，而是验证出来的。验证的过程是否准确与完备，在一定程度上决定了一个芯片的命运。验证是要保证设计在功能上正确的一个过程。通常，设计和验证都有一个起点和一个终点。

设计与验证过程如图 4-25 所示。图中说明了一个设计从设计规格到门级网表的转换和验证过程。其中，从设计规格到 RTL 的代码是由设计工程师手动完成的，而从 RTL 代码到门级网表则由逻辑综合工具自动完成。

相对应的是，要验证从设计规格到 RTL 代码的过程，就需要进行功能验证。功能验证一般是指验证 RTL 代码是否符合原始的设计需求和规格。

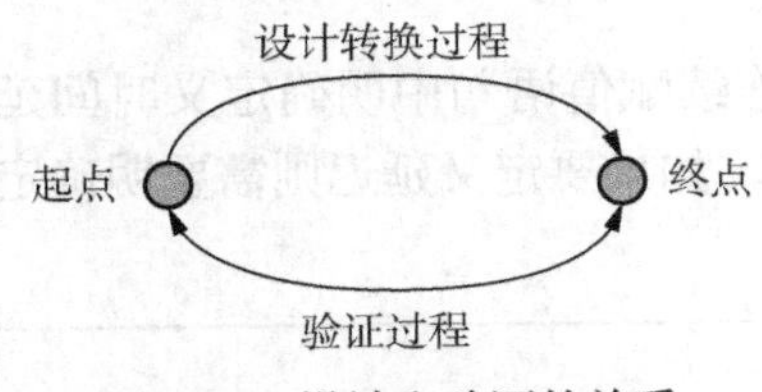

图 4-24 设计和验证的关系

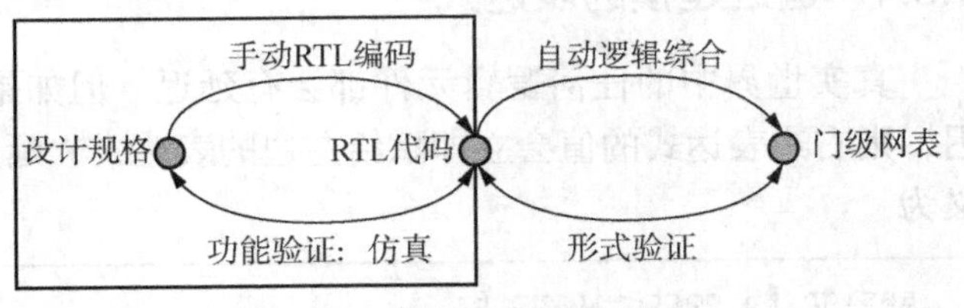

图 4-25 设计与验证过程

4.6.1 数字逻辑验证的 4 个阶段

从硬件设计到芯片流片，整个流程都离不开验证。验证与设计流程相关，一般可分为 4 个阶段：功能验证、逻辑验证、版图验证和芯片验证。

目前的硬件设计一般采用硬件描述语言，如 Verilog HDL，进行自顶向下的开发工作。在开发过程中，需要分阶段进行多次验证，以保证设计的正确性。图 4-26 表示了硬件设计和验证的典型流程。

从图 4-26 可以看出，在硬件设计中，要最先写出设计规范。设计规范抽象地描述了所设计电路的功能、接口和整体结构。这时没有必要考虑如何用具体电路来实现系统结构。通过分析电路的功能、性能、所要满足的标准及其他深入问题之后，才能得到行为级描述。行为级描述可用硬件描述语言(如 Verilog HDL)来书写。

完成了行为级描述的行为算法优化与功能仿真之后，通常需要进行向寄存器传输级(RTL)描述的转换。之所以需要将行为级描述用手工转换成寄存器传输级的描述，是因为现有的计算机辅助设计(CAD)工具只能接受 RTL 描述的 HDL 文件并进行自动逻辑综合。当然，转换后的 RTL 级描述同样需要进行功能仿真，以验证其功能是否符合设计规范，这就是通常所说的功能验证。从这步之后，设计过程就是在计算机辅助设计工具的帮助下完成的。

逻辑综合的目标是将 RTL 的 HDL 代码映射到具体的工艺上加以实现，因而从这一步开始，设计过程与实现工艺相关联。实现自动逻辑综合的前提是要有逻辑综合库的支持。综合库内部包含了相应的工艺参数，最典型的有门延迟、单元面积、扇入/扇出系数等。根据硬件的设计指标，如时钟频率、芯片面积、端口驱动能力等，自动综合工具设定约束条件，在给定的包含工艺参数的综合库中选取最佳单元，实现逻辑综合。

逻辑综合工具为了把 RTL 级描述转换成门级网表，需要进行门级仿真(即通常所说的前仿)，以进行逻辑验证。这是因为门级网表是使用门电路及门电路之间的连接来描述电路设计的方式，它包含了门级延迟及扇入/扇出信息，有可能导致自动综合出的门级网表的功能与设计规范和 RTL 描述不一致。在前仿中发现的错误有可能导致重新进行逻辑综合，甚至回溯修改 RTL 设计。

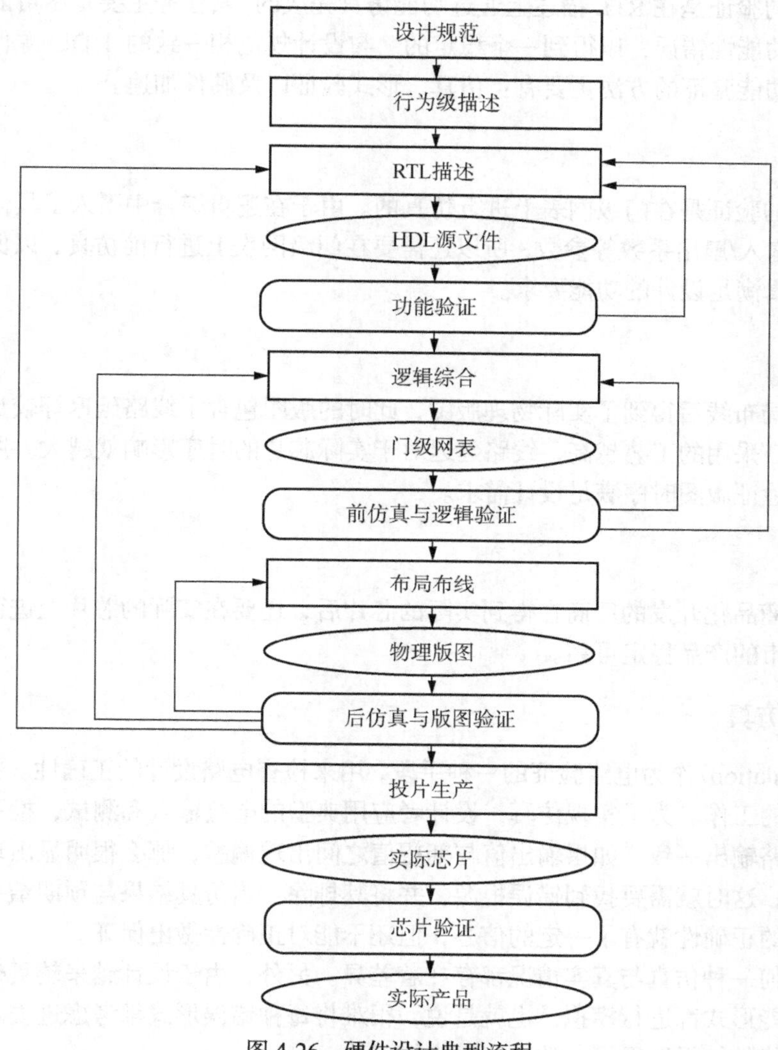

图 4-26　硬件设计典型流程

通过前仿真以后，得到功能和逻辑正确的门级网表，作为自动布局布线工具的输入，开始进行后端设计。后端设计得到实际的物理版图，可从中提取出连线延迟、连线电阻、分布电容等参数。

生成版图后，把从版图中提取出的参数反标到门级网表中，进行包含连线延迟的门级仿真，称为后仿真。这一步主要是进行版图验证和时序模拟。如果时序不能满足设计要求，则通常需要修改版图的布局布线、逻辑综合的约束条件，有时也有可能回到 RTL 描述加以调整。

后仿真和版图验证以后，得到了正确的实际物理版图，就可以进行投片生产，从而得到实际的芯片。得到实际芯片后，有时还要进行芯片验证，保证芯片的正确性后才作为产品投放市场。从图 4-26 中还可以看出，数字芯片的验证可以分为下述 4 个阶段。

1. 功能验证

这一阶段的验证是在RTL描述上通过功能仿真完成的，其任务主要是尽可能多地发现并纠正设计中的功能性错误，以得到一个稳定的、与设计规范相一致的HDL源代码模型。在芯片设计中，功能验证的方法主要有：仿真、形式验证以及硬件加速。

2. 逻辑验证

这一阶段的验证是在门级网表上进行仿真的。由于在逻辑综合中引入了具体设计单元库的门级延迟、扇入/扇出系数等参数，所以还需要在门级网表上进行前仿真，以保证所得到的门级网表的逻辑满足设计的功能要求。

3. 版图验证

在进行布局布线后得到了实际物理版图，此时的版图包含了线路延迟等较真实的物理参数。研究表明，采用的工艺越高，线路延迟对于实际芯片的时序影响就越大。所以，必须进行后仿真，以验证版图时序满足设计需求。

4. 芯片验证

绝大多数商品化开发的厂商在得到实际的芯片后，还要在实际的芯片上进行测试验证，以保证最后上市的产品稳定可靠。

4.6.2 逻辑仿真

仿真(simulation)作为电路验证的一种手段，用来检查电路设计的正确性。这是一项非常有意义且复杂的工作。为了实现仿真，设计者应用典型的电路输入和测试，检验仿真结果是否与期望的电路输出一致。如果输出值与期望值之间出现偏差，那么很明显出现了设计错误或者仿真错误，这时就需要找到错误根源，并将其排除。当仿真结果与预期结果一致时，设计人员对设计的正确性就有了一定的信心，但还不能对正确性做出保证。

其实，任何一种仿真与真实情况都存在着差异。另外，由于设计越来越复杂，依靠仿真很难把每种可能形式都进行模拟，也就是说，很难将每种错误形式都考虑进去。因此，即使仿真结果与期待的结果取得了一致，也要谨慎对待。

仿真的一般性含义是：使用EDA工具，通过对设计实际工作情况的模拟，验证设计的正确性。由此可见，仿真的重点在于使用EDA软件工具模拟设计的实际情况。在FPGA/CPLD设计领域最通用的仿真工具是ModelSim。

目前，业界主流的功能验证方法是对RTL级代码的仿真。给设计加一定的激励，观察响应结果。当然，这些仿真激励必须完整地体现设计规格，验证的覆盖率要尽可能高。

在传统ASIC设计领域，验证是最费时、耗力的一个环节。而对于FPGA/CPLD等可编程逻辑器件，验证的问题就相对简单一些。可以使用如ModelSim或Active-HDL等HDL仿真工具对设计进行功能上的仿真；也可以将一些仿真硬件与仿真工具相结合，通过软硬件联合仿真，加速仿真速度；还可以在硬件上直接使用逻辑分析仪、示波器等测量手段直接观察设计的工作情况。

1. 逻辑仿真的基本原理

如今的数字集成电路工艺水平可以将数百万甚至上千万计的晶体管集成在一块芯片上。因此，尽早识别电路设计中的各种错误以及在何处出现错误，是非常必要的。设计人员在设计数字电路时，最有帮助的工具就是数字逻辑仿真。借助数字仿真，通过自己规定的激励源，可以证实被测设计电路的功能(见图 4-27)。

常见的数字仿真器是时钟驱动或者事件驱动仿真器。当一个电路节点值发生变化时，其时间、节点和新的值组合构成一个事件，事件被排列在事件队列或事件表中。当指定的时间到达后，该节点的逻辑值将被改变。这种改变会使其他以该节点作为输入的逻辑单元受到影响，受影响的逻辑单元将被重新计算、评估，而这样会使更多的事件被加入到事件队列中。逻辑仿真器记录当前的时间、当前的时间步长和记录未来事件的队列。对每一个电路节点，仿真器记录其逻辑状态及源或驱动该节点的源的强度。当一个节点改变逻辑状态时，不论它是作为逻辑单元的输入还是输出，都将产生一个事件。

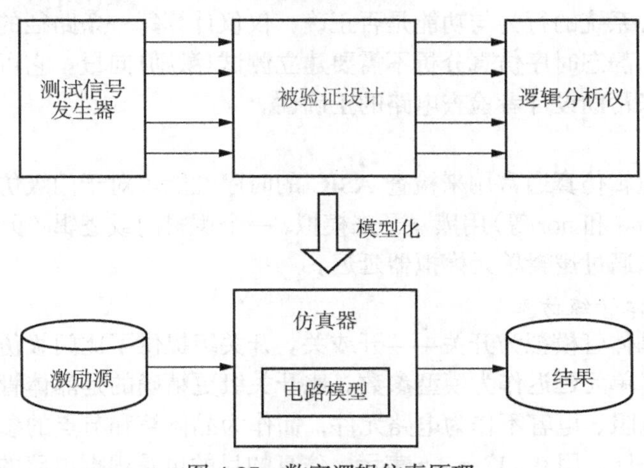

图 4-27　数字逻辑仿真原理

一个代码翻译型仿真器把 HDL 模型视为数据，将其编译为一个可执行的模型，作为仿真器结构的一部分，然后执行该模型。相比于其他类型的仿真器，这种仿真器的编译时间较短但执行时间较长。而编译型仿真器先把 HDL 模型翻译成中间格式，然后再使用单独的编译器，编译成可执行的二进制代码。它与代码翻译型仿真器相比，编译时间较长但执行时间较短。本机代码型仿真器可以将 HDL 代码直接转换为可执行的，因而可提供最短的执行时间。

对于任何一种事件驱动的仿真器，逻辑单元都需要用基本的建模语言来描述。基本建模语言不存在统一的标准。

本书的重点将放在 Verilog 语言本身的仿真上，至于门级网表和布线结果的功能(时序)仿真以及硬件加速、逻辑分析仪等验证手段，请参考其他文献。

在芯片设计中，功能验证的方法主要有 3 种：仿真、形式验证以及硬件加速。此处将重点介绍仿真的概念、仿真平台的搭建以及如何利用高效的仿真平台验证设计等主题。

2. 仿真的类型

仿真可以在不同的层次进行，如功能仿真、RTL 级仿真以及不同层次的综合后仿真等等。

建立系统假想仿真模型可以有多种方式。一种方式就是将系统的组合用有输入和输出的黑盒子进行建模。仿真器按照从高层次到低层次的顺序，通常可以划分为以下几种类型或仿真模式。通常可对仿真的类型进行如下分类。

(1)行为与功能仿真

行为算法和结构的混合描述为对象，一般采用 HDL 语言描述，主要着眼于系统功能和内部运行过程。基本元素是操作和过程，各操作之间主要考虑数据传输、时序配合、操作流程和状态转换。高层次仿真的方法一般是对描述的解释执行，仿真时观察运行结果的数据及其时序配合关系、状态转换关系，以此来判断描述的正确性。

(2)静态时序仿真

静态时序仿真又称静态时序分析，它考虑的是电路实现时能否满足需要的时序关系。静态时序分析并不关心系统的行为与功能是否正确，仅仅计算每一条路径的延迟，并以静态的方式进行逻辑分析。静态时序仿真分析不需要建立测试(激励)向量。它可以作为动态仿真分析的一种辅助手段来帮助设计者检查电路的正确性。

(3)门级仿真

门级仿真或者逻辑仿真通常用来检查 ASIC 的时序性能。对于门级仿真器，每一个逻辑或者逻辑单元(如 nand 和 nor 等)用黑盒子来模拟，一个逻辑门或逻辑单元的函数变量是输入信号。该函数也可以通过逻辑单元模拟器延迟。

(4)开关级和晶体管级仿真

开关级仿真将晶体管模拟为开关——开或关。开关级提供了比门级仿真更精确的延迟估计，但是无法用逻辑单元延迟作为模型参数。比开关级更精确的是晶体管级仿真，它用晶体管表示电路结构。电阻、电容不作为电路元件，而作为晶体管和节点的参数来描述。开关级的信号值与功能级一样，用 0、1、x、z 表示。仿真的目的也是根据电路的结构，验证电路的逻辑功能。

(5)电路级仿真

电路级仿真的对象是用晶体管、电阻、电容组成的电路网络。仿真模型是阻容等效电路。仿真的方法就是解方程法，即求解由阻容等效电路对应的电路方程，求出表示电路信号的数据节点电压和回路电流，尽可能使输出波形接近实际输出波形。电路级仿真工具是 SPICE 类型的软件。电路仿真适用于小规模的模拟电路。从高层次到低层次的仿真，其结果越来越准确，却越来越耗时。例如，对于一个复杂系统，我们只能仿真其整体行为，而无法对整体的电路级别进行仿真。

4.7 测试平台 testbench 及仿真设计

当完成所需硬件模块的 Verilog HDL 语言 RTL 级描述后，如何验证其所实现的功能与设计规范相吻合，就成了摆在硬件设计工程师和硬件验证工程师面前的首要任务。

一般来说，完成设计的硬件都有一个顶层模块，此模块定义了所设计硬件的所有对外接口，并例化各底层模块，将其进行正确的连接，以实现层次式的硬件模块结构开发。要对设计的硬件进行功能验证，就是要对其顶层模块的各个对外接口提供符合设计规范要求的测试激励，并观察其输出和中间结构是否符合设计规范的要求。

4.7.1 testbench 的概念及结构

1. testbench 的概念

在具体功能验证实现中，一般都是提供一个 testbench，即测试平台。此 testbench 模块负责例化所设计硬件的顶层模块，并负责对其对外接口提供测试激励，监视输出结果，并与理想结果进行比较。

简单地讲，在仿真时 testbench 用来产生测试激励给被验证设计（DUV），或者称为被测设计（DUT），同时检查其输出是否与预期的一致，达到验证设计功能的目的。testbench 的概念描述如图 4-28 所示。

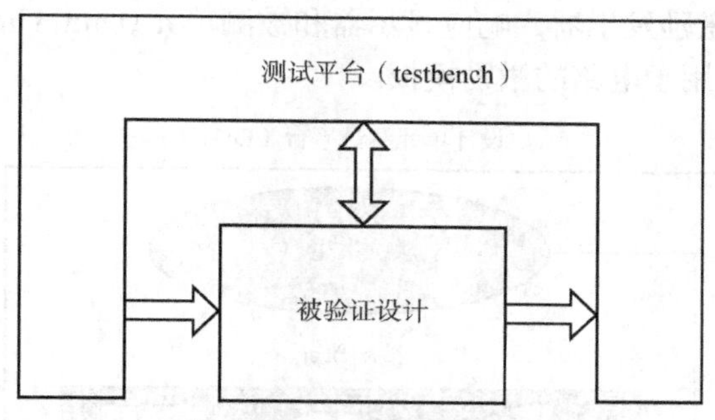

图 4-28 testbench 的示意图

testbench 提供了一个很好的可以通过仿真来验证芯片功能的平台，仿真可以根据 EDA 工具和设计复杂度略有不同。对于简单的设计，特别是一些小规模的设计，可以直接使用开发工具内嵌的仿真波形工具绘制激励，然后进行功能仿真。

然而，更普遍的情况是使用 HDL（硬件描述语言）编制 testbench（仿真文件），通过波形或比较工具，分析设计正确性，并分析 testbench 自身的覆盖率与正确性。testbench 的仿真流程如图 4-29 所示。

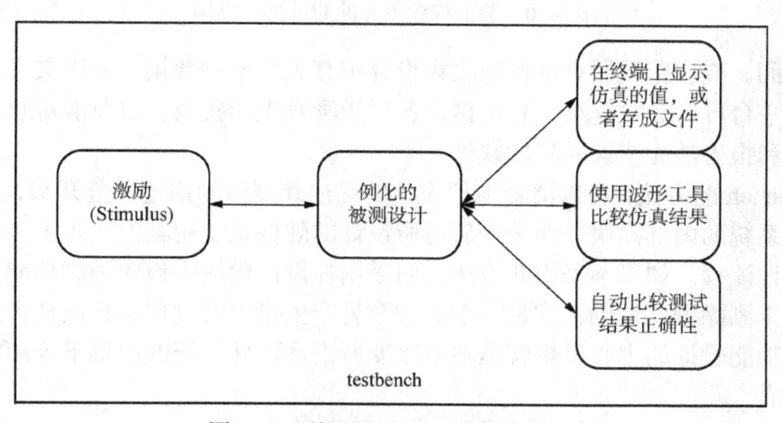

图 4-29 基于 testbench 的仿真流程

从图中可以清晰地看出 testbench 的主要功能：

- 为被测设计(DUT)提供激励信号；
- 正确例化被测设计；
- 将仿真结果的数据显示在终端，或者存为文件，或者显示在波形窗口以供分别检查；
- 复杂设计可以使用 EDA 工具，或者通过用户接口自动比较仿真结果与理想值，实现结果的自动检查。

前两项功能主要与 testbench 的编写方法或编码风格(Coding Style)相关，后两项功能主要与仿真工具的功能特性和支持的用户接口相关。

2. testbench 的基本结构

验证数字电路功能的基本方法是构造一个测试平台，该平台能将激励模板添加到被测电路并显示测试波形。用户自己(或使用软件)可以验证响应的正确性。测试平台是一个具有独立结构的 Verilog 模块，其基本组成结构如图 4-30 所示。它位于一个新的设计层次的顶部，而这个新的设计层次包含激励发生器、响应显示器和被测单元(Unit Under Test，UUT)。利用 Verilog 语句能够定义应用于电路的激励模板。

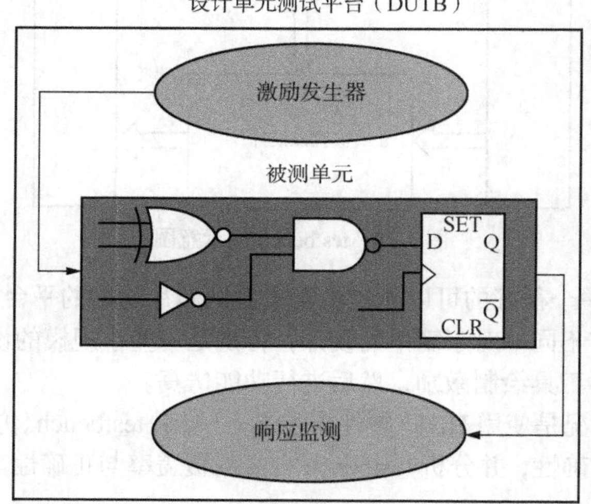

图 4-30 验证被测单元的测试平台结构

在仿真期间，响应监视器有选择地收集设计中有关信号的数据，并以文本或图表格式显示出来。测试平台可以非常复杂，它可包含各种激励发生器模板，以及能对收集到的数据进行分析并检查和报告功能错误的附加软件。

采用 testbench 的方法，可以清晰地把设计的描述和测试的描述区分开来，并且测试不改变所设计硬件系统的内部模块，便于今后对所设计的硬件系统用其他 CAD 工具进行综合，进入下一道设计流程。如果不采用此方法，而采用在设计模块中包含测试功能，那么在综合过程时需要人工删除测试代码，这是一个非常容易产生错误的过程，且消耗大量人力。采用 testbench 进行功能验证的中心思想就是在不改变所设计硬件系统的前提下采用模块化的方法进行编码验证。

testbench 模块没有输入输出，在 testbench 模块内例化待测系统顶层模块。一般来说可以把包含行为的代码打包为一个模块，此模块负责对待测系统接口提供测试激励，并监视输出结果与期待得到的最终正确结果相比较，检验设计是否正确。

当一个 testbench 设计好以后，可以供芯片设计的各个仿真阶段使用。比如在对 RTL 代码、综合网表、布线之后的网表进行仿真的时候，都可以采用同一个 testbench。

4.7.2　testbench 的编写

为了验证设计模块功能的正确性，首先需要在 testbench 中编写一些激励给设计模块，同时观察这些激励在设计模块（DUV）中的响应是否与期望值一致。要充分验证一个设计，需要模拟各种外部的可能情况，特别是一些边界情况（或极端情况），因为这些边界情况最容易出问题。图 4-31 显示了一个用户验证 MPI 接口功能的仿真平台。不仅要产生时钟信号和复位信号，还要编写一系列的仿真向量，并观察设计模块的响应，确认仿真结果。

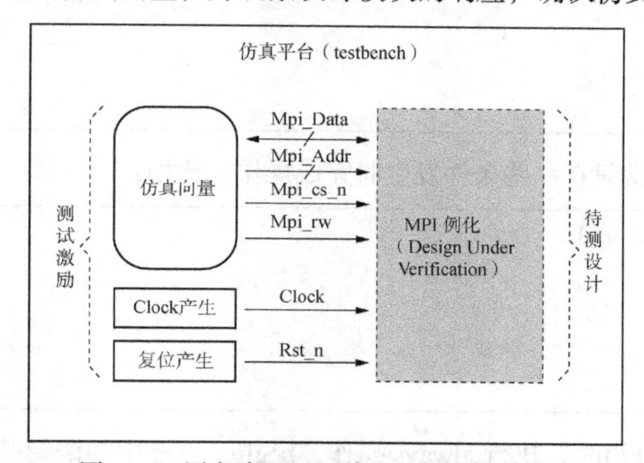

图 4-31　用户验证 MPI 接口功能的仿真平台

1. 编写仿真激励

对于初学者来说，尽快掌握一些常用测试激励的写法非常重要。这样可以有效地提高代码的质量，减少错误的产生。下面将简要描述如何产生一些基本的仿真激励。

（1）仿真激励与被测对象的连接

在 testbench 中，需要例化被测试模块，被测试模块的端口和 testbench 中的信号互连也遵循同样的规则。请参考模块实例端口连接规则，如图 4-32 所示。

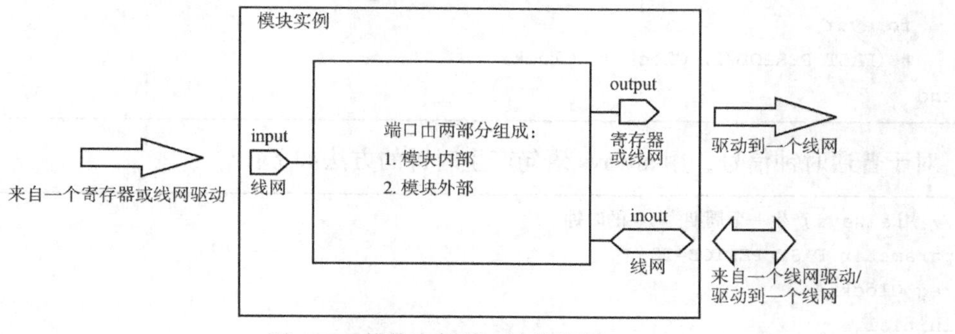

图 4-32　模块实例端口连接规则

需要提醒初学者注意的是，对于双向信号，驱动它的也一定是一个三态的线网。不能是寄存器类型，否则就会发生冲突。

(2)使用 initial 语句和 always 语句

initial 和 always 是两个基本的过程结构语句，在仿真之初即开始相互并行。通常，被动的检测响应使用 always 语句，而主动的产生激励使用 initail 语句。

initial 和 always 的区别是：initial 语句只执行一次，而 always 语句不断地重复行。但是，如果希望在 initial 里多次运行一个语句块，可以在 initial 里嵌入循环语(while，repeat，for 和 forever 等)，比如：

```
initial
  begin
    forever  /*永远执行(死循环)*/
    begin
    ……
    end
  end
```

而 always 语句通常只在一些条件发生时完成操作，比如：

```
always @(posedge Clock)
begin
  SigA=SigB;
  ……
end
```

当发生 Clock 上升沿时，执行 always 操作，begin ... end 中的语句顺序执行。

(3)时钟、复位的写法

对于普通时钟信号，用 initial 语句产生时钟的方法如下：

```
// 产生一个周期为 10 的时钟
parameter FAST_PERIOD=10;
reg Clock;
initial
  begin
    Clock=0:
    forever
    # (FAST PERIOD/2) Clock =~ Clock;
end
```

对于普通时钟信号，用 always 语句产生时钟的方法如下：

```
// 用 always 产生一个周期为 10 的时钟
parameter FAST PERIOD=10 ;
reg Clock;
initial
```

```
  Clock=0;  // 将 Clock 初始化为 0
always
  # (FAST_PERIOD/2) Clock =~Clock;
```

以上写法产生的波形如图 4-33 所示。

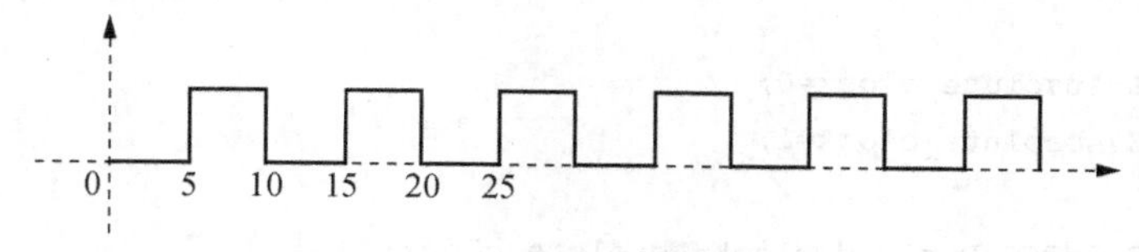

图 4-33　产生的时钟测试激励

有时会在设计中用到非 50%占空比时钟，比如可以用 always 语句实现占空比为 40%的时钟信号，代码如下：

```
// 占空比为 40%的时钟
parameter Hi_Time=5 ,Lo_Time=10 ;
reg Clock;
always
  begin
    # Hi_Time Clock=0;
    # Lo_Time Clock=1;
  end
```

以上代码产生的占空比不是 50%的时钟波形，如图 4-34 所示。由于 Clock 在 0 时刻没有被初始化，而且 Clock 是寄存器类型变量，因此在该信号的前 5 ns，在仿真器中的值为 x。当然，也可以在 initial 语句中使用 forever 语句来描述同样的波形。

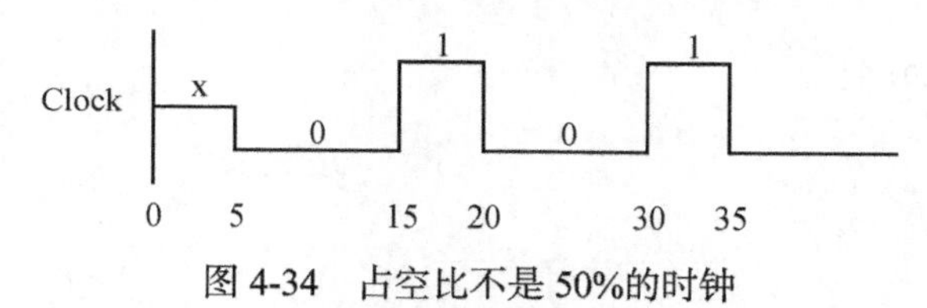

图 4-34　占空比不是 50%的时钟

对于固定数目的时钟信号，可以在 initial 语句中使用 repeat 语句来实现，代码如下：

```
// 2 个高脉冲的时钟
parameter  PulseCount=4, FAST_PERIOD=10;
reg Clock;
initial
  begin Clock=0;
    repeat (PulseCount)
    #(FAST PERIOD/2) Clock =~Clock;
  end
```

以上代码产生了有 2 个高脉冲的时钟。

另外一种应用较广的时钟是相移时钟。先看一看如下的代码：

```
//相移时钟产生
parameter  HI_TIME=5, LO_TIME=10, PHASE_SHIFT=2;
reg Absolute_clock; // 寄存器变量
wire Derived_clock; // 线网变量
  always
    begin
      # HI_TIME Absolute_clock=0;
      # LO_TIME Absolute_clock=1;
  End
assign # PHASE_SHIFT Derived_clock=Absolute_clock;
```

这里，首先用 always 产生一个 Absolute_clock 时钟，然后用 assign 语句将该时钟延迟，产生一个相移为 2 的 Derived_clock 时钟。值得注意的是，图中的 Absolute_clock 为 register(寄存器)类型变量，初始值为 x；而 Derived_clock 为 net(线网)类型变量，初始值为 z。实现波形可参考图 4-35。

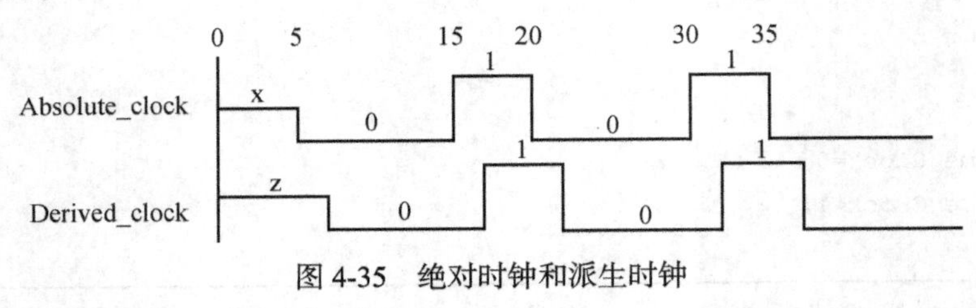

图 4-35　绝对时钟和派生时钟

最后，我们讨论异步复位和同步复位信号信号。由于复位信号不是周期信号，所以可用 initial 来产生一个值序列。

```
//异步复位信号
parameter PERIOD=10;
reg Rst_n;
initial
  begin
    Rst_n=1;
    # PERIOD Rst_n=0;
    # (5*PERIOD) Rst_n=1;
end
```

Rst_n 是低有效的，以上代码在 10 ns 时开始复位，复位持续时间是 50 ns。

同步复位信号产生的代码如下：

```
//同步复位信号
initial
begin
  Rst_n=1;
  @(negedge Clock);// 等待时钟下降沿
  Rst_n =0;
  # 30;
```

```
    @(negedge Clock);// 等待时钟下降沿
    Rst_n =1;
  end
```

代码首先将 Rst_n 初始化为 1，然后在第一个 Clock 的下降沿开始复位。再延迟 30 ns，然后在下一个时钟下降沿时撤销复位。这样，复位的产生和撤销都避开了时钟的有效上升沿。因此，这种复位可以认为是同步复位，如图 4-36 所示。

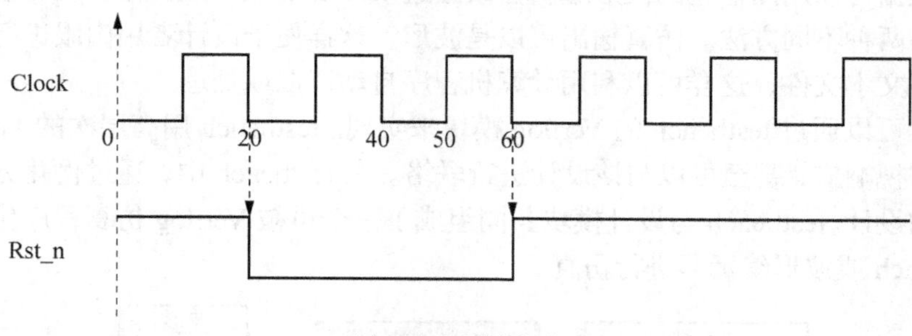

图 4-36　同步复位

(4) 利用系统函数和系统任务

首先讨论如何利用系统函数和系统任务产生测试激励。在编写 testbench 时，一些系统函数和系统任务可以产生测试激励，显示调试信息，帮助定位问题。例如，使用 display 语句在仿真器中打印出地址和数据：

```
$display ("格式控制符", 输出变量名列表) ;
```

同时，也可以用时序检查的系统任务来检查时序。例如：

```
$setup (Sig_D, posedge Clock, 1);
      // 如果在 Clock 上升沿到达之前的 1 ns 时间内 Sig_D 发生跳变，将给出建立时间违反告警
$hold(posedge Clock, Sig_D, 0.1);
     // 如果在 Clock 上升沿到达之后的 0.1 ns 时间内 Sig_D 发生跳变，
     // 将给出保持时间违反告警。另外，也可以用$random()系统函数来产生测试激励数据。
```

又例如：

```
Data out={$random}%256;
// 产生 0～255 的数据
```

下面接着讨论在文本文件中如何读出和写入数据。在编写测试激励时，往往需要从现有的文件中读入数据，或者把数据写入文件进一步分析。例如：

```
$readmemh("Read_in_File.Txt",DataSource);
        //将 Read_in_File 文件中数据读入到 DataSource 数组中，
Write_Out_File=$fopen("Write_Out_File.txt");
        //打开文件 Write_Out_File
$fdisplay(Write_Out_File,"@%h\n%h", Mpi_addr,Data_in);  // 往文件中写入内容
$fclose(Write_Out_File);                                // 关闭文件
```

2. 搭建仿真环境

通常，为一个设计建立仿真平台，将这个设计在该平台中例化，然后将在平台产生的各种测试激励输入给设计模块，然后再观察被测设计的响应是否与期望的相同。如何将被测设计和仿真激励连接起来，是对设计进行仿真的重要一步。

要进行仿真就需要有输入激励。通常，Verilog 仿真环境会提供生成测试输入数据的不同方法。测试数据可以用图形化的波形编辑器或通过 testbench 来生成。图 4-37 显示了用来生成输入数据的两种不同方法。仿真输出可以是波形，这样便于设计者用肉眼进行观察；仿真输出也可以是文本文件，这样可以利用计算机程序自动读取或处理。

这个过程可以通过 testbench 的 Verilog 模块来实现。testbench 用高层次的 Verilog 结构来生成数据和监视响应，甚至可以与该设计进行联络。在 testbench 中，通过例化方式调用来仿真我们所做的设计。testbench 与设计模块共同组成了一个可被 Verilog 仿真程序仿真的完整模型，用 testbench 或波形编辑器进行仿真。

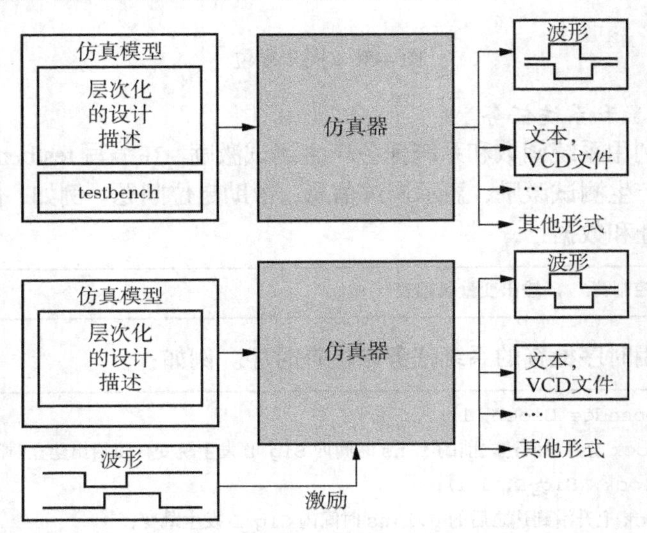

图 4-37 用 testbench 或波形编辑器进行仿真

对于用 testbench 实现的仿真来说，testbench 例化了被测设计。而且，testbench 的一个功能就是将测试数据送给例化的电路。

图 4-38 展示了一个用 Verilog 描述的计数器电路以及与其对应的 testbench，并以波形图形式给出了仿真结果。如图 4-38 所示，仿真测试了这个计数器的功能。每个时钟脉冲到来时，计数器的值就会加 1。要注意的是，计数器输出是在时钟的上升沿变化的，并且没有门延迟和传输延迟。若不考虑时钟频率，则这个设计从功能上来说是正确的。

显然，实际电路的工作情况和上面所述的不同。考虑到时间上的延迟，时钟的有效跳变沿和计数器输出之间必然有一个非零延迟。而且，如果给真实电路施加的时钟频率过高，从而无法满足电路的传输延迟关系，那么电路的输出将是无法预期的。这里并没有给这个仿真例子提供详细时序信息，因此在这里无法检查由于门延迟而导致的硬件潜在时序问题。而这正是前仿真或高层次仿真的典型问题。

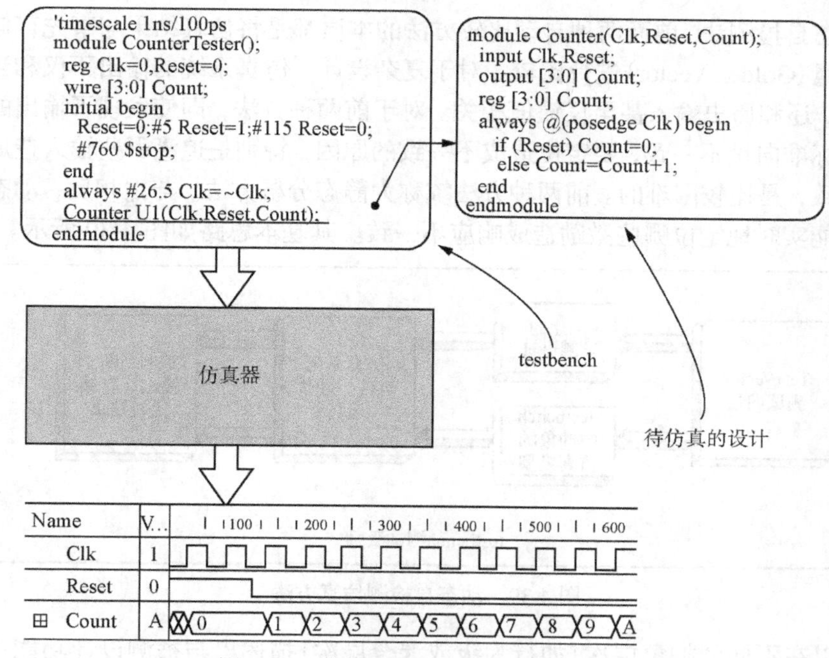

图 4-38　带有 testbench 的 Verilog 仿真

注意，图 4-38 仅仅验证了计数器的二进制计数功能。至于电路的工作速度和最高时钟频率，只有设计在被综合了之后才会知道。

3. 仿真结果的分析和确认

下面介绍几种对如何将仿真结果的进行分析和确认的方法。

(1) 直接观察波形

确认仿真结果的最简单方法就是用眼睛观察输出波形。

(2) 观察文本输出

用户也可以依靠一些系统任务打印的信息，来协助查看仿真结果。例如，用$display 直接输出到标准输出设备，用$monitor 监控参数的变化，用$fdisplay 输出到文件。

(3) 自动检查仿真结果

对于一些大型设计，测试向量成千上万，每条都用手动方式比较已经不现实，这时就必须借助仿真软件接口进行自动比较。常用的自动比较方法有如下 3 种。

- 数据库比较法。首先需要生成一个标准向量数据库（Golden Vector Database），它存储的是期望得到的仿真结果，是比较的基础。然后自动将每条仿真输出的响应向量与标准向量进行比较，记录不一致向量的位置和内容。这种方法的优点是简单易行；主要缺点在于，根据输出的响应向量回溯并定位输入激励不是十分方便，也不够直观。
- 波形比较法。与数据库比较法的思路基本一致，只是比较的对象是仿真输出波形。首先存储标准波形文件（Golden Wave File），然后通过仿真软件手动或者自动将仿真的输出波形与标准波形文件进行比较，用图标（marker）定位比较结果相异的地方。这种方法的优点是直观明了。ModelSim 等仿真工具通常都支持波形比较（Wave Compare）功能。

- 动态自检测法。前面两种自动比较方法的本质都是将仿真结果与事先存储好的标准向量(Golden Vector)进行比较。对于复杂设计，仿真系统的输出不仅和当前输入相关，还和历史输入甚至反馈值相关。对于前两种方法，即使发现了输出的响应向量和标准向量不一致，要定位造成不一致的原因，特别是追溯哪些输入造成的输出不一致，是比较困难的。前两种方法统称为静态分析方法。与之相反，动态分析方法就能实时地定位哪些激励造成响应不一致。其基本思路如图 4-39 所示。

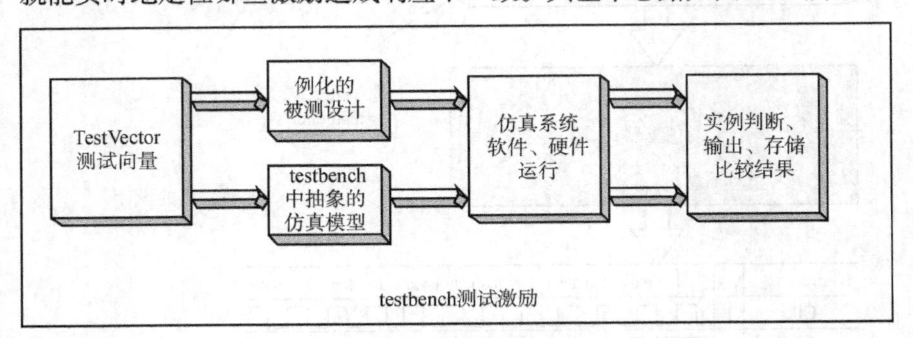

图 4-39 动态自检测仿真方法

首先可以在不同的抽象层次(如行为级或混合层次)描述出与被测设计功能一致的仿真模型，然后读入测试激励向量(TestVector)，将测试激励向量同时送到例化的被测设计和前面提到的仿真模型中，实时地观察、判断、存储两者的输出响应，比较输出结果。这样，一旦发现了输出响应不一致，即可暂停仿真过程，观察被测设计和仿真模型的每个中间状态的值，记录输入的激励向量，定位设计错误。由于自动比较法通常用在非常庞大的设计验证中，在本书中将不重点介绍这种方式。

(4) 使用 VCD 文件

VCD 文件是一种标准格式的波形记录文件。该文件只记录发生变化的波形。设计在仿真器中的仿真结果，可以输出成一个 VCD 文件。然后将该VCD文件输入给其他第三方的分析工具进行分析。图 4-40 是 VCD 文件调试和分析仿真过程。

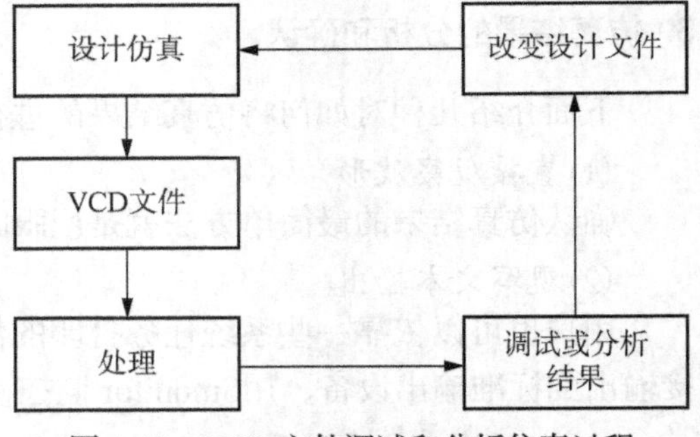

图 4-40 VCD 文件调试和分析仿真过程

4. 编写 testbench 时的注意事项

(1) testbench 不是硬件

在设计硬件的时候，要尽量使用硬件的思维方式，时刻记住是在设计硬件，每一句语句都有明确的硬件定义，可以被综合工具理解。

要注意的是，在编写 testbench 时，情况就大不相同了。通常，testbench 不会被实现成具体的电路，不需要有可综合性。只要它能在仿真器中模拟出相应的功能即可。因此，在编写 testbench 时，需要尽量使用抽象层次较高的语句，这样编写效率较高，同样仿真的效率也较高。

(2) 使用行为级描述方式描述 testbench

读者必须明确，可综合的硬件电路一般要求用 RTL(寄存器传输级)方法描述，而 testbench 则需要用行为级甚至更高层次的 HDL 语言描述。在讲述行为级描述 testbench 的好处之前，首先引入 HDL 语言的层次概念，HDL 语言的适用层次如图 4-41 所示。

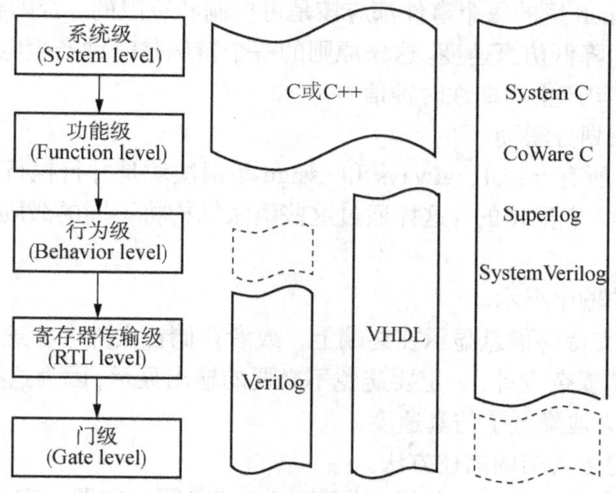

图 4-41　HDL 语言的适用层次示意图

图 4-41 说明了不同的 HDL 语言种类对应的 HDL 描述层次的关系，图中实线框表示适用程度较高，虚线框表示适用程度较低。常用的 HDL 描述层次有门级、寄存器传输级和行为级等。使用行为级或者更高层次的描述方法的主要优势如下。

- 编写 testbench 仅需关注电路的功能，而不需要理解电路结构与实现方式，从而降低了设计 testbench 的难度，节约了设计时间。
- 可以使用高级数据结构和运算。在行为级描述中，比较容易将某种运算封装起来，便于调用。另外，如果使用可编程用户接口(Programmable Language Interface，PLI)，还可以在 testbench 中嵌入 C 和 C++语言。另外，越来越多的仿真工具支持诸如 systemVerilog、Superlog、System C、CoWare C 等高级语言。C++、SystemVerilog 和 System C 等高级语言的引入，强有力地支持了用户自定义的数据结构，通过对象的封装，支持进程与事件之间通信，有效地提高了 testbench 设计效率，并加强了 testbench 的安全性。
- 行为级描述便于根据需要从不同层次抽象设计。可以将设计抽象到不同层次，在高层次描述设计更加简便高效，只有需要解析某个部分的详细结构时，才使用低层次的详细描述，这样可以有效地节约设计时间，提高仿真效率。
- 行为级仿真速度更快。行为级仿真速度更快有两个原因，一方面仿真工具对于某些高级算法支持更有效，编译和运行速度快；更主要的原因是，行为级描述的抽象层次较高，本身就是对运算处理的一种简化。例如，在 RTL 级描述一个 32 比特乘法器，需要反复地选择、移位、与或非等运算，而在行为级描述这个 32 比特乘法器，之间写“A×B”即可，仿真工具在仿真时也可以直接得到乘法的结果，大大地提高了效率，节约了时间。

(3)设计高效的 testbench

使用行为级描述方法是从宏观上论述的。具体到代码编写层次，希望读者能够注意积累一些标准、规范、高效的 testbench 描述方法。这里总结如下。

① 避免使用无限循环。

一般来说，testbench 里的每个事件都应该是可控制和有限的，否则会增加仿真器的 CPU 和 Memory 资源消耗，降低仿真速度。这条原则的一个特例是时钟产生电路，例如使用 forever 或无条件的 always 语句产生周期性时钟信号。

② 使用逻辑模块划分激励。

在 testbench 中，所有 initial、always 和 assign 等语法块是并行执行的，其中描述的每个事件都是基于时间“0”点安排的，这样通过这些语法结构将不同的激励划分开，有利于设计维护测试激励。

③ 避免不必要的输出显示。

常用仿真工具都支持将信息显示在终端上，或者存储在文件中，这种功能对分析仿真结构十分有用。但是对于复杂设计，一定要避免不必要的输出显示，因为这类进程非常耗费 CPU 和 Memory 资源，极大地降低了仿真速度。

④ 掌握程式化的仿真结构描述方法。

诸如产生时钟信号、仿真双向总线、仿真 CPU 读／写寄存器、定义事件的时延与顺序、RAM 等常用模块的初始化、读／写过程等，都是常用的仿真结构，大家已经形成了比较程式化的标准写法，初学者多读一些好的仿真代码，积累这些程式化的描述方法，将有效地提高自己的 testbench 质量。

参考文献

[1] (美) Michael D. Ciletti 著；李广军等译．Verilog HDL 高级数字设计(第二版)．北京：电子工业出版社，2014.2

[2] 李广军，孟宪元编著．可编程 ASIC 设计及应用．成都：电子科技大学出版社，2003.9

[3] 曲英杰，方卓红编著．超大规模集成电路设计．北京：人民邮电出版社，2015.2

[4] 蔡述庭等编著．FPGA 设计：从电路到系统．北京：清华大学出版社，2014

[5] 刘秋云，王佳编著．Verilog HDL 设计实践与指导．北京：机械工业出版社，2005.1

[6] (美) 巴斯克尔(Bhasker，J．)著；孙海平等译．Verilog HDL 综合实用教程．北京：清华大学出版社，2004.1

[7] 柴远波，张兴明主编．现代 SoC 设计技术．北京：电子工业出版社，2009.11

[8] (美) 帕尔尼卡(Palnitkar，S．)著；夏宇闻等译．Verilog HDL 数字设计与综合(第二版)．北京：电子工业出版社，2004.11

[9] (美) Zainalabedin Navabi 著，Verilog 数字系统设计：RTL 综合、测试平台与验证．李广军、陈亦欧、李林译．北京：电子工业出版社，2008.1

[10] (美) Joseph Cavanagh 著，陈亦欧、李林、黄乐天译．Verilog HDL 数字设计与建模．北京：电子工业出版社，2011.1

[11] (美) 威廉斯著，李林、陈亦欧、郭志勇译．Verilog 数字 VLSI 设计指南．北京：电子工业出版社，2010.1

习题

4.1　下列标识符哪些是合法的，哪些是错误的？

```
Cout, 8sum, \a*b, _data, \wait, initial
```

4.2　下列数字的表示是否正确？

```
6'd18, 'Bx0, 5'b0x110, 'da30, 10'd2, 'hzF
```

4.3　下面的各个标识符是否合法？

```
systemlb.
$latchd
2Exec$
_A1_d2
```

4.4　reg 型和 wire 型变量有什么本质区别？
4.5　能否对存储器进行位选择和域选择？
4.6　阻塞赋值和非阻塞赋值有什么本质区别？
4.7　了解行为语句的可综合性。
4.8　用连续赋值语句描述一个 4 选 1 数据选择器。
4.9　initial 语句与 always 语句的关键区别是什么？
4.10　在下列电路中图 P4-1 用到了哪种类型的延迟模型？用 Verilog 描述模块 Y。
4.11　计算图 P4-1 中的电路的每条输入到输出路径的延迟。使用路径延迟模型写 Verilog 描述。请使用 specify 语句。

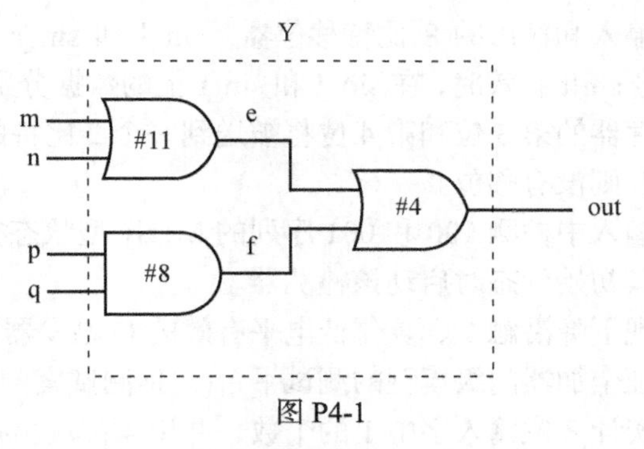

图 P4-1

4.12　一个 4 位并行移位寄存器的 U0 引脚如图 P4-2 所示。写出模块 shift_reg 的定义，只需写出端口列表和端口定义，不必写出模块的内部结构。

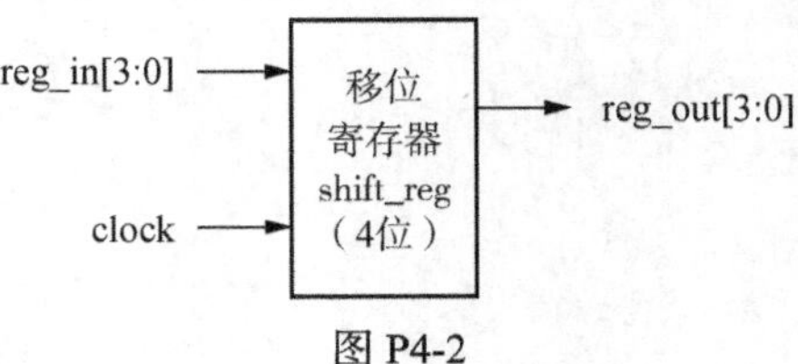

图 P4-2

4.13　带有延迟的 RS 锁存器如图 P4-3 所示，写出其带有延迟的 Verilog 门级描述。编写其激励模块，根据下面的输入／输出关系表对其功能进行验证。

4.14 使用 bufif0 和 bufif1 设计一个二选一多路选择器，如图 P4-4 所示。

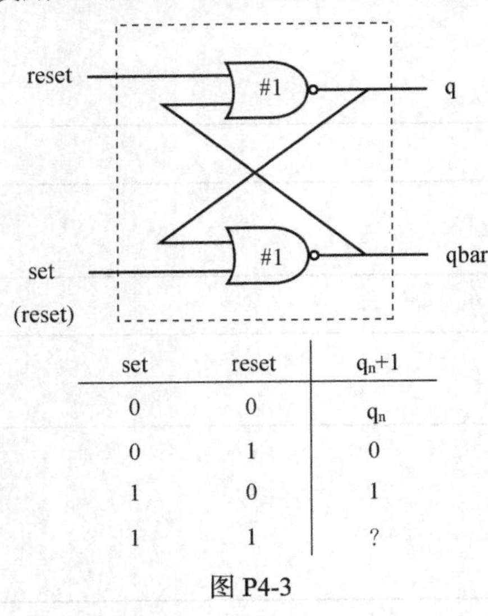

set	reset	q_n+1
0	0	q_n
0	1	0
1	0	1
1	1	?

图 P4-3

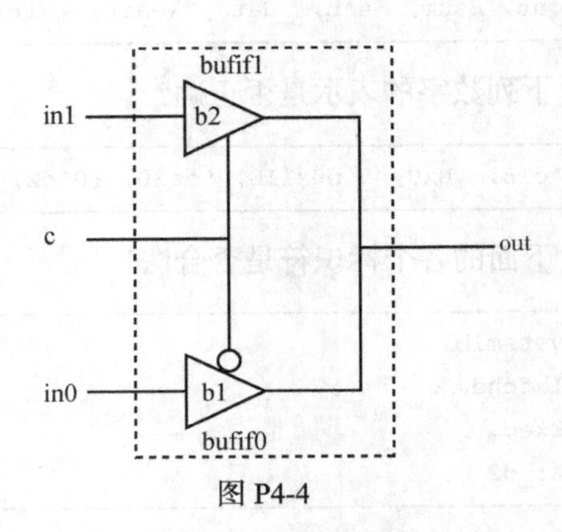

图 P4-4

4.15 编写带三态输出和低有效 Output_Enable 输入的 4 选 1 多路选择器的 Verilog 代码。该多路选择器有 4 个数据输入(d0，d1，d2 和 d3)和 2 个选择输入(s1 和 s0)。采用 case 和 if 语句。

4.16 编写一个 4 比特加法器-减法器的 Verilog 描述，当 as 为 1 时相加，为 0 时相减。

4.17 设计一个 Verilog 模块，以实现一个 4 比特 BCD 码到七段显示码的转换器。使用向量输入和输出。以顺时针方向从 0 到 6 给段输出编号，顶段是开始，中间段是结束。

4.18 给出具有低有效置位和复位输入的 SR 锁存器的 Verilog 代码。

4.19 编写一个具有异步低有效复位、同步高有效置位和高有效时钟使能输入的负沿触发的 D 触发器。

4.20 设计一个具有并行输入和输出的 8 比特移位器，sin_l 和 sin_r 为输入，shift 和 parallel 为控制信号。当信号 shift 有效时，在 sin_l 和 sin_r 上的数据分别被送到寄存器的最高和最低有效位，而寄存器的第 3 位和第 4 位将被送到一个 2 比特的 out 输出上。如果该单元工作在并行模式，则没有移位。

4.21 设计一个在其串行输入中检测 100 和 001 序列的 Mealy 型状态机序列检测器。假设一个个异步复位输入在其初始状态时启动该检测器。

4.22 设计并验证一个实现下降沿触发、复位低电平有效的 D 触发器的 UDP。

4.23 设计开发一个能验证全加器门级模型的测试平台(包括测试案例)。

4.24 设计和验证一个能统计 8 位输入字中 1 的个数，并用 4 位输出指示的 Verilog 模块。

第5章　数字逻辑电路的 Verilog RTL 建模和设计

在 Verilog 中，描述电路功能和建立电路模型的含义是相同的。根据习惯，通常在使用 Verilog 可综合语法子集进行电路设计时使用“功能描述”一词，而对电路进行仿真时常常使用“电路模型”一词。在一个 module 中，可采用数据流方式、行为方式、结构方式和上述描述方式的组合来描述一个电路的功能(或建立一个电路的模型)，尤其是 HDL 的行为描述及电子设计自动化为设计者提供了如下 3 方面的帮助：

- 将设计入口转移到更抽象的层次，让设计者免于处理低层次细节问题。
- 让设计者更关注于功能，而综合工具会自动根据结构和物理视图构建必要的电路。
- 以一个参数化的、与技术和平台无关的形式抽取电路描述来促进设计重用。

在目前的数字 VLSI 设计中，从结构描述到物理描述的转换基本上是自动完成的。虽然从纯粹的行为描述到结构描述的转换还没有达到同样的成熟度，但是 HDL 综合被例行用于将寄存器级描述转变成门级网络，然后利用基于单元的设计自动化软件做进一步处理。

数字电路的 HDL 描述能够描述子电路是如何互连构成更大的电路系统，以及各个子电路在功能和时序上是如何表现的。表 5.1 给出了用于数字硬件建模的几种普遍使用的语言及其主要特性。

表 5.1　用于数字硬件建模的几种普遍使用的语言

语　　言	发明人/标准	主要特性
VHDL	美国国防部(DoD)/IEEE 1076	不仅支持结构和行为电路模型，也支持测试平台模型。有个子集是可综合的。语法和 Ada 相似，表 4.2 有更详细的说明
Verilog	GDA/IEEE 1364	概念和 VHDL 很相似，没有类型检查，不过设计抽象的能力更有限，语法和 C 相似，表 4.2 有更详细的说明
SystemVerilog	Accellera/IEEE 1800	Verilog 的超集，包含了 VHDL 的许多高级特性，可能取代 VHDL 和 Verilog。支持面向对象编程，但是不能被综合
System C(原名为 Scenic)	OSCI/IEEE 1666	带有类库和仿真内核的扩展 C++。可以给 C 函数添加时钟信息，但是不支持比一个时钟周期更少的时间。把模块功能与通信细节分开，综合的途径是借助于自动分配、调度和结合，通过翻译成 VHDL 或 Verilog RTL 实现

从表 5.1 可以明显地看到，Verilog 和 VHDL 共有大多数关键的概念。对于 Verilog 更先进的继承者 SystemVerilog 也是这样，使用这三门语言描述的 RTL 综合模型的区别主要在于语法和代码风格，而 System C 则不太像硬件描述语言，更像系统描述语言，它是以软硬件协同设计和协同仿真为目标的，不适合用于门级仿真和时序验证。

5.1 数字系统的数据通路和控制器

数字系统可以分为两大类：面向控制和面向数据。面向控制的数字系统能对外部事件做出反应；而面向数据的数字系统则应满足高吞吐量数据的计算和传输需求，如在远程通信和信号处理应用中那样。因此，时序状态机也通常由此划分为数据通路单元（datapath unit）和控制单元（control unit）两部分。将时序状态机划分为数据通路和控制器两部分可以使系统结构清晰并有利于简化设计。

状态机的设计过程是应用驱动的。在某一应用中，由数据通路完成的特定操作序列决定了其所需资源、由其执行的指令集以及最终用于控制该道路的有限状态机（Finite-State Machine，FSM）。

大多数数据通路包含算术模块，如算术逻辑单元（Arithmetic and Logic Unit，ALU）、加法器、乘法器、移位器以及数字信号处理器，但也有一些类似图形协处理器的数据通路例外。

数据通路单元由计算资源（如 ALU、存储寄存器）、控制数据在系统内的流动并完成计算单元和内部寄存器之间数据传送的逻辑资源，以及系统与外部环境之间完成输入/输出的数据通路组成。图 5-1 中的数据通路由协调指令执行的有限状态机控制，而这些指令用于完成一定的数据通路操作。数据通路的特征是能对不同的数据集执行重复操作，正如在信号处理、图像处理以及多媒体应用中那样。面向控制的数字系统中通常会包含大量的随机（不规则）逻辑，以及一些类似用于控制信号的多路复用器和比较器的规则逻辑。

实现 RTL 设计的第一步是把设计分成数据部分和控制部分。数据通路部分包含数据单元和总线结构，控制器部分通常是产生控制信号的状态机，而这个控制信号用来对数据进行操作。图 5-1 和图 5-2 从不同角度展示了一个分成数据通路部分和控制器部分的 RTL 设计框图。

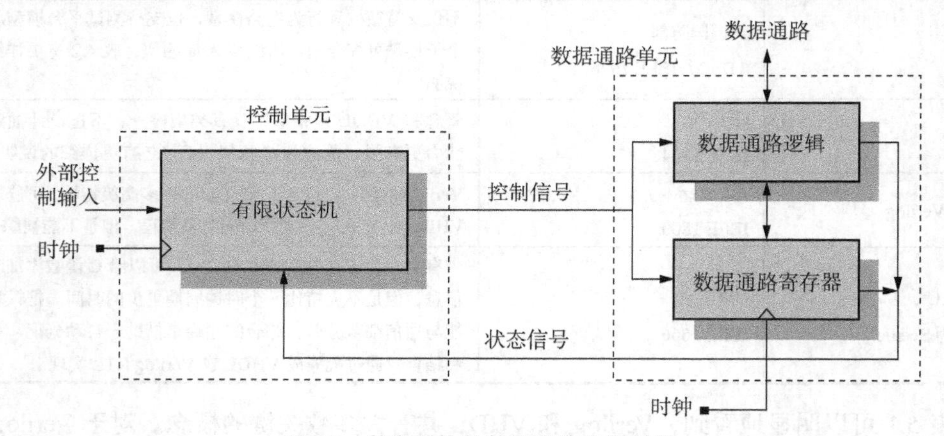

图 5-1 数字系统的数据通路和控制器

在图 5-2 中，在 RTL 设计时将时序状态机划分为数据通路和控制器两部分，可以使系统结构清晰并有利于简化设计。状态机的设计过程是应用驱动的。在某一应用中，由数据通路完成的特定操作序列决定了其所需资源、由其执行的指令集以及最终用于控制该通路的有限状态机。

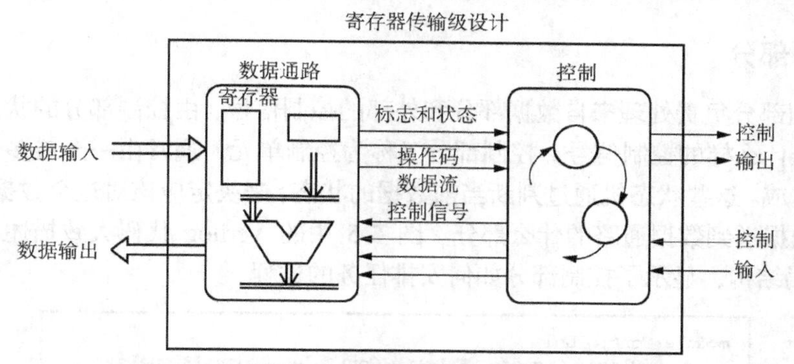

图 5-2　分为数据部分和控制部分的 RTL 设计框图

5.1.1　数据通路

RTL 数据通路的数据单元包括寄存器、组合逻辑单元、寄存器阵列(Register Files)和连接它们的总线。数据通路又称为数据通道，它的输入、输出来自外部，控制信号也来自并反馈给外部的控制部分。

图 5-3 给出了对应图 5-2 所示数据部分的一些 Verilog 代码。这段代码展示了 DataPath 模块的端口。在这个模块中还定义了其他许多数据单元。控制信号被送到数据部分，然后分发给数据单元和总线。代码的开始部分定义了模块的名字和端口。在模块的名字下面，定义了输入／输出端口及其位宽。

```
module DataPath
    (DataInput, DataOutput, Flags, Opcodes, ControlSignals);

    input   [15:0] DataInputs;
    output  [15:0] DataOutputs;
    output  Flags, ...;
    output  Opcodes, ...;
    input   ControlSignals, ...;
    // instantiation of data components
    // ...
    // interconnection of data components
    // bussing specification
endmodule
```

图 5-3　数据通路模块

根据单元需要，有控制信号来控制时序以及功能。这里给出了一个典型数据单元的实现，为读者展示数据单元怎样利用输入的控制信号对输入的数据信号进行操作。图 5-4 是实现数据单元的部分代码。在 RTL 设计时，数据部分的总线应设置控制信号，由该信号来选择数据的源以及数据传送的路径。数据部分还应有输出信号，将数据的标志和状态通知控制部分。

```
module DataComponent (DataIn, DataOut, ControlSignals);
    input   [7:0] DataIn;
    output  [7:0] DataOut;
    input   ControlSignals;
    // Depending on ControlSignals
    // Operate on DataIn and
    // Produce DataOut
endmodule
```

图 5-4　数据单元的部分 Verilog 代码

5.1.2 控制部分

RTL控制部分负责处理来自数据部分和外部的控制信号，由控制部分的状态来决定什么时候给谁发送什么样的控制信号。控制部分又称为控制单元，通常由一个或多个维持系统状态的状态机组成。这些状态机通过判断当前数据的状态，来决定应该对这个数据做什么操作，应该把这个数据送到数据通路的什么部分。图5-5中的Verilog代码大致描述了控制部分的Verilog的代码结构，显示了控制部分如何安排任务的过程。

```
module ControlUnit
      (Flags, Opcodes, ExternalControls, ControlSignals);
   input  Flags, ...;
   input  Opcodes, ...;
   input  ExternalControls, ...;
   output ControlSignals;
   // Based on inputs decide :
   // What control signals to issue,
   // and what next state to take
endmodule
```

图5-5 控制部分的Verilog的代码结构

5.2 Verilog的寄存器传输级(RTL)设计流程

要设计一个小型的硬件模块，通常可用可综合的语法来描述它，并用计算机辅助设计工具来综合实现这个设计。而对于一个大型设计来说，在编写代码之前则需要完成制定开发进度、设计构架和分解大型设计等工作。因此，我们把用高层次的语法来描述一个设计，并根据系统的带宽等性能的要求，将整个设计分解成数个小模块，用总线将其连接搭建起来，然后再描述和实现这些小模块的设计方法称为寄存器传输级(Register Transfer Level，RTL)设计。

5.2.1 寄存器传输级概念和模型

1. 寄存器传输级概念

HDL语言是分层次的，最常用的层次概念有系统级(System Level)或功能模块级(Functional Model Level)、行为级(Behavioral Level)、寄存器传输级(RTL)和门级(Gate Level)等。

寄存器传输级的基本概念是：设计者不关注寄存器和组合逻辑的细节(如使用了多少逻辑门，逻辑门之间的连接拓扑结构等)，而是通过描述寄存器到寄存器之间的逻辑功能来描述电路的HDL层次。RTL是比门级更高的抽象层次，使用RTL语言描述硬件电路一般比用门级描述电路更简单、高效。

寄存器传输级语言的最重要特性是：RTL描述是可综合的设计和描述层次。

2. 寄存器传输级设计模型

在HDL硬件设计中有一句著名的话是thinking of hardware。从RTL设计的本质来讲，

RTL 描述是对基于流水线原理的描述。因此，在设计中哪部分是组合逻辑，哪部分里是寄存器，设计者应该了然于胸。组合逻辑到底如何实现，则取决于综合器的限制和约束条件。

RTL 设计可以理解为能够生成综合工具直接需要的网表的代码的设计方法，而行为级则不行。比如 real 可以用于行为级描述，但不能用于 RTL 描述。

所以，RTL 设计模型的基本特点是采用流水线技术的设计思路，把一个复杂逻辑划分为多个简单的子逻辑电路，从而达到实现满足时序指标等约束要求的目的(见图 5-6)。

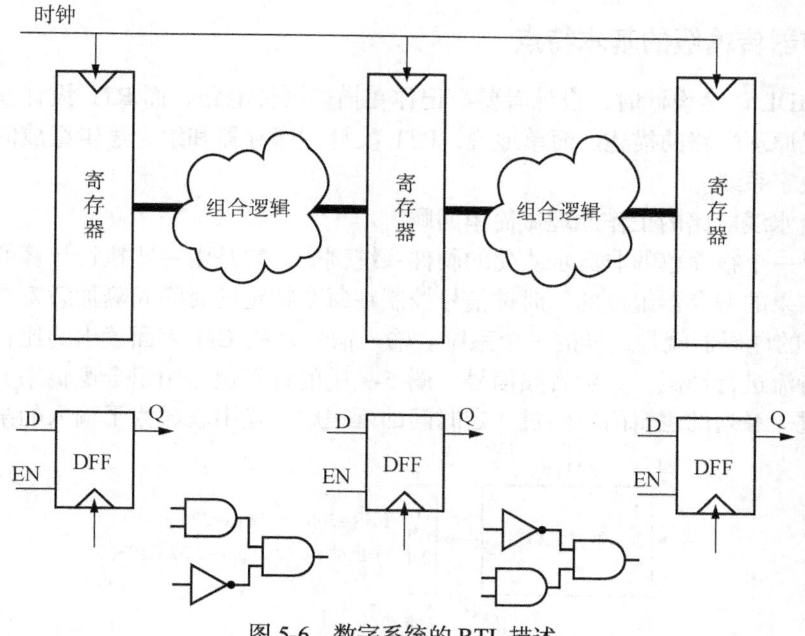

图 5-6　数字系统的 RTL 描述

例如，图 5-7 电路中的组合电路延迟为 40 ns，则该电路的最高工作频率约为 25 MHz。但是设计要求把该电路的最高工作频率提高一倍。

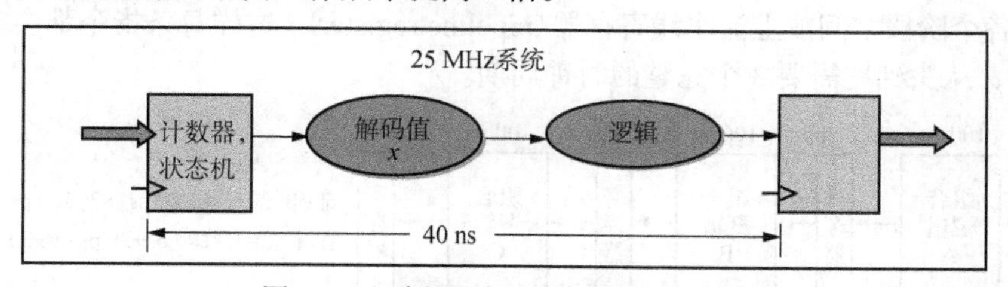

图 5-7　电路的最高工作频率为 25 MHz

此时，可利用 RTL 设计模型的设计思路，把这个 40 ns 延迟的组合逻辑划分为两个延迟为 20 ns 的子组合逻辑，就实现了满足时序指标要求，于是该电路的最高工作频率便提高到约为 50 MHz，如图 5-8 所示。

随着综合工具的不断智能化，使用 RTL 语言描述硬件电路越来越方便。特别是在可编程逻辑器件(PLD)设计领域，最重要的代码设计层次就是寄存器传输级。

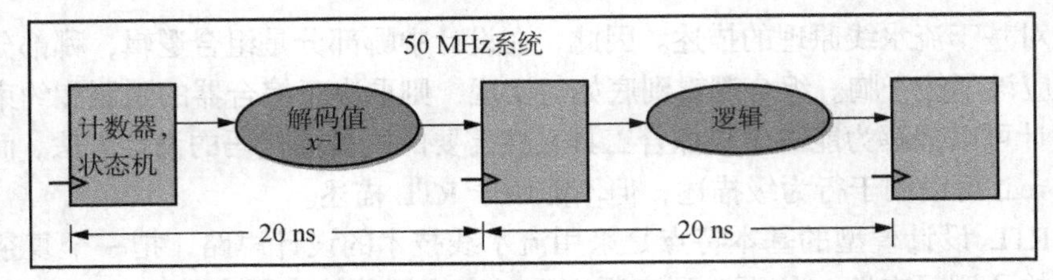

图 5-8 电路的最高工作频率为 50 MHz

5.2.2 寄存器传输级的基本特点

在使用 HDL 语言设计时，设计者要牢记你在描述硬件电路，而 RTL 设计在很大程度上是基于流水线原理电路的描述。简单地说，RTL 设计用寄存器和组合逻辑组成的电路来描述一个复杂的数字系统。

下面对流水线电路的工作原理做简单回顾。

图 5-9 是一个很简单的非流水线化的硬件系统例子。它是由一些执行计算的逻辑以及一个保存计算结果的寄存器组成的。时钟信号控制在每个特定的时间间隔加载寄存器。例如，CD 播放器中的译码器就是这样的一个系统。输入信号是从 CD 表面读出的比特流，逻辑电路对这些比特流进行译码，产生音频信号。图 5-9 中的计算块是用组合逻辑来实现的，意味着信号会通过一系列的逻辑门，经过一定时间的延迟后，输出就成为了输入的某个函数。

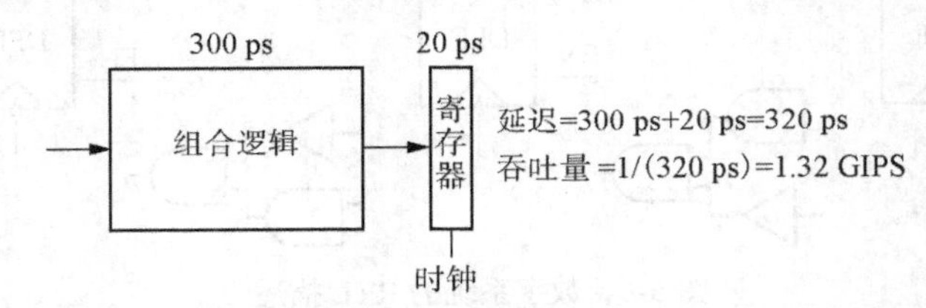

图 5-9 在非流水线化的数字电路模块中，电路延迟为 320 ps

假设将系统执行的计算分成 3 个阶段(A、B 和 C)，每个阶段需要 100 ps，如图 5-10 所示。然后在各个阶段之间放上流水线寄存器(pipeline register)，这样每条指令都会按照 3 步经过这个系统，从头到尾需要 3 个完整的时钟周期。

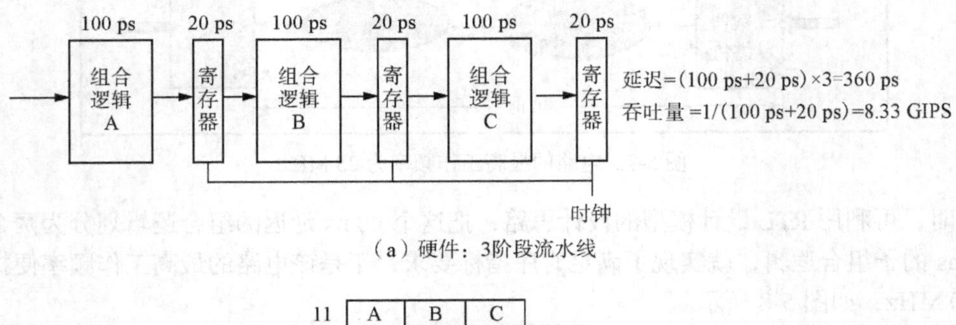

(a) 硬件：3阶段流水线

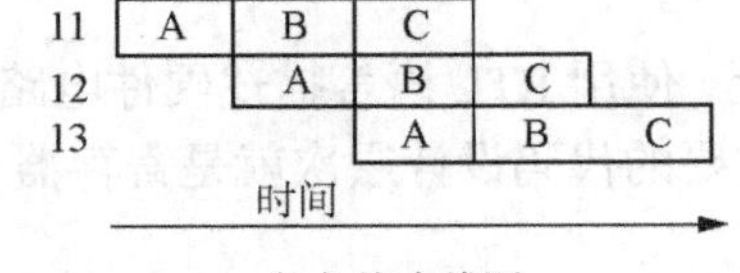

(b) 流水线图

图 5-10 3 阶段流水线化的计算硬件

如图 5-10(b)中的流水线图所示，在稳定状态下，3 级流水都应该是活动的。从该系统中的流水线图的时钟流向示意中可以看出，在每个时钟周期都有一个输出信号离开系统，有一条新的输入信号进入该电路。如果将时钟周期设为 100+20 = 120 ps，则得到的吞吐量约为 8.33 Gbps，所以这条流水线的延迟(流水延迟)就是 3 × 120 = 360 ps。与图 5-19 相比，我们就把系统吞吐量提高到原来的 8.33/3.12 = 2.67 倍，代价是增加一些硬件，以及延迟的少量增加(360/320 = 1.12)，这些少量延迟是由于增加的流水线寄存器的时间开销产生的。

根据上面的讨论，RTL 设计是用恰当的寄存器和组合逻辑来组成电路，以描述一个复杂的数字系统。因此，典型的 RTL 设计包含以下 3 个部分：

① 时钟域描述。描述设计所使用的所有时钟，时钟之间的主从与派生关系，时钟域之间的转换。

② 时序逻辑描述(寄存器描述)。根据时钟沿的变换，描述寄存器之间的数据传输方式。

③ 组合逻辑描述。描述电平敏感信号的逻辑组合方式与逻辑功能。

RTL 描述中的时序逻辑和组合逻辑的连接关系和拓扑结构决定了设计的性能。例如，调整时序逻辑、组合逻辑的连接关系和拓扑结构即可达到所期望的性能。

5.2.3　寄存器传输级的设计步骤

常用的寄存器传输级代码的设计步骤如下。

1. 功能定义与模块划分

根据系统功能的定义和模块划分准则划分各个功能模块。

2. 定义所有模块的接口

首先清晰定义每个模块的接口，完成每个模块的信号列表。这种思路也和模块化设计方法一致，利于模块重用、调试、修改。

3. 设计的时钟域

根据设计的时钟复杂程度定义时钟之间的派生关系，分析设计中有哪些时钟域，是否存在异步时钟域之间的数据交换。对于 FPGA 设计，还需要确认全局时钟，以及是否使用 PLL/DLL 完成时钟的分频、倍频、移相等功能，哪些时钟使用全局资源布线，哪些时钟使用第二全局时钟资源布线。

全局时钟资源的特点是几乎没有 Clock Skew(时钟偏斜)，有一定的 Clock Delay(时钟延迟)，驱动能力最强；第二全局时钟的特点是有较小的 Clock Skew，较小的 Clock Delay，时钟驱动能力较强。

4. 考虑设计的关键路径

关键路径是指设计中的时序要求最难以满足的路径。设计的时序要求主要体现在频率、建立时间、保持时间等时序指标上。在设计初期，设计者可以根据系统的频率要求，粗略地分析出设计的时序难点(如最高频率的路径，计数器的最低位，包含复杂组合逻辑的时序路径等)，通过一些时序优化手段(如 Pipeline、Retiming 和逻辑复制等)从代码上缓解设计的时序压力，这种方法比单独依靠综合与布局布线工具的自动优化有效得多。

5. 顶层设计

常用的设计方法有两种，一种是自顶而下的设计方法，即先描述设计的顶层，然后描述设计的每个子模块；另一种是由底向上的设计方法，即首先描述设计的子模块，最后定义设计的顶层。

RTL 设计推荐使用自顶而下的设计方法，因为这种设计方法与模块规划的顺序一致，而且更利于进行 Modular Design（模块化设计方法），并行开展设计工作，提高模块重用率。

6. FSM 设计

有限状态机（FSM）是逻辑设计的最重要内容之一。

7. 时序逻辑

按照数字系统的时序指标要求，设计首先根据时钟域规划好恰当的寄存器组结构，然后描述各个寄存器组之间的数据传输方式。

8. 组合逻辑设计

一般来说，大段的组合逻辑最好与时序逻辑分开描述，这样更利于时序约束和时序分析，使综合器和布局布线器达到更好的优化效果。

5.2.4 寄存器传输级设计与行为级设计的区别

简单地说，RTL 设计是用寄存器和组合逻辑组成电路，而行为级设计则是描述指定输入和输出之间的关系。因此，在 RTL 设计时必须非常明确哪里是组合逻辑，哪里是寄存器，而组合逻辑到底如何实现则取决于综合器和设计约束的技术指标。

通常，RTL 设计与行为级设计的区别如下。

1. RTL 设计和行为级设计处于数字系统设计的不同阶段

从由上到下的描述层次出发，数字系统的设计过程为：架构描述→行为级描述→RTL 描述→门级网表→物理版图。

行为级是 RTL 的上一层，行为级是最符合人类逻辑思维方式的描述角度，一般是基于算法的，用 C/C++来描述。从行为级到 RTL 的转换可以通过集成电路设计人员手工翻译或者利用高级综合工具实现。如 Mentor Graphics 的高层次综合工具 Catapult C Synthesis，可以将数字系统的行为级描述映射为 RTL 设计，并满足给定的目标限制。

行为级的描述更多的是采取直接赋值的形式，只能看出结果，看不出数据流的实际处理过程。其中又大量采用算术运算、延迟等一些无法综合的语句。所以，行为级的描述常常只用于仿真验证。

RTL 的描述更详细一些，并且从寄存器的角度，把数据的处理过程表达出来。可以很容易地被综合工具综合成电路的形式。

2. 是否可综合

RTL 指的是用寄存器这一级别的描述方式来描述电路的数据流方式；而行为级指的是仅

描述电路的功能，从而可以采用任何 Verilog 语法的描述方式。鉴于这个区别，RTL 描述的目标就是可综合，而行为级描述的目标则是实现特定的功能而没有可综合的限制。

行为级描述可以说是 RTL 的上层描述，比 RTL 更抽象。行为描述不关心电路的具体结构，只关注算法。

RTL 描述是为了综合工具能够正确地识别而编写的代码，Verilog 中有一个可综合的子集，不同的综合工具所支持的也有区别。RTL 描述是可以采用任何 Verilog 语法的可综合的 HDL 描述方式。

RTL 可以理解为能够直接让综合工具生成所需网表的代码，而行为级则不行。比如 real 可以用于行为级，而不能用于 RTL！

语法块如果可以被综合到门级，就是 RTL 描述的，否则就是行为级的设计。

类似的还有 for 语句，如果循环条件是常数，就是 RTL 的，如果是变量，就是行为级的。

行为级描述可以不考虑电路的实现，不考虑综合。有行为综合工具，可以直接将行为级的描述综合为 RTL 的，比如 Behavioral Compiler。

3. 设计的目的是仿真还是综合

行为级描述目的是加快仿真速度，应尽量减少一个 always 块中要执行的语句数量，其结果不是为了综合，只关注算法。

行为级的描述更多的是采取直接赋值的形式，只能看出结果，看不出数据流的实际处理过程。其中又大量采用算术运算，延迟等一些无法综合的语句，常常只用于验证仿真。

5.3 基本组合电路设计

组合电路的输出可以表达为瞬间输入信号的布尔函数形式，组合电路不包含反馈。通常，这样的表达形式为“积之和”或“和之积”的形式。布尔函数的“积之和”形式可以用两级与 / 或逻辑电路实现。

结构化和数据流描述方式是基本的电路描述方式，但不是最容易理解的模型。当电路功能和规模复杂到一定程度时，以上描述方法变得十分烦琐，也不利于调试和查错。

行为描述模型是当前工业化设计的主要方法，它是将电路设计在抽象级别上进行分解、描述，再由自动综合工具综合为门级网表，最后再映射到物理工艺库。

通常，组合电路设计可通过以下 3 种语句方式描述：

- 使用 UDP 真值表定义；
- 使用 assign 连续赋值语句；
- 使用电平敏感控制的 always 结构。

为了避免自动综合出锁存器，要求含有条件分支的语句必须完整写出各个处理分支，而且敏感表中也应列举齐全所有的变量输入和判断条件中的信号。下面介绍几种常见的 RTL 设计中的基本组合电路描述方法。

5.3.1 多路选择器

多路选择器是一种通用逻辑器件，它的功能是根据选择码的不同，从多个输入信号中选择一个送到输出端。图 5-11 是 4 选 1 多路选择器功能框图，而图 5-12 是多路选择器的数据流描述模型。其中，两位选择控制端值分别为 00、01、10、11，输出信号由连续赋值语句产生，这里采用了多层嵌套的条件赋值语句。最后一个条件不满足时输出 8′bx 则可使综合工具进行更有效的逻辑化简。

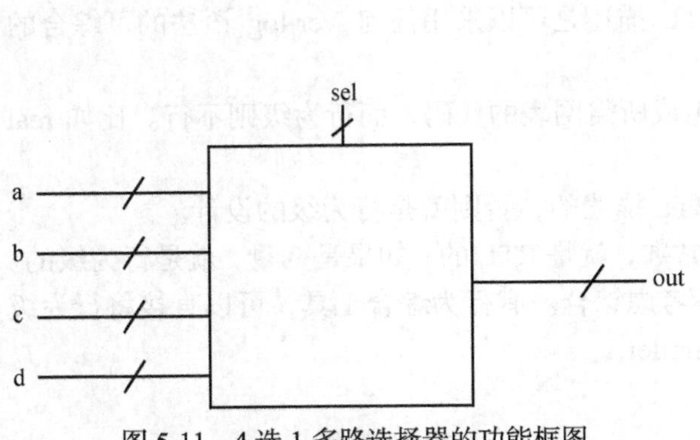

图 5-11 4 选 1 多路选择器的功能框图

```
module mux_1(out,a,b,c,d,sel);
    output[7: 0]   out;
    input[7: 0]  a,b,c,d;
    input[1: 0]  sel;

assign    out=(sel==0)? a:
             (sel==1)? b:
             (sel==2)? c:
             (sel==3)? d:
                  8^bx;
endmodule
```

图 5-12 4 选 1 多路选择器的数据流模型

多路选择器可以用包含 case 语句的行为建模，如图 5-13 所示。always 语句在输入信号 a、b、c、d 及 sel 发生跳变时执行，这是电平敏感的时序控制方法。需要注意的是，为了避免自动综合工具产生不必要的锁存器结构，应增加 case 句默认选项。默认项赋值为无关值，有利于综合器综合出更优化的电路。

```
module mux_2(out,a,b,c,d,sel);
    output      [7:0]  out;
    input       [7:0]  a,b,c,d;
    input       [1:0]  sel;
    reg         [7:0]  out;

always @(a or b or c or d or sel)
    begin case(sel)
             0:  out=a;
             1:  out=b;
             2:  out=c;
             3:  out=d;
             default:out=8^bx;
        endcase
    end
endmodule
```

图 5-13 4 选 1 多路选择器的行为模型

组合电路的 Verilog 描述可以使用门级结构建模的方式，基于连续赋值的数据流方式（见图 5-12）；也可以用异步周期性行为描述（见图 5-13）。图 5-14 是以上几种描述方式的组合，带输出使能（enable）控制的多路选择器行为模型，其中 always 语句描述了输入号对内部逻辑的影响，再由连续赋值语句控制是否将上述逻辑值输出。

```
module mux_3(out,a,b,c,d,sel,enable);
    output[7:0] out;
    input[7:0] a,b,c,d;
    input[1:0] sel;
    input enable;
    reg[7:0] temp;

    assign out=enable?temp:8^bz;
    always @(a or b or c or d or sel)
        begin case(sel)
                0:temp=a;
                1:temp=b;
                2:temp=c;
                3:temp=d;
                default:temp=8^bx;
        endcase
    end
endmodule
```

图 5-14　带三态输出控制的多路选择器行为模型

5.3.2　译码器

译码器是另一种常见的组合电路，它的功能是将二进制代码所表示的输入变量进行翻译，对每一种二进制组合，仅有对应的一个输出信号有效。图 5-15 是一个 3-8 译码器，输入 3 位编码，经译码后，8 路信号中的对应位输出高电平，其余为低电平。图 5-16 用 case 语句实现了上述功能。

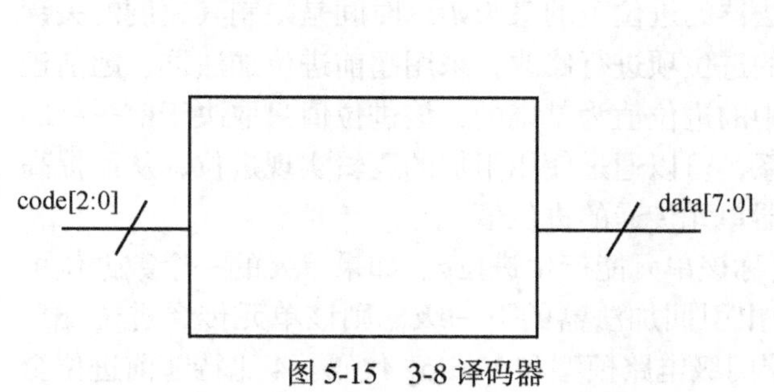

图 5-15　3-8 译码器

```
module decoder(data,code);
    output      reg [7:0]   data;
    input           [2:0]   code;

    always    @(code)   begin
        case(code)
            0:   data = 8'b0000_0001;
            1:   data = 8'b0000_0010;
            2:   data = 8'b0000_0100;
            3:   data = 8'b0000_1000;
            4:   data = 8'b0001_0000;
            5:   data = 8'b0010_0000;
            6:   data = 8'b0100_0000;
            7:   data = 8'b1000_0000;
            default:  data = 8'bx;
        endcase
    end
endmodule
```

图 5-16　3-8 译码器模型

5.3.3 行波进位加法器和超前进位全加器

图 5-17 中的全加器是简单级联的行波进位全加器，这种类型的全加器进位信号要逐级由低位向高位传递，当数据位数增大时其运算速度就会很慢。图 5-18 是 4 比特行波进位加法器的 Verilog 代码。

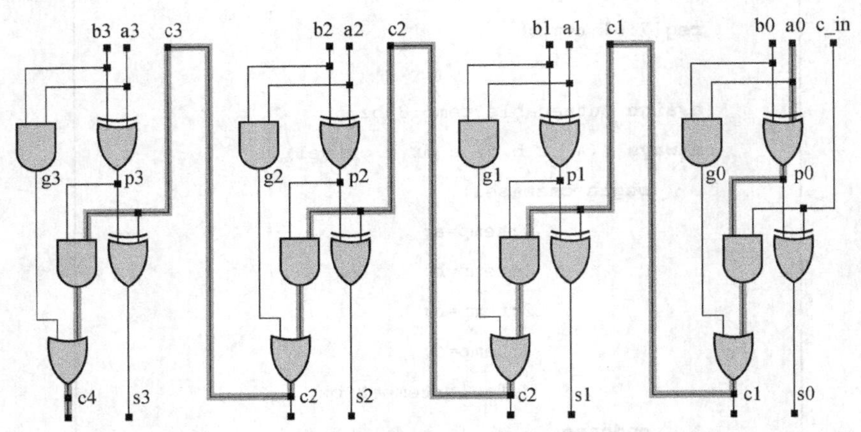

图 5-17　行波进位加法器，粗线为最长延迟路径

```
module Add_rca_4(output c_out,output[3:0]sum,input[3 0]a,b,input c_in);
 wire            c_in2,c_in3,c_in4;
 add_full        M1      (c_in2,     sum[0],     a[0],b[0],c_in);
 add_full        M3      (c_in3,     sum[1],     a[1],b[1],c_in2);
 add_full        M3      (c_in4,     sum[2],     a[2],b[2],c_in3);
 add_full        M4      (c_out,     sum[3],     a[3],b[3],c_in4);
endmodule

module Add_full(output c_out,sum,input a,b,c_in)
 wire            w1,w2,w3;
 Add_half        M1(w2,w1,a,b);
 Add_half        M2(w3,sum,c_in,w1);
 or              M3(c_out,w2,w3);
endmodule

module Add_half(output c_out,sum,input a,b);
 xor             M1(sum,a,b);
 and             M2(c_out,a,b);
endmodule
```

图 5-18　4 比特行波进位加法器的 Verilog 代码

由上述串行行波进位加法器可知，加法器的进位项的最长延迟时间是限制其速度的关键所在。因此，一种改进的办法是对加法器的进位项进行修改，采用超前进位加法器。超前进位加法器的算法是以单元加法器任意一级中的进位值为基础的，该进位值只取决于前一级的数据位和第一级的进位输入。利用这种关系，可以通过使用附加的逻辑实现进位，从而提高加法器的运算速度，而不必等待通过加法器单元传递的进位值。

如果指定单元的两个数据位均为1，则称该单元能产生进位g。如果单元的一个数据位可以与该单元的进位输入相结合并将进位输出引回加法器的下一级，则该单元传递进位 p。图 5-19 和图 5-20 是 4 比特超前进位全加器门级电路模型和 Verilog 代码。4 比特超前进位全加器的延迟如图 5-19 中的粗线所示，其最大延迟仅为 5 个逻辑门的延迟，而在图 5-17 的行波进位加法器中则为 9 个逻辑门的延迟。

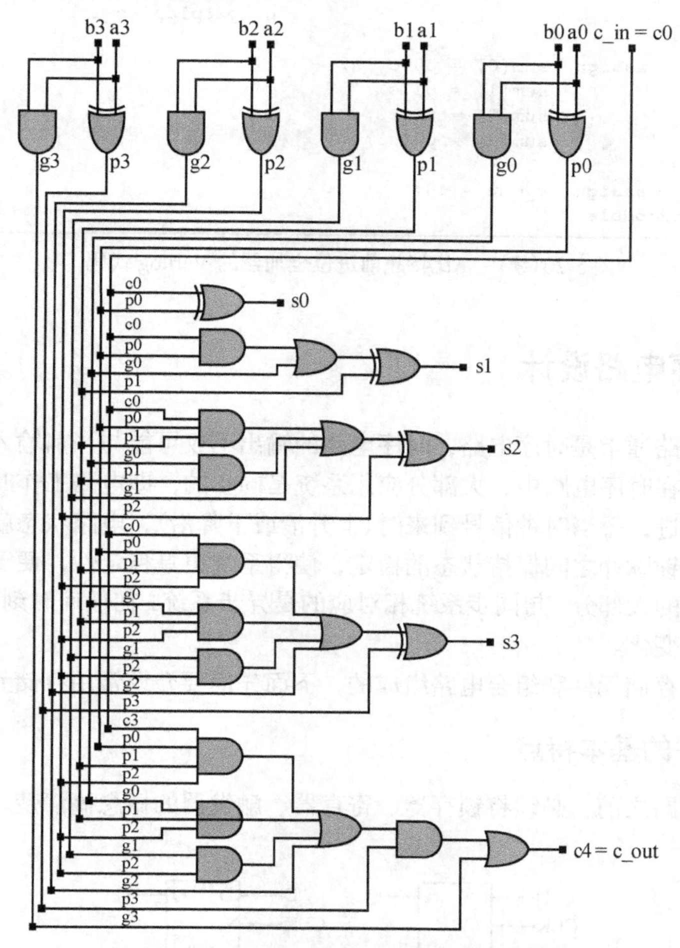

图 5-19　4 比特超前进位全加器门级电路模型

```
module full_adder_4(sum,c_out,a,b,c_in);
    output    [3:0]sum;
    output    c_out;
    input     [3:0]a,b;
    input     c_in;

    wire    p0,g0,p1,g1,p2,g2,p3,g3;
    wire    c1,c2,c3,c4;
    assign  p0 = a[0]^b[0],
            p1 = a[1]^b[1],
            p2 = a[2]^b[2],
            p3 = a[3]^b[3];
    assign  g0 = a[0]&b[0],
            g1 = a[1]&b[1],
            g2 = a[2]&b[2],
            g3 = a[3]&b[3];

    assign  c1 = g0|(p0&c_in),
```

图 5-20　4 比特超前进位全加器的 Verilog 代码

```
        c2 = g1|(p1&g0)|(p1&p0&c_in),
        c3 = g2|(p2&g1)|(p2&p1&g0)|(p2&p1&p0&c_in),
        c4 = g3|(p3&g2)|(p3&p2&g1)|(p3&p2&p1&g0)|
                            (p3&p2&p1&p0&c_in);

    assign  sum[0] = p0^c_in,
            sum[1] = p1^c1,
            sum[2] = p2^c2,
            sum[3] = p3^c3;

    assign  c_out = c4;
endmodule
```

图 5-20(续) 4 比特超前进位全加器的 Verilog 代码

5.4 基本时序电路设计

实际的数字电路通常是时序电路，时序电路的输出不仅可能与当前输入有关，而且与电路内部状态有关。在时序电路中，大部分应用系统是同步的，即电路工作时由一个公共的时钟信号有节奏地推进，每当时钟信号到来时(上升沿或下降沿)，电路状态就发生一次更新。同步系统在两次时钟脉冲之间保持状态的稳定，使得系统更具稳定性，便于设计和调试，所以占据了实用系统的大部分。与同步系统相对应的是异步系统，在任何时刻多个信号到来时，状态都有可能发生变化。

时序电路是由存储元件和组合电路组成的，下面先简要介绍常用存储元件的基本特点。

5.4.1 存储元件的基本特点

在介绍时序电路之前，必须将锁存器、寄存器、触发器的概念搞清楚。锁存器和寄存器如图 5.21 所示。

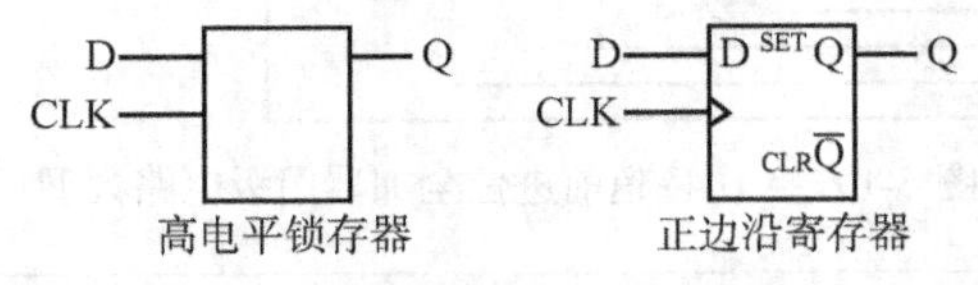

图 5-21 高电平锁存器与正边沿触发寄存器

锁存器(Latch)为电平敏感器件。例如，当高电平锁存器的时钟处于高电平时，输入信号通过锁存器进入输出端；当其为低电平时，保持原有输出值。

寄存器(Register)为边沿触发器件。

任何具有两个稳定状态的元件都可以称为触发器(Trigger)，在很多场合，也用触发器表示寄存器。

锁存器一般用于构成寄存器，在标准数字设计中几乎不单独使用，因此系统中插入的锁存器几乎都是由于错误使用而导致的。

锁存器与寄存器都是基本存储单元，但锁存器是电平触发的存储器，而寄存器是边沿触发的存储器。

本质上，锁存器与寄存器的基本功能相同，都可以存储数据，但锁存器有下列 3 个缺点：

① 对毛刺敏感，不能异步复位，所以上电以后处于不确定的状态；

② 锁存器会使静态时序分析变得非常复杂；

③ 在 FPGA 中，基本的单元是由查找表和触发器组成的，若生成锁存器反而需要更多的资源。

因此，在电路设计中要对锁存器特别谨慎，如果综合出与设计意图不一致的锁存器，会导致设计错误，包括仿真和综合。因此，要避免产生意外的锁存器。当然对于一些必需的场合，如总线、地址锁存等，锁存器还是必要的。

一般而言，产生意外锁存器的原因主要是 if 语句和 case 语句不完整，如 if 语句里缺少必要的 else 语句，case 语句里缺少 default 语句。

下面列举一些常见的时序电路，如锁存器、触发器、移位器、计数器电路的设计描述。

5.4.2　锁存器

锁存器是电平触发的存储元件，数据存储的动作取决于使能信号的电平值，仅当锁存器处于使能状态时，锁存器的输出才会随数据输入的变化而发生变化，即输入的变化在输出端有相应的具体体现，或者说是透明的。因此，锁存器也被称为 D 锁存器或数据锁存器。在图 5-22 中，当使能信号有效时，锁存器输出完全跟随输入的变化；当使能信号无效时，输出信号保持刚才的状态。这里使用了连续赋值语句进行数据流建模。

同样，透明锁存器也可以用行为级描述方式。因为锁存器是电平控制的存储元件，所以行为描述中用电平敏感控制方式。如图 5-23 所示，always 语句使用信号 in 和 enable 的电平敏感触发条件，每次敏感表中任一信号改变就使 always 语句块执行一次。这里 if 语句的 enable 无效分支没有明确写出，综合工具能够自动综合出锁存器结构。所以，设计组合电路时需要注意，必须明确写出所有条件分支，以避免综合出额外的锁存器。

```
module latch(out,in,enable);
    output      out;
    input       in,enable;


    assign      out = enable?in:out;
endmodule
```

图 5-22　锁存器数据流模型

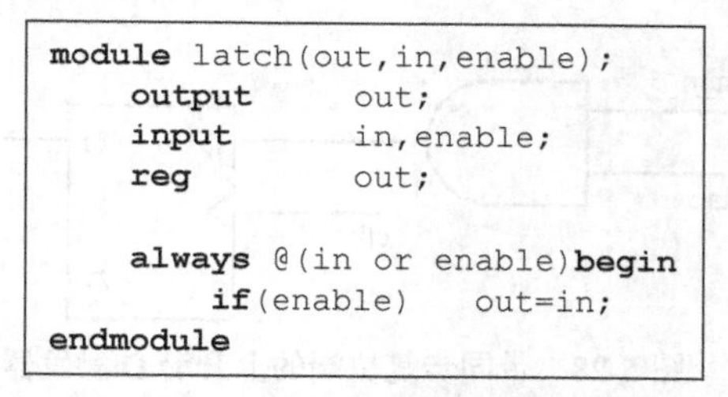

```
module latch(out,in,enable);
    output      out;
    input       in,enable;
    reg         out;

    always @(in or enable)begin
        if(enable)    out=in;
endmodule
```

图 5-23　锁存器的行为模型

5.4.3　D 触发器

D 触发器是由信号边沿触发的存储器件，是最基本的同步时序电路。如图 5-24 所示，data 是数据输入端，clk 是时钟输入端，q 是数据输出端。D 触发器行为描述模型如图 5-25 所示，每次时钟上升沿触发一次 always 语句的运行，就把输入信号传送到输出并保持下来。

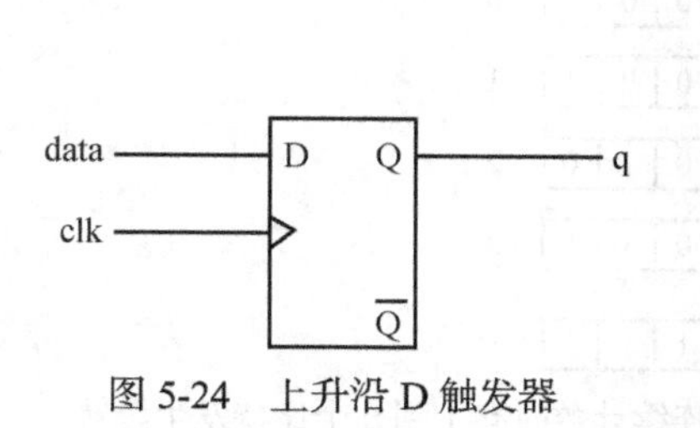

图 5-24　上升沿 D 触发器

```
module dff_1(q,data,clk);
    output     q;
    input      data,clk;
    reg        q;

    always     @(posedge clk)
        q <= data;
endmodule
```

图 5-25　上升沿 D 触发器行为模型

进一步分析可知，如图 5-26 和图 5-27 所示，如果该 D 触发器有一个异步复位端 rst_n，并且当 rst_n 信号变为 0 时优先执行复位。敏感表中包括 clk 和 rst_n 信号，执行语句首先判断 rst_n 信号是否为低电平，以使电路优先复位。

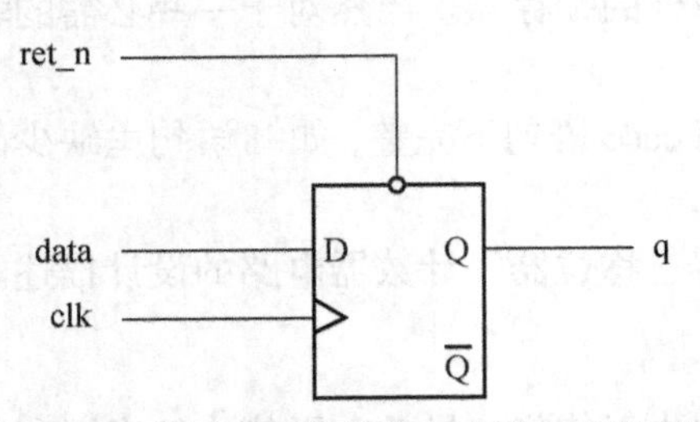

图 5-26 带异步复位端的上升沿 D 触发器

```
module dff_2(q,data,clk);
    output      q;
    input       data,clk;
    reg         q;

    always @(posedge clk or negedge rst_n)
        if(~rst_n)
            q <= 1'b0;
        else
```

图 5-27 带异步复位端的上升沿 D 触发器行为模型

上述例子的复位端是异步的，并且在复位信号下降沿执行复位，现实中也有复位信号电平控制的 D 触发器。如图 5-28 所示，即在 rst_n 信号低电平且时钟信号到来时触发器复位，称为同步复位端。此处，设计中既要处理边沿触发信号，也要处理电平控制信号。图 5-29 是对应的行为模型描述，可以看到敏感表中只包括边沿触发信号，只在 always 语句内处理有关电平控制事件。

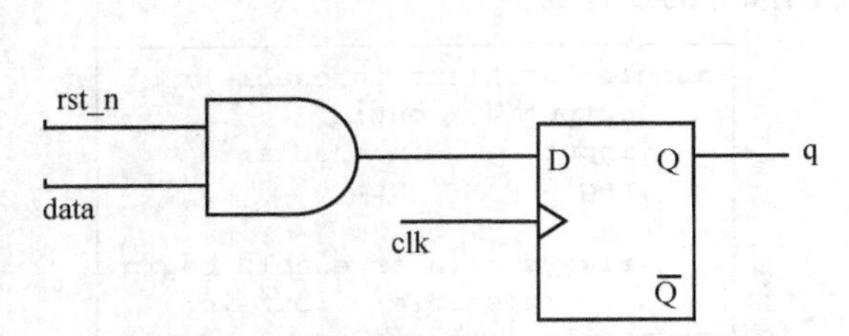

图 5-28 带同步复位端的上升沿 D 触发器

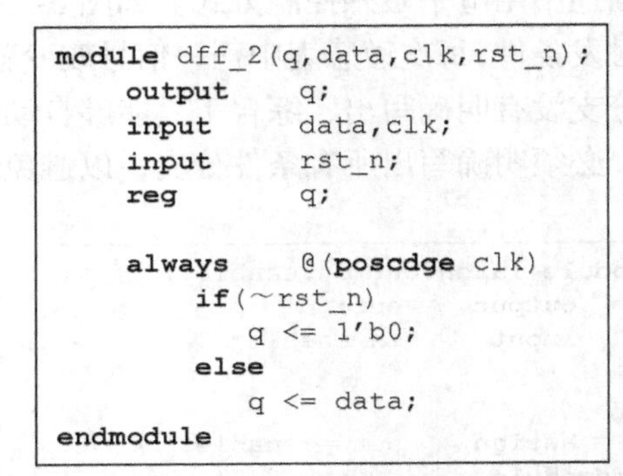

```
module dff_2(q,data,clk,rst_n);
    output      q;
    input       data,clk;
    input       rst_n;
    reg         q;

    always      @(poscdge clk)
        if(~rst_n)
            q <= 1'b0;
        else
            q <= data;
endmodule
```

图 5-29 带同步复位端的上升沿 D 触发器行为模型

5.4.4 计数器

计数器是另一种常用的时序电路，它的计数值按固定步长增大或减小。因此，计数器的值可能为连续的 0，1，2，…或者 2，4，6，…，单比特计数器在“0”和“1”之间翻转。图 5-30 描述的是一个 n 比特无符号递增的二进制寄存器类型计数器，它的值从 0 开始，下面各行数据以 1 为步长连续递增。

```
0 … 0 0 0 0 0 0 0 0   0
0 … 0 0 0 0 0 0 0 1   1
0 … 0 0 0 0 0 0 1 0   2
0 … 0 0 0 0 0 0 1 1   3
          ⋮
1 … 1 1 1 1 1 1 1 1   2^n−1
```

图 5-30 二进制加法计数器。MSB 在左边，连续计数时有 1 到 n 个比特发生翻转

图 5-30 所示的计数器的值在空间上是非常紧密的，用 n 个比特表示 2^n-1 个不同的值，但每一个进位值都会导致几个(常常是多个)比特位同时发生翻转。不同的时钟下，进位和比特翻转会导致不同的延迟。所有的翻转都有可能会造成片内的串扰噪声或毛刺，可能使计数器或相邻器件产生错误。

1. 计数器表达式与加法器表达式的区别

加法器可以用一个表达式来完成，例如 $X<=A+B$。即使是在函数里，加法也仅仅是等号右边的那个加法表达式。

计数器把当前的计数值保存在寄存器里，所以加法可以放在组合或时序的过程语句里，而计数只能放在时序的过程语句中。尽管加法计数器在实现时进行的是加 1 的操作，但是无法用组合逻辑来保存计数值，因此必须将它寄存起来。于是，连续不同取值的 count 和 next_count 可以按照出现的顺序来区分。count 的下一个值(next_count)依赖于 count 的当前值。计数需要用加法表达式进行赋值，如图 5-31 所示。

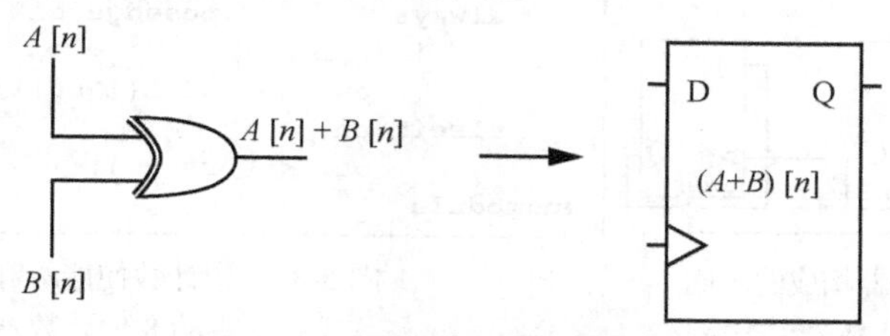

图 5-31　加法的结果被保存起来

2. 计数器结构

下面讨论几种不同的计数器结构。假设计数值都是从 D 触发器的 Q 端口输出的二进制值。这里只使用 D 触发器，是因为无论手工设计还是综合后产生的网表，D 触发器都是最常用的时序存储单元。

所有基于 D 触发器的二进制计数器的构成元件都是翻转(Toggle)触发器，所以有时又称为 T 触发器，它是一种特殊的 D 触发器，其输出端口 $\overline{Q}$ 连在输入端口 D 上。

行为级描述的 D 触发器中，由 D 到 Q 的翻转触发器应该是非阻塞的，以确保更新的值是基于上一个时钟周期的赋值。只需在 D 触发器的外面加一个简单的连线，就可以实现基本的 T 触发器。行为级描述的 T 触发器的器件和代码如图 5-32 和图 5-33 所示。

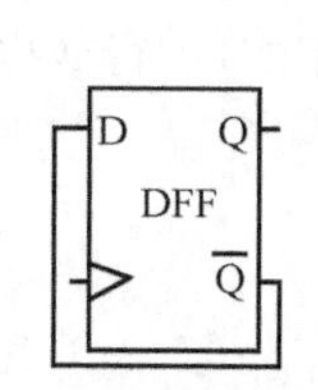

图 5-32　用 D 触发器实现的 T 触发器

```
//
// Basic toggle flip-flop;
//
wire Qn_D;
…
DFF Toggle01(.Q(Q),.Qn(Qn_D),.D(Qn_D),.clk(clkIn));
…
```

图 5-33 行为级描述的 T 触发器的 Verilog 代码

3. 纹波计数器

纹波(ripple)计数器的面积最小，易于结构化实现。这种计数器里的触发器不是用时钟驱动，而是用前一级输出数据的边沿作为时钟来驱动。前一级的输出连在后一级的时钟端，每当时钟的输入端口的数据产生了上升沿，输出就会翻转。这个计数器必须从一个确定的状态开始工作，这要求我们对它进行复位，否则这个计数器自己的翻转就没有意义了。除了触发器，这个计数器不需要其他逻辑。例如，图 5-34 所示的 3 比特的纹波计数器，其输出没有画出，MSB 在最右端，时钟信号只送给了 LSB。

计数器不仅用于对脉冲信号计数，也可以用于定时、分频等电路。图 5-35 是一个带计数使能端和异步复位端的 8 位计数器行为模型，其中 out 是 8 位计数输出端，en 是计数使能端，rst_n 是异步复位端。

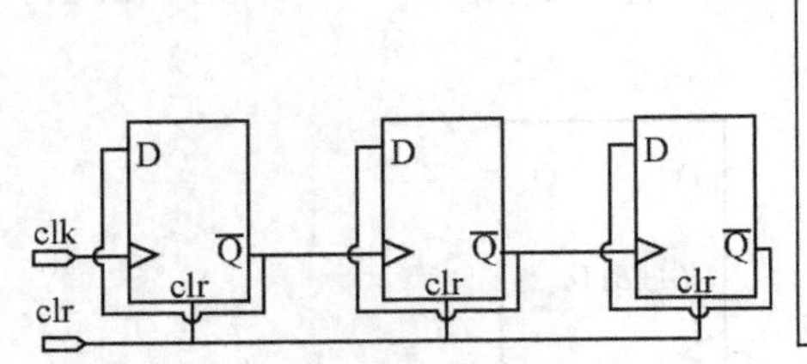

图 5-34 由 D 触发器构成的 3 比特纹波计数器结构图

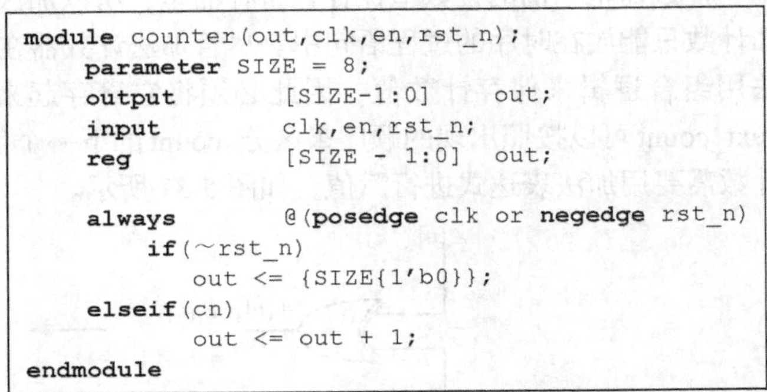

```
module counter(out,clk,en,rst_n);
    parameter SIZE = 8;
    output          [SIZE-1:0]    out;
    input           clk,en,rst_n;
    reg             [SIZE - 1:0]  out;

    always          @(posedge clk or negedge rst_n)
        if(~rst_n)
            out <= {SIZE{1'b0}};
    elseif(cn)
            out <= out + 1;
endmodule
```

图 5-35 带计数使能端和异步复位端的 8 位计数器行为模型

4. 超前进位(同步)计数器

超前进位(同步)计数器增加了超前进位逻辑，在每个时钟有效沿对所有寄存器比特进行更新。这样一来，除非所有的低阶比特都为“1”，否则所有比特通常会受时钟驱动并同时翻转。这样，尽管所有比特都是由时钟驱动的，但各比特只有等到前一比特有进位时，才能变为“1”。

如果不考虑加法器的位宽，同步计数器几乎可以按照时钟速度运行。然而，因为所有比特翻转都与时钟同步，同步计数器偶尔会产生极大的瞬时功率，而这种尖峰功率会生成噪声，从而可能产生逻辑错误。

注意，图 5-36 中的同步计数器的每个寄存单元(触发器)的输入端口都是由 1 比特加法器异或门)驱动的。在设计时，也应该遵循这个原则，组合逻辑后应该跟上寄存器，以保证电路的时序。图 5-36 中的时钟连在每个触发器的时钟端上。前面的 1(反相的)进行或操作，然后用异或门进行隔离，直到进位溢出到该比特。

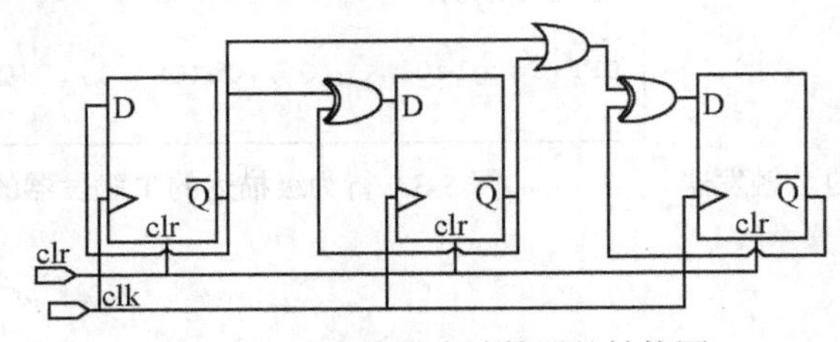

图 5-36 3 比特同步计数器的结构图

5. 格雷码计数器

在所有常见的各种计数器硬件结构中，格雷码（Gray Code）计数器在开关功耗和噪声上的效率最高。它是由设计者 F．Gray 的名字来命名的。格雷码计数器和其他简单的二进制加法计数器一样，会用到所有的比特状态。但相邻的两个计数值只会有一个寄存器不同，如图 5-37 所示。在图 5-37 中，MSB 在左边。到达底部状态（2^n−1）时，下一个计数值返回 0 状态。格雷码的另一个应用是对不同时钟域的计数值进行同步。

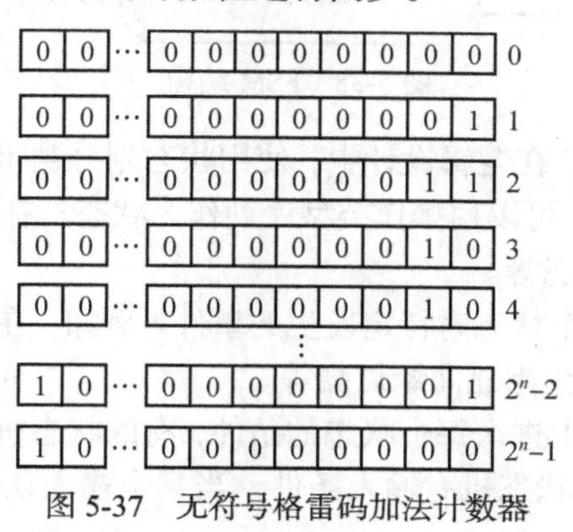

图 5-37　无符号格雷码加法计数器

格雷码计数器的高效率是用额外的编码逻辑为代价换来的，编码逻辑的功能是让计数值按特定的顺序发生变化。并且，将格雷码的值变为同等的 2^n 二进制计数值时也需要解码逻辑。对于很在意开关功耗和噪声最小化的设计，使用格雷码是一个好的选择。

例如，在生成连续一致的地址或者状态机的状态编码时，就会用到格雷码。因为每次只有 1 比特发生变化，对于格雷码来说，采样到计数器中间无效状态（除了有效计数值之外的其他值）的概率要比其他常用计数器的概率小。

5.5　有限状态机设计

在进行数字时序逻辑设计时，逻辑设计工程师必须要面对的就是状态机设计。有限状态机通常又称为状态机，是为时序逻辑电路设计创建的特殊模型。这种模型在设计某些类型的系统时非常有用，特别是对那些操作和控制流程非常明确的电路更是如此。

状态机设计的稳健程度在某种程度上反映了一个逻辑工程师的逻辑设计水平。下面将重点讨论如何进行有限状态机的设计，包括如状态机的基本概念、状态编码、状态机的基本语法和状态机的描述。

5.5.1　有限状态机的基本概念

有限状态机的结构如图 5-38 所示，主要有 3 个组成要素：状态（包括当前状态的操作和下一状态）、输出和输入（包括复位）。下面分别进行讨论。

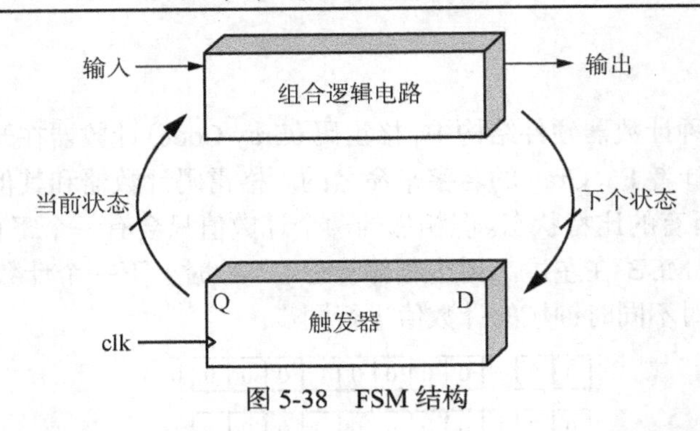

图 5-38 FSM 结构

- 状态。又称状态变量。在逻辑设计中，使用状态划分逻辑顺序和时序规律。比如，在设计 16 位乘法器时，可以用操作类型序列作为状态；在设计交通控制灯控制时，可以用交通通向作为状态等。
- 输出。指的是在某一个状态时特定发生的事件。例如，在设计交通控制灯控制时，如果南北通向，则输出为南北向绿灯亮等。
- 输入。指的是状态机中进入每个状态的条件，有的状态机没有输入条件，其中的状态转移较为简单，有的状态机有输入条件，当某个输入条件存在时才能转移到相应的状态。

根据状态机的输出是否与输入条件相关，可将状态机分为两大类：摩尔(Moore)型状态机和米勒(Mealy)型状态机。

无论是什么样的状态机，都用来表示有限个状态以及在这些状态之间的转移和动作等行为。图 5-39 是一个状态机示意图，其下半部分是时序逻辑电路，上半部分是组合逻辑电路。组合逻辑电路包含两部分输入：pr_state (present state，当前状态)和实际的外部输入信号 input。组合逻辑电路送出两部分信号：nx_state(next state，下一个状态)和实际的电路输出信号 output。

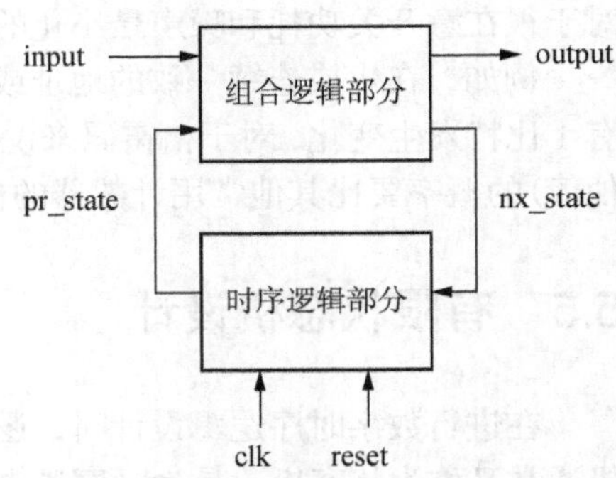

图 5-39 Mealy(Moore)型状态机结构

时序逻辑电路包含 3 个输入信号和 1 个输出信号，其中输入信号包括时钟信号(clk)、复位信号(reset)和次态信号(nx_state)，输出信号为现态信号(pr_state)。因为所有的寄存器都放在这一部分，所以 clk 和 reset 都与这部分电路相连。

如果状态机的输出信号(output)不仅与电路的当前状态有关，还与当前的输入信号(input)有关，这种状态机就称为米勒(Mealy)型状态机。如果状态机的当前输出(output)仅由当前状态(pr_state)决定，则称为摩尔(Moore)型状态机。后面将进一步说明这两种状态机。

我们将这类电路从结构上划分为组合逻辑和时序逻辑两个部分，同样在代码结构上也可以非常直观地将其划分为这两个部分。从 Verilog 代码编写的角度很容易看出，对于时序逻辑电路部分，应该在敏感信号列表中包括 clk 的 always 块中实现；而对于组合逻辑电路部分，既可以采用 always 块(将 pr_state 和 input 作为敏感信号)，也可以使用 assign 语句直接实现。

clk 和 reset 通常应该出现在用来实现时序逻辑电路功能的 always 块的敏感信号列表中。当 reset 有效时，pr_state 将强制回到系统的初始状态；当 reset 无效时，每当出现时钟的上升沿，寄存器将存储 nx_state，并通过 pr_state 反馈给组合逻辑电路。

在理论上，虽然任何时序电路都可以建立状态机模型，但这并不总是一种高效的电路实现方式，如果不加区别地追求建立电路的状态机模型，就可能会使代码更加冗长和容易出错。例如，对于简单的计数器，就不需要使用状态机来实现。如果电路要完成的任务或要实现的功能可以进行完整清晰的排列和归类，就应该首选使用状态机来实现该电路。设计状态机时，常用 paremeter 来定义一组参数来代表具体的状态编码值，这样便于直观地理解。

1. Moore 型状态机

摩尔型状态机的输出仅取决于当前状态，而与输入条件无关(见图 5-40)。这种状态机由 Edward F. Moore 提出，其最大特点就是输出只由当前状态确定，与输入无关。摩尔型状态机的状态图中的每一个状态都包含一个输出信号。

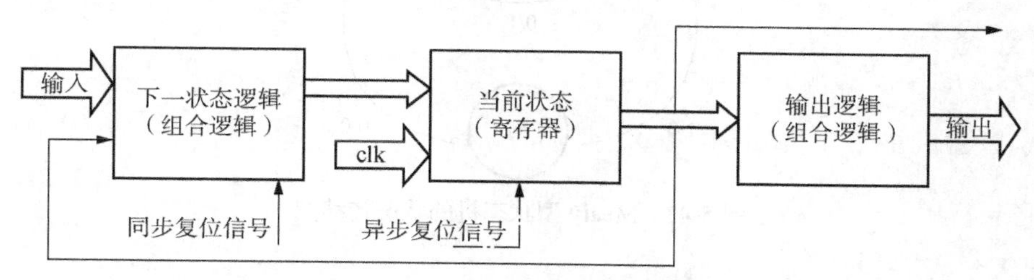

图 5-40　Moore 有限状态机模型

在数字时序系统中，当前状态一般都存储在触发器中，并通过全局时钟信号来驱动摩尔型状态机，将当前状态解码成输出。一旦当前状态改变，几乎会立即导致输出改变。尽管会在传输过程中产生一些毛刺现象，但是设计出的大多数系统都会忽略掉这些毛刺。

在时钟脉冲的有效边沿后的有限个门延迟之后，摩尔型状态机的输出会达到稳定值。输入对输出的影响需要等到下一个时钟周期才能反映出来，因而摩尔型状态机最重要的特点就是将输入和输出信号隔离开来。

图 5-41 就是一个典型的摩尔型状态机的状态跳转图，它的输入为 x、y 和 z，输出为 a、b 和 c。

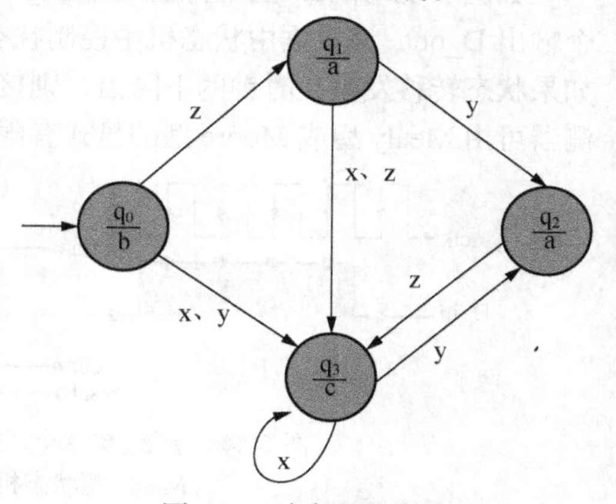

图 5-41　摩尔型状态机

2. Mealy 型状态机

Mealy 型状态机的输出不仅取决于当前状态，还取决于该状态的输入条件(见图 5-42)。

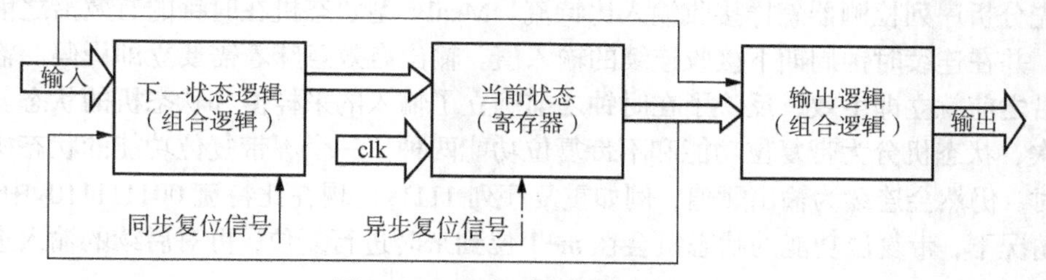

图 5-42　Mealy 有限状态机模型

Mealy 型状态机由 G. H. Mealy 在 1951 年提出，它的输出不仅与当前状态有关，还与输入有关，因而在状态转移图中每条转移边需要包含输入和输出的信息，每个 Mealy 型状态机都有一个等价的 Moore 型状态机。因为 Mealy 型状态机的输出受输入的直接影响，而输入信号可能在一个时钟周期内的任何时刻发生改变，所以 Mealy 型状态机对输入的响应会比 Moore 型状态机早一个周期，并且输入信号的噪声也可能影响到输出的信号。图 5-43 为 Mealy 型状态机的状态转移图。

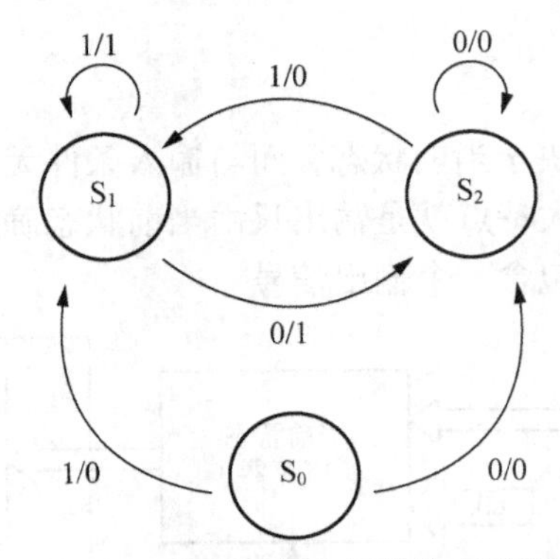

图 5-43 Mealy 型状态机的状态转移图

3. Mealy 型和 Moore 型状态机的电路和时序特点

下面以检测连续 3 个 “1” 的序列检测器为例，简要说明 Mealy 和 Moore 型状态机的电路和时序特点。

如图 5-44 所示，当串行输入流 D_in 接收到给定的连续比特流时，序列检测器将产生一个输出 D_out。该数据由状态机中控制状态转移的时钟有效沿的相反边沿同步(即反向同步)。如果状态转移发生在时钟的下降沿，则接下来的时钟上升沿就会产生有效数据输出。序列检测器可由 Mealy 型或 Moore 型的显式有限状态机实现，下面将从两个角度来分析序列检测器。

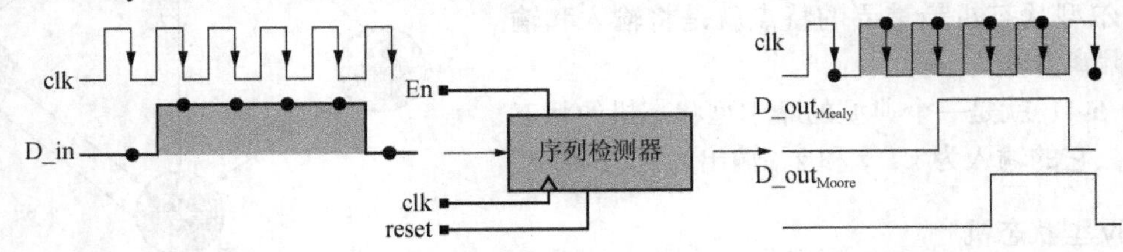

图 5-44 检测连续 3 个 “1” 的序列检测器。包括输入输出框图，Mealy 型状态机和 Moore 型状态机各自的输出波形

首先分析序列检测器怎样接收输入比特流。Mealy 型状态机在时钟的有效沿之前就使输出有效，并在连续时钟周期下接收连续的输入值。输出有效意味着需要立即译码。输出在时钟有效沿之前就立即生效，反映了在时钟之前确立了输入的采样值和状态机的状态。

其次，状态机分为带复位功能和不带复位功能两种。一个不带复位功能的状态机在输入位交叠时，仍然会连续为输出赋值，例如重复序列 1111_2 出现在比特流 001111110_2 中的情况。在这种情况下，带复位功能的状态机会在 m+1 位到来时进行复位，再对后续的输入进行新一轮的检测。

图 5-44 中的序列检测器在时钟下降沿对串行输入 D_in 采样，当采样到连续 3 个“1”时 D_out 被置为有效输出。该状态机使用同步复位，并带有一个使能信号 En。图 5-45 给出了能够检测连续 3 个“1”的序列检测器的 Verilog 代码描述。

```
module Seq_Rec_3_1s_Mealy_Shft_Reg (output D_out, input D_in, En, clk, reset);
  parameter Empty = 2'b00;
  reg [1: 0]    Data;

  always @ (negedge clk)
    if (reset == 1) Data <= Empty; else if (En == 1) Data <= {D_in, Data[1]};
  assign D_out = ((Data == 2'b11) && (D_in == 1 )); // Mealy 输出
endmodule

module Seq_Rec_3_1s_Moore_Shft_Reg (output D_out, input D_in, En, clk, reset);
  parameter Empty = 2'b00;
  reg [2: 0]    Data;

  always @ (negedge clk)
    if (reset == 1) Data <= Empty; else if (En == 1) Data <= {D_in, Data[2: 1]};
  assign D_out = (Data == 3'b111);    // Moore 输出
endmodule
```

图 5-45　检测连续 3 个“1”的序列检测器的 Verilog 代码

图 5-46 中的 Mealy 型状态机也能对 D_in 和寄存器的内容进行门控，它有更少的状态，并且比 Moore 型状态机少用一个触发器。从图 5-46 可以看出，为了实现同一个功能，Mealy 型状态机和 Moore 型状态机在电路和时序上的差别。

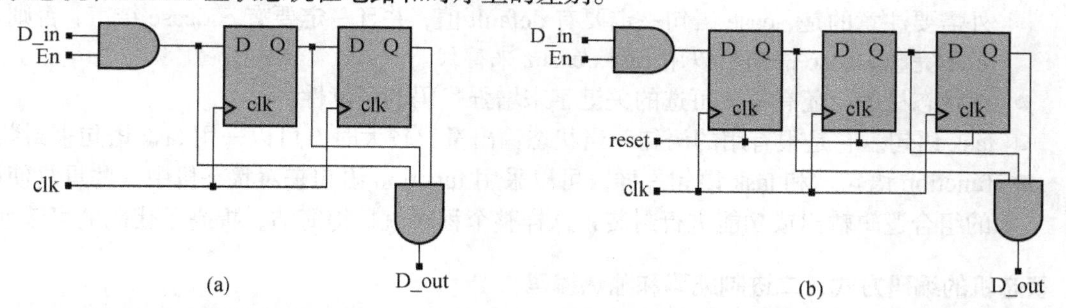

图 5-46　基于移位寄存器来检测序列“111”的电路的部分实现。(a) Mealy 型状态机；(b) Moore 型状态机

5.5.2　状态机的描述和基本语法

1. 状态机的描述方式

状态机可以采用 3 种描述方式：状态转移(或跳转)图、状态转移列表和硬件语言描述。

图 5-41 和图 5-43 就是状态转移图。状态转移图的最大优点是直观、形象。在进行时序逻辑设计之前或分析一个具体的逻辑电路时经常采用。

状态转移列表则是用表格形式取代状态图，以表述状态转移，不适合复杂状态机的情形。在复杂的状态机中往往有许多状态和复杂的输入 / 输出，这样会导致状态转移列表变得复杂冗长，从而容易出错。

运用硬件描述语言描述状态是 EDA 技术发展的必然，但是需要根据一定的设计规则进行设计才能使状态机变得更加稳健。

2. 状态机的基本 Verilog 语法

对于一个可综合的状态机来说，下面的 Verilog 语法会经常使用到。

- wire 和 reg 变量。用于对 FSM 中的各个线网变量或者寄存器变量进行声明。
- parameter 变量。用于编码 FSM 中的各种状态。状态编码主要以 3 种为主，即独热编码、格雷编码和二进制编码。
- always 语句。在 FSM 设计中，always 语句必不可少。根据不同的 FSM 设计，有时采用一个 always 语句来实现整个 FSM 的功能，其中包括时序转移和组合逻辑输出；有时会采用两个 always 语句来实现时序转移和组合逻辑的分离，实现整个 FSM 的功能；还有一种就是在两个 always 语句的基础上，采用三个 always 语句来实现时序转移和组合逻辑并采用寄存器输出。
- if ... else 语句。事实上它可以完全被 case 语句取代，不过建议还是由 if ... else 语句实现状态的初始化和输出的初始化。
- case 语句。在状态机中 case 语句是必不可少的语句，因为状态机中的有限状态绝对不少于两种，而且状态之间相互独立、地位平等。如果采用 if ... else 语句，则由于其先天的优先编码特性会增加相关路径的延时，容易产生关键路径，所以不适合状态机设计。case 语句后的条件表达式一般是状态变量，而各个分支一般都是状态编码。case 语句中的各个分支的输出有些仅仅是状态的跳转，有些则有组合逻辑的输出。另外需要注意的是，case 语句一定要有 default 值，并且一定要有 endcase 结束，否则表示不完整。case 语句可以用 casex/casez 来替代。
- 在状态机中，还有一些可选的关键字来增强代码的可读性。
- task 语句。它是很有用的语句，当状态输出量比较大时，可以采用 task 语句来封装。
- function 语句。和 task 语句一样，可以采用 function 语句来对状态机中一些重复使用的组合逻辑输出或功能进行封装，这样整个程序就显得简洁，提高了代码的可读性。

3. 状态机的编码方式：二进制编码和独热编码

有多种方式可对状态机的状态进行编码。默认的方式是进行二进制编码。它的优点是需要的寄存器数量最少。在这种情况下，只需要 n 个寄存器就可以对 2^n 个状态进行编码。与其他编码方式相比，这种编码方式的缺点就是需要更多的外部辅助逻辑，并且速度较慢。

另一种极端的编码方式是独热（one hot）编码。在这种编码方式中，每个状态都需要一个寄存器。因此，它需要的寄存器数量最多。在这种情况下，对 n 个状态编码就需要 n 个寄存器，但这种方法需要最少的辅助逻辑并具有最快的速度，因为只需要 1 比特就可以表示某一个状态本身。

介于上面两者之间的一种编码方式是双热编码方式。在这种编码方式下，每一次状态变化会带来两个位的跳变，因此 n 个寄存器可以实现对 $n(n-1)/2$ 个状态进行编码。双热编码方式是独热编码和二进制编码方式的一种折中。

在寄存器资源比较多的情况下建议采用独热编码，例如在 FPGA 中可以使用独热编码，而在 ASIC 中较常使用二进制编码方式。

下面以具有 8 个状态的状态机为例进行对比说明。表 5.2 给出了采用不同方式进行编码后得到的状态编码表，从中可以看出每种编码方式需要的寄存器数量。

表 5.2　各种状态机编码方式的对比

状　　态	编码风格		
	二进制编码	双热编码	独热编码
state0	000	00011	00000001
state1	001	00101	00000010
state2	010	01001	00000100
state3	011	10001	00001000
state4	100	00110	00010000
state5	101	01010	00100000
state6	110	10010	01000000
state7	111	01100	10000000

5.5.3　状态机设计流程和设计准则

1. 状态机设计流程

状态机在复杂的系统中担任系统的控制与协调任务，因此状态机对系统的性能起着重要的作用。为提高控制的性能，优化状态机变得异常迫切。对于复杂算法的状态控制，状态机的复杂度很可能难以有效控制。状态机的设计必须对系统性能需求、所设计的 FSM 逻辑复杂性与所实现器件的时序约束等因素进行折中。

对于多达几十个的复杂状态机，从多层次的逻辑到全体的输出及当前状态向量，再到全体输出和次状态的向量，这些复杂的过程很可能导致时序出现问题，从而不得不牺牲系统速度以满足时序。对状态机的正确分割与设置是成功开发系统的主要因素。如果底层的 FSM 结构不合理，即使是最好的优化方案也可能会导致这个系统设计的失败。

因此，推荐的方法是，对于复杂而庞大的系统，常使用多个小的状态机而不使用一个复杂的状态机，这样有利于减小复杂的逻辑状态处理以及输出向量。也就是说，当采用分立的 FSM 时，较长的时序路径会被分割成较短的时序路径。采用多个短小的状态机完成复杂系统的控制，不仅可以改善时序问题，而且可以降低设计的难度，提高其可维护性。

短小状态机编码可以分配给各个不同的开发人员，以实现并行化的高速处理。采用这种分割设计的方法，由于每一阶段的测试和分析，可以大大减少工作量，通常情况是由于内部之间的连带问题大幅减少，所以使复杂庞大的系统设计问题的错误数量往往多于分解设计所产生的错误。

为了进一步利于读者掌握，对状态机的编码设计流程总结如下：

① 定义状态变量 S：

② 定义输出与下一个状态寄存器；

③ 建立状态转换图：

④ 状态最小化；

⑤ 选择状态编码分配；

⑥ 设计次状态寄存器和输出。

状态机内部的优化处理也是提高其性能的重要一环。由已知条件(需求)完成状态图的转化过程，基本实现了状态机的代码编写的前提，但状态转换表更能帮助设计者完成其状态的优化，从而得到更高效的状态机。状态机设计流程如图 5-47 所示。

设计描述或时序图
↓
开发状态图
↓
优化状态图
↓
状态及I/O编码
↓
代码编写
↓
优化逻辑电路/代码
↓
仿真
↓
功能验证/时序分析

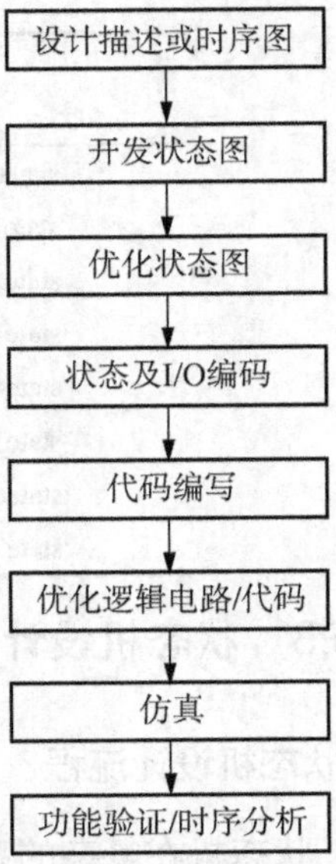

图 5-47　状态机设计流程图

2. 状态机的设计准则

一个完备的状态机（健壮性强）应该具备初始化状态和默认状态。当芯片加电或者复位后，状态机应该能够自动将所有判断条件复位，并进入初始化状态。需要说明的一点是，大多数 FPGA 有整体置位 / 复位信号，当 FPGA 加电后，整体置位 / 复位信号拉高，对所有的寄存器，RAM 等单元复位 / 置位，这时配置给 FPGA 的逻辑并没有生效，所以不能保证正确进入初始化状态。所以通过使用置位 / 复位企图进入FPGA的初始化状态，常常会产生许多麻烦。一般的方法是采用异步复位信号，当然也可以使用同步复位，但是要注意同步复位的逻辑设计。解决这个问题的另一种方法是将默认的初始状态的编码设为全零，这样全局复位后，状态机会自动进入初始状态。

另一方面，状态机也应该有一个默认（default）状态，当转移条件不满足或者状态发生突变时，要能保证逻辑不会陷入“死循环”。这是对状态机健壮性的一个重要要求，也就是常说的要具备“自恢复”功能。对应于编码，应对 case、if ... else 语句特别注意，要写出完备的条件判断语句。在 Verilog 中，使用 case 语句时要用 default 建立默认状态，与使用 else 语句的注意事项类似。

在状态机设计中，不可避免地会出现大量剩余状态。若不对剩余状态进行合理的处理，则状态机可能进入不可预测的状态，后果是对外界出现短暂失控或始终无法摆脱剩余状态而失去正常功能。因此，对剩余状态的处理，即容错技术的应用是必须慎重考虑的问题。但是，剩余状态的处理要不同程度地耗用逻辑资源，因此设计者在选用状态机结构、状态编码方式、容错技术及系统的工作速度与资源利用率方面需要进行权衡比较，以适应自己的设计要求。

剩余状态的转移去向大致有如下几种。

① 转入空闲状态，等待下一个工作任务的到来；

② 转入指定的状态，去执行特定任务；

③ 转入预定义的专门处理错误的状态，如预警状态。

对于二进制顺序码和格雷码编码方式，可以对多余状态进行定义，在以后的语句中加以处理。处理的方法有两种：

① 在语句中对每一个非法状态都做出明确的状态转换指示；

② 利用 other 语句对未提到的状态做统一处理。

对于独热码方式，其剩余状态数将随有效状态数的增加呈指数式剧增；故不能采用上述处理方法。鉴于独热码方式的特点，任何多于 1 个寄存器为“1”的状态均为非法状态。因此，可编写一个检错程序，判断是否在同一时刻有多个寄存器为“1”，若有则转入相应的处理程序。

状态机设计时需要考虑的设计准则如下。

① 状态机的安全性。指的是 FSM 不会进入死循环，特别是不会进入非预知的状态。而

且即使由于某些干扰或辐射使 FSM 进入非预知的状态，也能很恢复到正常状态循环中，包括两层含义：

- 要求该 FSM 的综合实现结果无毛刺等异常扰动；
- 要求 FSM 要完备，即使受到异常扰动进入非设计状态，也能很快恢复到正常状态。

② 编码原则。顺序二进制码和格雷码适用于触发器资源较少，组合电路资源丰富的情况(如 CPLD)。对于 FPGA，适用于独热码，这样不但充分利用了 FPGA 丰富的触发器资源，而且减少了组合逻辑资源消耗。对于 ASIC 设计而言，前两种代码编写更有利于面积资源的优化利用。

③ FSM 初始化问题。置位 / 复位信号(Set/Reset)只是在初始阶段清零所有的寄存器和片内存储器，并不保证 FSM 能进入初始化状态。设计时采用初始状态编码，为全零初始状态编码及异步复位等进行设置。

④ FSM 中的 case 最好加上 default，否则可能会使状态机进入死循环。默认态可以设为初始。另外 if ... else 的判断条件必须包含 else 分支，以保证完整包含。

⑤ 对于多段 always 描述法，组合逻辑 always 块内赋值一般用阻塞赋值。当使用三段式过程块时，尽管输出是组合逻辑，但切忌使用非阻塞式赋值法。Always 块完成状态寄存的时序逻辑电路建模时，使用非阻塞式赋值。

⑥ 状态赋值使用代表状态名的参数(parameter)，最好不使用宏定义(define)。宏定义产生全局定义，参数则仅仅定义一个模块内的局部变量，不宜产生冲突。

⑦ 状态机的设计要满足设计的面积和速度的要求。状态机的设计要清晰易懂、易维护。使用 HDL 语言描述状态机是状态机设计的基础，对于行为级描述则需要通过综合转换为寄存器级硬件单元描述以实现其物理功能。必须遵循可综合的设计原则。

⑧ 状态机应该设置异步或同步复位端，以便在系统初始化阶段使状态机的电路复位到有效状态。建议使用异步复位以简化硬件开销。

⑨ 用 Verilog HDL 描述的异步状态机是不能综合的，应该避免用综合器来设计。如必须设计异步状态机，建议用电路图输入的方法。为保证系统的可综合、可配置，硬件描述语言必须使用可物理综合的编写风格。

⑩ 敏感信号列表要包含所有赋值表达式右端参与赋值的信号，否则在综合时会因未列出的信号而隐含地产生一个透明锁存器。

5.5.4　状态机的描述风格

状态机有 3 种描述风格：一段式状态机、两段式状态机和三段式状态机。这三种状态机各有特点，在不同的场合各有不同的应用，都可以实现相同的功能，但是由于不同的设计人员各自的喜好不同，所以经常会争论哪种状态机设计最优。总之，设计者可以使用多种方法来设计状态机，这些实现方法各有优缺点。

当把整个状态机写在一个 always 模块中，并且这个模块既包含状态转移，又包含组合逻辑输入 / 输出时，称为一段式状态机。我们不推荐采用这种状态机，因为从代码风格方面来说，一般都会要求把组合逻辑和时序逻辑分开；从代码维护和升级角度来说，组合逻辑和时序逻辑混合在一起不利于代码维护和修改，也不利于约束。但是，在一些简单的状态机设计中，它也会被广泛使用。在一些复杂的状态机设计中，代码会变得冗长。

为了避免组合逻辑和时序逻辑之间的混乱，推荐采用两段式或三段式状态机来实现其功能。

1. 两段式状态机

所谓两段式状态机就是采用一个 always 语句来实现时序逻辑，采用另一个 always 语句来实现组合逻辑，这样不但符合代码的风格，同时也提高了代码的可读性，易于维护。与一段式状态机不同的是，它需要定义两个状态：现态和次态，然后通过现态和次态的转换来实现时序逻辑。

两段式状态机是一种结构清晰、最为直观和易于实现的状态机设计风格。使用这种方法进行设计时，状态机中的时序逻辑部分和组合逻辑部分可以分开独立设计。

例 5.1 一个 101 Moore 序列检测器

Moore 型状态机是一种所有输出与电路时钟全同步的状态机。在状态图中，状态机的每个状态指定它的输出独立于电路的输入。在 Moore 型状态机的 Verilog 代码中，输出表达式中仅含有电路状态变量。

图 5-48 显示的是一个 101 Moore 序列检测器及与其 Verilog 代码对应的框图。该检测器搜索其输入端的 101，当检测到 101 时，电路的输出变为 1 并保持一个完整时钟周期。其状态图如图 5-48 所示，当状态机达到 gotl01 状态时，其输出变为 1。

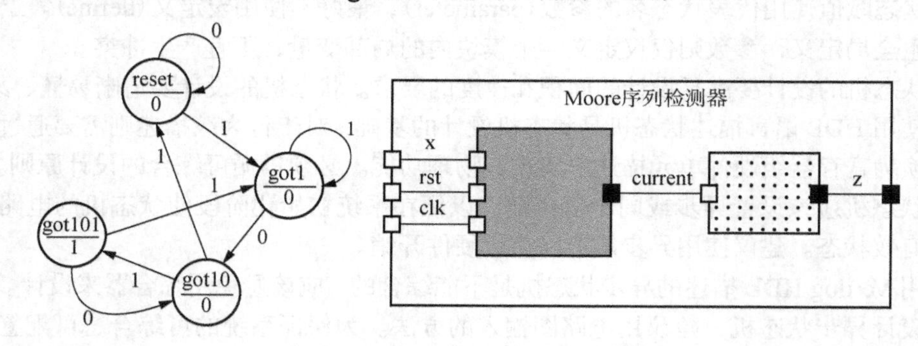

图 5-48 一个 101 Moore 序列检测器

这个状态机的 Verilog 编码框图也示于图 5-48 中。用于处理状态转换和时钟的 always 块产生状态机的当前(current)状态。一条 assign 语句使用此变量，并产生电路的输出 z。

图 5-49 给出了模块 moore detector 的 Verilog 代码，其中使用一个 localparam 声明对状态机的状态赋值。因为状态机有 4 个状态，所以状态名采用 2 比特变量，而且在模块 moore_detector 的声明部分声明 current 为 2-bit reg，这个变量用来保存状态机的当前状态。

图 5-49 中的 always 块实现一个正沿触发，具有同步复位(rst)输入的时序块。如果 rst 有效，则将 current 置为 reset，否则用一条 case 语句将下一状态值赋给 current。状态机的下一状态由 current 状态(即 case 表达式)和输入值决定。

状态机的每一状态是由一个 case 选项实现的，而它的下一状态转换是由以电路的输入 x 为条件的 if 语句实现的。图 5-49 显示了状态机的 got10 状态与其 Verilog 编码之间的对应关系。这个状态转移到 got101 或 reset 状态由 x 决定。电路的输出由一条独立的 assign 语句实现，当 current 为 got101 时，输出 z 为 1。因为这是一个 Moore 型状态机，确定电路输出的条件仅包括变量 current，而不包括电路的输入。

```
`timescale 1ns/100ps

module moore_detector(input x,rst,clk,output z);
   localparam[1:0]
      reset=0,got1=1,got10=2,got101=3;
   reg[1:0]current;
   always @(posedge clk)begin
      if(rst)current<=reset;
      else case(current)
         reset:begin
            if(x==1'b1)current<=got1;
            else current<=reset;
         end
         got1:begin
            if(x==1'b0)current<=got10;
            else current<=got1;
         end
         got10:begin
            if(x==1'b1)current<=got101;
            else current<=reset;
         end
         got101:begin
            if(x==1'b1)current<=got1;
            else current<=got10;
         end
         default:begin
            current<=reset;
         end
      endcase
         end
   assign z=(current==got101)?1:0;
endmodule
```

图 5-49　Moore 型状态机的 Verilog 代码

2. 三段式状态机

两段式状态机描述方法虽然有很多好处，但其明显弱点是输出一般使用组合逻辑描述，而组合逻辑易产生毛刺等不稳定因素。并且，在 FPGA/CPLD 等逻辑器件中，过多的组合逻辑会影响实现的速率(这一点与 ASIC 设计不同)。所以，在两段式状态机描述方法中，如果时序允许插入一个额外的时钟节拍，则尽量在后级电路对状态机的组合逻辑输出用寄存器寄存一个节拍，从而有效地消除毛刺。

但是，很多情况下，设计并不允许额外的节拍插入，此时的解决之道就是采用三段式状态机描述方法。与两段式描述方法相比，三段式描述方法的关键在于使用同步时序逻辑的寄存状态机的输出。

因此，三段式和两段式的基本区别是：两段式状态机直接采用组合逻辑输出，而三段式状态机则通过在组合逻辑后再增加一级寄存器来实现时序逻辑输出。这样做的好处在于，增加一级寄存器输出能够有效地滤去组合逻辑输出的毛刺，同时可以有效地进行时序计算与约束。另外，对于总线形式的输出信号来说，容易使总线数据对齐，从而减小总线数据间的偏斜(skew)，减小接收端数据采样出错的频率。

三段式状态机的基本格式是：

- 第一个 always 语句实现同步状态跳转；
- 第二个 always 语句现组合逻辑；
- 第三个 always 语句则实现同步输出。组合逻辑采用的是 current state，即现态，而同步输出采用的是次态。

对于一个具有更多输入和输出及更复杂输出逻辑的设计，组合逻辑(combinational)块可进一步划分为状态转换的块和另一个对电路的输出赋值的块。

例 5.2 采用 Mealy 型状态机检测其输入 x 中的 110 序列。图 5-50 显示的是三段式设计风格及用于说明其 Verilog 编码的 Mealy 序列检测器框图。图 5-51 给出了一个 Mealy 型状态机的 Verilog 代码。

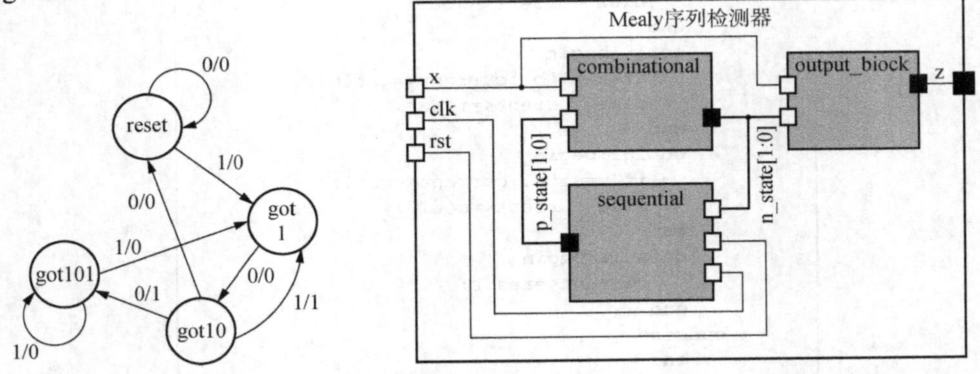

图 5-50 使用 3 个独立块描述一个状态机

```
`timescale 1ns/100ps
module mealy_detector6(input x,en,clk,rst,output reg z);

   localparam[1:0]
      reset=2'b00,got1=2'b01,got10=2'b10,got11=2'b11;

   reg[1:0] p_state,n_state;

   always @(p_state or x) begin:combinational
     case (p_state)
       reset:
         if(x==1'b1) n_state=got1;
         else n_state=reset;
       got1:
         if(x==1'b0) n_state=got10;
         else n_state=got11;
       got10:
         if(x==1'b1) n_state=got1;
         else n_state=reset;
       got11:
         if(x==1'b1) n_state=got11;
         else n_state=got10;
       default:
         n_state=reset;
     endcase
   end

   always @(p_state or x) begin:output_block
     case (p_state)
       reset:
```

图 5-51 使用 3 个过程块的 Mealy 状态机

```
            z=1'b0;
        got1:
            z=1'b0;
        got10:
            if(x==1'b1) z=1'b1;
            else z=1'b0;
        got11:
            if(x==1'b1) z=1'b0;
            else z=1'b1;
        default:
            z=1'b0;
    endcase
  end

  always @(posedge clk) begin:sequential
     if(rst) p_state<=reset;
     else if(en) p_state<=n_state;
  end

endmodule
```

图 5-51（续）　使用 3 个过程块的 Mealy 状态机

5.5.5　状态机设计的建模技巧

合理的状态机描述与状态机的建模技巧非常重要，下面讨论几个问题。

1. 状态机的编码

二进制编码、格雷码编码使用最少的触发器，较多的组合逻辑，而独热码编码则反之。独热码的最大优势在于状态比较时仅仅需要比较 1 位，在一定程度上简化了比较逻辑，减少了毛刺产生的概率。由于 CPLD 更多地提供组合逻辑资源，而 FPGA 更多地提供触发器资源，所以 CPLD 多使用格雷吗，而 FPGA 多使用独热码。

另一方面，对于小型设计使用格雷码和二进制编码更有效，而大型状态机使用独热码更高效。在代码中添加综合器的综合约束属性或者在图形界面下设置综合约束属性，就可以比较方便地改变状态的编码。需要注意的是，Synplicity、Synopsys、Exemplar 等综合工具关于 FSM 的综合约束属性的语法格式各不相同。

2. 状态机初始化状态

一个完备的状态机应该具备初始化状态和默认状态。当芯片加电或者复位后，状态机应该能够自动将所有判断条件复位，并进入初始化状态。需要注明的一点是，大多数 FPGA 有 GSR(Global Set/Reset)信号，当 FPGA 加电后，GSR 信号拉高，对所有的寄存器和 RAM 等单元复位 / 置位，这时配置于 FPGA 的逻辑并未生效，所以不能保证正确地进入初始化状态。所以，使用 GSR 企图进入 FPGA 的初始化状态，常常会产生种种不必要的麻烦。

一般的方法是采用异步复位信号，当然也可以使用同步复位，但是要注意同步复位逻辑的设计。解决这个问题的另一种方法是将默认的初始状态的编码设为全零，这样 GSR 复位后，状态机自动进入初始状态。

3. 状态机状态编码定义

状态机的定义可以用 parameter 定义，但是不推荐使用'define 宏定义的方式，因为'define

宏定义在编译时自动替换整个设计中所定义的宏，而 parameter 仅定义模块内部的参数，定义的参数不会与模块外的其他状态机混淆。

例如，一个工程里面有两个 module，各包含一个状态机，如果设计时都有 IDLE 这一名称的状态，使用'define 宏定义就会混淆起来，而使用 parameter 则不会造成任何不良影响。

4. 状态机输出

如果使用二段式 FSM 描述 Mealy 状态机，输出逻辑可以用“?”语句描述，或者使用 case 语句判断转移条件与输入信号即可。如果输出条件比较复杂，而且多个状态共用某些输出，则建议使用 task/endtask 将输出封装起来，达到模块复用的目的。

5. 阻塞和非阻塞赋值

为了避免不必要的竞争冒险，不论是做两段式还是三段式 FSM 描述，必须遵循的是，时序逻辑 always 模块应使用非阻塞赋值“<=”，即当前状态向下一状态时序转移，寄存的 FSM 输出等时序 always 模块中都要使用非阻塞赋值；而组合逻辑 always 模块应使用阻塞赋值“=”，即状态转移条件判断，组合逻辑输出等 always 模块中都要使用阻塞赋值。

6. 状态机的默认状态

完整的状态机应该包含一个默认(default)状态，当转移条件不满足，或者状态发生了突变时，要能保证逻辑不会陷入“死循环”。这是对状态机健壮性的一个重要要求，也就是常说的要具备“自恢复”功能。对编码 case 和 if ... else 语句要特别注意，尽量使用完备的条件判断语句。在 Verilog 中，使用 case 语句时要用 default 建立默认状态。在 case 语句结构中增加 default 默认状态是推荐的代码风格。

7. full case 与 parallel case 综合属性

所谓 full case 是指状态机的所有编码向量都可以与 case 结构的某个分支或 default 默认情况匹配起来。如果一个状态机的状态编码是 8 比特，则对应的 256 个状态编码(全状态编码是 2^n 个)都可以映射到 case 的某个分支或者 default。

所谓 parallel case 是指在 case 结构中，每个 case 的判断条件表达式与之对应，即两者关系是一一对应关系。

目前常用的综合器如 Synplify Pro 和 Synopys 等综合工具等都支持 synthesis full_case 和 synthesis parallel_case 这些综合约束属性。合理使用 full case 约束属性，可以增强设计的安全性；合理使用 parallel case 约束属性，可以改善状态机译码逻辑。

但是设计者必须具体情况具体分析，对于有的设计，这两条语句使用不当则会占用大量逻辑资源，并恶化状态机的时序表现。

参考文献

[1] (美)Michael D. Ciletti 著；李广军等译．Verilog HDL 高级数字设计(第二版)．北京：电子工业出版社，2014. 2

[2] 李广军，孟宪元编著．可编程 ASIC 设计及应用．成都：电子科技大学出版社，2003.9
[3] 曲英杰，方卓红编著．超大规模集成电路设计．北京：人民邮电出版社，2015.2
[4] 蔡述庭等编著．FPGA 设计：从电路到系统．北京：清华大学出版社，2014.1
[5] 刘秋云，王佳编著．Verilog HDL 设计实践与指导．北京：机械工业出版社，2005.1
[6] (美)巴斯克尔(Bhasker，J.)著；孙海平等译．Verilog HDL 综合实用教程．北京：清华大学出版社，2004.1
[7] (美)帕尔尼卡(Palnitkar，S.)著；夏宇闻等译．Verilog HDL 数字设计与综合(第二版)．北京：电子工业出版社，2004.11
[8] (美)Zainalabedin Navabi 著，李广军、陈亦欧、李林译，Verilog 数字系统设计：RTL 综合、测试平台与验证．北京：电子工业出版社，2008.1
[9] (美)Joseph Cavanagh 著，陈亦欧、李林、黄乐天译．Verilog HDL 数字设计与建模．北京：电子工业出版社，2011
[10] (美) 威廉斯著，李林、陈亦欧、郭志勇译．Verilog 数字 VLSI 设计指南．北京：电子工业出版社，2010.1
[11] EDA 先锋 1 作室编著．轻松成为设计高手：Verilog HDL 实用精解．北京：北京航空航天大学出版社，2012.6

习题

5.1　设计并验证符合下面规范的 4 位二进制同步计数器的 Verilog 模型：下降沿同步、同步装载与复位、数据并行装载和低有效使能计数。

5.2　设计并验证 4 位 BCD 计数器的 Verilog 模型。

5.3　设计并验证模 6 计数器的 Verilog 模型。

第 6 章　数字信号处理器的算法、架构及实现

数字信号处理(Digital Signal Processing，DSP)理论与技术，是一种利用数字方法实现各种系统的基本理论与技术。现代数字信号处理技术与计算机技术和数字集成电路技术(包括微处理器技术、专用集成电路技术等)的出现、发展紧密相连。

数字信号处理技术主要应用于信号分析和信号滤波两个方面，为现代科学研究和工程系统的实现与应用，提供了相当灵活的计算基础。特别是 DSP 器件(Digital Signal Processor)的出现，以及随着集成电路技术发展而出现的各种数字系统集成电路设计技术的大量应用，更是为采用数字电路方法实现工程系统提供了坚实的技术基础。因此，现代电子系统，特别是智能电子系统几乎无一例外地采用了数字处理技术。这就是 DSP 技术成为工程实践基本技术之一的重要原因。随着数字化技术及其应用领域的不断发展与扩大，数字信号处理已经成为当前电子技术和 ICT 领域中的一项核心技术。

6.1　数字信号处理的算法分析与实现

数字信号处理系统的核心是有关数字信号处理的算法。也就是说，DSP 系统是以算法为核心的系统。这是数字信号处理系统分析和设计的重点，也是基本出发点。数字信号处理系统电路设计的目标，就是用数字电路实现所设计的算法。

算法给出了基本的运算结构，通过不同的电路结构可以完成各种不同的算法。同时，同一个算法结构也可以根据具体的限制条件，用不同的电路实现。由于算法是数字信号处理系统的核心，因此算法对其运用于数字信号处理的系统有着重大的影响。

为满足算法要求，数字信号处理系统设计的第一步就是对算法进行分析。这种分析并不只是有关系统功能和性能的分析，更重要的是在保证算法功能和技术指标的基础上，如何对实现电路进行优化，例如提高系统处理速度、降低电路功率损耗等。

6.1.1　算法分解的基础理论

算法是用来对存储的数据信息进行生成、加工或有序排列的一系列处理步骤。通用计算机或处理器可以通过一种高级语言或汇编语言编程来执行一系列的算法，但是所得到的结构可能对某一特定应用不是最佳的，既可能在一些应用中未被充分利用，也可能在其应用领域中未能很好地解决处理器速度和输入、输出吞吐率之间的平衡问题。

与专用集成电路(ASIC)相比，通用处理器可能需要消耗更多能量，占用更大的芯片面积，具有更高的单位成本(取决于售出的数量)。而专用处理器则会有更简单的指令集和宏代码。

当算法确定后，就意味着系统设计的结束。剩下的任务就是根据指定的算法设计一个个数字电路，使其能够满足算法对处理精度和速度的要求。在数字信号处理系统中，精度的要求主要与字长和计算结构有关，更多地取决于字长。对速度的要求则完全取决于电路的实现结构和工艺。

1. 算法的基本概念

从计算的角度看，任何系统都可以看成一个计算系统，这个计算系统的结构就是算法，即对数据进行处理的计算方法。

从应用的角度看，算法可以分为计算方法和应用算法。计算方法提供了不同算子的处理方法，应用算法则提供了所需要的处理系统。例如，卷积计算公式是实现系统的一般算法，指出了系统单位冲激响应以及系统输入和输出信号之间的运算关系。要利用 DSP 实现卷积算法，则需要根据具体的速度和精度要求找到相应的卷积计算方法，例如循环卷积的计算方法等。

对于任何系统，可以将其看成信号处理系统，而信号处理系统的基本特征就是对输入信号进行某种特定的计算，再把计算结果输出。如果系统使用的是数字计算方法，就称为数字信号处理系统。

计算系统的任务是实现相应的算法，所以计算系统的核心是算法实现和与算法有关的技术指标。实现一个计算系统的方法可能有多种，对于数字信号处理系统来说，实现的方法包括 PC 实现、微处理器实现、DSP 处理器系统实现和专用集成电路(包括专用处理器、FPGA 等)实现。

尽管各种不同实现方法的系统之间存在较大的差异，但其核心是共同的，即要实现一个相同的算法。因此，不同实现方法的技术特征不应当影响算法功能。

例如，要使用 FPGA 实现一个 FIR 数字滤波器，其具体要求是：

① 采样频率为 50 MHz；

② 要求实时信号处理；

③ 最大延迟不得超过 100 个采样点间隔；

④ 最大计算误差小于 xx。

试分析对实现方法的要求。

具体分析如下。

① 根据设计要求可知，所谓实时处理就是要在两个采样间隔之间完成一个数据的计算，因此要求系统必须在 20 ns 内完成相应的滤波计算。

② 由于延迟不得超过 100 个采样点间隔，根据数字滤波器的基本原理，计算滤波器输出 y(n)之前最多可以采样 101 个点，因此数字滤波器的阶数不大于 100。

③ FPGA 实现此 FIR 数字滤波器时，误差主要来源于输出数据的截尾误差以及 FPGA 中乘法器的截尾误差。而计算误差可以解释为本设计的输出值与理论输出值的绝对值之差。根据上述精度要求，此差值应当小于 xx。在硬件设计时，应该保证足够的中间计算位宽，从而保证多次乘法截尾操作累计引起的误差少于要求误差。在输出截尾时，应保证截尾后的误差仍少于或等于误差要求。

2. 计算系统结构

计算系统的任务是完成对数据的处理，这种处理的核心是系统的算法。对于不同的系统，算法各有差异，特别是对于利用不同方法实现的系统，其算法差异更大，特别是应用算法，会存在很大的差异。计算系统的基本特征是系统结构和各项技术指标。例如，利用 DSP 处理器设计一个语音处理系统和利用专业集成电路技术设计一个语音处理系统，两者在算法上会有很大的区别，这种区别体现在应用算法的不同上。由于应用算法的不同，使得两种实现方法的计算系统结构产生了很大的差异。

例 6-1　分析用 CPLD 实现一个语音合成系统算法的特点

使用 CPLD 实现一个语音合成系统算法时，要特别注意 CPLD 提供触发器的个数，并通过对 HDL 编写程序的优化，使得 CPLD 能够满足算法对寄存器数量的要求。同时，应当尽量减少或避免使用乘法器，选择流水线结构以降低系统的硬件开销。

用 CPLD 设计 DSP 系统时，要特别注意结构优化和均衡延迟的问题。由于 CPLD 具有功能模块化、多层总线的基本特征，这对于系统延迟是一个十分重要的结构特征，往往会因为满足结构上的优化而忽视了结构优化引起的非均衡延迟。因此，在设计语音合成系统时，应首先考虑系统时钟树分布的设计。

根据以上特点，用 CPLD 设计语音合成器时，可以遵循以下原则：

① 附加存储器保存语音因素。

② 设置固定句法结构，以利于算法实现。

③ 附加语句滤波处理。

例 6-2　分析用集成电路设计技术实现一个语音合成系统算法的特点

使用集成电路设计技术实现一个语音合成系统时，其任务是对算法实现的硬件化设计。因此应当从提高速度、降低芯片面积和功耗两个方面入手。这就需要对算法结构进行分解，建立数据处理流水线，并确定最小内存容量。

用集成电路设计语音处理可以考虑如下技术方案：

- 尽量选择 IP 硬核，以缩短设计时间，提高产品可靠性。
- 设计合理的语音存储器，以优化语句合成结构对硬件电路的要求。
- 语音处理中避免乘法和除法。
- 采用流水线和并行结构，以降低功率损耗。

3. 系统特征

计算方法是系统的核心，代表了系统的所有特征。实际上就是一个由算子构成的计算公式。由此，实现算法的系统必然具有算法所固有的一些基本特征。这些基本特征包括系统功能和相应的基本指标。

但对于应用算法来说，由于实现方法上的差异，当采用不同方法实现系统的算法时，需要根据具体的要求和限制条件来确定算子和计算过程的具体方法。例如使用流水线结构、使用整型或浮点数据处理等。这样一来，不同应用算法在实现结构上会产生较大的差异，从而构成系统固有的特征。这种应用算法产生的系统特征不会影响系统的功能，但会影响系统的技术指标。

应用算法是数字信号处理系统最终的实现目标和结果，计算方法所确定的系统必须具有计算方法提供的全部特征，即要完全实现系统的功能，但允许在技术指标上有所不同。

6.1.2　基本算法分析

基本算法决定了数字信号处理系统的基本特征与基本结构，因此在用集成电路技术设计数字信号处理系统时，必须对基本算法有一个比较清晰的了解。

在数字信号处理系统中，常用到的算法有：离散傅里叶变换(DFT)、快速傅里叶变换(FFT)、离散时域卷积和相关等其他变换算法。下面以卷积算法为例进行简单介绍。

1. 卷积算法

对于线性时不变系统(Linear Time Invariant, LTI)，可以用其单位冲激响应来描述该系统。系统的单位冲激响应代表了系统的基本特征，也代表了系统的基本结构。

在数字信号处理系统中，如果系统是 LTI 系统，则其系统输入输出之间的关系可以用卷积计算来描述，即系统的输出等于系统输入与系统单位冲激响应的卷积。数字信号处理系统中，由于所处理的是数字信号，因此涉及的卷积计算是离散卷积计算。

离散卷积算法是一种十分常用的系统实现方法，是数字信号处理系统的基本算法之一。图 6-1 是离散系统描述。

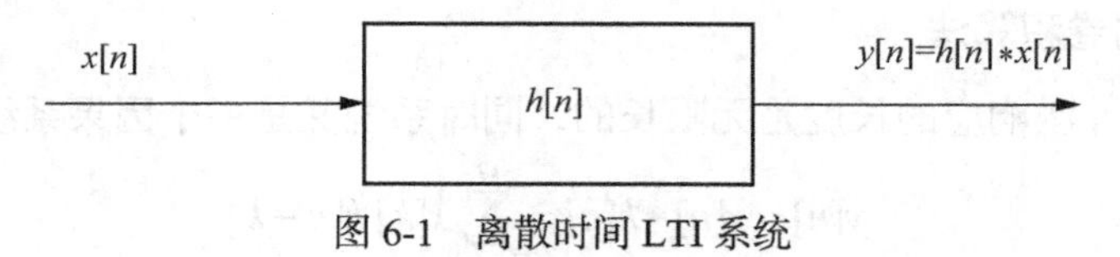

图 6-1　离散时间 LTI 系统

(1) 离散卷积的定义

设有两个数字序列：$x_1[n]$和 $x_2[n]$，则卷积定义为

$$y[n]=x_1[n]*x_2[n]=\sum_{k=-\infty}x_1[k]x_2[n-k] \tag{6.1}$$

(2) 数字信号处理系统中的卷积算法分析

数字信号处理系统中，设数字序列$x[n]$为系统的输入信号，$h[n]$是系统单位冲激响应，则系统的输出定义为输入信号与单位冲激响应的卷积。根据式(3-1)，可以得到系统输出的计算方法表达式：

$$y[n]=x[n]*h[n]=\sum_{k=-\infty}^{\infty}x[k]\,h[n-k] \tag{6.2}$$

对于一个因果系统来说，其数字序列的长度是有限的，因此上式仅提供了最一般的算法。式(6.1)说明，系统在时刻 n 的输出 $y[n]$是输入信号 $x[n]$与单位冲激响应 $h[n]$的一种内积，这恰好是线性常系数微分方程的解。

另一方面，LTI 系统可以用差分方程描述，即任何 LTI 数字系统都可以用差分方程描述，对于因果系统，可以用 N 阶常系数差分方程描述为

$$\sum_{k=0}^{N}a_k y[n-k]=\sum_{k=0}^{M}b_k x[n-k] \tag{6.3}$$

其中，系数 a_k 和 b_k 是实常数，阶次 n 所代表的是 $y[n]$的最大延迟。令输入信号 $x[n]=\delta[n]$，由式(6.3)可以解出 LTI 系统的单位冲激响应为

$$h[n]=\frac{1}{a_0}(\sum_{k=0}^{M}b_k\delta[n-k]-\sum_{k=1}^{N}a_k h[n-k] \tag{6.4}$$

如果除了 a_0 外，所有的系数 $a_k=0$，则

$$h[n]=\frac{1}{a_0}(\sum_{k=0}^{M}b_k\delta[n-k]=\begin{cases}b_n/a_0, & 0\leqslant n\leqslant M \text{且} n=k\\ 0, & \text{其他}\end{cases} \tag{6.5}$$

由上式可知,这时 LTI 系统的单位冲激响应长度是有限的,称为有限单位冲激响应(Finite Impulse Response),即 FIR。

反之,如果 $a_k \neq 0$,则从式(6.4)可以看出,系统的单位冲激响应将会是无限长的,称为无限单位冲激响应(Infinite Impulse Response),即 IIR。

LTI 系统的这种差别形成了不同的卷积算法,从而形成了不同的系统结构特征。

2. 有限冲激响应的卷积算法

如果系统单位冲激响应的长度有限,则

$$y[n] = x[n] * h[n] = \sum_{k=0}^{M} x[k]\, h[n-k] \tag{6.6}$$

式(6.2)变为式(6.6)就是 LTI 系统的有限单位冲激响应算法,即 FIR 算法。

3. 无限冲激响应的卷积算法

如果系统单位冲激响应的长度是无限长的,同时系统又是一个因果系统,则

$$y[n] = x[n] * h[n] = \sum_{k=-\infty}^{M} x[k]\, h[n-k] \tag{6.7}$$

式(6.2)变为式(6.7)就是 LTI 系统的无限单位冲激响应算法,即 IIR 算法。

一个物理可实现系统一定是一个因果系统。我们主要讨论因果系统的卷积计算问题。

从以上讨论可以看出,卷积算法的核心是乘法与求和。冲激响应的长度越长,或者延迟时间越长,则系统需要完成的乘法和加法就越多,这就是实现卷积系统的基本特征。

为了能够实现所需要的卷积计算,对于大多数数字信号处理系统(例如数字滤波器等),必须认真考虑应用算法,以便减少乘法和加法的运算次数。从硬件系统设计的角度看,这种乘法次数和加法次数的减少,就意味着器件所需的乘法器和加法器的减少,系统硬件规模和功耗都会随之降低。

例 6-3 设 FIR 滤波器的单位冲激响应长度是 50,完成如下计算。

1)分析使用一般卷积算法时,系统计算每一个输出所需要完成的乘法次数和加法次数。

2)如果计算中完成一次乘法计算需要 1 μs,完成一次加法运算需要 0.1 μs,计算每计算一个输出数据所需要的时间。

3)设系统是一个实时系统,输入数据是模数转换电路的输出,根据完成一个输出所需时间的计算结果,估计模数转换电路的最高允许转换速度(即模数转换速率)。

4)计算使用集成电路技术设计专用芯片所需要的乘法器和加法器的个数。

解:根据给定的单位冲激响应,则系统的卷积算法计算如下。

1)计算每一个输出所需要的乘法次数为项数 50,需要做的加法为 50−1= 49。

2)所需要的计算时间为

$$1 \times 1\ \mu s + 49 \times 0.1\ \mu s = 5.9\ \mu s$$

3)根据计算时间的计算结果,设计算的时间为 5.9 μs,实时系统要求在两个采样点之间完成一个输出数据处理。因此,系统的采样间隔应当大于处理时间,因此采样间隔为 55 μs,可以计算出采样频率为

$$f_a = 1/(5.9 \times 10^{-6}) = 0.17\ \text{MHz}$$

4)如果使用一般卷积算法,则需要 50 个乘法器和 49 个加法器。

6.2　信号处理器的基本运算模型及实现

DSP 系统（或算法）实施对数字信号处理规定的一些运算。在某些应用中，我们可以把 DSP 系统看成对输入信号 $x(n)$ 进行的一种运算，以便产生输出信号 $y(n)$，并且 $x(n)$ 和 $y(n)$ 之间的一般关系表示为

$$y(n)=T[x(n)]$$

其中，T 表示从输入信号 $x(n)$ 变换成输出信号 $y(n)$ 的计算过程。图 6-2 表示了由式(6.2)定义的 DSP 系统的方框图。对数字信号的处理，可以描述为对信号的一些基本运算的组合形式。这些运算包括加法（或减法）、乘法和时移（或延迟）。

DSP 系统由 3 种基本元件，即加法器、乘法器和延迟单元相互连接组成。

除了加法器、乘法器和延迟单元之外，下面将讨论如何构建积分、微分、抽选和插值等信号处理器的基本运算 Verilog 模型，这些运算模块在数字处理器数据通路单元中是很常见的。

x(n)　DSP系统 T[ ]　y(n)=T[x(n)]

图 6-2　DSP 系统的方框图

6.2.1　加法器、乘法器和延迟单元

1. 加法器

两个信号 $x_1(n)$ 和 $x_2(n)$，可以像图 6-3 所示的那样进行相加，$y(n)$ 是加法器的输出量。对于多于两个输入量的情况，可以把加法器画成多输入加法器，但是在数字硬件电路中，典型的加法运算每次只能对两个输入量进行。其表达式为

$$y(n)=x_1(n)+x_2(n)$$

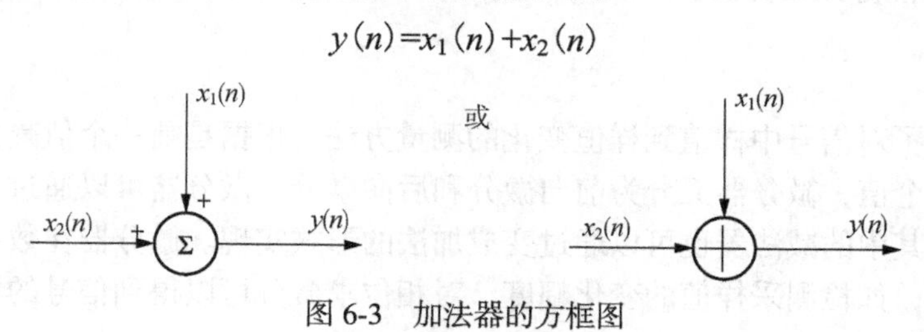

图 6-3　加法器的方框图

2. 乘法器

用一个常数 a 乘以给定信号，如图 6-4 所示，图中 $x(n)$ 为乘法器的输入，a 表示乘法器系数，其表达式为

$$y(n)=a*x(n)$$

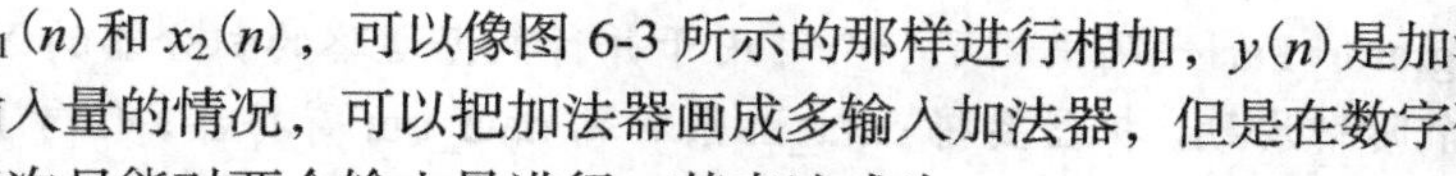

x(n)　a　y(n)　或　x(n)　a　y(n)

图 6-4　乘法器方框图

3. 延迟单元

序列 $\{x(n)\}$ 可以在时间上移动（延迟）一个采样周期 T，如图 6-5 所示。标记着 z^{-1} 的方框图表示单位延迟，$x(n)$ 为输入信号，其表达式为

$$y(n)=x(n-1)$$

$y(n)$为输出信号，是由输入信号延迟一个单位(一个采样周期)后形成的。

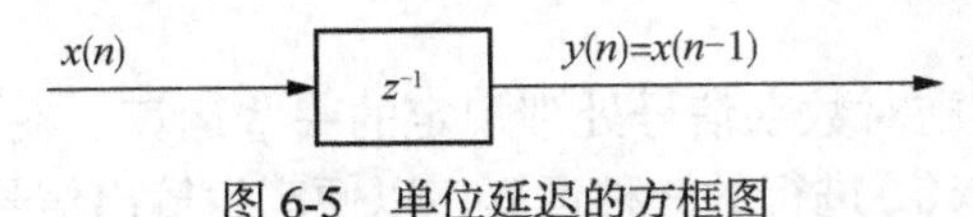

图 6-5 单位延迟的方框图

实际上，信号 $x(n-1)$是距现在一个采样周期(T秒)之前的存储信号 $x(n)$。因此，在数字系统中延迟单元很容易实现，但是在模拟系统中却很难实现。

当延迟多于一个单位时，可以通过串联几个单位延迟的方法来实现。因此，一个 L 单位的延迟，需要有 L 个存储单元，其配置就如同先进先出的缓冲器那样，或者也可以像循环缓冲器那样在存储器内实现。

6.2.2 积分器和微分器

1. 积分器(累加器)

数字积分器(累加器)常用于称为Σ-△调制器的模数转换器中。数字积分器就是采样值求和的累加。一般有两种实现方式：并行和串行。

例 6-4

下面的 Integrator_Par 代码描述了一个可用于并行数据通路的积分器的 Verilog 模型，如图 6-6 所示。每个时钟周期，机器要将 data_in 累加到 data_out 寄存器。信号 hold 暂时停止样值的累加，直到 hold 无效为止。

2. 微分器

微分器提供了对信号中样值到样值变化的测量方法，根据是前一个值减去当前值，还是当前值减去前一个值，微分器又分为前向微分和后向微分。微分器可以通过一个缓冲器和一个减法器实现，其中的减法器也可以通过变成加法的形式实现。微分器在数字信号处理中应用得也非常广泛，如检测采样值的变化幅度、对相位求微分可以得到信号的频率等。

例 6-5

微分器提供了对信号中的样值–样值变化的测量方法。下面给出了一个字节位宽串行微分器。其后向微分可通过一个缓冲器和一个减法器来实现，如图 6-7 所示。

```
module Integrator_Par # (parameter word_length = 8)(
  output reg     [word_length-1: 0]     data_out,
  input          [word_length-1: 0]     data_in,
  input                                 hold, clock, reset
);
  always @ (posedge clock) begin
    if (reset) data_out <= 0;
    else if (hold) data_out <= data_out;
    else data_out <= data_out + data_in;
  end
endmodule
```

图 6-6 可用于并行数据通路的积分器的 Verilog 描述

```
module differentiator #(parameter word_size = 8)(
  output [word_size -1: 0]     data_out,
  input  [word_size -1: 0]     data_in,
  input                        hold,
  input                        clock, reset
);
  reg    [word_size -1: 0]     buffer;
  assign                       data_out = data_in - buffer;
  always @ (posedge clock) begin
    if (reset) buffer <= 0;
    else if (hold) buffer <= buffer;
    else buffer <= data_in;
  end
endmodule
```

图 6-7 字节位宽的串行微分器的 Verilog 描述

6.2.3 抽样和插值滤波器

抽取和内插可以用来完成数字信号处理中采样速率的变换，抽取可以降低采样率，内插可以用来增加采样率，从而增加信号在时域的分辨率。

抽取会使信号的频谱展宽。为了不使信号频谱混叠，通常在抽取前要对信号进行滤波处理。内插后信号的频谱会被压缩，含有信号的高频镜像，所以一般在内插后也要进行滤波。

我们还可以把抽取和内插结合起来，完成信号分数倍速率的变换。抽取和内插是多速率信号处理的基础。比如，在软件无线电应用中，一般要求模数转换器越靠近天线越好，那么采样后数据流的速率就非常高，导致后续信号处理速度跟不上，很难满足高吞吐量和实时性的要求，这时就可以用抽取的方法降低采样速率，为后续处理提供方便，同时也节约了成本。

1. 抽样滤波器

当一个有用信号被过采样时，或者是当实际应用的采样率明显高于由采样定理所规定的最低采样率时，有关降低采样率的操作将会变得非常有意义。降低采样率，就是降低了每个时间单位内可执行的操作数，这样会减少一个数字电路的演算负载，从而降低能耗。一个FDM(频分复用)信号被分解为单一的信道信号时，总是运用过采样操作来处理信号的。

例 6-6

Verilog 模型 Decimator_1 描述了一个并行输入、并行输出的抽样器和仿真波形(见图 6-8)。在 hold 无效时，抽样器用时钟速率决定的速率对其输入抽样。注意，图 6-8 中 data_in 的样值点减少就是因为 clock 的速率要比 data_in 的数据率低。

```
module Decimator_1#(parameter word_length=8)(
  output reg      [word_length-1:0]      data_out,
  input           [word_length-1:0]      data_in,
  input                                  hold,        // Active high
  input                                  clock,       // Positive edge
  input                                  reset        // Active high
);

  always @(posedge clock)
    if(reset)   data_out<=0;
    else if(hold)  data_out<=data_out;
    else data_out<=data_in;
endmodule
```

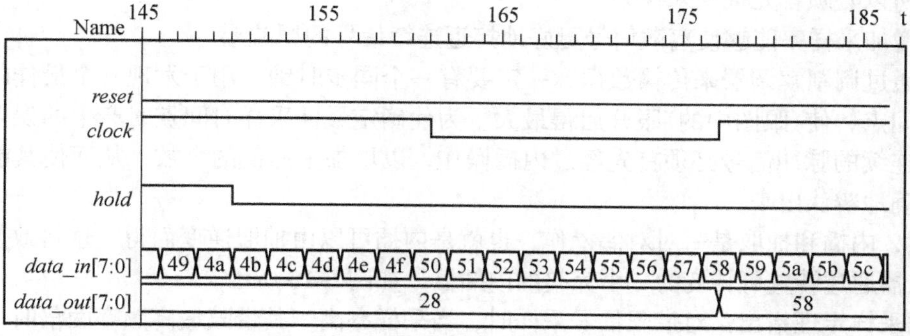

图 6-8　一个并行输入、并行输出的抽样器 Decimator_1 和仿真结果

例 6-7

Verilog 模型 Decimator_2 对一个并行输入抽样，并产生一个并行输出；该模型中还包括一个选项，可在 hold 有效时，通过对输出字的 LSB 移位来形成一个串行输出。图 6-9 的波形中很清楚地说明了这种动作。

```
module Decimator_2#(parameter word_length=8)(
  output reg [word_length-1:0]    data_out,
  input  [word_length-1:0]        data_in,
  input                           hold,      // Active high
  input                           clock,     // Positive edge
  input                           reset      // Active high
);

  always @(posedge clock)
   if(reset)  data_out<=0;
   else if(hold)  data_out<=data_out >> 1;
   else data_out<=data_in;
endmodule
```

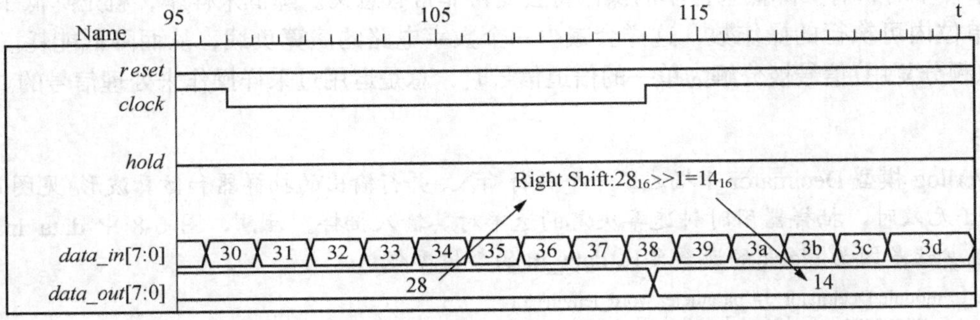

图 6-9　Decimator_2 的仿真结果表明，在 hold 有效时，保存 data_out 的寄存器在连续的时钟边沿向右移位的情况

2. 插值滤波器

内插即意味着增加采样率。有关增加采样率的重要意义，充分体现在如下数字信号处理应用领域中。

- 在将多个信号综合成一个频分复用(FDM)信号的过程中，由于所得信号带宽的增加，所以必须首先提高采样率。
- 增加采样率能够使离散信号更好地接近连续信号的原波形。
- 通过调制解调器来传输数据，一定要有一个同步时钟，用于发现一个最佳的采样时间点，使(眼图中的)眼开启得最大。为使确定最佳采样时间点时产生的误差最小，连续的脉冲信号必须首先经过内插操作，以增加采样值的个数，从而使其能够被准确地辨认出来。

显然，内插和抽取是一对对偶操作，也就是内插可以由抽取逆变而得。这将致使一个完整的抽取器通过转置可转变为一个完整的内插器，如图 6-10 所示。

香农采样定理指出：对带限信号采样时，当采样率高于其带限最高频率两倍时，该信号能够从其采样序列中得到恢复。插值滤波器会使信号过采样，从而减少交叠的影响。如果一个信号不能正常采样，也就不能得到逼真的恢复。采用抽样的方法可以减少过采样信号的带宽，也可以达到降低采样率的目的。

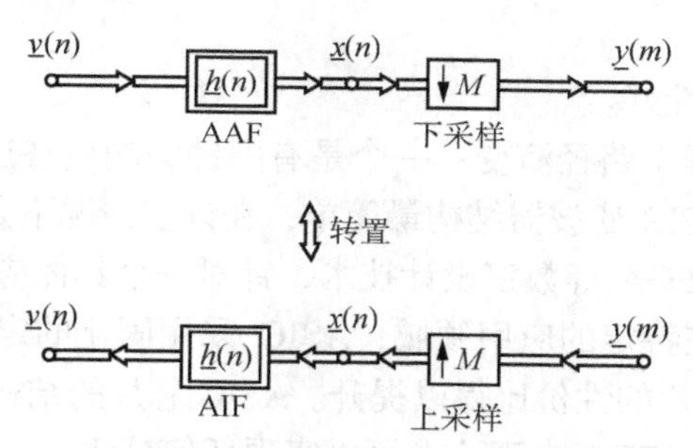

图 6-10　抽样器的转置抗镜像滤波器（Anti-Imaging Filter，AIF）

6.3　数字滤波器的工作原理及实现结构

电子滤波器通常可定义成连续时间、离散时间的信号处理设备。信号在这些域中通常以一维、二维或多维形式出现。有些信号可以完全用其时域和（或）频域特性参数表示；其他信号则基于某种统计方式来描述。电子滤波器可通过一些预定方式改变或操控信号的波形、能量、分布和其他属性。例如，滤波器可用来改变音频和视频记录，将信号转换成设计者喜好的形式。在通信领域，滤波器通常用于检测和选取所需信号（信号处于预选的频带内），抑制噪声和纠正信道中的信号缺陷。滤波器可以像其他设备一样，用来检测人体的健康情况。因此，其应用前景非常广阔。

自古以来，模拟滤波器（或称连续时间滤波器）就已经成为人类生活的一部分。首先，模拟滤波器是人类听觉系统的一部分。人们已经把光学滤波器制成镜头（滤镜），用来锐化图像；还有液压滤波器，即减振器，用于缓冲因道路不平坦产生的影响。从 20 世纪前叶开始，模拟电子领域出现了一种基于电阻、电容、电感和放大器的新型滤波器，由此出现了广播、电视和其他电子学奇迹。

6.3.1　数字滤波器的特点

模拟滤波器设计技术已被数字产品所广泛取代，数字技术催生了种类繁多的数字硬件、固件和软件构成的滤波器。在很多情况下，数字滤波器用于替代模拟滤波器的功能；而在其他情况下，数字技术又催生出了新的滤波器及滤波器相关应用。

若滤波器的输入、输出都是离散时间信号，那么该滤波器的冲激响应也必然是离散的。这样的滤波器称为数字滤波器。当用硬件实现一个数字滤波器时，所需元件是延迟器、乘法器和加法器。当在通用计算机上用软件实现时，它就是一段线性卷积的程序。相比之下，模拟滤波器只能用硬件来实现，其元件是电阻、电容、电感及运算放大器等。因此，数字滤波器的实现要比模拟滤波器容易得多，且易获得较理想的滤波性能。

数字滤波器已在很多方面展现出如下的优势：

- 精度和准确度高；
- 可编程和适应性好；
- 相位和延迟控制精确；

- 在大频率范围内的鲁棒性好；
- 小型化以及与其他数字子系统之间的兼容性好；
- 成本低和功耗小；
- 可靠性高和可复用性好。

数字滤波器主要沿着两个路径演变：一个是有限冲激响应(FIR)滤波器，另一个是无限冲激响应(IIR)滤波器。而FIR滤波器结构最简单，在许多情况下是最重要的数字滤波器。

我们可以利用 ASIC/FPGA 等数字设计技术，针对一个具体应用的数字滤波器的特定算法进行优化并予以实现。在特定的应用领域，ASIC 采用固化的定制结构而不是设计成通用的处理器，从而使 ASIC 芯片的性价比得以提升。ASIC 芯片的结构是固定的，虽牺牲了灵活性，但换取了性能的提升。FPGA 在理论上可以实现任何算法。

就 ASIC 和 FPGA 而言，应着重考虑的是实现某种算法的电路结构。但是，ASIC 特别适用于并行数据通路和并发处理过程的应用，如数字信号处理、图像处理和数字通信。

虽然 FPGA 可以配置成各种应用并能重复配置，某种设计是选择基于 FPGA 实现还是基于 ASIC 实现，通常是由其最低成本决定的，但在某些情况下则取决于应用中二者所能提供的相对性能。

数字滤波器的顶层设计要完成两项基本任务：

① 构建一个用某种行为描述的算法(例如，用给定的特性指标设计一个低通滤波器)；

② 将算法映射成能够实现其行为的硬件架构，例如功能单元(Function Unit，FU)结构。

顶层设计的范畴是相当广泛的，因为实现相同的功能可能会有不同的算法，实现同一种算法也可能存在不同吞吐率和延迟的多种结构。我们将重点讨论：

① 设计一个算法处理器(如实现某一给定算法的固定结构)；

② 进行结构优选(对于 FU 网络和 FU 本身细化的实现)；

③ 用 Verilog 描述该结构；

④ 综合这些结构。

6.3.2　FIR 数字滤波器的工作原理

1. 滤波原理

图 6-11 是滤波过程的示意图，滤波器可以将所需的信号和干扰分离。例如，需要滤除声音信号中的噪声，就要设计一个合适的滤波器，它只能通过所需的信号。但实际上只有很少的情况中能够完全滤除干扰；大多数情况下只能折中处理，滤除绝大多数(并非全部)干扰，同时保留尽可能多(并非全部)的信号成分。

滤波器的作用是选择所需的某一或某些频带的信号内容而抑制不需要的其他频带的信号。按划分的标准不同，滤波器分为很多种类。按处理信号的种类，可分为模拟滤波器(其输入、输出皆为模拟量)和数字滤波器(其输入、输出皆为数字量)；按其应用不同，可分为有源滤波器和无源滤波器；按其通频带，可分为低通滤波器(只允许低频信号通过而抑制高频信号)、高通滤波器(只允许高频信号通过而抑制低频信号)、带通滤波器(只允许某一频带

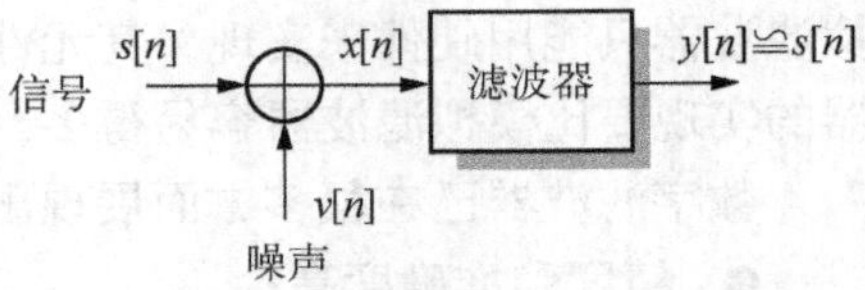

信号　$s[n]$　$x[n]$　滤波器　$y[n]\cong s[n]$
$v[n]$
噪声

图 6-11　滤波过程

的信号通过）和带阻滤波器（只抑制某一频带的信号）。其中，允许信号通过的频带称为“通带”；不允许信号通过的频带称为 “阻带”。

总的来说，滤波器还可另外分为两大类，即经典滤波器和现代滤波器。所谓经典滤波器，就是假定输入信号 $x(n)$ 的有用成分和希望去除的噪声成分各自占有不同的频带。这样，当 $x(n)$ 通过一个线性系统（滤波器）后即可将不需要的成分有效地去除。经典滤波器概念简单、应用广泛。但若需要的信号和不需要的部分在频谱上不能分开，而是相互叠加（信号+噪声），此时经典滤波器就无法发挥作用了。

现代滤波器理论研究的主要内容是从含有噪声的时间序列 $x(n)$ 中估计出信号的某些特征或信号本身。现代滤波器把信号和噪声都视为随机信号，利用其统计特征（如自相关函数、功率谱）导出一套最佳的估值算法，然后用硬件或软件予以实现。现代滤波器理论源于维纳在 20 世纪 40 年代及其以后的工作。因此，维纳滤波器便是此类滤波器的典型代表。此外还有卡尔曼滤波器和自适应滤波器等。

总的来说，经典滤波器从功能上可分为 4 类，即低通滤波器、高通滤波器和带通滤波器、带阻滤波器。当然，每一种又有模拟和数字滤波器两种形式。对于数字滤波器，从实际方法上，有无限冲激响应滤波器和有限冲激响应滤波器之分。其转移函数如式（6.6）和式（6.7）所示，分别为

数字 FIR：
$$y[n]=x[n]*h[n]=\sum_{k=0}^{M}x[k]h[n-k] \tag{6.6}$$

数字 IIR：
$$y[n]=x[n]*h[n]=\sum_{k=-\infty}^{M}x[k]h[n-k] \tag{6.7}$$

这两类滤波器无论在性能上还是在设计方法上都有很大的区别。

FIR 滤波器可以对给定的频率特性直接进行设计，而 IIR 滤波器目前最通用的设计方法是利用已经很成熟的模拟滤波器的设计方法来进行设计，我们将主要讨论 FIR 数字滤波器的设计及电路实现技术。

2. FIR 数字滤波器的工作原理

下面将简要介绍有限冲激响应数字滤波器 FIR 的工作原理及设计方案，给出确定乘法器系数和滤波器阶数的方法，以使得设计出的频率响应能满足一组给定的约束条件。

我们知道，FIR 滤波器由有限个采样值组成，在每个采样时刻完成有限个卷积运算。因此，可以将其幅度特性设计成多种多样的，同时还可保证精确、严格的相位特性。

在高阶的滤波器中，还可以通过 FFT 来计算卷积，从而极大地提高运算效率。这些优点使 FIR 得到了广泛应用。

FIR 滤波器只存在 N 个抽头 $h(n)$，N 又称为滤波器的阶数，滤波器的输出可以通过卷积的形式表示为

$$y(n)=x(n)*h(n)=\sum_{i=0}^{N-1}h(k)\,x[n-k] \tag{6.8}$$

通过 z 变换可以将其方便地表示为

$$Y(z)=H(z)X(z)$$

$$H(z)=\sum_{i=0}^{N-1}h(i)\,z^{-i}\,\frac{h(0)\,z^{N}+h(1)\,z^{N-1}+\mathrm{L}+h(N-1)}{z^{N}} \qquad (6.9)$$

可以看出，FIR 滤波器只在原点处存在极点，这使得 FIR 滤波器具有全局稳定性。

由式(6.8)和式(6.9)可以看出，FIR 滤波器是由一个“抽头延迟线”加法器和乘法器的集合构成的，每一个乘法器的操作系数就是一个 FIR 系数。因此，也被人们称为“抽头延迟线”结构。FIR 滤波器的一个重要特性是具有线性相位，即系统的相移和频率成比例，可达到无失真传输。

在满足同样的系统要求时，FIR 滤波器的阶数比 IIR 滤波器的阶数要高，所以 FIR 滤波器的效率比较低，但 FIR 的非递归实现结构具有线性相位和稳定性的特点。另外，当 FIR 采用一些快速算法时，可以减少 FIR 滤波器的计算复杂程度。

在设计滤波器时，一个很自然的希望就是在某一频带范围内，滤波器具有近似的恒定频率响应幅度和零相位特性。这样可以让信号在通过这一部分频带时不失真。最能满足这种要求的滤波器是理想滤波器。但这种理想滤波器都是非因果的，也就是说在计算上是不可实现的。

从本质上讲，FIR 滤波器的基本方法是用一个有限级数的傅里叶变换去逼近所要求的滤波器响应。

6.3.3 FIR 滤波器技术参数及设计步骤

如果 FIR 滤波器的输入信号为 $x(n)$，单位冲激响应为 $h(n)$（当 $n<0$ 或 $n\geqslant M$ 时 $h(n)$ 均为 0)，则其算法的差分方程可表示为

$$Y(n)=\sum_{K=0}^{M-1}h_k x(n-k)$$

其中，对于一个给定的系统，h_k 为常数。

如果用数字信号处理理论中的 z 变换，那么可以表示为

$$Y(z)=X(z)H(z)$$

其中，$Y(z)=\sum_{n=0}^{\infty}y(n)z^{-n}$ 为 $y(n)$ 的 z 变换，z^{-1} 表示在时间上延迟一拍；$X(z)$ 为 $x(n)$ 的 z 变换；$H(z)$ 为 $h(n)$ 的 z 变换。

算法中所有的计算运行一次称为一次迭代。迭代周期是指算法中进行一次迭代所需的执行时间。迭代率是迭代周期的倒数。每次迭代期间，FIR 滤波器对一个输入信号进行处理，完成 M 次乘法和 $(M-1)$ 次加法，然后产生一个输出样值。

一般而言，衡量 DSP 系统算法性能还有以下几个指标：

① 采样率（吞吐率）。指的是每秒处理的样点数目。

② 关键路径。指的是组合逻辑中输入与输出之间的最长路径。关键路径的运算时间确定了 DSP 系统最小可行的时钟周期。

③ 迟滞（延迟）。指的是产生输出的时间与系统接收对应输入的时间之差。对于只有组合逻辑的系统，迟滞通常按绝对时间单位或者门延迟数来表示；对于时序系统，迟滞通常按时钟周期数量表示。

以上这些通用指标也都可用于表示 FIR 滤波器的性能。

以上描述了 FIR 算法的数学表示方法。在实际工程中，人们也常常采用图形表示方法来

描述算法。图形表示方法可以有效地研究和分析 DSP 算法的数据流性质，并揭示不同子任务中内在的并行性。更为重要的是，图形表示方法可用于将 DSP 算法映射到硬件实现上。因此，这种表示方法可以把算法描述与结构实现连接起来。总之，图形表达方法展示了系统的所有并行性和数据驱动性能，同时还能看出时间和空间上的折中。常用的图形表示方法有 SFG、DFG 和 DG 等。

图 6-12 给出了 FIR 滤波器设计的步骤。该设计方法首先需给定一组以某种形式描述的指标要求，图 6-13 给出的频域指标要求是最常用的形式。在完成最终设计前，还需要考虑其他指标要求，如滤波器最大阶数、冲激响应对称性等。

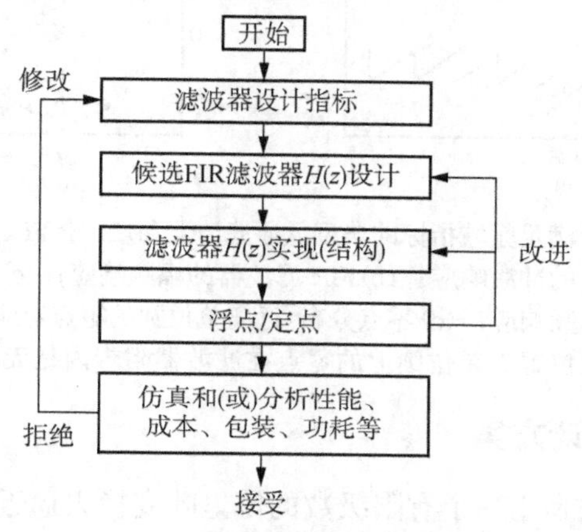

图 6-12　FIR 滤波器设计和实现循环图

在滤波器设计中，首先要将设计指标参数转化成滤波器模型 $H(z)$。软件工具可以又好又快地由设计指标得到相应的传递函数。首先，启动滤波器设计软件，这一般是设计过程中最简单的步骤。接下来的步骤是选择结构，这一步尤为重要，因为滤波器结构直接决定着 FIR 滤波器的性能。滤波器可通过定点式或浮点式系统实现。如果用硬件实现滤波器，则定点设计方案是首选。相比于浮点式系统，定点式系统在速度、成本、功率和存储器尺寸等方面具有一定优势。如果滤波器设计在任一步骤中出现问题，就必须采取纠正措施。最后，若采取补偿措施重新设计的滤波器仍满足不了参数要求，就需要降低原始的指标要求，重新进行设计。

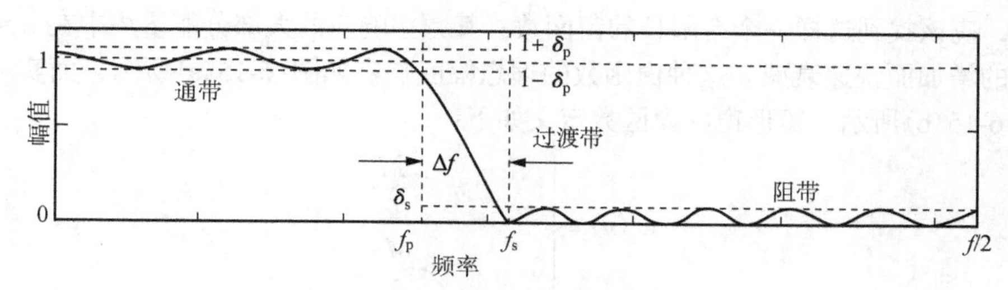

图 6-13　典型的 FIR 幅频参数

尽管滤波器指标是在考虑了物理可实现条件下定义的，但所设计的滤波器通常是物理上不可实现的。例如，要求设计一个接近理想的低通滤波器。基于某些特定的限制，会使得滤波器接近期望的幅频特性（见图 6-14），而剩下的问题是如何从众多可行方案中得到一个最优方案。

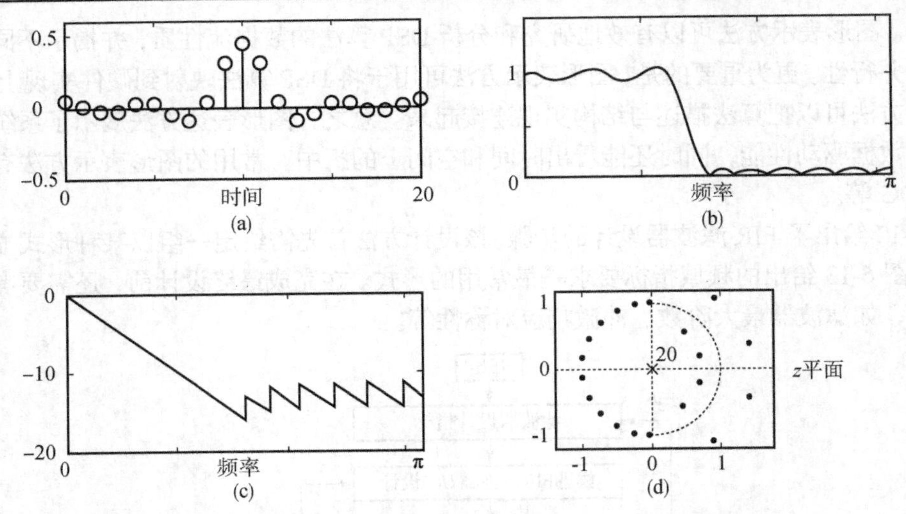

图 6-14　满足频域指标的典型低通滤波器 (a) 21 阶 FIR 滤波器的冲激响应；(b) FIR 滤波器的幅频响应；(c) 对数相频响应；(d) 零点分布 (远离单位圆的零点对应了通带位置，单位圆上的零点在滤波器阻带内是无意义的)

6.3.4　FIR 滤波器的设计方案

FIR 滤波器的基本方法是用一个有限级数的傅里叶变换去逼近所要求的滤波器响应。FIR 滤波器的基本设计方法可以分为两种：窗函数法和频率采样法。

1. 窗函数法

窗函数法是 FIR 滤波器的最简单的设计方法。它的要点是寻求适当的冲激响应序列，使滤波器的频率特性逼近理想滤波器的频率特性。即直接把无限时宽的冲激响应截短，得到有限长度的冲激响应。

一般来讲，滤波器理想频率响应 $H_d^{j\omega}$ 都是分段不连续的，因而在时域内其单位采样响应 $H_d(n)$ 是无限时宽的。窗函数法就是用一个窗函数去乘理想单位采样响应而得到的，即在时域内将 $H_d(n)$ 加权截尾而得到其逼近函数 $h(n)$。

总之，应该找到这样一个有限长的窗函数：其频率响应的大部分能量集中在 w=0 附近，且随着 $|w|$ 的增加而快速衰减。这种窗函数的理想幅度响应如图 6-15(a) 所示，而实际的窗函数则如图 6-15(b) 所示。矩形窗的窗函数定义如下：

$$w_r(n)=\begin{cases}1, & |n|\leqslant \dfrac{M}{2}\\ 0, & |n|>\dfrac{M}{2}\end{cases} \tag{6.10}$$

随着信号处理的发展，迄今提出的各种窗函数已有几十种，如矩形窗、三角窗、汉明 (Hamming) 窗、Blackman 窗等。

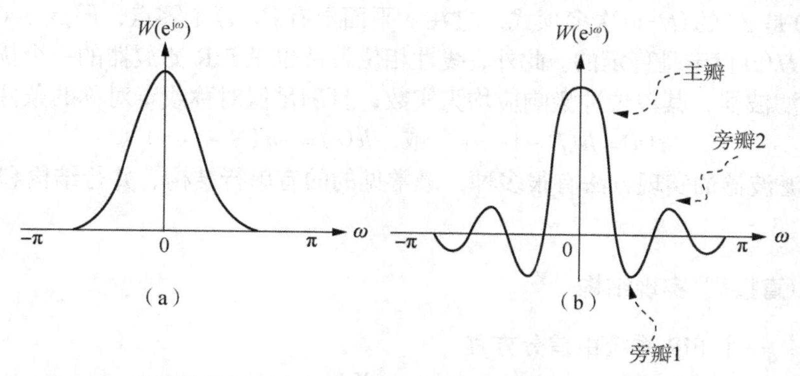

图 6-15　窗函数的幅度响应。(a)理想的幅度响应；(b)实际的幅度响应

2. 频率采样法

频率采样设计方法能够用于设计 N 阶 FIR 滤波器，归因于滤波器在 N 次谐波处的频率响应是已知的。

频率采样法从频域出发进行逼近。由于有限长序列值 $h(n)$ 可以用其离散傅里叶变换 $H(k)$ 来唯一确定。另一方面，$H(n)$ 与所要求的 FIR 滤波器系统函数 $H_d(z)$ 之间存在着频率采样关系，即 $H_d(z)$ 在 z 平面单位圆上按角度等分点的采样值等于 $H_d(n)$ 的各相应值。用 $H_d(n)$ 值作为实际 FIR 数字滤波器频率特性的采样值 $H(n)$，或者说 $H_d(n)$ 正是所要求的频率响应 $H_d(\mathrm{e}^{\mathrm{j}\omega})$ 在数字频率 $\omega=0\sim2\pi$ 区间内的 N 个等间隔采样值。

FIR 滤波器的设计问题，就是寻找一个有限冲激响应 $h(n)$，使其对应的频率响应逼近给定的频率响应。因此，产生一个 FIR 滤波器的设计思路是：如果要设计一个长度为 N 的 FIR 滤波器，则可以对要求达到的频率响应在 N 点处采样，再对这些采样值进行 IDFT，即可得到所要设计的滤波器的冲激响应 $h(n)$。这种方法称为 FIR 滤波器设计中的频率采样法，可得到系统函数：

$$H(z)=\sum_{n=0}^{N-1}h(n)z^{-n} \tag{6.11}$$

看起来，频率采样法是比较简单的，但是除在每个采样点，频域响应将严格地与理想特性保持一致外，在采样点之外的响应由各采样点内插得到。因此，如果采样点之间的理想特性越平缓，则内插值就越接近理想，逼近就越好。相反，如果采样点之间的理想特性变化越激烈，则内插值与理想值的误差就越大，因而在理想特性的每个不连续点附近会出现尖峰和起伏，不连续性越大，尖峰和起伏就越大，此时可利用优化技术来克服这个问题。

6.3.5　FIR 滤波器的一般实现结构

FIR 有限冲激响应滤波器的特点是其单位冲激响应为一个有限长序列，因此系统函数一般写成如下形式：

$$H(z)=\sum_{n=0}^{N-1}h(n)z^{-n} \tag{6.12}$$

其中，N 是 $h(n)$ 的长度，也即 FIR 滤波器的抽头数。

由于 $H(z)$ 是 z^{-1} 的 $(N-1)$ 次多项式，它在 z 平面上有 $(N-1)$ 个零点，原点 $z=0$ 是 $(N-1)$ 阶重极点，因此 $H(z)$ 肯定是稳定的。此外，线性相位特性也是 FIR 滤波器的一个优点，常用的线性相位 FIR 滤波器，其单位冲激响应均为实数，且满足偶对称或奇对称的条件，即

$$h(n)=h(N-1-n) \quad 或 \quad h(n)=-h(N-1-n) \tag{6.13}$$

FIR 数字滤波器的实现方法有很多种，最常见的的有串行结构、并行结构和 DA 结构等方法。

1. FIR 的基本（直接型）实现结构

总的说来，一个 FIR 系统由差分方程

$$y(n)=\sum_{K=0}^{M-1}b_k x(n-k)=\sum_{K=0}^{M-1}h(k)\,x(n-k) \tag{6.14}$$

或者由如下系统函数描述：

$$H(z)=\sum_{k=0}^{M-1}b_k z^{-k} \tag{6.15}$$

此外，该 FIR 系统的单位冲激响应与系数 $\{b_k\}$ 是相等的，即由此 FIR 滤波器的最简单的实现结构如图 6-16 所示，这种结构称为直接型（横型）实现结构。

在图 6-16 中，z^{-1} 的方框都代表一个时钟周期延迟寄存乘积项，代表滤波器系数 h_k 与各项延迟输出的相乘，输出 $y(n)$ 的结果是所有乘积项串联相加。一个 M 阶的 FIR 滤波器有 $M+1$ 个抽头。通过延迟寄存器用每个时钟边沿 n（时间下标）处的数据流采样值乘以系数 h_k，然后求和得到输出 $y(n)$。

在此结构中，关键路径延迟是 $T_m+M\times T_a$，其中 T_m 是乘法所用时间，T_a 是加法所用的时间，M 是阶数或抽头数。

不论在速度上还是在资源耗用上，FIR 滤波器的直接型实现方案都不理想。

以上的直接型结构中，系统的关键路径比较大。而此关键路径可以通过转置结构来减小，而无须引入任何新的寄存器。

转置定理定义为：反转一个给定 SFG（Signal Follow Graph）中所有边的方向，并且互换输入与输出端口，系统功能保持不变。应用此定理，可以将 FIR 直接型结构转换为图 6-17 所示的数据广播结构。在此结构中，关键路径是 T_m+T_a。

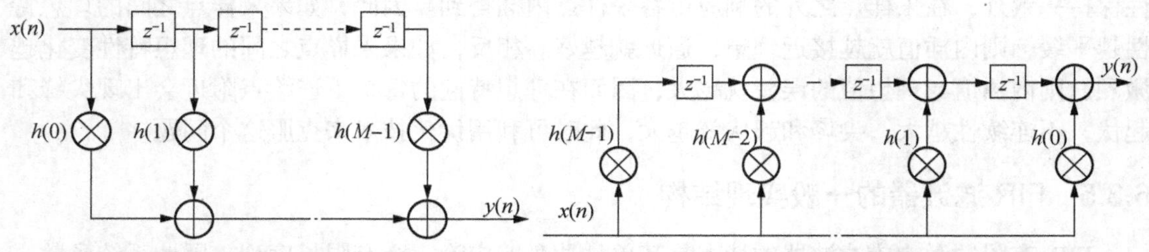

图 6-16 FIR 滤波器的直接型实现结构　　图 6-17 FIR 滤波器的数据广播（转置）实现结构

当系统为线性相位 FIR 滤波器时，系统的单位冲激响应函数服从如下对称或不对称条件：

$$h(n)=\pm h(M-1-n)$$

因此，可以充分利用其冲激响应的这种对称性来减少运算量，从而用更有效的结构来实现。

在使用 FIR 滤波器的实际系统中，大多应用了 FIR 滤波器线性相位的特性，因此根据线性相位 FIR 滤波器的系数具有对称性这一特点，可用图 6-18 所示的结构来实现滤波器。

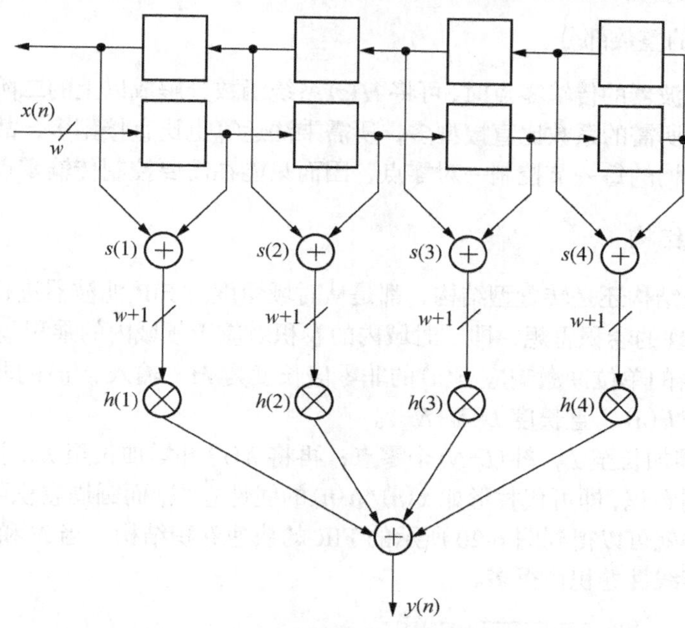

图 6-18　线性相位的 FIR 滤波器结构图

在图 6-18 所示的结构中，滤波器的输出可以写成下面的形式：

$$y(n)=\sum_{n=0}^{(N-1)/2}(x(n)+x(N-1-n))h(n) \tag{6.16}$$

这种形式的滤波器根据对称性减少了乘法器和加法器的数量，从而节省了器件的资源。

2. FIR 的级联结构

当需要控制滤波器的传输零点时，可将 $H(z)$ 系统函数分解成二阶实系数因子的形式，即可以由多个二阶节级联实现，每个二阶节用横截型结构实现。从而形成在这些结构中的一个重要的实现结构——级联型结构，它是由一系列二阶 FIR 滤波器串联而成的（见图 6-19）。

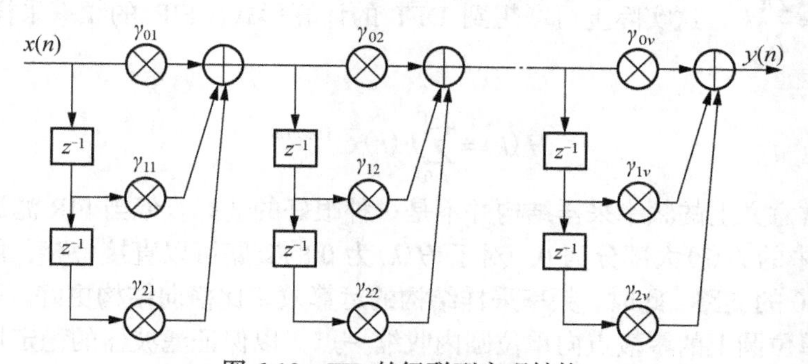

图 6-19　FIR 的级联型实现结构

FIR 的级联型实现结构的传输函数为

$$H(z)=\prod_{k=1}^{N}(\gamma_{0k}+\gamma_{1k}z^{-1}+\gamma_{2k}z^{-2}) \tag{6.17}$$

其中，N为$\dfrac{M+1}{2}$的整数部分。

当需要控制滤波器的传输零点时，可将$H(z)$系统函数分解成以上的二阶实系数因子的形式。由于这种结构所需的系数比直接型多，所需乘法运算也比直接型多，故较少采用。一般而言，由于这种结构的每一节控制一对零点，因而只能在需要控制传输零点时使用。

3. FIR 的快速卷积结构

不论是直接型结构还是转置型结构，都是从时域角度对 FIR 滤波器进行描述的，其根基都是式(6.14)所体现的卷积思想，即“时域内的卷积对应于频域内的乘积”。

设 FIR 滤波器的单位冲激响应$h(n)$的非零值长度为M，输入$x(n)$的非零值长度为N，则输出$y(n)=x(n)*h(n)$，且长度$L=M+N-1$。

若将$x(n)$补零加长至L，补$(L-N)$个零点；再将$h(n)$补零加长至L，补$(L-M)$个零点，这样进行L点圆周卷积，即可代替形如$x(n)*h(n)$的线性卷积，而圆周卷积可用 DFT 和 IDFT 来快速计算。这样就可以得到图 6-20 所示的 FIR 的快速卷积结构。当N和M足够大时，这种结构比直接计算线性卷积快得多。

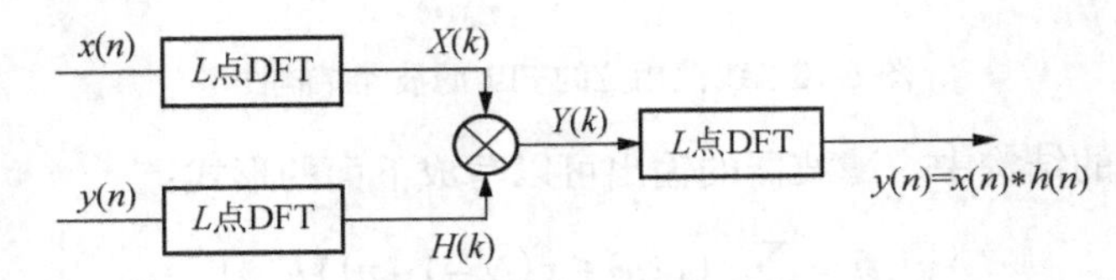

图 6-20 FIR 的快速卷积结构

4. FIR 的频率采样结构

频率采样结构是 FIR 的另一种实现方式，其中描述滤波器的参数为所求的频率响应的参数，而不是冲激响应$h(n)$。为了得到频率采样结构，通过等间隔地频率采样来指定需要的频率响应，即$w_k=\dfrac{2\pi}{N}k$，这实际上可联想到 DFT 的计算形式。FIR 的频率采样结构如图 6-21 所示。

$$H(k)=\sum_{n=0}^{N-1}h(n)\,\mathrm{e}^{-\mathrm{j}2\pi kn/N} \tag{6.18}$$

显然，通常意义上的频率采样结构并不是一种很好的选择。但当 FIR 滤波器为窄带滤波器时，图 6-21 中的$H(k)$大部分为 0。对于$H(k)$为 0 的支路可以直接舍弃，需要保留的仅是那些$H(k)$不为 0 的支路。此时，频率采样结构的运算效率比横向结构更好。采用频率采样结构时，可以将单位圆上的零极点向单位圆内收缩一点，以保证滤波器的稳定性。

因此，当所需 FIR 滤波器的频率响应特性为窄带时，增益参数$\{H(k)\}$中绝大多数系数为 0，从而对应的共振滤波器就可以去掉，只有系数非零的滤波器被保留，其结果是一个比直接型实现需要更少计算量的滤波器。因此，在这种情况下，就能获得更有效的实现。

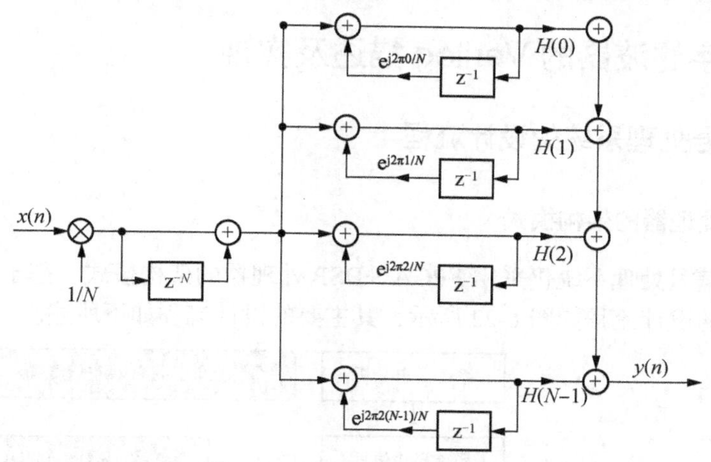

图 6-21 FIR 的频率采样结构

这种频率采样结构中，系数 $H(k)$ 直接就是滤波器在 $W_k=\dfrac{2\pi}{N}k$ 处的频率响应。因此，控制滤波器的频率响应是很直接的。

6.3.6 FIR 滤波器的抽头系数编码

FIR 滤波器的抽头系数多为小数，且有符号，因此抽头系数的编码也是必须考虑的一个问题。常用的编码方式有二进制补码、反码、有符号数值表示法等。

也可以采用如下编码方式：将十进制数用 2^n 数相加减的形式表示出来，这种编码方式在有些书中称为 SD(Signed Digit numbers)编码，该编码与传统的二进制编码不同，它使用 3 个值来表示数字，即 0、1 和−1，其中−1 经常写为 $\bar{1}$ 。例如：

$$27_{10}=32_{10}-4_{10}-1_{10}=100000_2-100_2-10_2=100\bar{1}0\bar{1}_{sd}$$

通常可以通过非零元素的数量来估计乘法的效率，比如乘法操作 $A*x[n]$，其具体实现过程如下。

若 $A_{10}=(A_{k-1}A_{k-2}\cdots A_0)_2$，则有

$$\begin{aligned}A_{10}*x[n]&=(a_{k-1}a_{k-2}\text{L}\ a_0)_2*x[n]\\&=a_{k-1}2^{k-1}x[n]+a_{k-2}2^{k-2}x[n]+\text{L}\ +a_0x[n]\end{aligned}\tag{6.19}$$

可以明显看到，乘法器的成本与 A 中非零元素 a_k 的数量有直接的关系。而 SD 编码表示法可有效降低乘法成本。比如，$93_{10}=1011101_2=10\bar{1}00\bar{1}01_{sd}$，用普通二进制编码需要 4 个加法器，用 SD 编码则只需要 3 个加法器，即 $10\bar{1}00\bar{1}01_{sd}$

SD 编码通常不是唯一的，比如：

$$15_{10}=16_{10}-1_{10}=1000\bar{1}_{sd}$$

$$15_{10}=16_{10}-2_{10}+1_{10}=100\bar{1}1_{sd}$$

$$15_{10}=16_{10}-4_{10}+2_{10}+1_{10}=10\bar{1}11_{sd}$$

在上面的 SD 编码中，由于第一种方式具有最少数量的 1 和 $\bar{1}$，因此它的乘法成本最低，应该尽量减少编码中 1 和 $\bar{1}$ 的数量，以将乘法器实现的成本降到最低，通常将这种包含最少 1 和 $\bar{1}$ 数量的 SD 编码称为最佳 SD 编码。

6.4 FIR 数字滤波器的 Verilog 描述及实现

6.4.1 数字信号处理系统的设计流程

1. FPGA +DSP 处理器的架构模式

主流的数字信号处理系统仍采用 FPGA +DSP 处理器的架构模式。基于此架构模式的数字信号处理系统的设计流程如图 6-22 所示，其主要的设计流程如下所述。

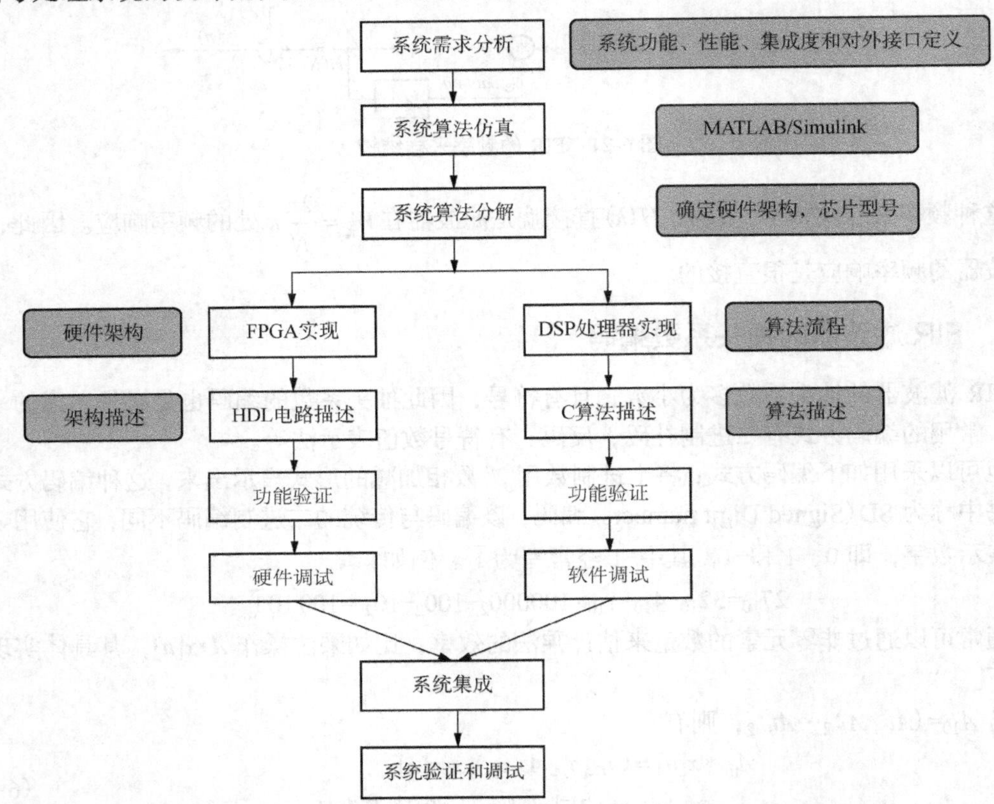

图 6-21 FPGA+DSP 处理器的数字信号处理系统的设计流程

首先，对系统进行需求分析，明确系统需要实现的功能和达到的性能，如系统功耗如何、系统采样频率如何和系统带宽如何等，同时指出系统的集成度需求和对外接口定义，这样便于 PCB 制作及芯片选型。

其次，进行系统算法级的仿真，确定算法的正确性和功能的完备性，此时需要借助 MATLAB/Simulink 等高级软件。算法级仿真可以完全以浮点数的方式完成，或者仅对核心算法以定点数的方式完成。在硬件实现时，如果某些芯片不支持浮点数，则可以根据系统性能要求和浮点数的仿真结果来确定数据的位宽。

接下来进行系统算法分解。算法分解的主要依据是：算法结构特点和算法实现时的性能需求。对于算法结构较为规则且实现时需要高速处理的，适合采用 FPGA；对于算法结构较为复杂且对处理速度要求不高的，适合采用 DSP 处理器。至此，整个系统的算法级设计结束。

下面是算法实现。对于需要 FPGA 实现的算法，根据 FPGA 设计开发流程，完成 HDL 电路描述、功能验证和硬件调试；对于需要 DSP 处理器实现的算法，根据 DSP 处理器设计开发流程，使用 C 语言或汇编语言完成算法描述、功能验证和软件调试。

最后，将系统集成，进行系统验证和调试。这里并不建议将算法全部设计完毕之后再进行验证，建议采用设计与验证并行的方式，这样可以提高验证效率，降低验证的烦琐度，尽快发现问题，从而缩短验证时间，同时这对于系统从开环验证到闭环验证的过非常有利。

2. 基于 FPGA 的数字信号处理系统的设计流程

由于在 FPGA 内部可嵌入处理器软或硬核，这使得在某些场合 FPGA+DSP 处理器的模式可被单片 FPGA 或多片 FPGA 的模式所取代，如图 6-23 所示。在这种情况下，整个系统完全以 FPGA 为核心，相应的设计流程也有所改变。

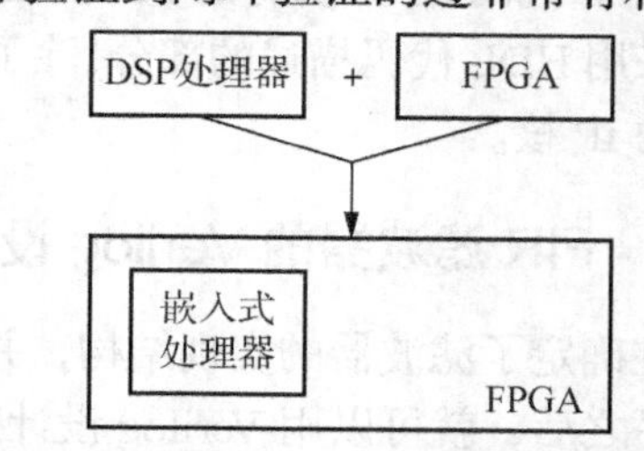

图 6-23　单片 FPGA 取代 FPGA+DSP 处理器

基于 FPGA 的数字信号处理系统的设计流程如图 6-24 所示。这种设计流程体现了 ESL 的设计理念。

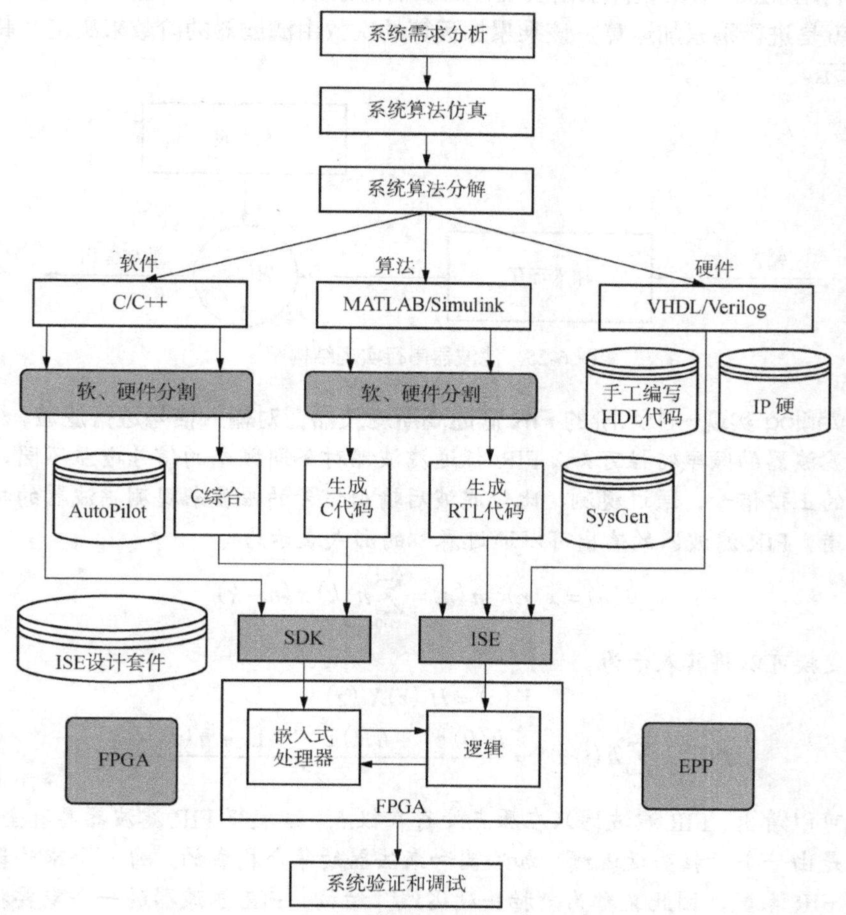

图 6-24　基于 FPGA 的数字信号处理系统的设计流程

在这个流程中，算法分解是非常重要的一环，需要对算法结构有深入的理解，根据算法结构的特点以 C/C++、MATLAB/Simulink/VHDL/Verilog 对算法进行描述。采用 C/C++描述的部分，可以通过高层次综合工具转换为 RTL 代码，以实现硬件加速。

用 MATLAB/Simulink 描述的部分，若是直接采用 Xilinx SysGen 或 Altera DSPbulid 描述的，则可利用工具生成 RTL 代码；若是采用 Simulink 自身模块描述的，则可利用 HDL Coder 生成 RTL 代码(不是所有的 Simulink 模块都可转化为 RTL 代码，具体的支持模块需由软件支持)。采用 HDL 代码描述的部分，除了手工编写代码外，还可以充分利用 Xilinx 或 Intel(Altera)提供的 IP 核。

6.4.2 FIR 滤波器的 Verilog 设计举例

在确定了滤波器的实现结构，并且通过选择合适的字长将有限字长的影响控制在可接受的水平之后，就可以用 Verilog 设计来实现数字滤波器。

下面以一个八阶的 FIR 低通高斯滤波器的 Verilog 设计实现为例，展示如何利用 MATLAB 和 Modelsim 进行设计仿真和实现的完整流程。

首先，利用 MATLAB 软件求出所设计滤波器的系数，根据 FIR 滤波器的实现表达式，滤波器实质就是进行乘累加运算。该乘累加运算的次数由滤波器的阶数来决定，其串行结构如图 6-25 所示。

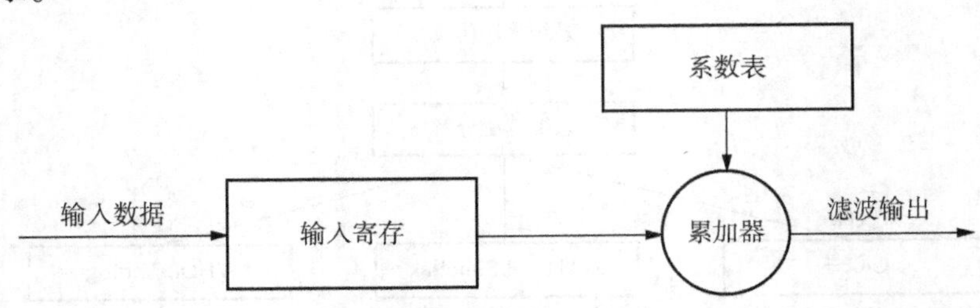

图 6-25 滤波器串行实现结构图

例 6-8 用 Verilog 实现一个八阶的 FIR 低通高斯滤波器，对输入信号进行滤波

由低通滤波器的频率特性可知，FIR 低通滤波器对不同频率的信号增益不同，因此可输入不同频率的正弦信号，通过观测、比较滤波后输出信号的幅度来观测滤波器的特性。

我们知道，FIR 滤波器的输出可以通过卷积的形式表示为

$$y(n)=x(n)*h(n)=\sum_{k=0}^{N-1}h(k)\,x(n-k)$$

通过 z 变换可以将其表示为

$$Y(z)=H(z)X(z)$$

$$H(z)=\sum_{i=0}^{N-1}h(i)\,z^{-i}=\frac{h(0)\,z^{N}+h(1)\,z^{N-1}+\text{L}+h(N-1)}{z^{N}}$$

由上式可以看出，FIR 滤波器只在原点处存在极点，这使得 FIR 滤波器具有全局稳定性。FIR 滤波器是由一个“抽头延迟线”加法器和乘法器的集合构成的，每一个乘法器的操作系数就是一个 FIR 系数，因此又称为“抽头延迟线”结构。FIR 滤波器的一个重要特性是具有线性相位，即系统的相移和频率成比例，可以达到无失真传输。

FIR 滤波器可以用图 6-26 的形式表示。

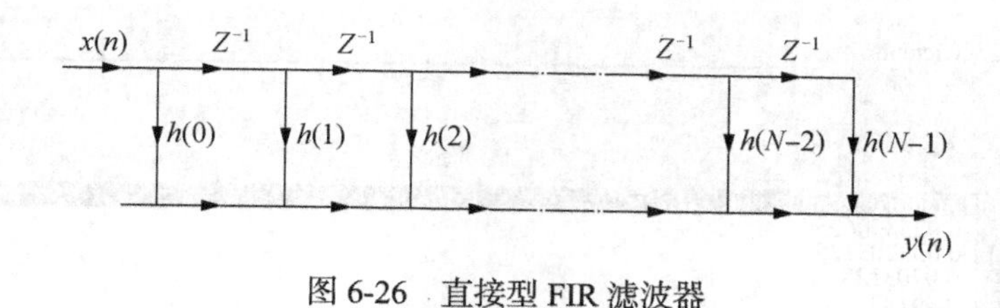

图 6-26 直接型 FIR 滤波器

1. MATLAB 设计仿真

下面用 MATLAB 的 FDATOOL 工具，设计一个八阶的低通高斯 FIR 滤波器，其截止频率 F_c 为 0.2 GHz，数据吞吐率 F_s 为 1 GHz，由 FDATOOL 工具可得到图 6-27 所示的幅度-角度频率特性图和图 6-28 所示的量化前后的抽头系数值。

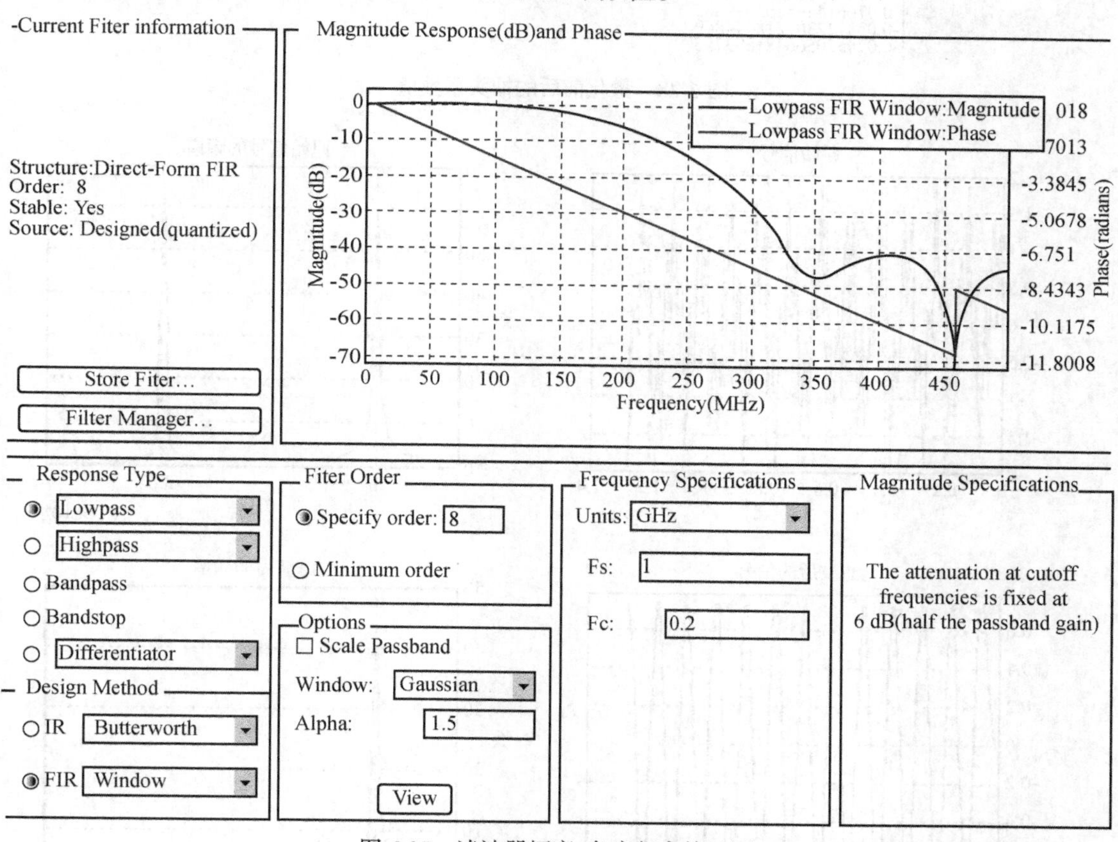

图 6-27 滤波器幅度-角度频率特性图

验证采用了正弦函数法，即假设输入为频率 100 MHz 和 360 MHz 的两个正弦波，通过滤波器后，由图 6-29 可知保留了频率 100 MHz，滤除了频率 360 MHz。但是高斯滤波器在幅度上在滤波后有一个衰减，从频谱分析可知其不影响滤波器的特性，可以看出设计的该滤波器很好地滤除了多余的频率成分。

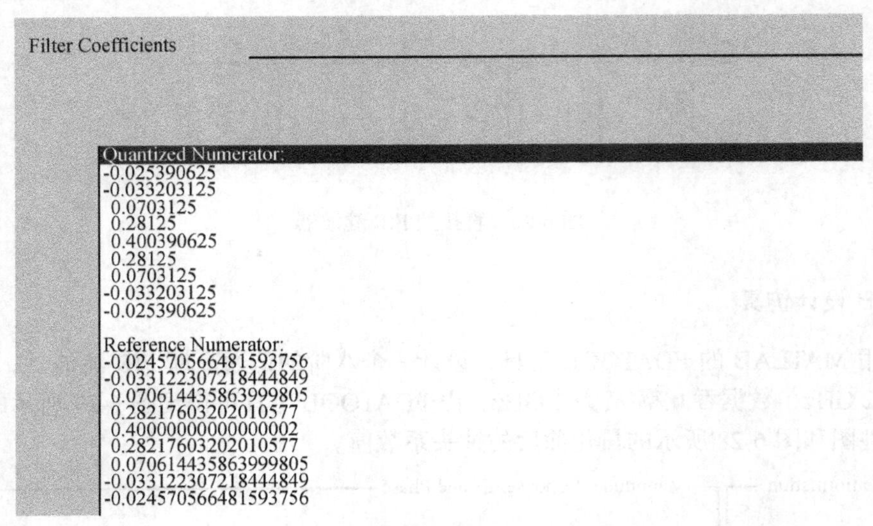

图 6-28 量化前后的抽头系数值

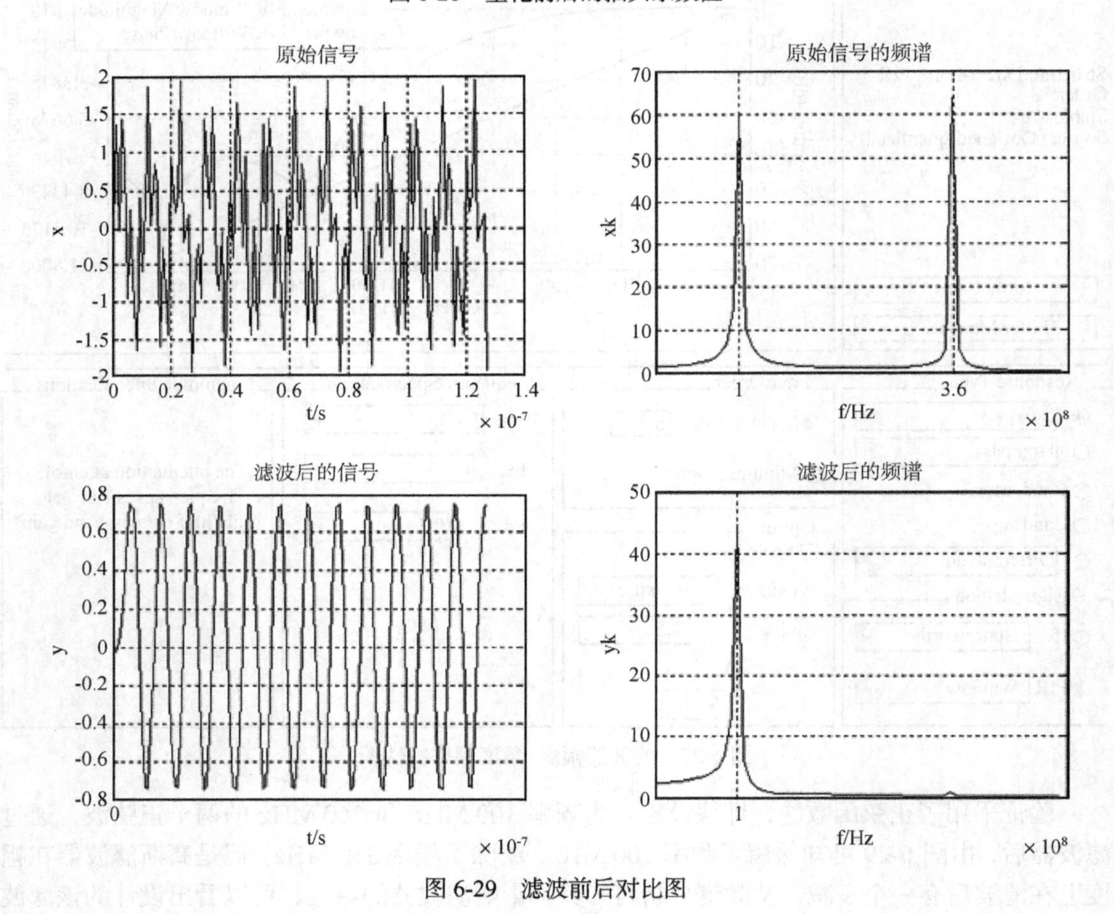

图 6-29 滤波前后对比图

2. Verilog 代码及 FPGA 实现

已知的实现滤波器方法可以采用多种方案，包括串行算法、并行算法和半并行算法等。

无论采用哪种算法，乘加模块都是核心的处理单元。为了更好地比较，在设计 FIR 滤波器时采用了传统的直接 I 型串行结构和引入流水线结构的改进型串行结构分别进行设计。

图 6-30 所示为直接 I 型串行结构硬件设计框图。

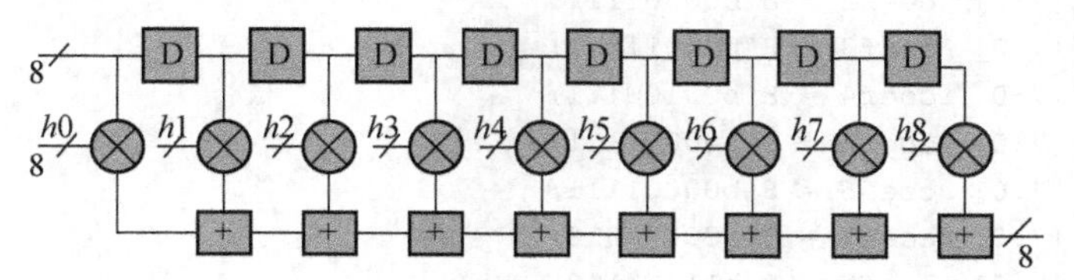

图 6-30　串行八阶 FIR 滤波器模块框图

由图可知在直接 I 型串行 FIR 滤波器实现中，关键路径是 1 个乘法器和 8 个加法器。假设一个系统时钟周期为 clk_sys，乘法器完成运算占用 T_{mult} 系统时钟，加法器完成运算占用 T_{adder} 系统时钟。则 FIR 滤波器的带宽为

$$\frac{1}{(T_{\text{mult}}+8T_{\text{adder}})\cdot clk\_sys}\cdot 8\ bps$$

图 6-31 为改进后的直接 I 型串行结构硬件设计框图。

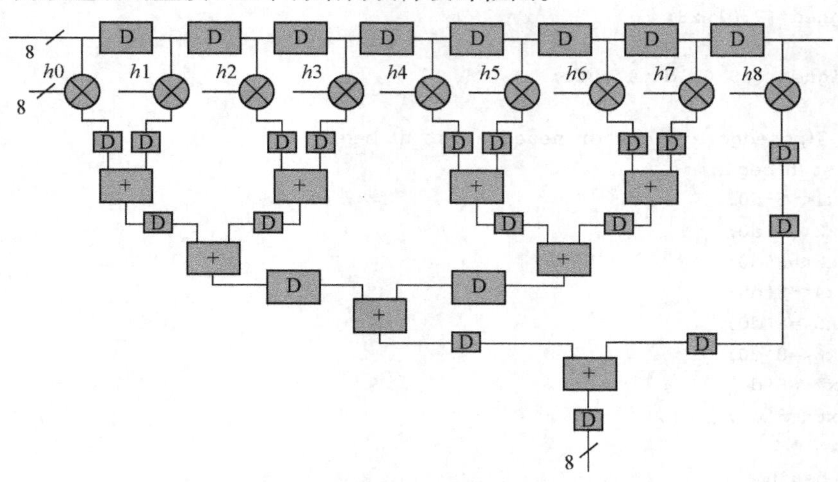

图 6-31　改进后的八阶 FIR 滤波器模块框图

在改进 FIR 滤波器实现中，关键路径是 1 个乘法器，相比 FIR 滤波器的串行实现，并行算法实现的关键路径少了 4 个加法器，关键路径变小，滤波器带宽增加。此时 FIR 滤波器的带宽为

$$\frac{1}{T_{\text{mult}}\cdot clk\_sys}\cdot 8\ \text{bps}$$

(1) 直接 I 型串行 FIR 滤波器 Verilog 代码

```
module  fir8(
   input                      sys_clk,        // 系统时钟
   input                      rst_n,          // 复位信号
   input signed [7:0]         data_in,        // 输入信号
   output reg signed[7:0]  data_out          // 输出信号
);
```

```
//量化后抽头系数 8 位定点表示
   wire signed [7:0]  coef0 = 8'b11111110;
   wire signed [7:0]  coef1 = 8'b00000010;
   wire signed [7:0]  coef2 = 8'b00001111;
   wire signed [7:0]  coef3 = 8'b00011111;
   wire signed [7:0]  coef4 = 8'b00100111;
   wire signed [7:0]  coef5 = 8'b00011111;
   wire signed [7:0]  coef6 = 8'b00001111;
   wire signed [7:0]  coef7 = 8'b00000010;
   wire signed [7:0]  coef8 = 8'b11111110;

   // 输入延迟
   reg signed [7:0] x1;
   reg signed [7:0] x2;
   reg signed [7:0] x3;
   reg signed [7:0] x4;
   reg signed [7:0] x5;
   reg signed [7:0] x6;
   reg signed [7:0] x7;
   reg signed [7:0] x8;

   wire signed [19:0] data_out1;

   always @(posedge sys_clk or negedge rst_n) begin
     if(!rst_n)begin
         x1<=8'd0;
         x2<=8'd0;
         x3<=8'd0;
         x4<=8'd0;
         x5<=8'd0;
         x6<=8'd0;
         x7<=8'd0;
         x8<=8'd0;
      end
      else begin
         x1<=data_in;
         x2<=x1;
         x3<=x2;
         x4<=x3;
         x5<=x4;
         x6<=x5;
         x7<=x6;
         x8<=x7;
      end
   end

   // 乘累加后输出
   assign data_out1=coef0*data_in+coef1*x1+coef2*x2+coef3*x3+coef4*x4+coef5*x5+coef6
*x6+coef7*x7+coef8*x8;

   always @(posedge sys_clk or negedge rst_n) begin
```

```
    if(!rst_n)
        data_out <= 0;
    else
        data_out <= data_out1[13:6];
    end

endmodule
```

(2)改进的串行 FIR 滤波器 Verilog 代码

```
module  fir8(
input                   sys_clk,           // 系统时钟
input                   rst_n,             // 复位信号
input signed [7:0]  data_in,           // 输入信号
output signed[7:0]  data_out           // 输出信号
);
// 量化后抽头系数 8 位定点表示
wire signed [7:0]  coef0 = 8'b11111101;
wire signed [7:0]  coef1 = 8'b11111100;
wire signed [7:0]  coef2 = 8'b00001001;
wire signed [7:0]  coef3 = 8'b00100100;
wire signed [7:0]  coef4 = 8'b00110011;
wire signed [7:0]  coef5 = 8'b00100100;
wire signed [7:0]  coef6 = 8'b00001001;
wire signed [7:0]  coef7 = 8'b11111100;
wire signed [7:0]  coef8 = 8'b11111101;
// 输入延迟赋值信号
reg signed [7:0]  x1;
reg signed [7:0]  x2;
reg signed [7:0]  x3;
reg signed [7:0]  x4;
reg signed [7:0]  x5;
reg signed [7:0]  x6;
reg signed [7:0]  x7;
reg signed [7:0]  x8;
// 乘法寄存信号
reg signed [16:0] mult0;
reg signed [16:0] mult1;
reg signed [16:0] mult2;
reg signed [16:0] mult3;
reg signed [16:0] mult4;
reg signed [16:0] mult5;
reg signed [16:0] mult6;
reg signed [16:0] mult7;
reg signed [16:0] mult8;
// 各级流水加法信号
reg signed [17:0] add0_lev1;
reg signed [17:0] add1_lev1;
reg signed [17:0] add2_lev1;
reg signed [17:0] add3_lev1;
reg signed [17:0] add4_lev1;
```

```
    reg signed [18:0] add0_lev2;
    reg signed [18:0] add1_lev2;
    reg signed [18:0] add2_lev2;
    reg signed [19:0] add0_lev3;
    reg signed [19:0] add1_lev3;
    reg signed [20:0] data_out1;
    // 延迟赋值
    always @(posedge sys_clk or negedge rst_n) begin
      if(!rst_n)begin
             x1<=8'd0;
             x2<=8'd0;
             x3<=8'd0;
             x4<=8'd0;
             x5<=8'd0;
             x6<=8'd0;
             x7<=8'd0;
             x8<=8'd0;
      end
      else begin
             x1<=data_in; // 输入延迟
             x2<=x1;
             x3<=x2;
             x4<=x3;
             x5<=x4;
             x6<=x5;
             x7<=x6;
             x8<=x7;
      end
    end
    // 乘操作
    always @(posedge sys_clk or negedge rst_n) begin
      if(!rst_n)begin
             mult0<=17'd0;
             mult1<=17'd0;
             mult2<=17'd0;
             mult3<=17'd0;
             mult4<=17'd0;
      end
      else begin
             mult0<=coef0*data_in;  // 抽头系数与输入信号相乘
             mult1<=coef1*x1;
             mult2<=coef2*x2;
             mult3<=coef3*x3;
             mult4<=coef4*x4;
             mult5<=coef5*x5;
             mult6<=coef6*x6;
             mult7<=coef7*x7;
             mult8<=coef8*x8;
      end
    end
    // 一级流水
```

```
always @(posedge sys_clk or negedge rst_n) begin
   if(!rst_n)begin
         add0_lev1<=17'd0;
         add1_lev1<=17'd0;
         add2_lev1<=17'd0;
         add3_lev1<=17'd0;
         add4_lev1<=17'd0;
   end
   else begin
         add0_lev1<=mult0+mult1;
         add1_lev1<=mult2+mult3;
         add2_lev1<=mult4+mult5;
         add3_lev1<=mult6+mult7;
         add4_lev1<=mult8;
   end
end
// 二级流水
always @(posedge sys_clk or negedge rst_n) begin
   if(!rst_n)begin
         add0_lev2<=19'd0;
         add1_lev2<=19'd0;
         add2_lev2<=19'd0;
   end
   else begin
         add0_lev2<=add0_lev1+add1_lev1;
         add1_lev2<=add2_lev1+add3_lev1;
         add2_lev2<=add4_lev1;
   end
end
// 三级流水
always @(posedge sys_clk or negedge rst_n) begin
   if(!rst_n)begin
         add0_lev3<=19'd0;
         add1_lev3<=19'd0;
   end
   else begin
         add0_lev3<=add0_lev2+add1_lev2;
         add1_lev3<=add2_lev2;
   end
end
// 四级流水
always @(posedge sys_clk or negedge rst_n) begin
   if(!rst_n)begin
         data_out1<=21'd0;
   end
   else begin
         data_out1<=add0_lev3+add1_lev3;  // 输出寄存
   end
end
assign data_out = data_out1[13:6];
endmodule
```

3. 综合与仿真对比

(1) RTL 对比

对两种实现方式进行综合，如图 6-32 和图 6-33 所示，改进前的电路的寄存器数目为 72 个，由于引入了流水形式，改进后的电路在资源消耗上增加了对寄存器的消耗，其寄存器数目为 282 个。

(2) 资源对比

图 6-32 和图 6-33 分别为改进前后的资源消耗图，可见改进后的资源消耗更多。

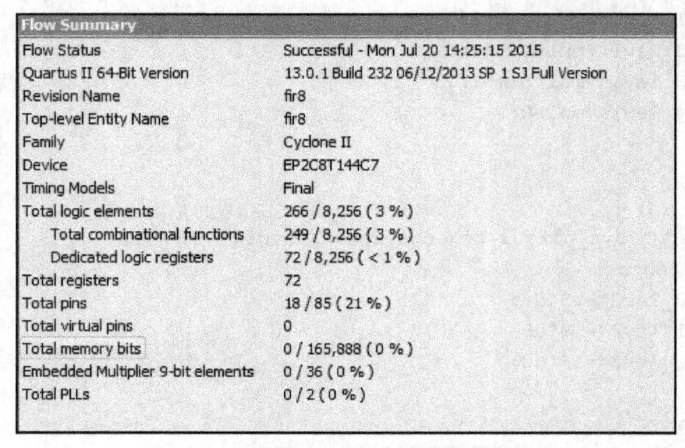

Flow Summary	
Flow Status	Successful - Mon Jul 20 14:25:15 2015
Quartus II 64-Bit Version	13.0.1 Build 232 06/12/2013 SP 1 SJ Full Version
Revision Name	fir8
Top-level Entity Name	fir8
Family	Cyclone II
Device	EP2C8T144C7
Timing Models	Final
Total logic elements	266 / 8,256 (3 %)
Total combinational functions	249 / 8,256 (3 %)
Dedicated logic registers	72 / 8,256 (< 1 %)
Total registers	72
Total pins	18 / 85 (21 %)
Total virtual pins	0
Total memory bits	0 / 165,888 (0 %)
Embedded Multiplier 9-bit elements	0 / 36 (0 %)
Total PLLs	0 / 2 (0 %)

图 6-32　串行 FIR 滤波器资源消耗图

Flow Summary	
Flow Status	Successful - Mon Jul 20 14:14:41 2015
Quartus II 64-Bit Version	13.0.1 Build 232 06/12/2013 SP 1 SJ Full Version
Revision Name	fir8
Top-level Entity Name	fir8
Family	Cyclone II
Device	EP2C8T144C7
Timing Models	Final
Total logic elements	316 / 8,256 (4 %)
Total combinational functions	252 / 8,256 (3 %)
Dedicated logic registers	282 / 8,256 (3 %)
Total registers	282
Total pins	18 / 85 (21 %)
Total virtual pins	0
Total memory bits	0 / 165,888 (0 %)
Embedded Multiplier 9-bit elements	0 / 36 (0 %)
Total PLLs	0 / 2 (0 %)

图 6-33　改进后的 FIR 滤波器资源消耗图

(3) 速度对比

图 6-34 和图 6-35 分别为改进前后的最大可达的时钟频率，可见由于引入流水结构，缩短了关键路径，使得系统频率得到提升，这是以资源消耗为代价的。

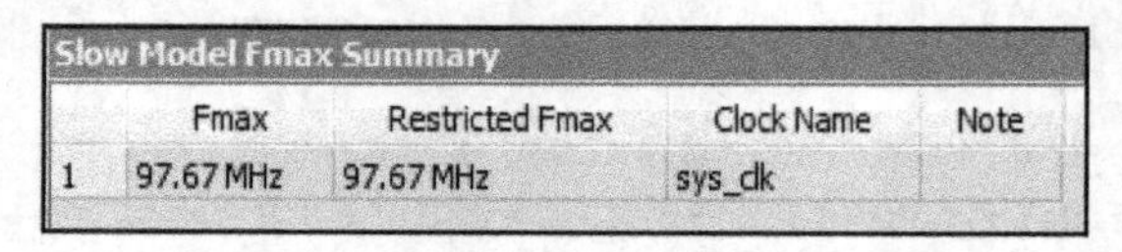

Slow Model Fmax Summary

	Fmax	Restricted Fmax	Clock Name	Note
1	97.67 MHz	97.67 MHz	sys_clk	

图 6-34　串行 FIR 滤波器最大时钟频率

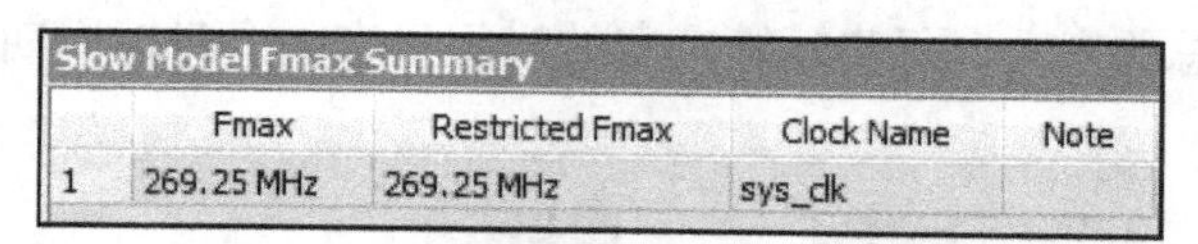

Slow Model Fmax Summary

	Fmax	Restricted Fmax	Clock Name	Note
1	269.25 MHz	269.25 MHz	sys_clk	

图 6-35　改进后的 FIR 滤波器最大时钟频率

(4) Modelsim 仿真

对以上两种结构进行功能仿真，输入为两个正弦函数的叠加，经过滤波后，滤除了一个正弦频率项，由图 6-36 可知其功能仿真正确，该设计能达到很好的滤波效果。

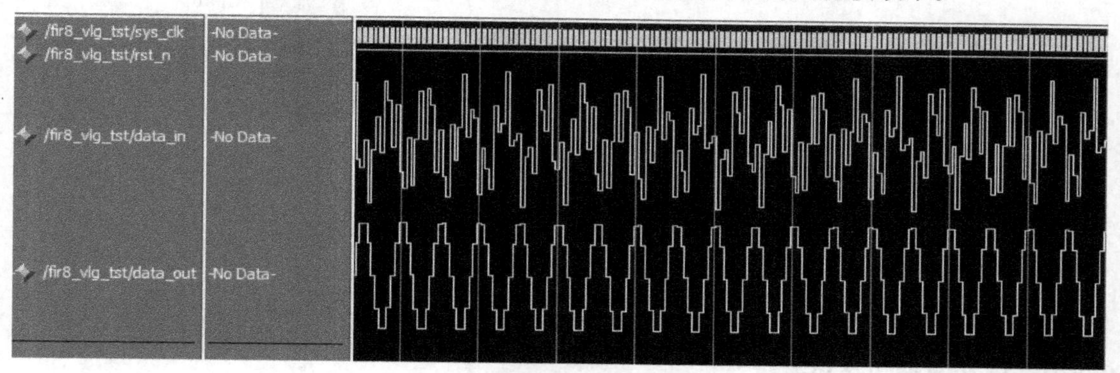

图 6-36　FIR 滤波器的功能仿真

6.4.3　数字相关器的 Verilog 设计举例

在数字通信系统中，常用一个特定的序列作为数据开始的标志，称为帧同步字。发送端在发送数据前插入帧同步字；接收端如果收到帧同步字，就可以确定帧的起始位置，从而实现发送和接收数据的格式同步。

数字相关器的作用是实现两个数字信号之间的相关运算。因此，在通信系统中，常用数字相关器作为同步序列检测器使用。

最基本的相关器是由异或门实现的。例如 $y=a\oplus b$，当 $y=0$ 时，表示数据位相同；当 $a\neq b$ 时，表示数据位不同。

多位相关器可以由 1 位相关器级连构成，N 位数字相关器的运算通常可以分解为以下两个步骤：

① 对应位进行异或运算，得到 N 个 1 位相关运算结果；

② 统计 N 位相关结果中 0 或 1 的数目，得到 N 位数字中相同位和不同位的数目。

下面用 Verilog 语言设计并实现一个 16 位的数字相关器。由于实现 16 位并行相关器需要的乘积项、或门过多，因此为降低耗用资源，将其分解为 4 个 4 位相关器，然后用两级加法器相加得到全部 16 位的相关结果，如图 6-37 所示。

如果直接实现这个电路，则整个运算至少需要经过 3 级门延迟。随着相关位数目的增加，速度还将随之降低。

为提高速度，可采用“流水线技术”进行设计。模块中对每一步运算结果进行锁存，按照时钟的节拍，逐级完成运算的全过程。虽然每组输入值需要经过 3 个节拍后才能得到运算结果，但由于每个节拍都有一组新值输入到第一级运算电路，每级运算电路上都有一组数据同时进行运算，所以总的来看，每步运算花费的时间只有一个时钟周期，从而使系统工作速度等于时钟频率。

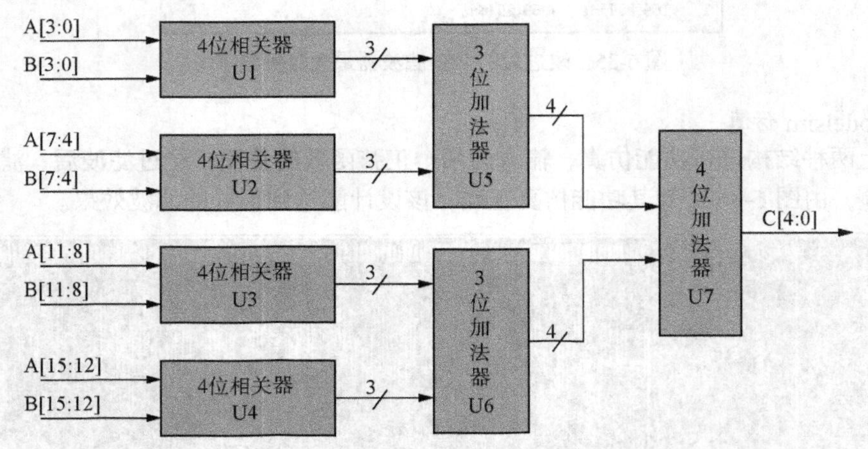

图 6-37 16 位高速数字相关器结构图

利用流水线技术的 16 位相关器的 Verilog 源代码如图 6-38 所示。

例 6-9 16 位高速数字相关器

```
module correlator(out,a,b,clk);
output[4:0] out;
input[15:0] a,b;
input clk;
wire[2:0]  sum1,sum2,sum3,sum4;
wire[3:0]  temp1,temp2;

detect  u1[sum1,a[3:0],b[3:0],clk];      //模块调用
        u2[sum2,a[7:4],b[7:4],clk];
        u3[sum3,a[11:8],b[11:8],clk];
        u4[sum4,a[15:12],b[15:12],clk];
add3    u5(temp1,sum1,sum2,clk),
        u6(temp2,sum3,sum4,clk);
add4    u7(out,temp1,temp2,clk);
endmodule

module detect(sum,a,b,clk);
output[2:0] sum;
input clk;
input[3:0] a,b;
wire[3:0] ab;
reg[2:0] sum;

assign ab=a^b;
always @(posedge clk)
  begin
    case (ab)
      'd0:sum=4;
      'd1,'d2,'d4,'d8: sum=3;
      'd3,'d5,'d6,'d9,'c10,'c12: sum=2;
      'd7,'d11,'d13,'d14: sum=1;
      'd15: sum=0;
```

图 6-38 利用流水线技术的 16 位相关器的 Verilog 源代码

```
  endcase
  end
endmodule

module add3(add,a,b,clk);                    //3位加法器
output[3:0] add;
input[2:0] a,b;
input clk;
reg[3:0] add;
always @(posedge clk)
  bagin add=a+b; end
endmodule

module add4(add,a,b,clk);                    //4位加法器
output[4:0] add;
input[3:0] a,b;
input clk;
reg[4:0] add;
always @(posedge clk)
  begin add=a+b; end
endmodule
```

图 6-38(续)　利用流水线技术的 16 位相关器的 Verilog 源代码

6.5　数字信号处理器的有限字长效应

迄今为止，人们认为数字系统的系数、输入数字信号以及运算所得的数据具有无限精度。但是，实际情况并非如此。对任何数字系统来说，不论是用专用硬件，还是用通用计算机软件实现的，所采用的各种系数、输入信号以及每次运算过程中的结果总是存储在有限长度的存储单元中，成为有限长度的二进制数。这个过程称为量化(quantization)，量化肯定会导致误差。再者，如果数字系统的输入信号来自对模拟信号的采样，则其中的模数转换过程也会产生量化误差。以上效应统称有限字长效应(limited word-length effect)。

在实际的数字信号处理器中，由于量化和使用有限字长算术单元，不可避免地会给系统带来误差。

6.5.1　数字信号处理器的主要误差源

现代数字信号处理器的典型字长是 16 位、24 位和 32 位。使用有限字长带来的误差会影响 DSP 的性能，甚至会导致系统功能不能正常实现。因此，在真正实现一个实际数字信号处理系统之前，一般都需要事先对此问题进行分析。如有必要，还需要找到解决的办法。实际数字信号处理器系统的主要误差如下所示。

(1) ADC 量化误差。这是由于用一个有限长度的定点数来表示输入数据值而造成的。

(2) 系数量化误差。这是由于用一个有限长度的比特数来表示常系数而造成的。

(3) 溢出误差。这是由于两个很大的同符号数相加，其结果超出了允许的字长。

(4) 舍入或截断误差。乘法中的结果被舍入(或截断)到最近的离散值或允许的字长时产生。

由于量化误差的存在，系统的零、极点将会偏离理想位置，从而改变系统的频率特性。如果极点偏移到 z 平面单位圆上或其外，就会使系统变得不稳定。在 IIR 滤波器场合，量化误差有累积倾向，可能会导致极限环振荡，从而完全破坏滤波器的工作。两个定点数相加可

能会导致溢出。即使系统仍算稳定，被改变的系统频率特性还可以接受，各种量化过程也必将在系统输出端产生量化噪声。

为了得到满足要求的数字系统，有必要对有限字长效应的根源、影响和抑制措施进行分析。但是，量化效应很复杂，它们既与运算方式、字长有关，又与系统结构密切相关，要同时进行综合分析是很困难的。此外，量化过程使表征离散时间系统的差分方程变成了非线性的。这些差分方程原则上是不可能精确地分析和处理的。所幸的是，如果与信号变量和滤波器系数相比，量化步长很小，则可以采用基于统计模型的简单近似理论来进行分析，并用实验加以验证。

最坏情况下的 FIR 增益可以很容易地通过计算得到，而且对输入值进行适当系数缩放，可确保运行时不发生溢出错误。那么，系统中产生误差的原因就归咎于有限字长效应，即系数舍入误差或算术舍入误差。

一个高水平的滤波器设计和分析方法，会先将滤波器设计指标转换为可实现的传递函数形式，再选定一个特定的结构来实现。滤波器可以用浮点型或定点型实现。需通过分析法或仿真来研究滤波器候选方案的性能，以确保滤波器指标要求。如果候选方案达不到要求，则需进行更换或调整设计方法，并重新测试，直至设计方案满足要求。

6.5.2 有限字长的影响

有限字长的问题关键在于量化位数的选择。从理论上讲，量化位数越多，数的精度越高，滤波器的性能与期望性能相比更接近，但付出的代价是硬件成本高、运算效率低。与此相反，量化位数越少，由此导致的滤波器性能下降越明显，但此时硬件实现成本更低、运算效率更高。

要性能还是要成本？在工程中这个问题必须要折中考虑。对 FIR 滤波器来说，有限字长的影响主要表现为系数的量化误差和算术运算的舍入误差。下面对这两种误差进行简要分析，以便确认最佳的量化位数。

1. 系数的量化误差

无论是最优化方法还是窗函数，或者是频率采样法，任何一种计算方法得到的滤波器系数通常都精确到小数点后几位。为了实现滤波器，滤波器系数必须由固定的位数表示，并且这个固定的位数常常是由使用的硬件平台的字长决定的。例如，如果硬件平台是 16 位的 DSP 芯片，则滤波器系数就由 16 位字长来表示，这样做很自然会引入误差。这种误差使得滤波器的频率响应偏离期望的响应，在某些情况下，可能导致实际的滤波器完全不满足既定的技术要求。

若用 $h(n)$ 表示未量化的滤波器系数，$h_q(n)$ 表示量化后的滤波器系数，$e(n)$ 表示系数的量化误差，则有

$$h_q(n)=h(n)+e(n), \quad n=0, 1, 2, \cdots, N-1 \tag{6.19}$$

于是，频域上的误差表现为

$$E(\mathrm{e}^{\mathrm{j}\omega})=\sum_{n=0}^{N-1} e(n)\,\mathrm{e}^{-\mathrm{j}\omega n} \tag{6.20}$$

利用数学中的不等式原理，上式可变为

$$|E(\mathrm{e}^{\mathrm{j}\omega})|=\left|\sum_{n=0}^{N-1} e(n)\,\mathrm{e}^{-\mathrm{j}\omega n}\right| \leqslant \sum_{n=0}^{N-1}|e(n)||\mathrm{e}^{-\mathrm{j}\omega n}| \leqslant \sum_{n=0}^{N-1}|e(n)| \tag{6.21}$$

式(6.21)表明，对于任一频率，其幅度的误差均小于各个量化误差 $e(n)$ 的绝对值之和。若 $|e(n)|\leqslant 2^{-B}$，其中 B 为量化位数，则式(6.21)可改写为

$$|E(\mathrm{e}^{\mathrm{j}\omega})|\leqslant\sum_{n=0}^{N-1}|e(n)|\leqslant N2^{-B} \tag{6.22}$$

式(6.22)大致描述了滤波器性能的下降与量化位数之间的关系，可用来估算实际所需的量化位数。当然，式(6.22)所得的结论是从最坏情况的假设下推导出的。如果考虑到 $e(n)$ 的统计特性，条件还可能宽松一些。

由式(6.22)还可以看出，滤波器长度越长，系数的量化误差所导致的性能下降也越明显。另外，对 FIR 滤波器来说，不考虑滤波器长度的影响，即便是在最苛刻的条件下，量化位数的每一位，滤波器性能对期望性能的偏离可减少约 6 dB，由此也可很好地估计系数的量化对性能的影响。例如阻带衰减为-40 dB，那么只需要 8 位的量化位数，滤波器性能的偏离约为 8，这对给定的阻带衰减来说就是可接受的。

通常情况下，量化位数为 16，对滤波器性能的影响是-96 dB，能满足绝大多数场合的应用需求。因此，对 FIR 滤波器来说，通常情况下系数的量化误差对滤波器性能的影响并不大。

2. 加法、乘积运算的误差

定点数据在运算时要防止溢出，包括上溢(Overflow)和下溢(Underflow)。上溢是指运算结果超出了定点数整数部分所能表示的范围，下溢是指运算结果超出了定点数小数部分所能表示的范围。一旦溢出，将会造成计算精度的损失甚至结果的错误，因此合理地选择字长尤为重要。

定点数据的量化模式决定了当运算结果的精度高于定点数所能表示的精度时如何对超出精度部分的比特进行处理。通常有两种处理方式：Truncate 和 Round。Truncate 为直接截尾，将超出精度部分的比特舍弃掉。Round 即“四舍五入”，将舍去的比特的最高位加到要保留的比特的最低位。

定点数据的溢出模式决定了当运算结果大于定点数所能表示的最大值时如何对溢出部分进行处理。通常有两种处理方式：Saturate 和 Wrap。Saturate 为饱和处理，一旦溢出就将计算结果饱和处理为最大值。Wrap 为截断处理。

例如，在有限字长的情况下，若两个 M 位的定点数相加，其和就是 M+1 位；若两个 M 位的定点数相乘，其乘积就是 $2M$ 位，但不能任由相加、相乘操作来增加操作数的位宽，必须进行截断。

譬如，若两个 16 位数的乘积，其乘积为 32 位，再和一个 16 位的相乘，结果就变为 48 位，这样下去，用不了几个操作就会使操作数的位宽剧增，所占用的硬件资源也会很多。因此，需要将乘积结果进行截断，寄存在 M 位的寄存器中。截断是按照定点仿真的结果来定的。

FIR 滤波器的数字滤波过程是用卷积的形式来描述的，若量化后的滤波器系数为 $h_{\mathrm{q}}(n)$，；量化后的输入信号为 $x_{\mathrm{q}}(n)$，则滤波器的实际输出 $y_{\mathrm{q}}(n)$ 可写为

$$y_{\mathrm{q}}(n)=\sum_{m=0}^{N-1}h_{\mathrm{q}}(m)x_{\mathrm{q}}(n-m) \tag{6.23}$$

对于每个 $y(n)$，滤波器都要进行 N 次乘法运算，每一次乘法运算后，所得到的积包含的位数要比量化后的系数及输入更多，这时常采用的方法是对结果进行舍入，多余的位数全部

丢弃，这样得到的误差称为运算的舍入误差。在每个乘法中，都会产生舍入误差 $e_m(n)$，于是式(6.23)可改写为

$$y_q(n)=\sum_{m=0}^{N-1}h(m)x(n-m)+\sum_{m=0}^{N-1}e_m(n)=y(n)+v(n) \tag{6.24}$$

其中，$y(n)$表示量化前滤波器的输出，$v(n)$表示总的舍入噪声，并且有

$$v(n)=\sum_{m=0}^{N-1}e_m(n) \tag{6.25}$$

根据舍入噪声 $e_m(n)$互不相关且服从均匀分布的统计特性可知，$v(n)$的均值为 0，则其方差为

$$\sigma_v^2=\sum_{m=0}^{N-1}\sigma_{em}^2=\frac{N2^{-2B}}{12} \tag{6.26}$$

式(6.26)表明，输出噪声是舍入噪声的直接总和，与滤波器的系数无关；输出噪声的方差与字长 B 和滤波器的长度 N 有关，当要求输出噪声限制在某一水平的情况下，N 越大的滤波器需要的字长也越长；对于线性相位 FIR 滤波器，乘法次数可以减少，因此输出噪声方差也会相应地减少。

对于舍入误差，另一种解决办法是用两倍长的寄存器表示所有的乘积，然后在得到最终的和结果后再进行舍入，这样可以使舍入误差达到最小。但此时的代价是需要寄存器数量比较多，特别是 N 较大的情况，硬件资源的占用非常高。

由上述讨论可以看出，对 FIR 滤波器来说，滤波器长度越长，无论是系数量化误差的影响，还是运算结果舍入误差的影响，都会越来越大。因此，就有限字长的约束条件来说，在满足性能要求的前提下，尽量选用 N 较小的滤波器。

6.5.3 减缓舍入误差的措施

当使用 FIR 滤波器时，滤波器系数的舍入效应会在输出中引入一个相应较小的误差。如果该滤波器实现的计算非常接近溢出，则舍入处理的结果足以引起溢出的发生。通常，可采用缩放输入信号或系数、增加系统字长及选择其他结构或滤波器模型等措施，减小误差的影响。

1. 采用更高精度的滤波器的系数

通常，用更高的精度来表示滤波器的系数比表示被处理的数据更重要。如果要求滤波在抑制某些频率时具有更好的性能，也就是说，如果要求在给定的频率范围，滤波器的幅度响应尽可能接近零，则滤波器需要更高的精度。对于某些要求苛刻的应用来说，可以按照以下的方式进行处理。

首先，可以采用更精确的工具设计一个 FIR 滤波器，将滤波器系数舍入到给定的精度，采用高精度傅里叶变换计算舍入系数后滤波器的响应。

然后，通过扰动滤波器的系数值来考察滤波器的性能。扰动系数的方法可以是对滤波器的每一个系数值增加 1 比特或减小 1 比特，并计算比特增加和减小后滤波器的响应，并最终找到最能够满足设计指标的那一组系数。搜索整个可能的系数变化空间，对每个系数改变多个比特并考察其性能的变化，此方法对于较短的滤波器是比较实际的。

2. 输入信号进行缩放

在数字滤波器中，存在许多乘累加运算。因此，有可能出现溢出。一种防止溢出的有效方法是在滤波器的特定节点对信号进行缩放，然后再将最终结果缩放回原始级别。对于不同类型的输入信号，缩放因子的计算方法不同。对于宽带信号，具有系数 b_i 的 FIR 滤波器的最大增益为 $\sum|b_i|$；对于窄带信号为 $\max|H(\omega)|$。因此，通常必须对输入信号或滤波器系数引入一个衰减因子 A，以确保 $|y(n)|<1$。但若对系数引入衰减因子，则可能产生较小的系数，从而引入严重的系数量化误差。所以，一般只对输入信号引入衰减因子。

对于宽带输入信号，衰减因子为

$$A < \frac{1}{x_{\max}\sum_{i=0}^{L-1}|b_i|}$$

而对于窄带输入信号，该衰减因子为

$$A < \frac{1}{\max[|X(\omega)||H(\omega)|]}$$

进行缩放的一个缺点是会进一步降低 SQNR。举例来说，如果 A=0.5，则 SQNR 被降低 6 dB，这相当于损失 1 位分辨力。因此，实践中必须考虑防止溢出和降低 SQNR 之间的折中。

通过减小输入信号的动态范围，可以抑制寄存器溢出的发生。用正数 $K(K<1)$ 来缩小输入信号的动态范围，可以减少实时溢出的发生。然而，缩放却同时降低了输出的精度。即缩放后数据字的精度会减小 k 位，其中 $k=\log 2^k$。相应地，输出精度也会降低相同量级。因此，相比于原系统，缩放后的误差方差表达式为

$$\sigma_K^2 = \frac{(KQ)^2}{12} = K^2\sigma^2$$

因此，缩放（如果需要）只能在需控制溢出的情况下使用。将系统字长从 N 位扩为 $(N+M)$ 位，会使系统的动态范围增加 M 位。然而，这样会增加成本，并会降低最大实时带宽。在现代数字信号处理微处理器中，一般选择系统动态范围为 16 位或 24 位。

参考文献

[1] （美）Michael D. Ciletti 著；李广军等译. Verilog HDL 高级数字设计（第二版）. 北京：电子工业出版社，2014.2

[2] 李广军，孟宪元编著. 可编程 ASIC 设计及应用. 成都：电子科技大学出版社，2003.9

[3] 曲英杰，方卓红编著. 超大规模集成电路设计. 北京：人民邮电出版社，2015.2

[4] 蔡述庭等编著. FPGA 设计：从电路到系统. 北京：清华大学出版社，2014.1

[5] 刘秋云，王佳编著. Verilog HDL 设计实践与指导. 北京：机械工业出版社，2005.1

[6] （美）巴斯克尔（Bhasker，J.）著；孙海平等译. Verilog HDL 综合实用教程. 北京：清华大学出版社，2004.1

[7] （美）Joseph Cavanagh 著，陈亦欧、李林、黄乐天译. Verilog HDL 数字设计与建模. 北京：电子工业出版社，2011.1

[8] (美)威廉斯著，李林、陈亦欧、郭志勇译．Verilog 数字 VLSI 设计指南．北京：电子工业出版社，2010.1
[9] 王金明编著．Verilog HDL 程序设计教程．北京：人民邮电出版社，2004.1
[10] 李哲英编著．DSP 系统的 VLSI 设计．北京：机械工业出版社，2006.12
[11] 祁才君编著．数字信号处理技术的算法分析与应用．北京：机械工业出版社，2005.7
[12] 许邦建，孙永节，唐涛编著．DSP 算法与体系结构实现技术．北京：国防工业出版社，2010.1
[13] (美)泰勒(Taylor，F．J.)著；程建华，袁书明译．数字滤波器原理及应用：借助 MATLAB．北京：国防工业出版社，2013.7
[13] (美)米特拉(Mitra，S．K.)著；孙洪等译．数字信号处理：基于计算机的方法(第三版)．北京：电子工业出版社，2006.6
[14] 江志红编著．深入浅出数字信号处理．北京：北京航空航天大学出版社，2012.1
[15] 高亚军编著．基于 FPGA 的数字信号处理．北京：电子工业出版社，2012.2

习题

6.1 实现并比较具有 16 位数据通路的 8 抽头 FIR 滤波器的两种不同结构。第一种使用下面图 P6-1 所示的结构，该结构应具有能对输入序列样值进行存储和位移的移位寄存器。第二种 FIR 结构的实现应使用状态机控制的环形缓冲器。

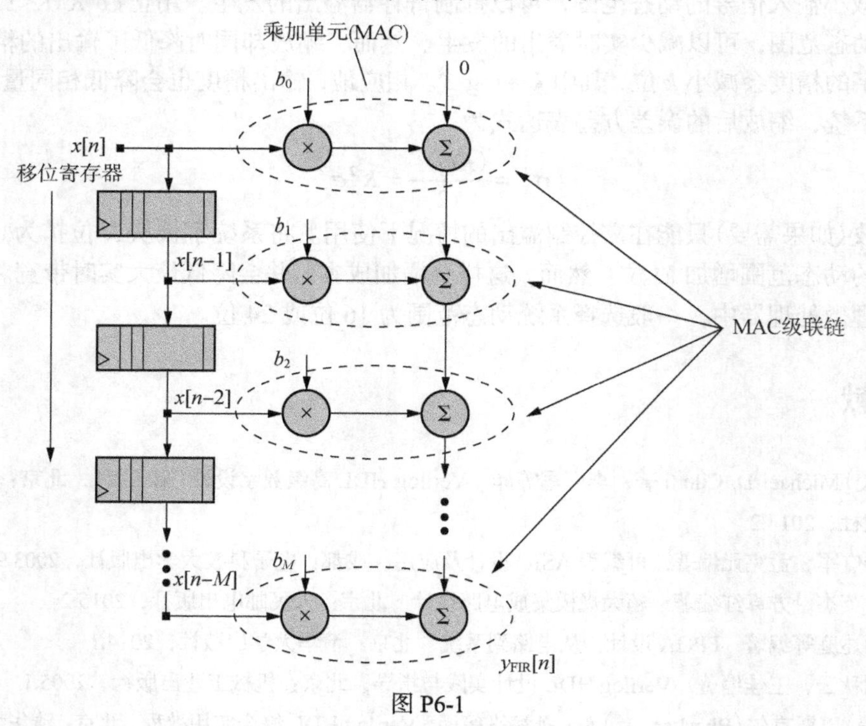

图 P6-1

6.2 图 P6-2 所示的 DFG(Data Flow Graph)节点已经标出了传输延迟，求该电路中流水线寄存器的最佳放置位置。

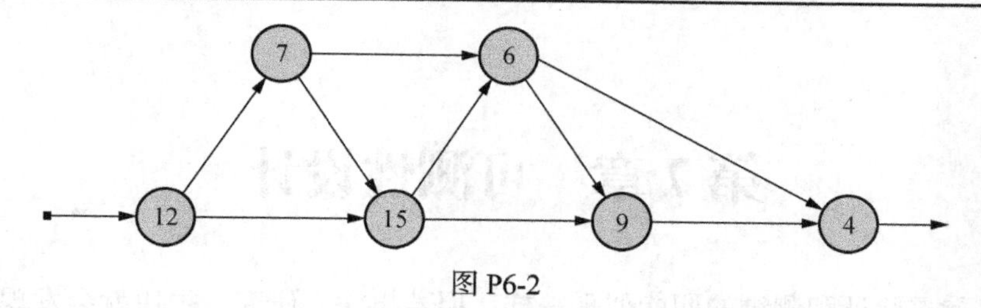

图 P6-2

6.3　用 MATLAB 设计一个 FIR 低通滤波器，要求其通带频率为 1600 Hz，阻带频率为 2400 Hz，带内增益为 0 dB，阻带衰减为 20 dB，采样率为 8000 Hz。该滤波器的输入数据通路为 32 位宽，抽头系数存储为 16 位字的形式。验证该滤波器对 2.5 ~ 3 kHz 的输入有令人满意的衰减。确定综合该滤波器所用的技术中能够达到的最高采样率（提示：用 FPGA 实现该滤波器，并说明它的工作过程）。

6.4　设计并验证一个在结构中采用对称抽头系数的 FIR 滤波器的 Verilog 模型。

6.5　设计实现一个 8 点的 FFT 运算模块。

6.6　设计一个长度为 15 的 *M* 序列产生电路。

第 7 章　可测性设计

从表面上看，验证和测试的职能似乎一样，但若再深入研究，很快就会发现两者只是相关而已。验证的目的是排除设计中的错误，确保该设计符合其技术规范。测试的目的是检测由加工制造工序衍生的故障。

随着微电子技术进入超大规模集成电路(VLSI)时代，VLSI 电路的高度复杂性及多层印制板、表面贴装(SMT)、圆片规模集成(WSI)和多芯片模块(MCM)技术在电路系统中得到广泛运用，这使得电路节点的物理可访问性(可测性)正逐步削减甚至消失，因而电路和系统的可测性急剧下降，测试费用在电路和系统总费用中所占的比例不断上升，常规的测试方法正面临着日趋严重的困难。测试算法的研究和测试实践证明了一个基本的事实，只有提高电路的可测试性设计，才能使电路的测试问题得到简化并最终得到解决。

可测性设计(design for testability，DFT)主要从 3 个方面研究可测试性问题：可控制性、可观察性和可预测性。大部分的可测性设计都从这三方面来提高系统的可测性。近年来飞速发展的 JTAG 边界扫描技术很好地解决了这些问题。边界扫描技术是迄今为止最成熟的 DFT 技术，已经成为 DFT 的主要手段。

本章介绍可测性设计的概念、当前面临的挑战以及设计方法；详细阐述 JTAG 的工作原理、逻辑内建自测试的原理、存储器内建自测试的原理，以及 ATPG 的概念，从 JTAG、逻辑 BIST、存储器 BIST 等方面介绍可测性设计在数字芯片中的设计方法和应用。

7.1　测试和可测性设计的基本概念

随着集成电路向深亚微米、特大规模和高密度方向发展，早期的人工测试和穷举测试等传统的测试手段已无法满足目前的测试需求，人们需要新的理念和方法来解决这一难题。可测性设计是一种在芯片设计时就要考虑系统测试问题的新兴设计方法，要求集成电路设计人员制定周密细致的电路可测性设计规范和规则，在设计时更改或添加设计结构和模块，使芯片满足测试的需要。

7.1.1　故障测试基本概念和过程

测试的目的在于检测由加工制造工序衍生的故障，故障测试的目标在于故障检测和故障定位。从广义上讲，它是一项贯穿门级、芯片级、PCB 板级和系统级等多层次的较为复杂的研究课题。分别在各级检测相同的故障，测试代价将依次以 10 倍量级增长，并且随电路输入引脚数及时钟频率的增加呈指数级增长。测试时间是产品设计周期内最长的阶段，大约占据了整产品设计与生产总时间的 40%。

集成电路的测试一般分为功能测试和制造测试。功能测试是测试电路的逻辑、时序等是否正确；芯片设计过程中的仿真和验证环节是围绕着电路的功能进行的，都属于功能测试的范畴。一个正确的设计并不能保证制造出来的芯片一定能够正常工作。在制造过程中可能会出现这样或那样的问题，如线与线或层与层之间出现短路、线与线之间出现开路等都会导致电路不能正常工作。因此，在芯片制造完成后还要对它进行制造测试

1. 故障测试基本过程

测试图形发生器(Test Pattern Generator，TPG)生成测试向量(也称为测试图形)，它代表被测器件的逻辑功能。输入和输出状态是由字符来表示的，通常用 I/O 来表示输入 / 输出状态；用 L/H/Z 来表示输出状态；用 X 来表示没有输入，也不关注输出的状态。事实上，可以用任何一套字符来表示测试向量，只要测试系统能够正确解释和执行每个字符相应的功能即可。

如图 7-1 所示，集成电路故障测试基本过程如下。首先，由测试图形发生器向被测电路(Circuit of Under Test，CUT)施加测试图形，使之达到预定义的初态；然后，CUT 对输入的测试图形进行处理，产生测试响应；最后，由测试响应分析(Response Analysis，RA)电路进行验证。在测试控制器(Test Controller，TC)的控制下，对不同的测试图形重复以上测试过程，根据结果判定电路中是否存在故障。

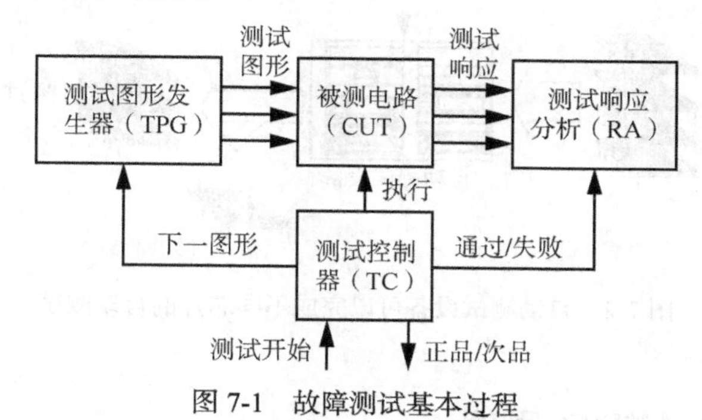

图 7-1　故障测试基本过程

2. 测试和验证的区别

虽然测试和验证的过程都是对电路进行测试向量输入，并观察输出，但是两者的检测目的和测试向量的生成原理截然不同。

验证的目的是用来检查电路的功能是否正确，对设计负责。测试的目的则主要是检查芯片制造过程中的缺陷，对器件的质量负责。

就测试向量生成的原理而言，验证是基于事件或时钟驱动的，而测试则是基于故障模型的。测试工具的目的就是以最少的测试向量来覆盖最多的电路和板级系统的故障。通常的测试向量集有穷举向量集、功能向量集和基于故障模型的测试向量集。

7.1.2　自动测试设备

与集成电路测试有关的另一个重要概念是自动测试设备(Automatic Test Equipment，ATE)。使用自动测试设备可以自动完成测试向量的输入和核对输出的工作，大大提高了测试速度，但是目前仍面临不小的挑战。

自动测试设备的挑战主要来自于两方面。首先是不同芯片对于同种测试设备的需求。在一般情况下，4~5 个芯片需要用同一个测试设备进行测试，测试时间只有一批一批地安排。每种设计都有自己的测试向量和测试环境，因此改变被测芯片时需要重新设置测试设备和更新测试

向量。其次，巨大的测试向量对于测试设备本身的性能是有要求的。目前，百万门级 SoC 的测试向量可能达到数万个，把这些测试向量读入测试设备并初始化，需要相当长的时间。解决这一方法的途径是开发具有大容量向量存储器的测试向量加载器。例如，Advantest 的 W4322 的高速测试向量加载服务器可以提供 72 GB 的存储空间，可以缩短 80%的向量加载时间。

如图 7-2 所示，当我们对已制造出来的集成电路进行生产测试时，先把集成电路插入自动测试设备里，然后输入测试程序对集成电路中潜在的瑕疵进行一系列冗长的测试。测试程序目前一般使用 IEEE 标准测试接口语言（Standard Test Interface Language，STIL）格式来描述。如果芯片在程序中没有成功地通过所有的测试，它会被丢弃或送到实验室做故障诊断。只有那些在程序中通过每个测试的芯片才会被发送给最终用户。今天，大部分的测试程序是由自动测试向量生成工具（Automatic Test Pattern Generator，ATPG）或称自动测试图形发生器产生的。

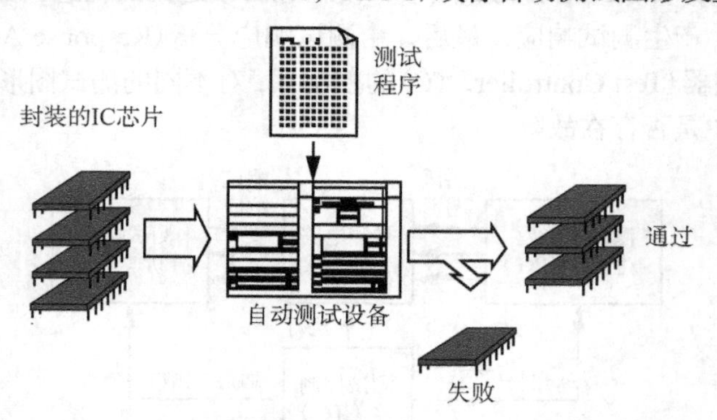

图 7-2　自动测试设备可以完成不同芯片的自动测试

7.2　故障建模及 ATPG 原理

故障建模是生产测试的基础，只有在抽象出有效故障模型的基础上，才能生成各种自动测试向量。利用软件程序可以实现 ATPG 算法，达到测试向量自动生成的目的。这里的测试向量指的是为了使特定故障能够在原始输出端被观察到，而在被测电路原始输入端所施加的激励。

通过软件程序可以自动完成以下两项工作：

① 基于某种故障类型，确定当前测试向量能够覆盖多少物理缺陷；

② 对于特定的抽象电路，工具能够自动选择能够匹配的故障模型。

利用自动测试向量生成工具有如下的优点：

- 减少测试向量生成时间，其生成的向量可以用故障覆盖率的标准来衡量好坏；
- 根据各类故障模型来生成向量并在测试设备上发现错误，可以直接根据故障模型来追踪错误，能够很好地定位和诊断；
- 生成测试向量的有效性非常高，可提高故障覆盖率，节约测试成本。

但是，也有人认为如果过于依赖自动测试向量生成工具，就会造成前端的设计必须与该工具的设计要求相匹配，可能造成的后果是破坏原有的设计流程。还有支持问题，成功的自动测试向量生成工具需要包括库和 EDA 软件的支持。

7.2.1　故障建模的基本概念

故障建模是生产测试的基础，在介绍故障建模前需要先理清集成电路中几个容易混淆的概念：缺陷、故障、误差和差错。表 7.1 列出了一些制造缺陷和相应的故障表现形式，其中包括如下几种。

- 缺陷(defect)。指的是在集成电路制造过程中，在硅片上所产生的物理异常，如某些器件不完全或被遗漏了。
- 故障(fault)。指的是由于缺陷所表现出的不同于正常功能的现象，如电路的逻辑功能固定为 1 或 0。误差是指由于故障而造成的系统功能的偏差和错误。
- 差错(error)。指的是由于一些设计问题而造成的功能错误，也就是常说的 bug。

表 7.1　制造缺陷和故障表现形式

制造过程中的缺陷	故障表现形式
线与线之间的短路	逻辑故障
电源与电源之间的短路	总的逻辑出错
逻辑电路的开路	固定型故障
线开路	逻辑故障或延迟故障
MOS 管源漏端的开路	延迟或逻辑故障
MOS 管源漏端的短路	延迟或逻辑故障
栅级氧化短路	延迟或逻辑故障
PN 结漏电	延迟或逻辑故障

在实际的芯片中，氧化层破裂、晶体管的寄生效应、硅表面不平整及电离子迁移等都可能造成一定程度的制造缺陷，并最终反映为芯片的功能故障。

故障建模是指以数学模型来模拟芯片制造过程中的物理缺陷，便于研究故障对电路或系统造成的影响，诊断故障的位置。为什么要进行故障建模呢？这是因为电路中可能存在的物理缺陷是多种多样的，并且由于某些物理缺陷对于电路功能的影响过于复杂，不能被充分地理解，分析的难度很大。而故障模型中的一个逻辑故障可以描述多种物理缺陷的行为，从而回避了对物理缺陷分析的复杂度。

7.2.2　数字逻辑单元中的常见故障模型

1. 固定型故障(Stuck At Fault，SAF)

固定型故障是在集成电路测试中使用最早和最普遍的故障模型，它假设电路或系统中某个信号永久地固定为逻辑 0 或逻辑 1，简记为 SA0(Stuck-At-0)和 SA1(Stuck-At-1)，可以用来表征多种不同的物理缺陷。如图 7-3 所示，对于器件 U0 来说，SA1 模拟了输入端口 A 的固定在逻辑 1 的故障，对于 U1 来说，SA0 模拟了输出端口 Y 固定在逻辑 0 的故障。

对于图 7-4 所示的组合电路，共包含 $2\times(N_{pins}+N_{ports})=2\times(11+5)=32$ 个固定型故障。

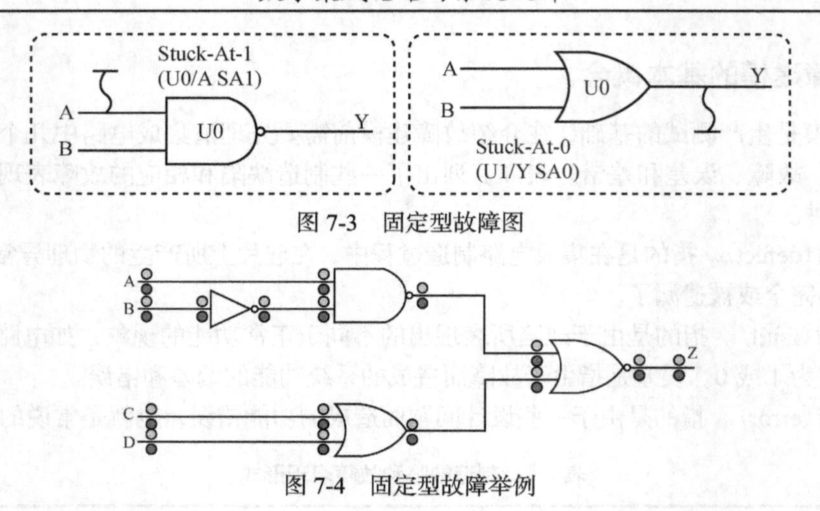

图 7-3 固定型故障图

图 7-4 固定型故障举例

2. 晶体管固定开路 / 短路故障(Stuck-open/Stuck-short)

在数字电路中，晶体管被认为是理想的开关元件，一般包含两种故障模型：固定开路故障和固定短路故障，分别如图 7-5 和图 7-6 所示。在检测固定开路故障的时候，需要两个测试向量，第一个测试向量 10 用于初始化，可测试端口 A 的 SA0 故障，第二个测试向量 00 用来测试端口 A 的 SA1 故障。对于固定短路故障，需要测量输出端口的静态电流。

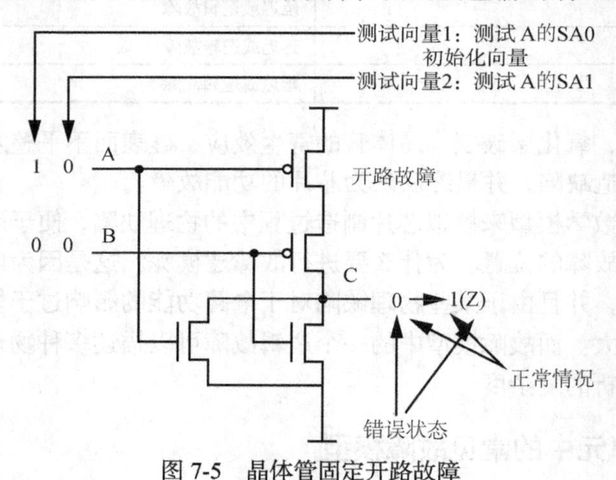

图 7-5 晶体管固定开路故障

3. 桥接故障(Bridging Fault)

桥接故障指节点间电路的短路故障，通常假想为电阻很小的通路，即只考虑低阻的桥接故障。桥接故障通常分为 3 类：逻辑电路与逻辑电路之间的桥接故障、节点之间的无反馈桥接故障和节点之间的反馈桥接故障。

4. 跳变延迟故障(Transition Delay Fault)

跳变延迟故障见图 7-7，指电路无法在规定时间内由 0 跳变到 1 或由 1 跳变到 0 的故障。在电路上经过一段时间的传输后，跳变延迟故障表现为固定型故障。

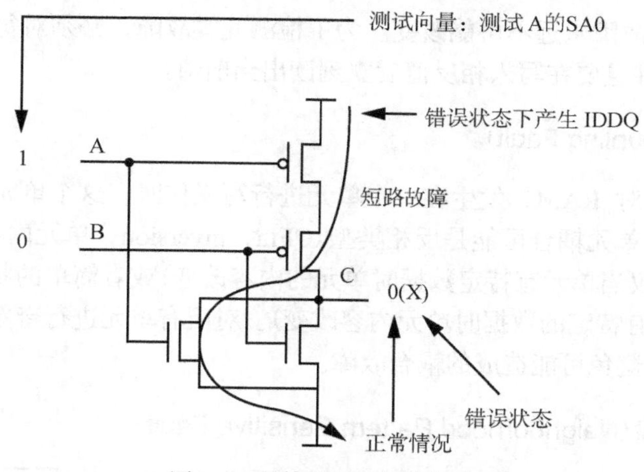

图 7-6　晶体管固定短路故障

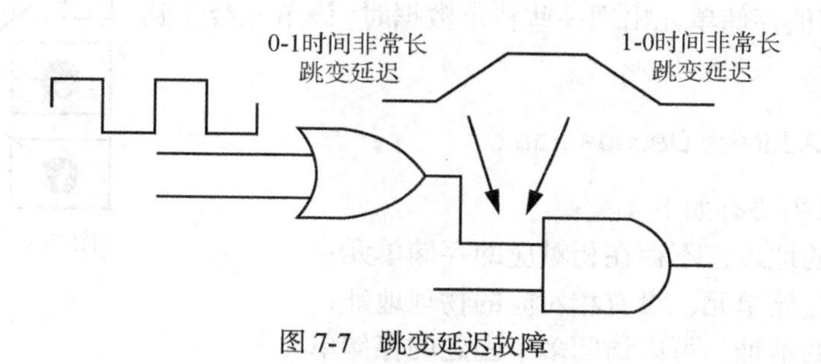

图 7-7　跳变延迟故障

5. 传输延迟故障(Path Delay Fault)

传输延迟故障不同于跳变延迟故障，是指信号在特定路径上的传输延迟，通常与测试该路径的交流参数联系在一起，尤其是关键路径。

7.2.3　存储器的故障模型

存储器的故障模型和数字逻辑中的故障模型显著不同，虽然固定、桥接及晶体管固定开/短路故障模型对于数字逻辑有很好的模拟效果，但是用这些故障类型来确定存储器功能的正确性却是不充分的。除了单元固定、桥接故障以外，存储器故障还包括耦合故障、数据保留故障、邻近图形敏感故障。

1. 单元固定故障(Stuck-At Fault)

单元固定故障指的是存储器单元固定在 0 或 1。为了检测这类故障，需要对每个存储单元和传输线进行读/写 0 和 1 的操作。

2. 状态跳变故障(Transition Delay Fault)

状态跳变故障是固定故障的特殊类型，发生在对存储单元进行写操作时未正常跳变。这里需要指出的是，跳变故障和固定故障不可相互替代，因为跳变故障可能在发生耦合故障时发生跳变，但是固定故障永远不可能改变。为了检测此类故障，必须对每个单元进行 0-1 和 1-0 的读／写操作，并且要在写入相反值后立刻读出当前值。

3. 单元耦合故障（Coupling Fault）

这些故障主要针对 RAM，发生在一个单元进行写操作时。这个单元发生跳变时会影响另一个单元的内容。单元耦合可能是反相类型（CFin，inversion，单元内容反相）、等幂类型（CFid，idempotent，仅当单元有特定数据时单元的内容改变）或者简单的状态耦合类型（CFst，state，仅当其他位置有特定的数据时单元内容改变）。对所有单元进行奇数次跳变后，对所有单元进行读操作，以避免可能造成的耦合故障。

4. 邻近图形敏感故障（Neighborhood Pattern Sensitive Fault）

特殊的状态耦合故障如图 7-8 所示。此类故障意味着，当特定存储单元周围的其他存储单元出现一些特定数据时，该单元会受到影响。

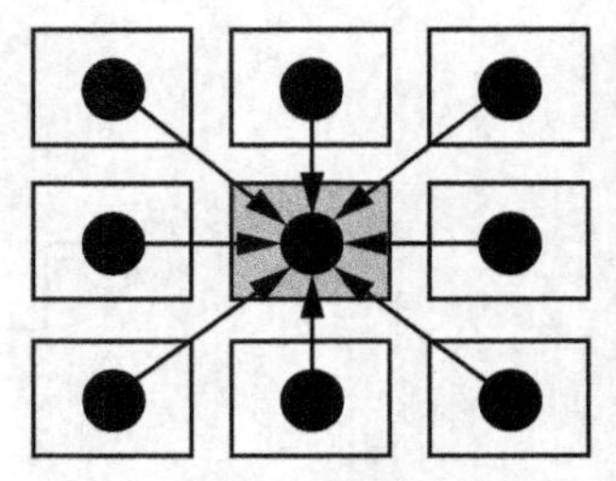

图 7-8 邻近图形敏感故障

5. 地址译码故障（Address Decode Fault）

地址译码故障主要有如下 4 类：

- 对于给定的地址，不存在相对应的存储单元；
- 对于一个存储单元，没有相对应的物理地址；
- 对于给定的地址，可以访问多个固定的存储单元；
- 对于一个存储单元，有多个地址可以访问。

6. 数据保留故障（Data Retention Fault）

数据保留故障是指存储单元不能在规定时间内有效地保持其数据值而出现的故障。这是一类动态故障，对于 SRAM 来说相当重要，可以模拟 DRAM 数据刷新中的数据固定和 SRAM 静态数据丢失等故障。这类故障有时对可编程的 ROM 和 Flash 存储器也十分重要。

7.2.4 故障测试覆盖率和成品率

我们知道，通过 ATPG 软件程序，可以自动完成以下两项工作：

- 基于某种故障类型，确定当前测试向量能够覆盖多少物理缺陷；
- 对于特定的抽象电路，工具能够自动选择可以匹配的故障模型。

这里涉及故障覆盖率的概念。故障测试覆盖率表示测试向量集对于故障的覆盖程度：

$$\text{故障测试覆盖率}(T)=\text{被检测到的故障数目}/\text{被测电路的故障总数} \tag{7.1}$$

故障测试确保了交付给客户的产品质量。交付有缺陷器件的概率 W 与故障测试覆盖率 T 和相对制造成品率 Y 的关系式为

$$W=1-Y^{(1-T)} \tag{7.2}$$

此处，Y 表示生产芯片的 ASIC 制造过程中的相对成品率，例如 Y=0.75。高的相对成品率和故障测试覆盖率是人们所期待的。表 7.2 和图 7-9 表明，在给定的成品率范围内，平均缺陷率是如何由故障测试覆盖率决定的。为了达到提高覆盖率的目的，该曲线给出了一个定量的

估测。对于半导体厂商来说，保证电路中故障测试覆盖率超过 99%是很平常的事。

表 7.2　未检测的有缺陷部件的质量取决于制造工艺的成熟程度和测试模板覆盖率

		测试模板覆盖率		
		70%	90%	99%
	生产成品率	未测试缺陷的百分比		
先进工艺	10%	50%	21%	2%
正在完备中的工艺	50%	19%	7%	0.7%
完备工艺	90%	3%	1%	0.1%

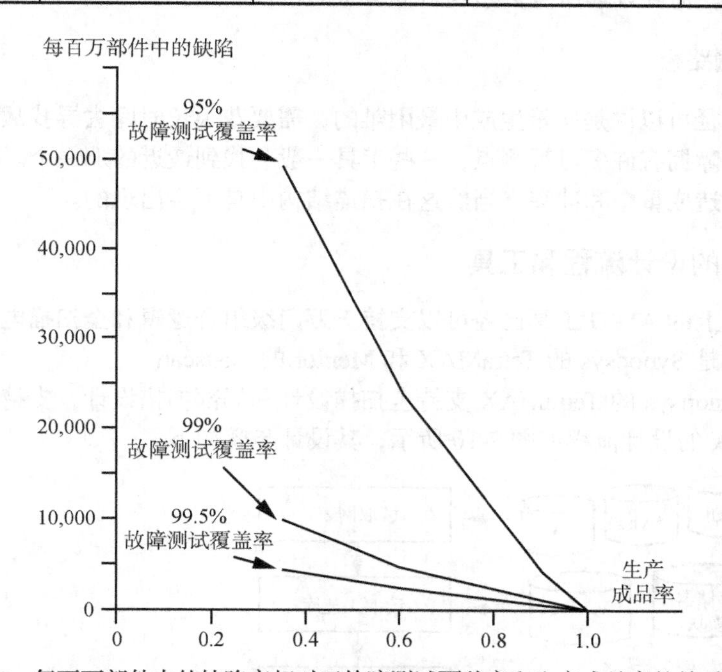

图 7-9　每百万部件中的缺陷率相对于故障测试覆盖率和生产成品率的关系曲线

7.2.5　ATPG 的工作原理

ATPG 采用故障模型，通过分析芯片的结构生成测试向量，进行结构测试，筛选出不合格的芯片。其中，最常用的故障模型就是固定故障模型，下面就以这个模型来说明 ATPG 的工作原理。

该故障假设芯片的一个节点存在缺陷，假设 SA0 表示节点恒为低电平，相对地，SA1 表示节点恒为高电平，即使控制目标节点的其他信号线都正常。例如，对于一个与门，只要将输入都变为 1，就可以建立 Stuck-At-0 故障模型，如果输出为 0 则说明存在该故障。通过在芯片内建立这个故障模型，可以在芯片的顶层输入端口加上激励，在芯片的输出端口获取实际响应，根据期望响应与实际响应是否相同来判断芯片是否存在制造缺陷。为了实现这样的目标，必须要求目标节点输入是可控制的，节点的输出是可观察的，并且目标节点不受其他节点影响，扫描链的结构为此提供了一切。对于 ATPG 软件来说，它的工作包括以下步骤。

1. 故障类型的选择

ATPG 可以处理的故障类型不仅仅是阻塞型故障，还包括路径延迟故障等。一旦所检测的故障类型被列举，ATPG 将对这些故障进行合理的排序，可能是按字母顺序、层次结构排序，或者随机排序。

2. 检测故障

在确定了故障类型之后，ATPG 将决定如何对这类故障进行检测，并且需要考虑施加激励向量的测试点，需要计算所有会影响目标节点的可控制点。

3. 检测故障传输路径

寻找传输路径可以说是向量生成中最困难的，需要花很长时间去寻找故障的可观测点。因为通常一个故障拥有许多可观测点，一些工具一般会找到最近的那一个。不同目标节点的传输路径可能会造成重叠和冲突，当然这在扫描结构中是不会出现的。

7.2.6　ATPG 的设计流程和工具

目前，市场上的 ATPG 工具已经可以支持千万门级组合逻辑和全扫描电路的测试向量生成。最有名的就是 Synopsys 的 TetraMAX 和 Mentor 的 Fastscan。

例如 1　Synopsys 的 TetraMAX 支持全扫描设计和局部扫描设计，支持多种扫描风格和标准。TetraMAX 的设计流程如图 7-10 所示，其设计步骤如下。

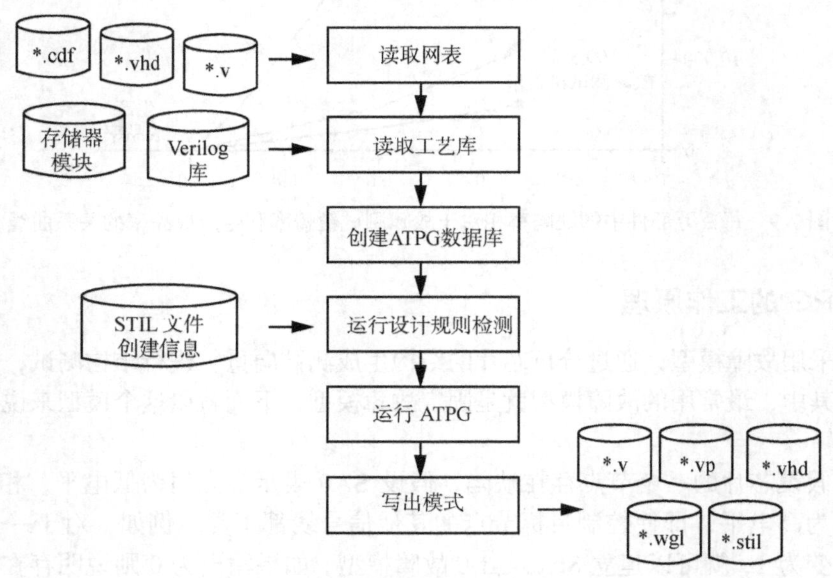

图 7-10　基本的 ATPG 流程

- 将包含扫描结构的门级网表输入到 ATPG 工具。
- 输入库文件。必须与门级网表相对应，并能被 ATPG 工具识别。
- 建立 ATPG 模型。输入库文件后，ATPG 工具将根据库文件和网表文件建立模型。
- 根据 STIL 文件进行 DRC 检测。STIL 文件是标准测试接口文件，包含扫描结构的一系列信息和信号的约束。

- 生成向量。这里需要选择建立哪种故障模型。
- 压缩向量。这一步骤可以节约将来芯片测试时的工作站资源和测试时间。
- 将 ATPG 模式的向量换转为 ATE 所需格式的测试向量。
- 输出测试向量和故障列表。

其中，故障列表为将来测试诊断用，可以发现芯片的制造缺陷。生成向量以后需要进行实际电路仿真，以确认故障覆盖率是否满足要求。

7.3　可测性设计

可测性设计(Design For Test，DFT)不仅仅是一种技术，而且是一种方法学。实现了可测性设计则意味着硬件是可以测试的，换句话说，这意味着即使设计已经变成了芯片，它的某些功能仍然是可测的。可测性设计需要从两个方面来考虑，分别是设计错误(design error)和硬件缺陷(hardware failure)。

设计错误只能通过错误的功能体现出来。大多数设计错误会在仿真和综合阶段被解决掉。这意味着在开发源代码阶段需要进行测试，在完成布局布线得到了准确的延迟信息并将该信息反标回网表后还需要进行测试，在流片之前被修正完善。

硬件缺陷显然只能在设计真正转换成了物理硬件之后才能被检查出来。最常见的错误与芯片生产的质量有关，例如一些门出现固定的 1 或其他的错误。要发现类似的错误，则必须在设计时就提供测试方法，这样才能在有缺陷的硬件上查到这个问题。在量产阶段，芯片的生产总会出现随机的制造错误。必须在提交给用户之前把有缺陷的芯片找出来。为了达到这个目的，也需要有检查硬件中的错误的方法。

在绑定引脚和封装时，还可能会引入短路或开路的缺陷。这是很严重的问题，但是要发现这种问题却不难，因为它们都位于芯片的边界上，可以较容易地观察它们的状态。

还有一类问题称为软(soft)错误。它们主要是由温度、外力的挤压、未知的电磁干扰或离子辐射等原因造成的。将这类错误称为软错误，是因为出现这种问题总是暂时的，这类问有可能会自行消失，有可能在复位后或其他条件下可以继续正常工作。如果硬件的某个门器件间歇性发生问题，这不算是软错误，而应该当成硬件缺陷。

因此，可测性设计实质上就是在设计时更改或添加设计结构和模块，使之能够满足测试的需要。它的目标包括：所设计的电路和系统易于测试；由此设计所引起的附加硬件应尽可能少；电路的附加部分对原来电路性能的影响应尽可能小；设计方法的适应面要广。电路具有可测性是指在一定的开销和时间约束下，某电路测试向量集合的产生、评估和使用，能够满足期望的故障检测、定位和测试执行的要求。

7.3.1　电路的可测性

电路的可测性涉及 3 个基本概念：可控制性、可观察性和可隔离性。可测性设计就是以提高这三者的能力为目标的设计技术，其中

- 可隔离性是指能通过测试逻辑将测试态和正常工作态隔离开，使之互不干扰；
- 可控性是指对测试点施加外部激励，能否使之产生响应；如果电路内部节点可被驱动

为任何值，则称该节点是可控的。

- 可观察性是指能否由外部设备观测测试点的状态，如果电路内部节点的取值可以传输到电路的输出端，且其值是预知的，则称该节点是可观察的。

IEEE 于 1981 年公布了对由几千个或非门构成的电路在考虑和不考虑可测性设计条件下，测试成本与电路规模的关系曲线（见图 7-11）。图中 DFT 代表可测性设计，UD 代表无约束设计。由图 7-11 可知，对无约束设计，测试成本随电路规模的增大呈指数上升；而采用可测性设计的电路，其测试费用与电路规模基本上呈线性增长关系。所以，采用可测性设计技术可以降低测试成本。

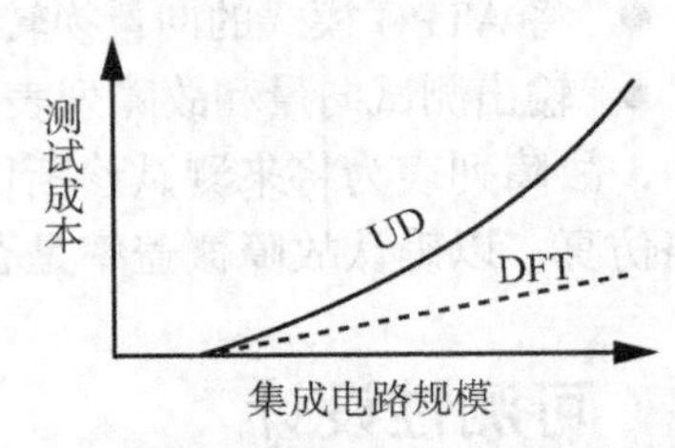

图 7-11　测试成本与电路规模的关系曲线

7.3.2　常用的可测性设计方案

目前，结构化可测性设计的方法主要有：内扫描测试法（scan design）、内建自测试法、边界扫描法和静态电流（IDDQ）测试法。其中，内扫描测试法包括扫描链法、电平灵敏度扫描法、随机存取扫描法和扫描置入法。在设计可测性设计方案时，应统筹兼顾，选取有效的测试方法，使芯片的测试时间和成本达到最优。因此，从新产品的设计阶段一直到样品芯片的验证阶段，以至于最后的成品检测阶段，都必须将测试方案视为整个研发过程中不可或缺的组成部分。

在芯片设计初期，集成电路设计者必须估算出总测试费用和复杂程度，采用比较合适的可测性设计方法，如内建自测试法和边界扫描法，可以降低测试成本和复杂程度。研发过程中，VLSI 设计的复杂程度使得芯片验证、特性测试和故障分析显得格外重要，因此测试者需要采取一些先进的可测性设计方法，帮助设计者验证芯片的性能，并向其提供有效的改进设计的信息。具体的测试结构和采用的方法，因芯片要求而异。

7.3.3　可测性设计的优势和不足

人们通常会问，为什么要在原有的电路中加入额外的测试结构？这个问题确实很难回答，可测性设计的经济性涉及设计、测试、制造、市场销售等各个方面。不同的人的衡量标准也不一样，设计工程师通常觉得可测性设计附加的电路会影响芯片的性能，而测试工程师会认为有效的可测性设计将大大提高故障覆盖率。表 7.3 列出了可测性设计的一些优势和不足。

表 7.3　DFT 的优势和不足

优　势	不　足
可以利用 EDA 工具进行测试向量的生成	增大了芯片的面积，提高了出错概率
便于故障的诊断和调试	增加了设计的复杂程度
可以提高芯片的成品率并衡量其品质	需要额外的引脚，增加了硅片面积
减少测试成本	影响了芯片的功耗、速度和其他性能

来自工业界的许多实例证明，加入额外的测试结构确实有助于芯片成品率的提高，从而大幅降低了芯片的制造成本。当然，为了弥补一些缺陷，DFT 技术本身也在不断地改进和发展。下面主要介绍用于数字电路的一些可测性设计方法，包括扫描测试结构、用于存储器测试的内建自测试，以及用于测试板级连接的边界扫描测试结构。

7.4　扫描测试

芯片内部除了有多个存储器以外，还有一些其他内部逻辑电路，如组合电路和存储电路（触发器）。由于它们无法从外部访问，因此在设计时应该考虑其测试问题，提高其可测性。另外，时序电路直接生成测试模板是十分困难的，通常考虑采用路径扫描的方法。电子行业中经常用扫描的方法验证电路，将组合电路的测试方法用于时序电路，实现其可测性。

当前应用最为广泛的方法是扫描测试法，其设计策略是将难以测试的时序电路转变成易测试的组合电路。

7.4.1　扫描测试原理

扫描测试是目前数字集成电路设计中最常用的可测性设计技术，扫描时序分成时序和组合两部分，从而使内部节点可以控制并且可以观察。测试向量的施加及传输是通过将寄存器用特殊设计的带有扫描功能的寄存器代替，使其连接成一个或几个长的移位寄存器链来实现的。

因此，扫描是指将电路中的任一状态移进或移出的能力，其特点是测试数据的串行化。通过将系统内的寄存器等时序元件重新设计，使其具有扫描状态输入，可使测试数据从系统一端经由移位寄存器等组成的数据通路串行移动，并在数据输出端对数据进行分析，以此提高电路内部节点的可控性和可观察性，达到测试芯片内部的目的。

扫描测试结构的基本单元就是扫描触发器，目前使用最广泛的就是带多路选择器的 D 型触发器和带扫描端的锁存器。

1. 带多路选择器的 D 型触发器

带多路选择器的 D 型触发器的具体实现是将多路扫描器（二选一开关）插入到各个触发器（FF）的输入端，在测试模式下将各个触发器构成移位寄存器形式，串接成扫描寄存器链，以便进行测试向量的输入和测试结果的观测，而测试向量的生成以组合电路为对象即可。因此，当电路工作在扫描方式时，通过芯片的扫描数据输入／输出引脚（scan-in/scan-out）即可串行移入／移出数据。

图 7-12（b）所示为带多路选择器的 D 型扫描触发器的基本结构，其中 scan_in 为扫描输入、scan_out 和数据输出端复用；scan_enable 控制电路在正常模式和扫描模式之间切换。扫描触发器一共有如下两种工作模式。

- 正常工作模式。ASIC 以设计的原来功能工作。这种模式下，scan_enable 为 0，此时数据从 D 端输入，从 Q 端输出。
- 扫描移位模式。ASIC 进行生产测试。这种模式下，scan_enable 为 1，此时数据从 scan_in 输入，从 scan_out 输出。值得注意的是，采用这种扫描单元结构显然会增加芯片面积和功耗。

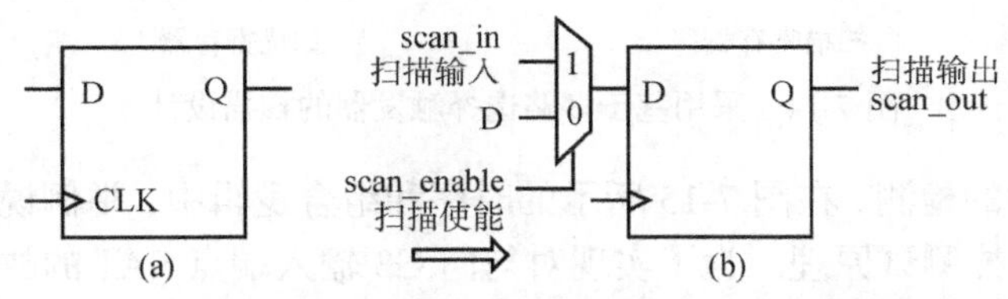

图 7-12　(a) D 型触发器和 (b) 带多路选择器的 D 型扫描触发器

除了扫描触发器外，还有一种扫描方式为电平敏感扫描设计，其中利用的扫描单元就是带扫描端的锁存器(见图 7-13)。

当 c 为高电平时，为正常工作模式，数据从 d 端到 mq 端；当 a 为高电平时，为扫描工作模式，数据从 scan_in 端到 mq 端；当 b 为高电平时，存在第一级锁存器中的数据传输到 sq 输出端。这类扫描单元主要应用于基于锁存器的设计中，其最大的劣势是时钟的生成和分配异常复杂。

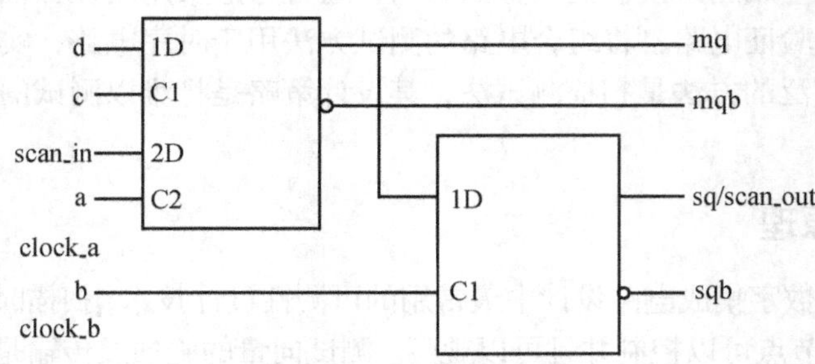

图 7-13　带扫描端的锁存器

2. 扫描测试原理

进行 ASIC 的生产测试时，触发器像移位寄存器一样被连接在一起，这种结构称为扫描链。扫描链用来把测试向量串行地移入设计中那些不容易由输入端口直接控制的部分。通过扫描链也可以将设计中那些不容易由输出端口直接观测的部分串行地移出到输出端口，从而判断设计中有无故障。

扫描链设计完成后，这些内部逻辑电路被划分为一系列的组合子电路和扫描链的集合，其中组合子电路的输入和输出都与扫描链有机地连接在一起，扫描链中的所有寄存器都具有扫描可控制性和扫描可观测性。

在一般的设计中，为了达到集成电路设计的周期化和同步的目的，电路的主要组成结构为组合逻辑和触发器，信号在经历了组合逻辑传输之后，用触发器进行同步。因此，对于一般的设计，采用基于多路选择触发器的扫描设计方法，相应的扫描单元就是带多路选择器的扫描触发器，其原理示意图如图 7-14 所示。而在处理器核中，锁存器如果是主要寄存逻辑单元，就采用电平敏感扫描设计，相应的扫描单元就是带扫描端的锁存器。

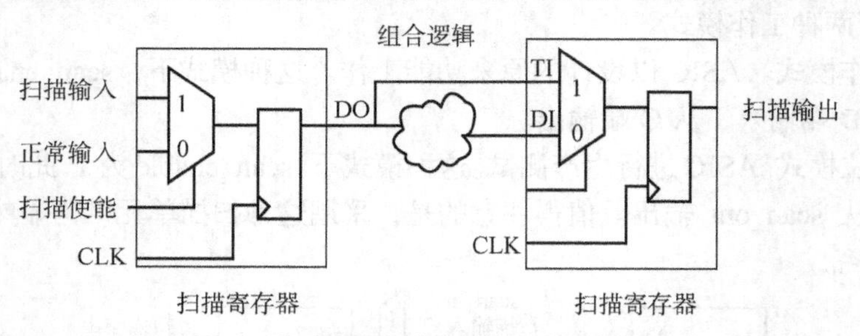

图 7-14　采用基于多路选择触发器的扫描设计

针对固定型故障的检测，在图 7-15 所示的时序和组合逻辑中，举例说明了基于多路选择 D 型扫描触发器的扫描测试原理。为了实现对与门 G3 输入端点 SA1 的故障测试，首先需要对电路进行扫描插入，将图 7-15 中 4 个触发器替换为扫描触发器并串联成一条扫描链，接着利用工具生成测试向量。其测试步骤如下。

① 将测试向量(如 x100)通过 scan_in 端口输入，通过扫描链传至每个触发器。此时 scan_enable 为 1，扫描触发器工作在移位模式。

② 在移位的最后一个时钟周期，scan_enable 为 1，向 A、B、C、D、E 输入并行测试向量(00001)。

③ 输入一个或几个采样时钟周期，将故障响应采样到扫描触发器。此时，scan_enable 为 0，扫描触发器工作在正常模式。

④ 将故障响应通过扫描链送至原始输出端。此时，scan_enable 为 1，扫描触发器工作在移位模式。

⑤ 在故障响应输出的同时，新的测试向量同时输入至各个触发器。

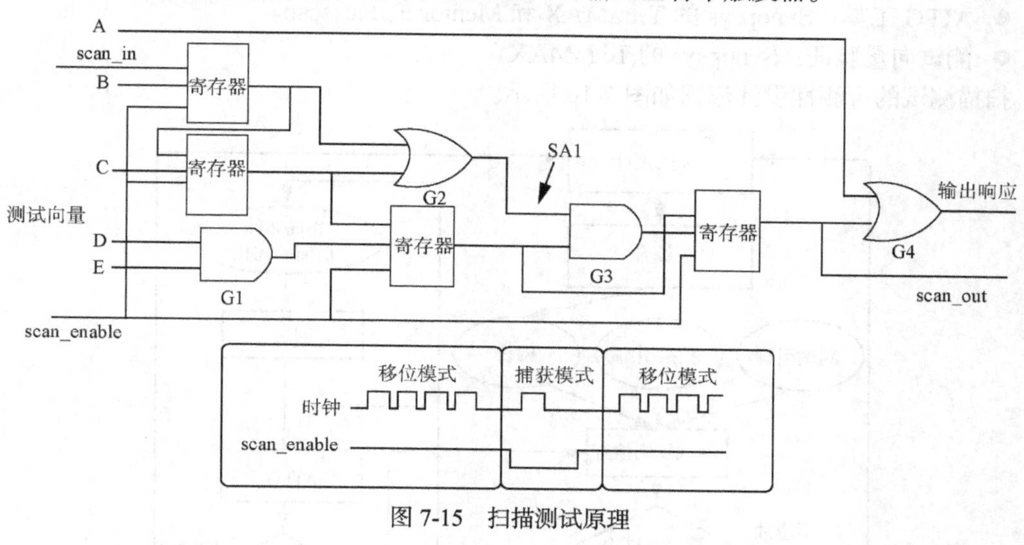

图 7-15　扫描测试原理

7.4.2　扫描测试的可测性设计

1. 扫描设计规则

扫描测试要求电路中每个节点处于可控制和可观测的状态，只有这样才能保证其可替换为相应的扫描单元，并且保证故障覆盖率。为了保证电路中的每个节点都符合设计需求，在扫描链插入阶段进行扫描设计规则的检查。

基本的扫描设计规则包括：

- 使用同种类扫描单元进行替换，通常选择带多路选择器的扫描触发器：在原始输入端必须能够对所有触发器的时钟端和异步复位端进行控制；
- 时钟信号不能作为触发器的输入信号；
- 三态总线在扫描测试模式必须处于非活跃状态；
- ATPG 无法识别的逻辑应加以屏蔽和旁路。

通常的解决办法是利用工具加入额外的电路来解决上述错误，比如锁存器，可以在 DFTCompiler 工具里加入 set scan transparen 来屏蔽。但是，如果在设计 RTL 阶段就有所考虑，将事半功倍。

2. 扫描测试的可测性设计流程及相关 EDA 工具

扫描测试的设计主要包括两部分内容：测试电路插入和测试向量的生成。其中，测试电路插入主要完成下列工作：

- 在电路中(RTL)中加入测试控制点，包括测试使能信号和必要的时钟控制信号；
- 在扫描模式下将触发器替换为扫描触发器，并且将其串行移入扫描链中；
- 通过检查 DRC，保证每个触发器的可控制性和可观察性。

利用 ATPG 工具可进行自动测试向量的生成和故障列表分析。目前常用的测试综合和 ATPG 工具如下。

- 扫描插入工具：Synopsys 的 DFTCompiler 和 Mentor 的 DFTAdvisor。
- ATPG 工具：Synopsys 的 TetraMAX 和 Mentor 的 Fastscan。
- 测试向量验证：Synopsys 的 TetraMAX。

扫描测试的可测性设计流程如图 7-16 所示。

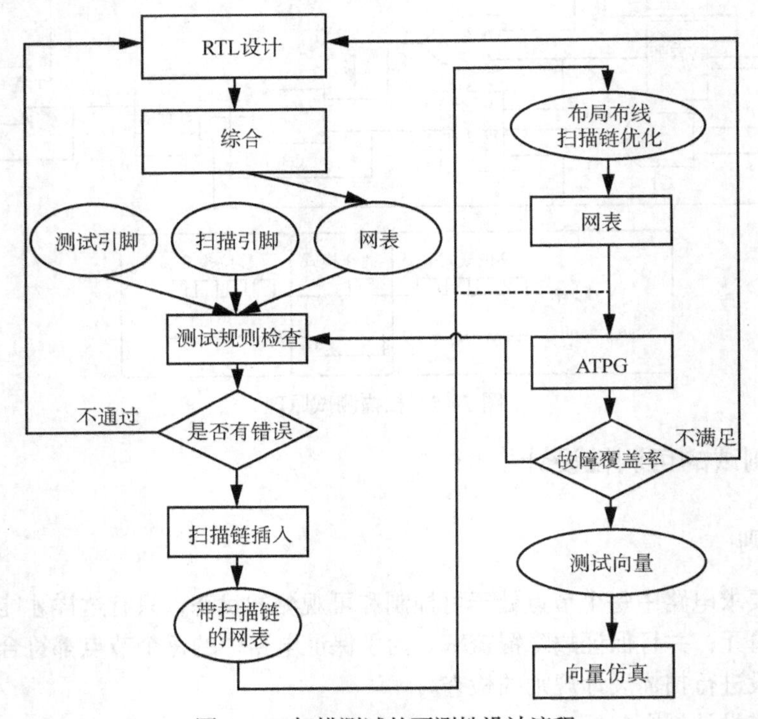

图 7-16 扫描测试的可测性设计流程

7.5 内建自测试

虽然扫描技术可简化测试生成问题，但由于数据的串行操作，对电路进行初始化、读出内部状态时需要较长的时间(尤其对于较大的电路)，导致测试速度比电路正常工作速度慢，对电路的正常性能和芯片可靠性的影响较大。为了将每个测试序列加到被测电路上，取得并分析每个待测电路的响应，需要用复杂的自动测试仪器(ATE)存储庞大的测试激励信号和电路响应，而且扫描技术仅提供静态测试，无法检测出电路中的时序信号；VLSI 芯片行为的复杂和每个引脚上带有的众多门数，使得扫描技术的测试效率并不高。

为了弥补扫描技术的不足，提出了内建自测试(Build In Self Test，BIST)的方法。

7.5.1　内建自测试的基本概念

对数字电路进行测试的过程分为两个阶段：把测试信号发生器产生的测试序列加到待测试电路，然后由输出响应分析器检查待测试电路的输出序列，以确定该电路有无故障。如果待测试电路具有自己产生测试信号、自己检查输出信号的能力，则称该电路具有内建自测试功能。内建自测试的一般结构如图 7-17 所示。

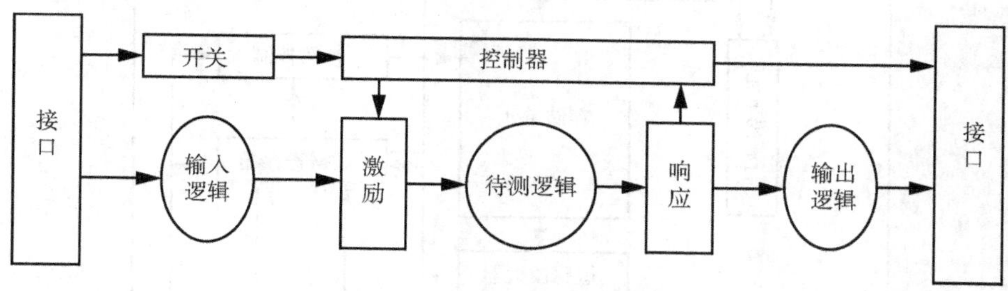

图 7-17　内建自测试的一般结构

内建自测试主要完成测试序列生成和输出响应分析两项任务，通过分析被测电路的响应输出，判断被测电路是否有故障。内建自测试速度快，而且无须像扫描测试那样用复杂的 ATE 存储庞大的测试激励信号和电路响应。

7.5.2　存储器的内建自测试

不论是在今天基于 IP 的嵌入式 SoC 系统中，还是在复杂的微处理器中，对嵌入式存储器性能的测试都是一个十分必要且重要的问题。其必要性在于如下几方面。

- 存储器本身的物理结构密度很大。通常对存储器的测试将受到片外引脚的限制，从片外无法通过端口直接访问嵌入式存储器。
- 随着存储器容量和密度的不断增加，各种针对存储器的新的错误类型不断产生。
- SoC 对于存储器的需求越来越大。目前在许多设计中，存储器所占硅片面积已经大于 50%，到 2014 年这一比率达到了 94%。
- 对于 SoC 系统而言，SRAM、DRAM、ROM、E2PROM 和 Flash 都可以嵌入其中，因此需要不同的测试方法进行测试。
- 存储器的测试时间越来越长，在未来的超大规模集成电路设计过程中，存储器将取代数字逻辑而占据芯片测试的主要部分。

1. 存储器测试方法

存储器的基本模型如图 7-18 所示，主要包括地址解码单元、存储单元和读写控制单元这三个部分。

当前测试嵌入式存储器的方法不少，包括直接访问测试方法、通过片上微处理器进行测试和利用存储器内建自测试等，如下所示。

- 直接访问测试方法。在芯片外增加直接访问存储器的端口，通过直接读 / 写存储单元来测试存储器。

- 通过片上微处理器进行测试。在这种方法中，微处理器的功能就像一个测试仪，可以利用微处理器存储器中的汇编语言程序来实现所需要的存储器测试算法。
- 利用存储器内建自测试。通过在存储器周围加入额外的电路来产生片上测试向量并进行测试比较，完成对存储器的测试。

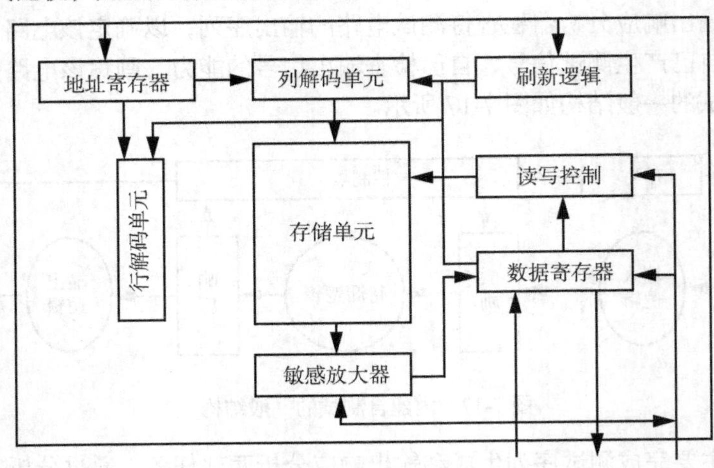

图 7-18 存储器模型

2. 存储器测试方法的比较

目前最流行的存储器测试方法就是内建自测试，该方法可以用于 RAM、ROM 和 Flash 等存储设备中，此外还有扫描寄存器测试方法和用 ASIC 功能测试的方法进行测试等。

- 扫描寄存器测试。对于小型的嵌入式存储器通常使用局部边界扫描寄存器，这种方法需要给嵌入式存储器增加测试外壳，由于外壳的延迟，存储器的读 / 写速率将降低，在测试的时候数据都是串行读入和读出的，测试时间显著增加，不太可能全速测试。
- 用 ASIC 功能测试的方法进行测试。对于小型存储器，ASIC 供应商提供了简单的读 / 写操作，用于 ASIC 的功能操作，可以利用某些向量对存储器进行测试。

表 7.4 比较了各种存储器测试方法的优缺点。与其他方法相比，内建自测试的最大优势是可以自己完成所有的测试，并且有自动工具支持，可以进行全速测试。当然有利必弊，内建自测试付出的代价是硬件开销和对存储器性能的永久损失。而对于故障的分析和诊断，内建自测试也有不足之处。不过随着存储器在 SoC 中的地位的提升，内建自测试的优势也越来越明显。

表 7.4 存储器测试方法比较

测试方法	优 点	缺 点
直接访问测试方法	可以进行非常详细的测试 可以使用故障诊断工具	在芯片 I/O 上有巨大损失 布线代价可能很大
通过片上微处理器进行测试	不需要额外硬件 没有性能损失	必须有微处理器的存在
存储器内建自测试	有自动工具支持 可以进行全速测试 有良好的故障覆盖率 对于测试设备来说，消耗最少	有一定的硬件开销 对存储器带来永久的性能损失 故障诊断和修复比较麻烦 与硬件本身的可测性设计有关

（续表）

测试方法	优　点	缺　点
扫描寄存器测试	可以进行故障分析 避免了在芯片 I/O 的性能损失	测试时间会很长 需要大量的额外硬件
用 ASIC 功能测试的方法进行测试	不需要额外硬件 没有性能损失	只能执行简单算法 只适合小型存储器

7.6　边界扫描法

可测性设计（DFT）确保对已制造的电路能够进行缺陷测试。DFT 通常要求设计的电路能够支持测试，因为一般芯片上可用 I/O 引脚相当少，要测试内部的大量节点，这些引脚是不够的。

为了弥补连接电测试点物理通路的不足，联合测试行动组（Joint Test Active Group，JTAG）开发了边界扫描测试（Boundary Scan Test，BST），并于 1990 年成为 IEEE 标准《测试存取口及边界扫描设计》（IEEE 1149.1），它是为解决 PCB 板级多芯片组之间或系统级各子系统之间的故障测试难题给出的一种可测性设计工业标准，是进行层次化测试结构研究的基础。

基于边界扫描的方法已经被广泛地应用并且十分重要。它们不仅支持对电路缺陷的测试，而且支持在软件开发中对嵌入式处理器的调试，以及支持 CPLD 和 FPGA 的现场编程。

采用边界扫描测试技术可使芯片各引脚的可控制性和可观察性达到 100%，支持器件级直至系统级的测试，同时方便芯片在应用时与其他采用了 JTAG 标准的外围芯片进行互连测试。

在芯片和板级测试中，也存在一些实际的问题，例如

① 时序电路难以进行测试，因为测试需要一组测试模板序列；

② 大规模电路的内部节点不能在输出引脚处观测，也不容易通过可用的输入引脚对它们进行控制；

③ 印刷电路板的制作过程使用铜线作为信号通路，如果这些铜线被短接或开路，电路就会存在缺陷；

④ 电路板与 ASIC 芯片引脚之间或引脚与核心逻辑之间可能会接触不良；

⑤ 安装到电路板上的芯片的核心逻辑只能现场测试，而不能将其从电路板上拿下来单独测试；

⑥ 有必要将故障位置与特定的 ASIC 或模块隔离，以减小维修成本。

通过采用一种基于扫描链的 JTAG 标准的电路接口对板级和芯片级电路进行测试，电子行业界已经解决了这些问题。

7.6.1　边界扫描法的基本结构

边界扫描法将扫描路径法扩展到了整个板级或系统级。与扫描路径测试法类似，基于边界扫描法的元器件的所有与外部交换的信息（指令、测试数据和测试结果）都采用串行通信方式，允许测试指令及相关的测试数据串行送给元器件，然后允许把测试指令的执行结果从元器件串行读出。为了完成这样的功能，边界扫描技术中包含了一个与元器件的每个引脚相接的位于边界扫描寄存器单元中的寄存器链，这样元器件的边界信号可用扫描测试原理进行控制和观察，这就是边界扫描的含义。

边界扫描设计的整体结构如图 7-19 所示，主要由以下部件组成：

① 具有 4 个或 5 个引脚的测试访问通道(Test Access Port，TAP)；

② 一组边界扫描寄存器、指令寄存器(Instruction Register，IR)和数据寄存器(Data Register，DR)；

③ 一个 TAP 控制器。

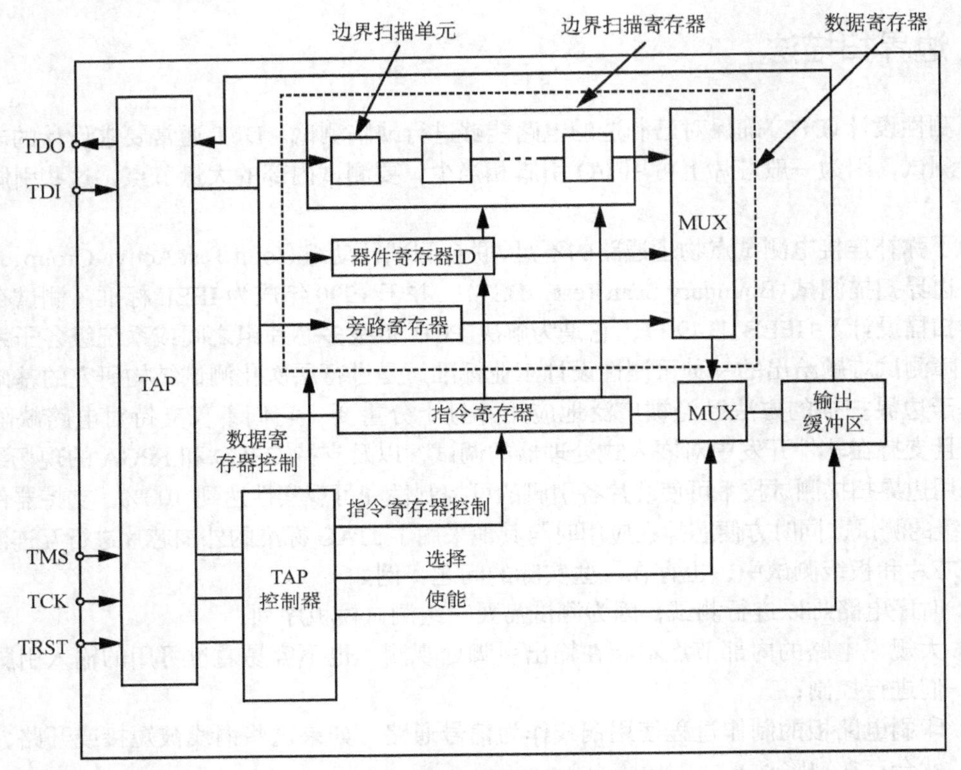

图 7-19 边界扫描设计的基本结构

边界扫描测试法是以测试访问端口和边界扫描单元(Boundary Scan Cell，BSC)为基础的。边界扫描单元是在核心逻辑电路周边与外部 I/O 引脚之间，为了进行测试而特意添加的逻辑电路——移位寄存器单元，通过对其进行置数和读数，就可以像探针一样观察引脚处的状态，或者将激励信号施加到引脚上。所有的边界扫描单元将被串接起来，构成一个可以串行移位的边界扫描链，在 TAP 控制器的控制下工作，完成一系列测试动作。插入边界扫描设计后的芯片示意图如图 7-20 所示。

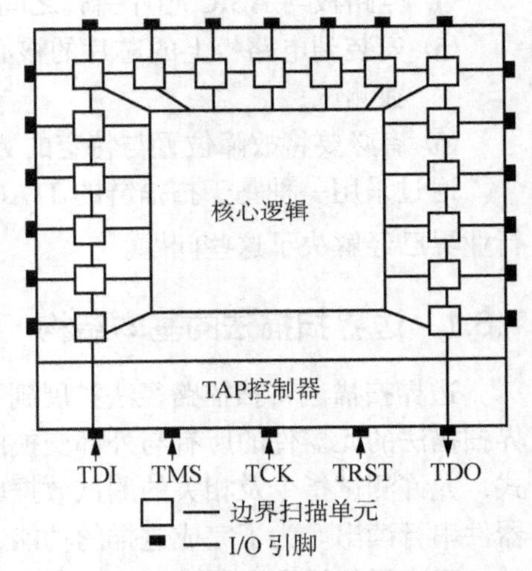

图 7-20 插入边界扫描后的芯片示意图

边界扫描是为了测试时序电路而对前面所讨论的扫描寄存器概念进行的扩展。通过在 ASIC 的 I/O 引脚处插入边界扫描单元，并在芯片周围将它们连接成移位寄存器，扫描链路就加入了 ASIC 的网表(Netlists)中。同样的单元也可以用来替代核心逻辑电路中的触发器，以构成内部扫描路径，这条内部的扫描路径由一个或多个测试数据的寄存器(test-data register)级联而成。当在内部使用时，这些单元称为数据寄存器单元。

一个典型的边界扫描或数据寄存器单元如图 7-21 所示。这些单元允许在不影响芯片正常工作的情况下扫描数据(例如在线监测芯片的工作)。两个多路选择器控制了单元的数据通路。输入多路选择器决定了捕获 / 扫描触发器是连接到 data_in 还是连接到串行输入 scan_in。输出多路选择器决定了是把 data_in 还是输出触发器连接到 data_out。

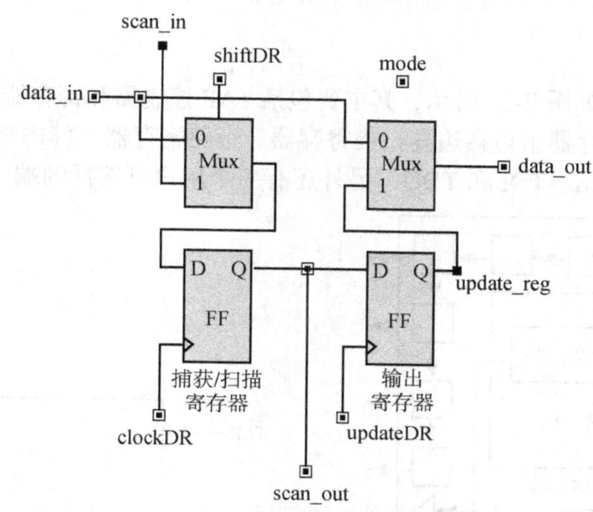

图 7-21　用来实现边界扫描测试寄存器和测试数据寄存器的数据寄存器单元包括一个捕获/扫描触发器和一个输出触发器

当 mode=0 时单元处于正常模式，data_in 通过多路选择器传输到 data_out 和捕获 / 扫描触发器，由 clockDR 脉冲加载数据。捕获 / 扫描触发器支持边界扫描链路；当新数据被扫描进入捕获 / 扫描触发器时，输出寄存器的数据保持不变。BSC 的 data_in 和 data_out 分别连接到 ASIC 核心逻辑的输入和输出。

当 mode=1 时单元处于测试模式，测试模板在 clockDR 的控制下被移入捕获 / 扫描触发器。当扫描链路处于正常状态时，通过 updateDR 信号触发，捕获 / 扫描触发器中的数据可以并行装入，以更新输出寄存器。

如果边界扫描寄存器单元连接到芯片的输入引脚，则 data_in 连接到芯片的输入引脚，data_out 连接到 ASIC 核心逻辑的输入引脚。如果边界扫描寄存器单元作为输出，则 ASIC 核心逻辑与 data_in 相连，并且 data_out 连接到 ASIC 的输出引脚。边界扫描单元的 Verilog 模型如图 7-22 所示。

```
module BSC_Cell (output data_out, output reg scan_out,
  input data_in, mode, scan_in, shiftDR, updateDR, clockDR
);
  reg update_reg;

  always @ (posedge clockDR) begin
    scan_out <= shiftDR ? scan_in : data_in;
  end

  always @ (posedge updateDR) update_reg <= scan_out;
  assign data_out = mode ? update_reg : data_in;
endmodule
```

图 7-22　TAP 控制器是一个同步状态机，把接收到的 TMS 和 TCK 信号译码，产生所需的边界扫描单元的 Verilog 模型

7.6.2 JTAG 和 IEEE 1149.1 标准

边界扫描是欧美一些大公司联合成立的一个组织——联合测试行动小组(JTAG)为了解印制电路板(PCB)上芯片与芯片之间互连测试而提出的一种解决方案。由于该方案的合理性，它于1990年被IEEE采纳而成为一个标准，即IEEE 1149.1。该标准规定了边界扫描的测试端口、结构和操作指令。

1. IEEE 1149.1 结构

IEEE 1149.1 结构如图7-23所示，其主要包括TAP控制器和寄存器组。其中，TAP控制器如图7-24所示；寄存器组包括边界扫描寄存器、旁路寄存器、标志寄存器和指令寄存器，主要端口为TCK、TMS、TDI和TDO，另外还有一个用户可选择的端口TRST。

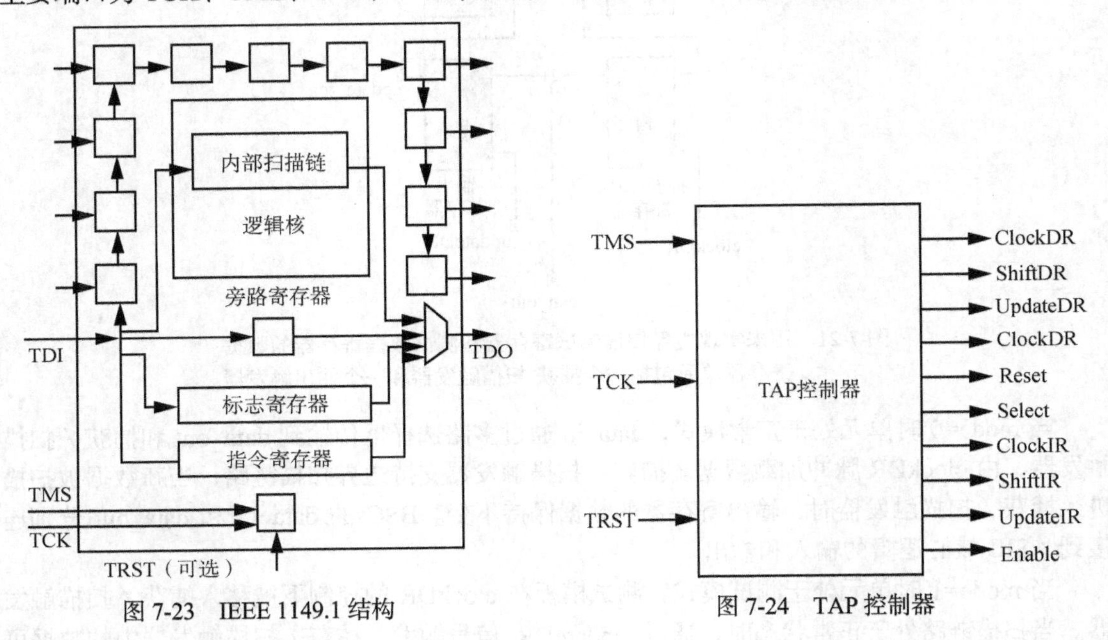

图7-23 IEEE 1149.1 结构　　　　图7-24 TAP 控制器

2. JTAG 端口

TAP引出的5个测试访问端口(TDI，TDO，TCK，TMS和TRST)是专门控制测试逻辑的控制端口。测试向量由TDI串行移入边界扫描单元，捕获的响应数据串行移出至TDO，并在芯片外部与预期的结果进行比较。JTAG端口的定义如下。

① TCK(Test Clock)。边界扫描设计中的测试时钟是独立的，因此与原来集成电路或PCB上的时钟无关，也可以复用原来的时钟。

② TMS(Test Mode Select)。由于在测试过程中，需要有数据捕获、移位、暂停等不同的工作模式，因此需要有一个信号来控制。在IEEE 1149.1中仅有一个这样的控制信号，通过特定的输入序列来确定工作模式，采用有限状态机来实现。该信号在测试时钟TCK的上升沿采样。

③ TDI(Test Data In)。串行输入的数据TDI有两种。一种是指令信号，送入指令寄存器；

另一种是测试数据(激励、输出响应和其他信号)，输入到相应的边界扫描寄存器中去。

④ TDO(Test Data Out)。以串行输出的数据也有两种，一种是从指令寄存器移位出来的指令，另一种是从边界扫描寄存器移位出来的数据。

除此之外，还有一个可选端口 TRST，为测试系统复位信号，作用是强制复位。

3. TAP 控制器

TAP 控制器是一个同步状态机，把接收到的 TMS 和 TCK 信号译码，产生所需的控制序列，控制电路进入相应的测试方式。TAP 控制器的所有状态转换都必须以 TMS 在 TCK 的上升沿出现的值为依据，所有测试逻辑的变化(如指令寄存器、数据寄存器等)必须出现在 TCK 的上升沿或下降沿。

TAP 控制器的作用是将串行输入的 TMS 信号进行译码，使边界扫描系统进入相应的测试模式，并且产生该模式下所需的各个控制信号。IEEE 1149.1 的 TAP 控制器由有限状态机来实现。

4. 寄存器组

(1) 指令寄存器(Instruction Register，IR)

指令寄存器由移位寄存器和锁存器组成，长度等于指令的长度。IR 可以连接在 TDI 和 TDO 的两端，经 TDI 串行输入指令，并且送入锁存器，保存当前指令。在这两部分中有个译码单元，负责识别当前指令。由于 JTAG 有 3 个强制指令，所以该寄存器的宽度至少为 2 位。

(2) 旁路寄存器(Bypass Register，BR)

旁路寄存器也可以直接连接在 TDI 和 TDO 两端，只有 1 位组成。若一块 PCB 上有多个具有边界扫描设计的集成电路，可将每个集成电路中的边界扫描链串接起来。如果此时需要对其中某几个集成电路进行测试，就可以通过 BYPASS 指令来旁路无须测试的集成电路。如图 7-25 所示，如果需要测试第二块和第三块集成电路，则在 TDI 输入 110000 就可以配置旁路寄存器，此时第一块集成电路的旁路寄存器被置位，表示该芯片在测试过程中被旁路。

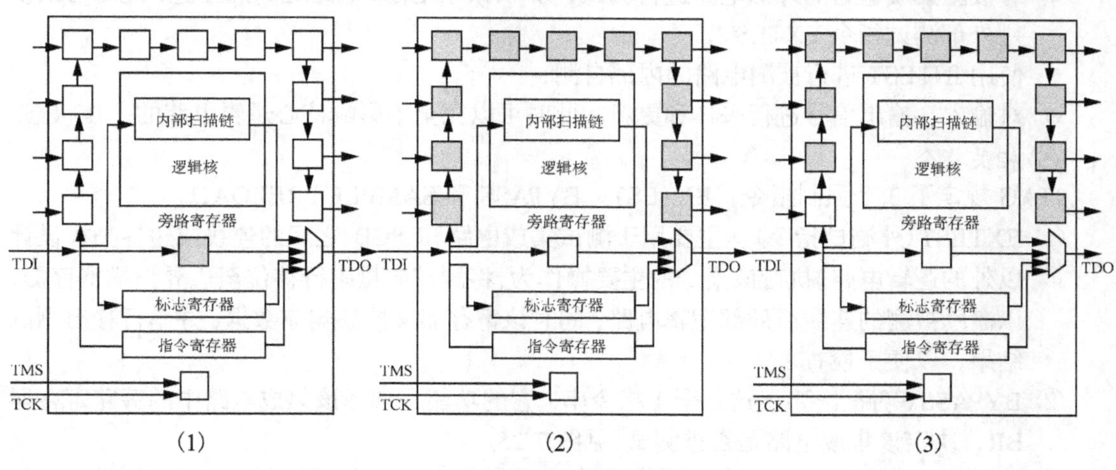

图 7-25　旁路寄存器使用举例

(3) 标志寄存器 (Identification Register，IDR)

如图 7-26 所示，在一般的边界扫描设计中，都包含一个固化有该器件标志的寄存器，它是一个 32 位标准寄存器，其中包含关于该器件的版本号、器件型号、制造厂商等信息，在 PCB 生产线上用于检查集成电路的型号和版本，以便检修和替换。

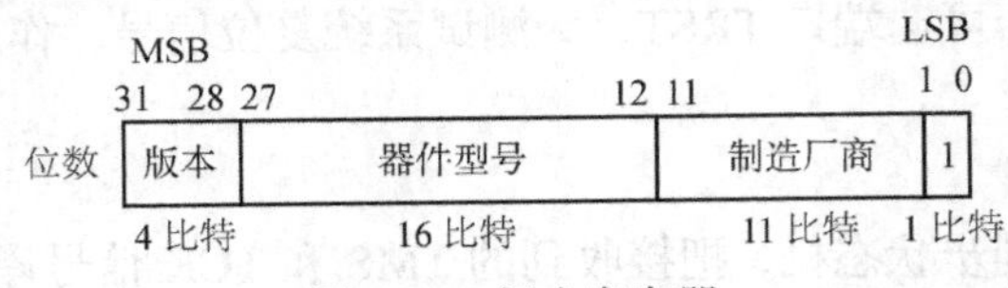

图 7-26 标志寄存器

(4) 边界扫描寄存器

边界扫描寄存器是边界扫描中最重要的结构单元，用于完成测试数据的输入、输出锁存和移位过程中必要的数据操作。其可工作在多种模式，首先是满足扫描链上的串行移位模式下电路的数据捕获和更新，如图 7-27 所示。

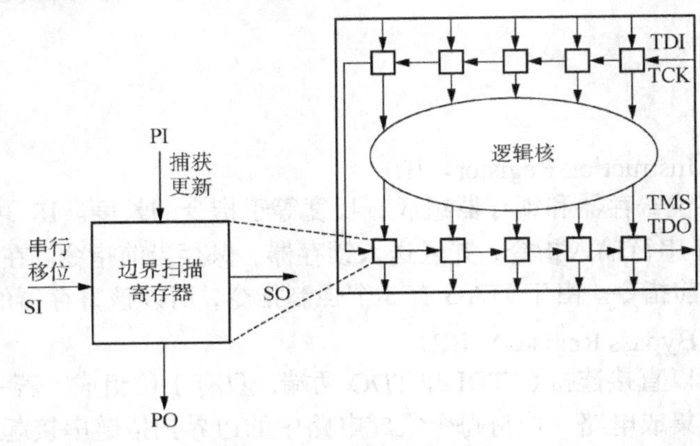

图 7-27 边界扫描寄存器

利用边界扫描寄存器可提供如下的主要测试功能。

- 对被测集成电路的外部电路进行测试，如可以测试集成电路之间的互连，此时可以使用外部测试指令 EXTEST；
- 使用 INTEST 进行被测电路的内部自测；
- 对输入、输出信号进行采样和更新，此时可以完全不影响核心逻辑电路的工作状态。

(5) 相关指令

JTAG 规定了 3 个强制指令：EXTEST、BYPASS 和 SAMPLE/PRELOAD。

① EXTEST (外测试指令)。主要用于测试集成电路和 PCB 之间的连线或边界扫描设计以外的逻辑电路。执行该指令的主要操作为，将测试向量串行移位至边界扫描寄存器，以激励被测的连线或外部逻辑电路，同时该寄存器又捕获响应数据，并串行移出测试结果，以便于检查。

② BYPASS (旁路指令)。这是全 1 指令串，它的功能是选择该集成电路中的旁路寄存器 BR，决定该集成电路是否被测试（见图 7-25）。

③ SAMPLE/PRELOAD (采样 / 预装指令)。采样指令用于在不影响核心逻辑正常工作的前提下，将边界扫描设计中的并行输入端的信号捕获至边界扫描寄存器中，在测试时，

通过采样指令捕获所测试逻辑电路的响应。预装指令功能与采样指令基本相同，只是此时装入边界扫描寄存器中的数据是编程者已知或确定的。

除了上述必须的指令外，JTAG 还定义了部分可选择的指令，如 INTEST，IDCODE 和 RUNBIST 等。

7.6.3　边界扫描设计流程

利用边界扫描 IEEE 1149.1 进行板级测试的策略分以下 3 步。

① 根据 IEEE 1149.1 标准建立边界扫描的测试结构。

② 利用边界扫描测试结构，对被测部分之间的连接进行向量输入和响应分析。这是板级测试的主要环节，也是边界扫描结构的主要应用，可以用来检测由于电气、机械和温度导致的板级集成故障。

③ 对单个核心逻辑进行测试，可以初始化该逻辑并利用其本身的测试结构。

工业界主要采用的边界扫描工具为 Mentor 的 BSD Architect 和 Synopsys 的 BSD Compiler。以后者为例，其主要设计流程如图 7-28 所示。该流程会生成 BSDL 文件，该文件是边界扫描测试描述文件，该文件内容包括引脚定义和边界扫描链的组成结构。一般的 ATE 可以识别该文件，并自动生成相应的测试程序，完成芯片在板上的漏电流等参数的测试。

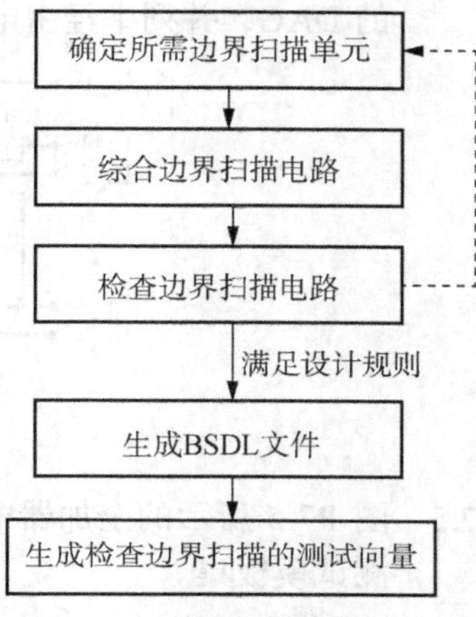

图 7-28　边界扫描设计流程

参考文献

[1] (美)Michael D. Ciletti 著；李广军等译．Verilog HDL 高级数字设计(第二版)．北京：电子工业出版社，2014. 2

[2] 曲英杰，方卓红编著．超大规模集成电路设计．北京：人民邮电出版社，2015. 2

[3] (美)Zainalabedin Navabi 著，李广军、陈亦欧、李林译．Verilog 数字系统设计：RTL 综合、测试平台与验证．北京：电子工业出版社，2008

[4] (美)威廉斯著，李林、陈亦欧、郭志勇译. Verilog 数字 VLSI 设计指南．北京：电子工业出版社，2010

[5] 虞希清编著．专用集成电路设计实用教程．杭州：浙江大学出版社，2007，1

[6] 邹雪城等编著．VLSI 设计方法与项目实施．北京：科学出版社，2007

[7] 傍杉，徐强，王莉薇编著. 数字 IC 设计——方法、技巧与实践．北京：机械工业出版社，2006.1

[8] 杨宗凯，黄建，杜旭编著．数字专用集成电路的设计与验证．北京：电子工业出版社，2004. 10

[9] 曾烈光，金德鹏等编著．专用集成电路设计．武汉：华中科技大学出版社，2008 年 10 月

[10] 来新泉主编.专用集成电路设计实践．西安：西安电子科技大学出版社，2008. 11

[11] 林丰成，竺红卫，李立编著．数字集成电路设计与技术．北京：科学出版社，2008

[12] (美)韦斯特(Weste，N. H. E.)，(美)哈里斯(Harris，D. M.)著；周润德译．CMOS 超大规模集成电路设计(第四版)．北京：电子工业出版社，2012. 7

习题

7.1 验证和测试的基本区别是什么？

7.2 可测性设计的 3 个主要目标是什么？

7.3 什么是 ATPG？简述 ATPG 的工作原理。

7.4 图 P7-4 中的逻辑门标注了上升沿与下降沿输出变化的延迟范围（min，max）。设计电路的 DAG，并列举经由电路中的通路到达输出后，其上升沿和下降沿的延迟范围。

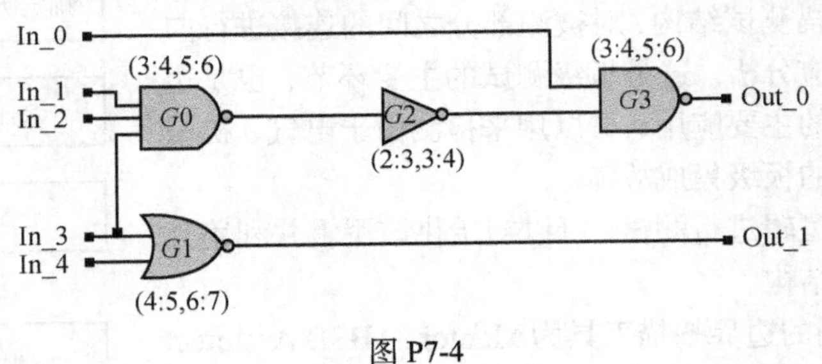

图 P7-4

7.5 图 P7-5 所示的全加器电路的逻辑门级模型中，求能覆盖所有 s-a-0 和 s-a-1 故障的最小测试模板集。

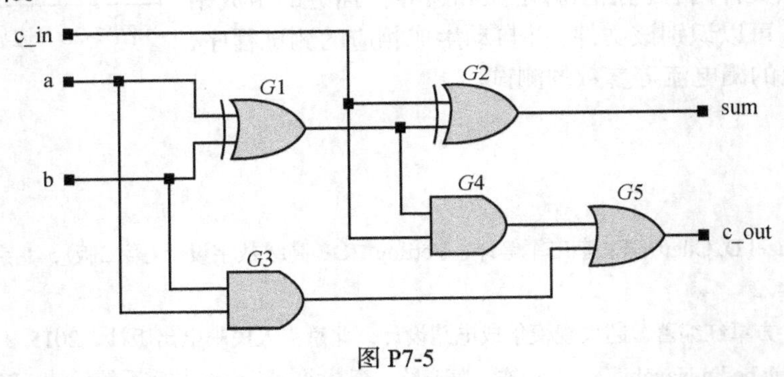

图 P7-5

7.6 在 ASIC 和 FPGA 中，门控时钟可能会出现问题。比较图 P7-6 中的电路，哪一个能够用来在二进制计数器到达指定数值时产生时钟脉冲？

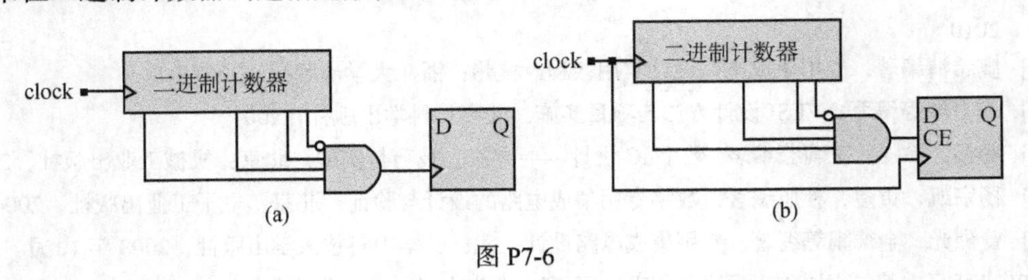

图 P7-6

第8章　物理设计

数字集成电路的设计方法是从电路理论到产品实现的工程手段。数字集成电路及 SoC 的设计方法发展多年以来，寻求最有效和可靠的后端设计技术和流程，是集成电路设计公司和 EDA 厂商一直追求的方向。尽管不同的 EDA 公司可以提供给后端设计不同的流程方案，其中细节上的差别种类繁多,但基本的步骤仍然较通用,因此本书只讨论基于标准单元(半定制)的 VLSI 设计流程。

在物理实施过程中，由于设计的复杂性，人们更加乐于建立相应的设计流程或流程图，从而能够重复参考和应用。这样的设计流程图不难找到，尽管还在不断地得到改进，但它们表面上看起来大同小异。集成电路的设计工程绝对不同于软件设计或机械工程，它不希望设计者程序化或机械化地按照流程图去处理复杂的芯片设计，而是首先需要了解当今集成电路设计的复杂性和挑战性，再去参考相关的设计流程，并在实施过程中不断理解、分析并解决其中出现的问题，使设计尽快得到收敛。

8.1　数字集成电路的后端设计

数字集成电路的后端设计的主要目标是，根据电路和工艺的要求，完成物理芯片上元器件或单元功能模块的安置,实现它们之间所需的互连(Interconnect)。因此,后端设计(Back-end Design)又称为物理设计(Physical Design)或版图设计(Layout Design)。在数字集成电路的设计中，前端设计的定义、开发、综合、集成和验证固然重要，但要作为一块芯片去流片，进而量产，后端设计即芯片的物理实现就显得非常关键了。

8.1.1　数字集成电路的前端设计和后端设计

基于标准单元的 VLSI 设计流程图是一个从 RTL 高层逻辑设计到 GDS(Geometry Data Standard)文件的过程，如图 8-1 所示。集成电路设计流程可分为前端设计和后端设计。数字前端设计和后端设计分界点是门级网表的生成。数字前端和后端设计的定义分别如下：

- 数字前端。指的是从高层行为级设计到门级网表生成的设计过程。
- 数字后端。指的是版图设计，经过版图验证后的 GDSⅡ(包含寄生参数)生成的设计过程。

8.1.2　数字集成电路的前端设计

数字前端设计是从高层行为级设计到门级网表生成的设计过程，其设计流程图如图 8-2 所示。

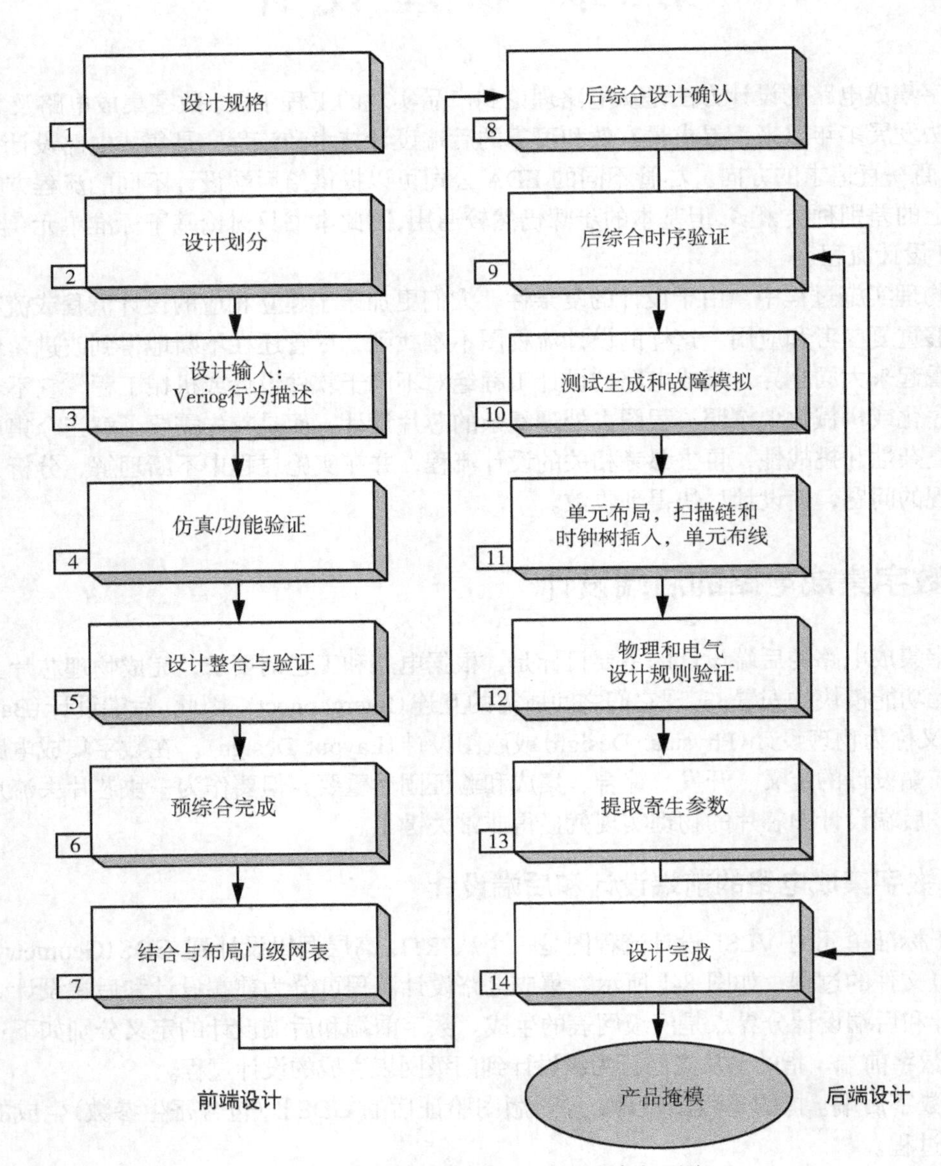

图 8-1　基于标准单元的 VLSI 设计流程图

8.1.3　数字集成电路的后端设计

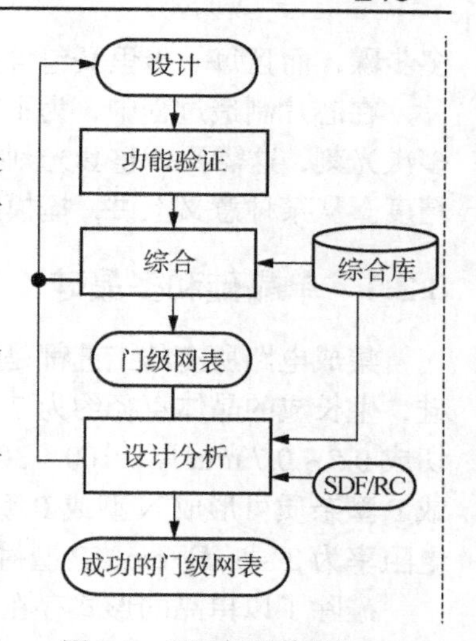

图 8-2　基于标准单元的 VLSI 前端设计流程图

数字后端设计又称为物理设计或版图设计，其设计成果是经过版图验证并可提交给流片厂家的 GDS Ⅱ 设计文件，其设计流程图如图 8-3 所示。

数字集成电路后端设计主要包括：

- 物理综合（Physical Synthesis）。以生成的结构网表作为输入，产生物理版图的过程。
- 布局规划（Floor Plan）。根据模块间的通信方式，将各个模块分区聚集起来，形成布局规划。
- 布局（Placement）。将各个单元版图按照一定的规则排布成有序的行列。
- 布线（Routing）。对电路中的信号线网进行布线，完成信号互连。
- 后仿真。生成了 GDS 文件，寄生参数提取，DRC/LVS/ERC，做后仿真。
- 设计完成（Design Sign-Off）。后仿真完成后，整个集成电路的设计流程结束。

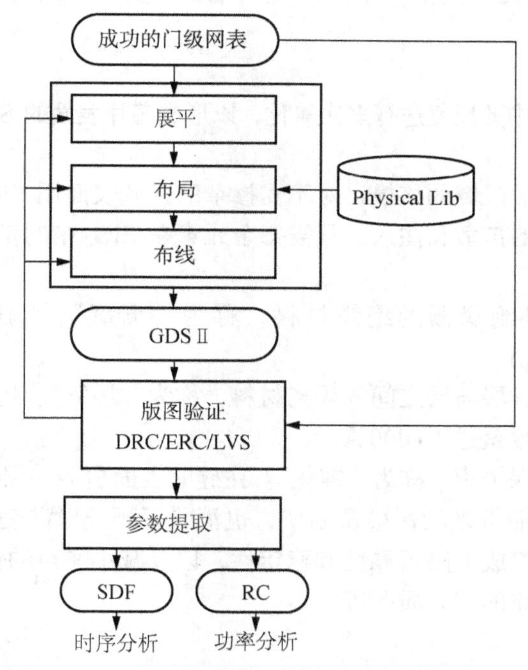

图 8-3　基于标准单元的 VLSI 后端设计流程图

8.2　半导体制造工艺简介

芯片的制造过程可大致分为沙子原料（石英）、硅锭、晶圆、光刻（平版印刷）、蚀刻、离子注入、金属沉积、金属层、互连、晶圆测试与切割、核心封装、等级测试、包装上市等诸多步骤，而且每一步里又包含更多细致的过程。

在芯片制造过程中，为了在芯片上精确确定的区域内扩散(Diffuse)最终布线，必须进行多次光刻，这需要一整套光刻掩模版(mask)。这些掩模版必须具有相当高的图形精度和定位精度。从某种意义上讲，掩模版的制备是集成电路生产的关键。

8.2.1 单晶硅和多晶硅

集成电路所有的工艺都是以单晶硅为起点的。通过一定的工艺过程生长纯度极高的单晶硅，生长成的晶体直径约为 75 ~ 300 mm，为长度约 1 m 的圆柱体。然后，将圆柱状单晶体切成 0.5 ~ 0.7 mm 厚，100 ~ 300 mm(4 ~ 12 in)大小的晶圆片。在晶体生长过程中，掺入 N 型或 P 型杂质可形成 N 型或 P 型衬底。衬底的掺杂浓度近似为 $10^{15}/cm^3$，大致对应于 N 型衬底电阻率为 3 ~ 5 Ω·cm，P 型衬底电阻率为 14 ~ 12 Ω·cm。

硅除了以单晶的形式存在以外，还以多晶的形式存在。多晶硅的特性可随结晶度和杂质原子改变。多晶硅在 MOS 工艺中可作为连线电阻，作为栅极的工艺称为“硅栅工艺”。“硅栅工艺”的突出优点是具有“自对准”功能，即以多晶硅栅极作为制作源区、漏区的“掩模”，使源-栅、漏-栅之间的交叠达到最小，从而改善了器件的性能。杂质可以控制多晶硅的电阻率变化(500 ~ 0.005 Ω·cm)。在多晶硅沉淀过程中加入定量的氮氧化合物可使其部分氧化，形成半绝缘层，可用于表面“钝化”，以保护芯片表面不受“污染”。

8.2.2 氧化工艺

在集成电路制作过程中要反复进行多次氧化，以形成芯片表面的 SiO_2 薄膜。SiO_2 的作用有如下几个方面。

① 作为杂质选择扩散区域的掩模，对不需掺杂的区域表面用 SiO_2 薄膜覆盖起来，阻挡掺杂对这些区域的扩散和注入。只需掺杂元素在 SiO_2 中的扩散系数很小，且有一定厚度即可。

② 作为 MOS 器件绝缘栅的绝缘材料，称为“栅氧”，“栅氧”的厚度一般低于 150 Å(1 Å=10^{-4} m)。

③ 作为器件与器件、层与层之间的隔离材料，称为“场氧”。场氧的厚度要远大于“栅氧”的厚度，一般超过 10 000 Å。

④ 作为器件表面的保护膜，称为“钝化”。在硅的表面覆盖一层 SiO_2 薄膜，以使硅表面免受后续工序可能带来的污染及划伤，也消除了环境对硅表面的直接影响，起到了钝化表面、提高集成电路可靠性和稳定性，以及减小噪声的作用。

⑤ 作为制作集成电路的“介质”等。

8.2.3 掺杂工艺

掺杂工艺就是在半导体基底的一定区域掺入一定浓度的杂质，形成不同类型的半导体层，以制作各种元器件。掺杂工艺是集成电路制造中最主要的基础工艺之一。掺杂工艺主要有“扩散工艺”和“离子注入工艺”两种。

- 扩散工艺。这是一种利用物质微粒总是从浓度高处向浓度低处做扩散运动的特性来实现掺杂目的的工艺。在 800℃~1200℃的高温扩散炉中，杂质原子从硅材料表面向材料内部扩散，一般施主杂质元素有磷(P)、砷(As)等，受主杂质元素有硼(B)、铟(C)等。为减小少数载流子寿命，也可掺入少量的金。杂质浓度在硅中的大小与分布是温度和时间的函数，因此控制炉温和扩散时间是保证质量的两大要素。

- 离子注入工艺。"离子注入工艺"是 20 世纪 70 年代才进入工业应用阶段的工艺。随着 VLSI 超细加工技术的发展，离子注入工艺已成为半导体掺杂和隔离注入的主流工艺技术。离子注入工艺首先将杂质元素的原子离子化，使其成为带电的杂质离子，然后用电场加速使其有很高的能量，并用这些杂质离子直接轰击半导体基片，从而达到掺杂的目的。

8.2.4 掩模的制版工艺

集成电路是在硅片上制作各种管子，电阻、电容，并将它们连成一个电路整体。将各种元器件的版图转换到硅片上，就相当于印刷技术或照相技术，首先需要制造许多种掩模版(相当于照相底版)。制版的精度直接影响着芯片的质量。

一个光学掩模通常是一片涂着特定图形的薄层石英玻璃，一层掩模对应集成电路的一层材料的加工。工艺流程中需要的掩模必须在工艺流程开始前制作完成。掩模版制版方法包括图形发生器(pattern generator)法，X 射线法和电子束扫描法。对掩模版的基本要求是极板平整坚固，热膨胀系数小，缺陷少，图形尺寸准确，无畸变，各层板间互相嵌套准确。

8.2.5 光刻工艺

光刻工艺类似于"洗照片"，是实现将掩模图形转换到硅片上的关键步骤。

光刻工艺是指借助于掩模版并利用光敏的抗蚀涂层发生的光化学反应，结合刻蚀方法在各种薄膜(SiO_2 薄膜、多晶硅薄膜和各种金属膜)上刻蚀出需要的各种图形，实现掩模版图到硅片表面各种薄膜图形的转移。利用光刻工艺所刻出的图形，就可以实现选择掺杂、选择生长、形成金属电极及互连等目的。

生产过程中，光刻往往要反复进行多次，光刻质量的好坏对集成电路的性能影响很大，所能刻出的最细线条已成为影响集成电路能达到的规模的关键工艺之一。在保证一定成品率的条件下，一条生产线能刻出的最细线条就代表了该生产线的工艺水平。如果某一生产线能刻出的最细线条是 0.18 μm，该生产线就被称为 0.18 μm 工艺线。

光刻所用的光刻胶有正胶和负胶两种。光刻胶膜本来不能被溶剂所溶解，受到适当波长的光(如紫外光)照射后发生光分解反应，才变为可溶性物质，这种胶称为正胶。与此相反，光刻胶膜受到适当波长的光(如紫外线)照射后发生光聚合反应而硬化，才变为不可溶性的物质，这种胶称为负胶。

与此相对应，光刻掩模版也有正版与负版之分。掩模版上的图与刻蚀出来的衬底表面的掩模的图形相同，这种光刻模版称为正版。以光刻 SiO_2 薄膜为例，如果采用正版，版子上某个位置如果是窗口，刻出来的 SiO_2 薄膜的相应位置也应该是窗口。负版则正好与正版相反。因此，光刻胶如果采用正胶(负胶)，那么光刻版也要采用正版(负版)。

如图 8-4 所示，负胶光刻 SiO_2 薄膜的光刻过程一般包括以下步骤。

① 涂胶。在硅片表面的 SiO_2 薄膜上均匀地涂一层厚度适当的光刻胶，使光刻胶与 SiO_2 薄膜黏附良好。

② **前烘**。为了使胶膜里的溶剂充分挥发，使胶膜干燥，以增加胶膜与 SiO_2 膜的黏附性和胶膜的耐磨性，涂胶后要对其进行前烘。前烘常用的方法有两种：一种是在 80℃恒温干燥箱中烘 10~15 分钟，另一种是用红外灯烘焙。

③ **曝光**。将光刻版覆盖在涂好光刻胶的硅片上，用紫外线进行选择性照射，使受光照部分的光刻胶发生化学反应。

④ **显影**。经过紫外线照射后的光刻胶部分，由于发生了化学反应而改变了它在显影液里的溶解度，因此将曝光后的硅片放入显影液中即可显示出需要的图形。对于负胶来说，未受紫外线照射的部分将被显影液洗掉。

⑤ **坚膜**。显影后，光刻胶膜可能会因有残留的溶剂而泡软、膨胀，所以要对其进行坚膜。坚膜的常用方法是将显影后的硅片放在烘箱里，在 180℃~200℃温度下烘大约 30 分钟。坚膜使光刻胶膜与 SiO_2 薄膜接触得更紧，也增加了胶膜本身的抗缩能力。

⑥ **腐蚀**。用适当的腐蚀剂将没有被光刻胶覆盖而暴露在外面的 SiO_2 薄膜腐蚀掉，光刻胶及其覆盖的 SiO_2 薄膜部分被完好地保存下来。

⑦ **去胶**。腐蚀后，将留在 SiO_2 薄膜上的胶去掉。

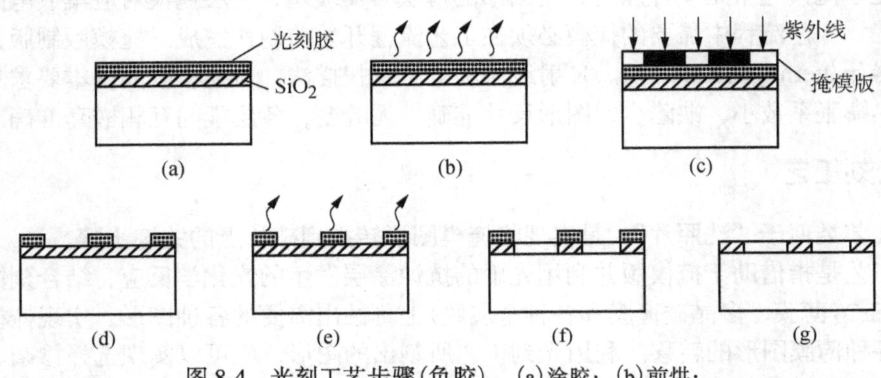

图 8-4 光刻工艺步骤（负胶）。(a) 涂胶；(b) 前烘；(c) 曝光；(d) 显影；(e) 坚膜；(f) 腐蚀；(g) 去胶

8.2.6 金属化工艺

金属化工艺主要是完成电极、焊盘和互连线的制备。用于金属化工艺的材料有金属铝、铝-硅合金、铝-铜合金，重掺杂多晶硅和难熔金属硅化物等。金属化工艺是一种物理气相淀积，需要在高真空系统中进行，常用的方法有真空蒸发法和溅射法。

作为金属化互连系统，包括单层金属化，多层金属化和多层布线方式。多层布线可增强设计灵活性，提高集成度，减小面积。其难点是层间绝缘及互连线平坦化问题。

8.3 版图设计规则

版图设计规则是连接集成电路设计与制造的桥梁。电路设计师希望电路设计尽量紧凑，而工艺工程师却希望工艺的成品率尽可能高，设计规则是使双方都满意的折中。具体地讲，设计规则是由几何限制条件和电学限制条件共同决定的版图设计的几何规定。这些规则列出了掩模版各层几何图形的最小宽度(width)、最小间距(space)、必要的交叠(overlap)，以及与给定的工艺相配合的其他尺寸。

8.3.1 版图设计规则

版图(layout)就是一组相互套合的图形，各层版图相应于不同的工艺步骤，每一层版图用不同的图案来表示。为了能正确生产出所设计的电路，版图必须满足设计规则的要求。版图设计方法有全定制版图设计和半定制版图设计。为了保证版图设计的正确性，必须对版图进行设计规则检查(DRC)、电气规则检查(ERC)以及原理图和版图对照。

版图设计所要解决的问题是：通过对给定电路的元器件描述或单元描述、电路的逻辑描述或连接性关系描述、电路的电性能参数描述及电路的引出接点描述等，确定电路的设计要求，然后根据所采用的集成电路工艺条件，将电路的描述转变成集成电路制造所需的掩模图集。简而言之，就是根据电路和工艺的要求完成物理芯片上元器件或单元功能模块的安置，实现它们之间所需的互连。因此，版图设计又称为物理设计或物理实现。

设计规则是从生产过程中总结出来的，设计规则本身并不代表光刻、化学腐蚀或对准容差的极限尺寸，它所代表的是容差的要求。在制定设计规则时主要考虑加工过程中可能出偏差，各层掩模版之间可能对不准，光刻腐蚀可能过度，曝光可能过分或不足，纵向扩散的同时可能会发生横向扩散，硅片在高温下可能变形等，因此应给加工选择一定的安全余量。

一般而言，设计规则越严，电路性能就会越好，集成度就会越高，但成品率就会降低；反之，成品率越高，电路的性能和集成度就会降低。所以，设计规则应提供电路性能与成品率之间的最佳折中。在保证电路性能参数要求的前提下，提高电路安全系数，力求最高的成品率，从而获得最大的经济效益。

一个优良的版图设计规则，应在保证电路性能的前提下，尽可能地有利于工艺制造。在确定版图设计规则时必须以某些工艺条件为前提。为了便于版图设计和同级产品的制造，一般把工艺分为各种级别，如 0.35 μm 工艺、0.18 μm 工艺、0.13 μm 工艺、90 nm 工艺和 28 nm 工艺等，每一级别都有与版图设计规则相对应的一套工艺流程和工艺要求。

版图设计规则是集成电路设计与工艺制备之间的接口，一般由芯片制造的厂商提供。制定设计规则的目的是使芯片尺寸在尽可能小的前提下，避免线条宽度的偏差和不同层版套准偏差可能带来的问题，尽可能地提高电路制备的成品率。

设计规则是指考虑器件在正常工作条件下，根据实际工艺水平(包括光刻特性、刻蚀能力、对准容差等)和成品率要求，给出的同一工艺层及不同工艺层之间几何尺寸的一组限制，主要包括线宽、间距、覆盖、露头、凹口、面积等规则，分别给出它们的最小值，以防止掩模图形的断裂、连接和一些不良物理效应的出现。

设计规则有两种表示方法，即以 λ 为单位和以微米(μm)为单位的表示方法。

1. λ 规则

美国学者 Mead 和 Conway 首先提出 λ 规则的基本思想。λ 规则是建立在单一参数 λ 之上，λ 取最小沟长(栅长)的一半，其他的尺寸都用 λ 的整数倍来表示。

例如，在 3 μm 工艺规则中，$\lambda=1.5$ μm，则 $2\lambda=3$ μm，$3\lambda=4.5$ μm。用 λ 表示的设计规则基本上可以保持不变，这样就可使设计规则得以简化，对于同一类设计规则(如 CMOS 的 N 阱工艺规则)只对应一套 λ 值，对于不同的设计级别，只要改变 λ 值就可以了。

以 λ 为单位的表示方法是将大多数尺寸(覆盖、露头等)约定为 λ 的倍数，而 λ 则与工艺线所具有的工艺分辨率有关。λ规则和工艺分辨率不仅规定了线宽偏离理想特征尺寸的上限，也给出了掩模版之间的最大套准偏差。λ一般等于栅长度的一半。以λ为单位的表示方法的优点是版图设计独立于工艺和实际尺寸，通过重新设定λ的值，可以很容易地将一个版图移植到另一种工艺上去。

但是，随着工艺尺寸的进一步缩小，λ规则逐渐显现出其不足之处，要么在某些方面增加了工艺难度，要么可能造成芯片面积的浪费。在尺寸缩小的过程中，不可能都按比例缩小。所以，必然有一部分版图尺寸需要独立地加以规定。

2. 微米规则

基于λ的设计规则简单清楚，非常适用于初学者，但是通常不易达到最佳电路性能指标和最小芯片面积。基于实际真实尺寸的微米规则，对于所有容差都有合理精确的限定，微米规则通常会给出制造中所要用到的最小尺寸、间距及交叠等的一览表，其中每个被规定的尺寸之间没有必然的比例关系，因而设计规则较复杂。

例如，多晶硅的最小线宽可能列为 1 μm，而通孔的最小尺寸可能列为 0.75 μm。但由于各尺寸可以相对独立地选择，所以可把尺寸定得更合理。各个集成电路厂家的生产条件和生产经验不同，他们制定的设计规则也就有可能不同。微米规则可以充分发挥生产工艺的潜力，设计出高性能、高密度的芯片。到亚微米、深亚微米工艺水平，由于λ规则存在较大的不足，在工业实际制造中一般都以微米规则为主。

表 8.1 给出对于 Chartered 0.35 μm CMOS 的 N 阱工艺，分别用λ规则和微米规则表示的金属 2 和通孔 2 的工艺规则。通过比较可以看出，当工艺线宽降低到 1 μm 以下时两种表示方法的差异将会更加明显。

表 8.1 Chartered 0.35 μm CMOS 的 N 阱工艺部分规则比较

	λ规则（λ=0.175 μm）	等效为微米	微米规则
接触孔			
最小宽度	2λ	0.35 μm	0.40 μm
最小间距	2λ	0.35 μm	0.40 μm
与有源区的最小交叠	2λ	0.35 μm	0.15 μm
与多晶硅的最小交叠	2λ	0.35 μm	0.15 μm
与金属 1 的最小交叠	λ	0.175 μm	0.15 μm
与多晶硅的最小间距	2λ	0.35 μm	0.30 μm
金属 2			
最小宽度	3λ	0.525 μm	0.50 μm
最小间距	4λ	0.70 μm	0.50 μm
通孔 2			
最小宽度	2λ	0.35 μm	0.45 μm
最小间距	3λ	0.525 μm	0.45 μm
与金属 2 的最小交叠	2λ	0.35 μm	0.15 μm
与金属 3 的最小覆盖	2λ	0.35 μm	0.15 μm

举例而言，λ规则金属 2 的最小宽度为 0.525 μm，最小间距为 0.7 μm，而微米规则的对应尺寸则分别降为 0.5 μm 和 0.5 μm，随着工艺尺寸的不断减小，许多电路布线占去了大部分面积，微米规则可以根据工艺水平及电路要求规定合理的线宽，提高布线密度，从而可以减小芯片面积。

8.3.2　版图设计规则的几何约束

通常可用特征尺寸来描述集成电路中半导体器件的最小尺度，如 MOS 晶体管的栅极长度。特征尺寸是衡量集成电路制造和设计水平的重要尺度，特征尺寸越小，芯片的集成度就会越，速度就会越快，性能就会越好。

1. 几何约束

目前的规则检查包含了很多规则，这些规则取决于不同的工艺，并且从一代工艺到下一代工艺，规则的数量也在发生改变，常见的几何约束如下。

(1) 最小宽度

最小宽度为每个物理层规定的最小尺寸，基本上是为了防止一个结构变成电学上分离的片段，如图 8-5 的例子所示。附近没有其他结构的又长又窄的线往往比密集排列的同样宽度的线更容易受到过度蚀刻的影响，因此有时需要更大的宽度。

(2) 最小层内间距

同一个导电层上，版图结构之间的最小间距约束用于防止相邻个体短路，如图 8-5(b) 所示。最小层内间距有时与两个结构是否在电学上相连有关系。例如，130 nm 的工艺要求若两个阱的电压相同，则最小的阱到阱间距为 630 nm，否则就是 1000 nm。

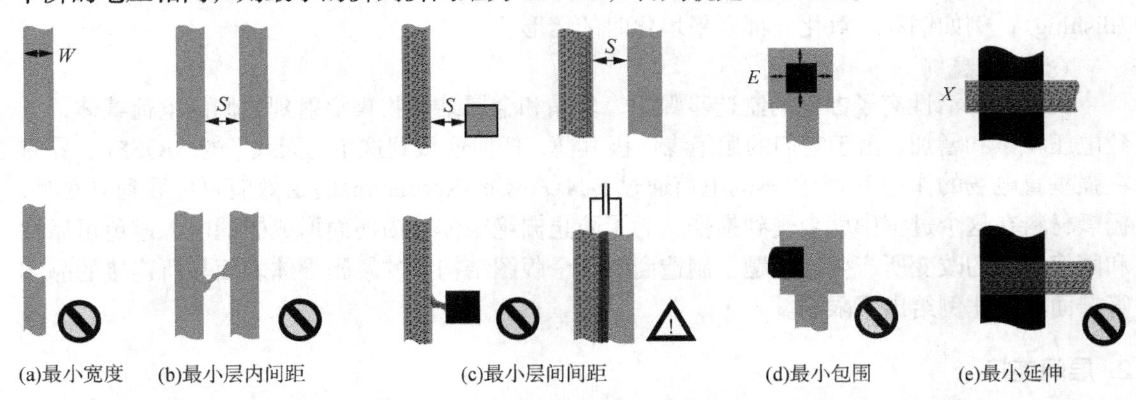

图 8-5　最小尺寸规则（上面一排）和违反它们很可能得到的后果（下面一排）

(3) 最小层间间距

不同层次的版图结构之间的最小间距约束用于防止不期望的相互作用。例如，考虑一个 MOSFET，如果在多晶栅和附近的源 / 漏接触孔之间没有足够的横向间距，就会形成一个漏电流路径。图 8-5(c) 也显示了一个更隐蔽的例子，多晶线放在紧邻的一个不相关的扩散区。如果二者之间间距为零，就会导致它们的边缘直接层叠而中间只有薄氧化层，从而增大了相互电容。

(4) 最小包围

最小包围约束涉及不同层次上的结构在各个方向都均匀一致，如图 8-5(d) 所示。在接触孔或过孔的情形里，虽然有轻微的掩模未对准和蚀刻过程公差，仍要确保所有有关的层都完全连接上。另一个这样的约束涉及把扩散区嵌入阱里。有另一个包围规则，要求玻璃钝化层下面的顶层金属在所有焊盘空缺口的四周延伸，从而得到完全密封。

(5) 最小延伸

与包围规则非常像，最小延伸规则应用在不同层之间的交叠上，而它们有方向性而不是各方向一致。例如，考虑图 8-5 (e) 所示的 MOSFET，在源 / 漏注入时多晶硅栅担当掩模的作用。如果允许多晶硅终止在与扩散区齐平的位置，在栅的边缘下面会形成一个窄的导通扩散区，从而阻止了晶体管永远不能完全关闭。多晶硅栅延伸垂直超过源-漏沟道，为横向扩散和掩模未对准提供了一些安全余量。

(6) 最大宽度

与到目前为止讲述的例子类似，大多数设计规则规定了最少尺寸。最大宽度也同样存在，通常指接触孔和过孔的空缺口。首见通过在绝缘层上蚀刻一个孔并填充钨 (Tungsten) 插塞来实现接触孔和过孔，然后才能在上面淀积另一层金属。于是，要规定一个最大空缺口来保证填充质量均匀以及便于形成平坦的表面。

(7) 密度规则

平面密度定义为给定的版图区域内一个层上的所有结构面积除以这个区域的总面积。密度规则规定了填充率的下限和上限。例如，可要求金属层在 1 mm × 1 mm 区域内平均占有不低于 20%且不高于 80%的面积。当有效结构没有足够地填充一个区域时，必须用多个小的没有连接的虚图形填充。密度规则随着化学机械抛光 (Chemical Mechanical Polishing，CMP) 一起被引入，可以防止对两个硬度不同的材料中的较软材料过度抛光而产生无法接受的碟形 (dishing)，例如铜和二氧化硅都要平坦化时的情形。

(8) 天线规则

例如，在活性离子蚀刻的制造步骤中，多晶和金属结构收集辐射到它们的电荷载体，导致电压积累和增加。由于它们的栅绝缘体极其薄，任何连接到这个“天线”的 MOSFET 暴露在强垂直电场的作用下。当积累的电荷通过 F-N (Fowler-Nordheim) 隧道效应再传导到衬底时，栅氧材料在这个过程中就会受到损伤。为了防止栅绝缘体被损伤而形成栅漏电，避免可靠性和阈值电压的改变所产生的问题，制造商对每个版图结构中的暴露导体表面与所连接的晶体管栅面积的比例给出了限制。

2. 层间连接

一个导电层上的版图结构如何连接到另外导电层上的版图结构，在不同的层和制造工艺之间差别更大。图 8-6 显示了一个拥有 5 个金属层的集成电路。

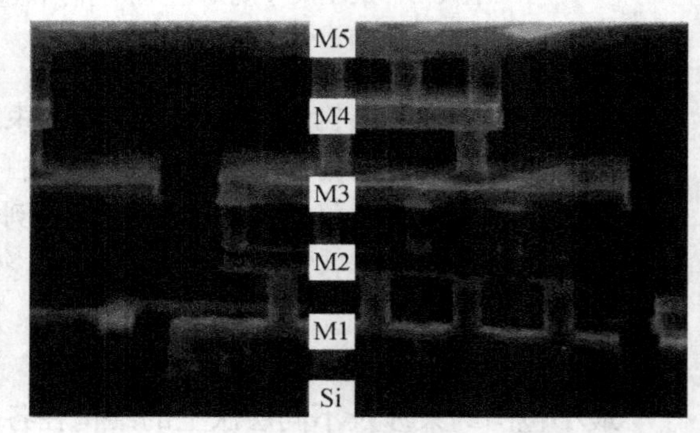

图 8-6　5 层金属 350 nm CMOS 工艺的横截面图

某个给定的工艺里可用的导电通道最好总结在一张图里，图中的每个节点代表一个导电层，每条边表示两个交叠的多边形有连接的情况。两个节点之间没有边线连接意味着没有办法直接连接这两个层，因此就不可能通过一个简单的接触孔连接多晶硅和扩散区，而必须使用两个接触孔和一小片第一层金属。

金属和硅层通过接触孔互相连接，而两个叠加的金属层之间的连接则称为过孔。在接触孔上放置过孔或者两个过孔上下放置，总是需要二者之间有一小块规则的金属。这样的结构称为堆叠式接触孔和过孔或交错式接触孔和过孔，这取决于接触孔和过孔在横向是对准的还是有偏移（见图 8-7）。交错式接触孔和过孔比堆叠式的面积效率要低。

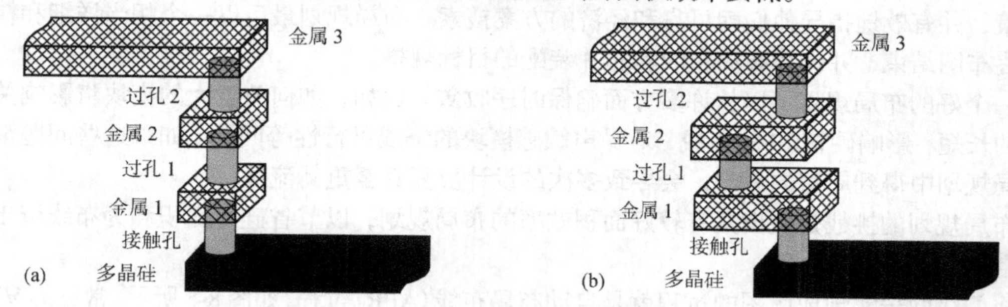

图 8-7　(a) 堆叠式与 (b) 交错式的接触孔和过孔

8.4　版图设计

版图生成是将一个设计转变为一个可用于制造的数据库的过程的最后一步。它将一个设计从结构域转变为物理域，这一步通常称为物理综合（physical synthesis），它对结构级网表进行处理并生成物理版图。

在数字集成电路设计中，当数字前端将寄存器传输级（RTL）设计综合成门级网表，综合后将门级网表交给后端设计人员，由后端人员完成门级网表的物理实现，即把门级网转成版图。

版图设计的主要任务是将门级网表实现成版图，再进行版图验证，对版图进行设计规则检查（DRC）和一致性检查（LVS），并提取版图的延时信息，供前端做后仿真和静态时序分析（STA）使用。

8.4.1　布局规划

布局规划也可称为布图规划，一个好的、预先的布局规划会使深亚微米设计的物理实现在设计周期和设计质量上都受益匪浅。关于具体内容，布局规划包括版图上的电源规划和模块的布局规划。电源规划可以帮助确保片上单元具有足够的电源与地连接。在很多情况下，尤其对于复杂的 SoC 设计，布局规划应当与源代码开发并行进行，布局和电源估计的优化可以与代码优化一同完成。

从规划中还可以获得对设计的深入理解，如芯片的面积，从而告知一个设计在经济上的可行性。通常，版图的规划应包括如下各项：

① 划分到主要模块（数据通路、控制器、存储器等）；
② 统计和预测所有这些模块尺寸、形状和放置；
③ 封装选择和引脚 / 焊盘的使用；
④ 宽总线和电学关键信号；
⑤ 时钟域（频率、条件与非条件时钟）；
⑥ 电压域（功率消耗、功率密度、局部电流需求）；
⑦ 片上电源和时钟分布方案。

1. 布局布线设计流程

布局规划提供了对基于假设的电路实现的物理特性的估计，有助于 VLSI 设计者制定好的决策，并有效地指导他们朝可靠和经济的方案搜索。布局规划最后以一个相当详细和精确的最终布图结束，并作为布局布线和芯片装配的目标规格。

一个好的布局规划可以从许多方面确保时序收敛。比如，如何放置大的模块将影响关键路径的长短，影响硬核 IP 的集成，对噪声敏感模块的绕线可行性等问题。如果这些问题没有在布局规划中得到周密的考虑，会导致多次的设计反复甚至重新流片。

布局规划的挑战是做出具有较好面积效率的布局规划，以节省硅片面积和为布线留出足够的空间，满足时序收敛。

将门级网表实现成版图的过程就是自动布局布线(APR)过程，如图 8-8 所示。常见的 VLSI 布局布线工具包括 SoC Encounter、Astro 和 Vertuso 等。

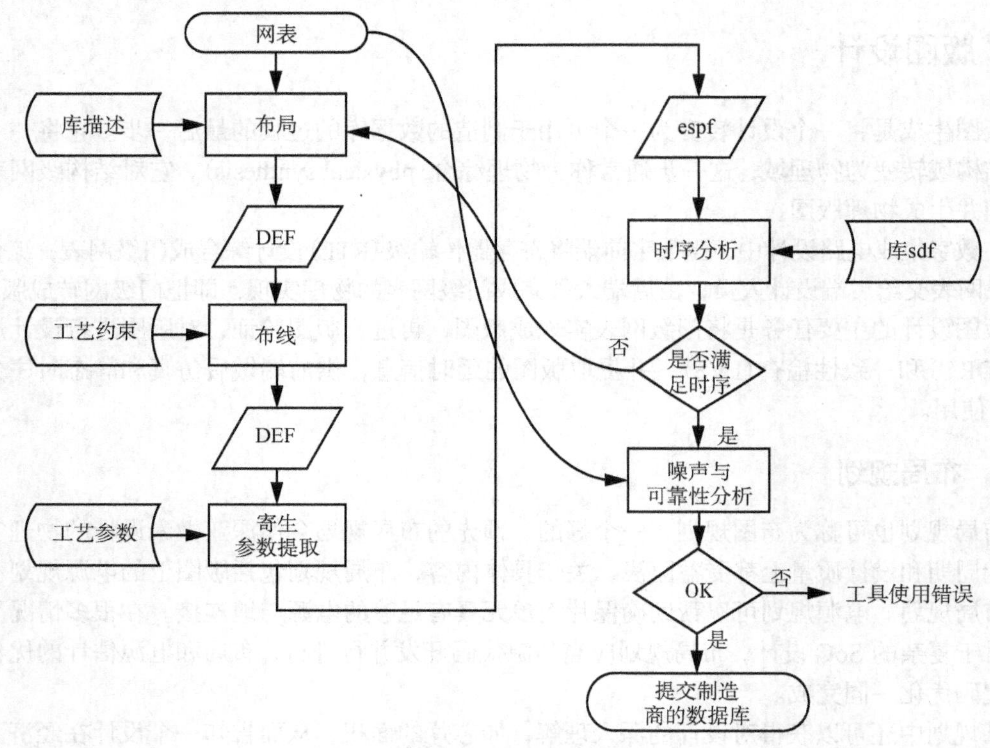

图 8-8 标准单元布局布线设计流程

图 8-8 中的第一步是布置标准单元。实现标准单元版图自动化的关键是采用高度固定、宽可变的标准单元，它们在整个芯片中按行排列成阵列，如图 8-9 所示。不同于门海和门阵列芯片，在标准单元芯片中可以增加专用的定制模块，如存储器和模拟模块，因为它允许标准单元行在固定形状的定制模块周围“移动”。

芯片大多是由各种不同形状、大小的单元所构成的，如图 8-9 所示。在平面布图时把版图单元称为模块(block)，因为要用它们像使用建筑模块一样来构成平面布图。在砖灰结合式(bricks-and-mortar)的版图中，单元可能会有完全不同的尺寸和形状。设计版图必须将各元件按在芯片中的不同位置和方位来摆放，并为元件之间的连线留下足够空间。为了改进平面布图，模块有可能需要重新设计以改变其尺寸比例。正如将要看到的，对于砖灰结合式版图而言，走线区域的交错形式越复杂，布线就会越困难。

布局算法的目的是使连线长度最短。在时序驱动布局(timing-driven placement)中，应对布线代价进行加权以满足时序约束。在布局阶段结束时，单元在整个阵列中的位置已经固定。然后，将布局好的设计以一种标准格式(如 DEF)保存以供布线使用。

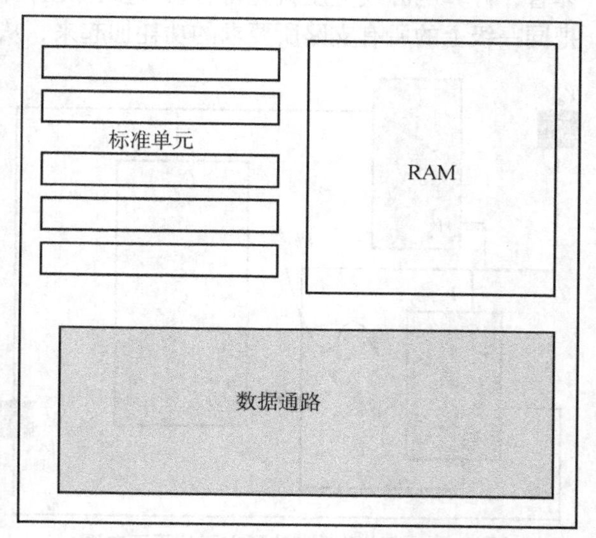

图 8.9 一个具有各种类型模块的典型版图

芯片的平面布局与房屋的平面规划图类似，芯片的平面布局规划指出硅片(建筑工程量)如何被划分来容纳各种不同的组件模块(房间)、之间的总线(走廊)、输入和输出焊盘的位置(门口)，以及电源、时钟和其他重要网络的分布(管道设备)。布局规划对最终产品的性能和成本有重大的影响。布局规划要定义构造 VLSI 电路的物理形状，是伴随着它的定义里所有步骤的持续过程。

布局规划的目的是把系统再细分成模块和子模块，如果必要的话，可分成几个芯片。因为总的引脚数量控制了封装、电路板和装配成本。在印制电路板上的大节点电容也限制了性能并增大了功率消耗，因此最好把系统集成在尽可能少的芯片里。

2. 电源分配

电源分配中存在几个重要问题。首先，必须设计一个全局的电源分配网络，该网络完全用金属线来承载 V_{dd} 和 V_{ss}；其次，必须赋予连线合适的尺寸，以使得能处理所要求的电流；第三，必须确保电源分配网络的瞬态行为不会给它所供电的逻辑带来问题。在考虑所有这些问题的同时，还必须处理两种电源损耗：

- 稳态电流的 IR 压降；
- 瞬态电流的 $L\dfrac{\mathrm{d}i}{\mathrm{d}t}$ 压降。

设计一个平面电源网络，要求在布线之前的单元设计阶段就要开始考虑。如果将所有单元的 V_{dd} 引脚都摆放在分隔线的同一侧(该分隔线贯穿单元)，就能保证平面布线。相反，如果不能满足此条件，也就一定不存在平面布线。

可以通过两种方法保证电源/地引脚的布局相容。一种是对电源/地引脚重新排序，另一种是在平面内部完成 V_{dd} 和 V_{ss} 的布线连接，其前提是每个单元仅有一个 V_{dd} 和 V_{ss} 引脚，这个条件一定要满足。

图 8-10 给出了一个考虑不周的布图例子，图中 A 的一个 V_{ss} 引脚被 V_{dd} 线所包围。电源线一般按树形来布线，由根部供电，逻辑门是连接到分支上的。由图 8-11 可知，每一个分支必须有足够的宽度；以承受来自其所有下级分支的电流。如果逻辑门仅用到了标准尺寸的晶

体管，计算电源线宽度就显得容易得多：先计算在每个分支上的逻辑门所消耗的功耗，然后把同一级上的所有支路所要求的功耗加起来，从而得到上一级支路所需要的连线尺寸。

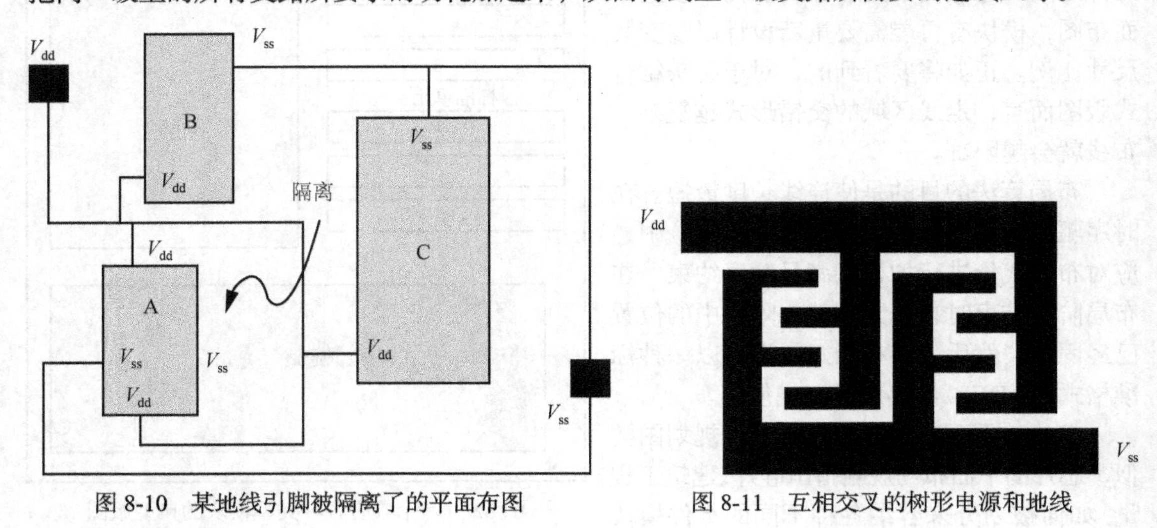

图 8-10　某地线引脚被隔离了的平面布图　　　　图 8-11　互相交叉的树形电源和地线

3. 时钟分配

时钟布线的主要任务就是解决从时钟焊盘到所有存储器件的时钟偏移问题。时钟分配的主要困难来自电容，其次是电阻。即便是小规模芯片，其时钟线的门电容都无法取消，在大规模芯片中更是最大的电容负载。当驱动大电容负载产生急剧跳变(跳变沿较陡)时，时钟分配将会变得更具挑战性。门驱动信号的斜率会影响开关速度，缓慢上升的时钟沿将引起严重的性能问题。时钟延迟会随着芯片上位置的变化而变化，所以时钟分配是一个平面布局问题。正因为如此，在逻辑模块布局和时钟网络设计中必须要考虑时钟延迟。

在同步电路中，时钟信号连接所有的寄存器和锁存器，是整个电路工作的基本保障。然而从时钟的根节点到每个寄存器时钟端的延迟，由于走的路径不相同，到达的时间也不相同。它们的延迟之差称为时钟偏斜(clock skew)。时钟偏斜会对电路的功能和性能都造成影响。

时钟树方法的出现使得大型 SoC 中时钟偏斜的问题得以解决。在生成时钟树时，最常见的是采用 H 树网络来生成时钟树的方法，如图 8-12 所示。CLK 为时钟的根节点(clock root)。这样，从时钟信号根节点通过相同的缓冲器和相等的路径到达每个寄存器的时钟信号都相等，消除了时钟偏斜。

但是这只是一种理想模型，在实际的版图上，由于寄存器的分布是不均匀的，中间的连线长短也不一样，所以时钟的到达时间不可能完全一致。如果所有的寄存器时钟的到达时间真的精确一致，也会造成在同一时刻所有的寄存器都在锁存数据，从而使得芯片电流突然增大，形成电涌(surge)现象。这样也会造成芯片工作的不稳定。所以，在一个芯片上，没有必要也不可能完全消除时钟偏斜，只要把时钟偏斜控制在合理的范围内就可以了。

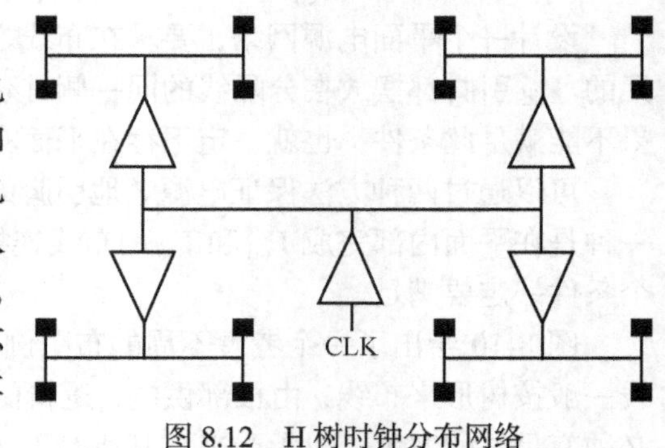

图 8.12　H 树时钟分布网络

现代高速设计的关键是时钟分布策略，为减少时钟偏斜，最好在主要逻辑的布局布线完成前先预布置一下时钟线和它的缓冲器，这一任务是由时钟树布线器(clock tree router)完成的。使用 EDA 工具中的时钟树或时钟网格技术，可以自动生成时钟树或时钟网格，将时钟偏斜控制在合理的范围内。

4. 时序驱动布局

先布局然后布线的策略会遇到一些问题，即在版图完成后，将提取寄生布线电容并进行时序分析以估算时序，但直到物理版图完成前并不知道时序情况。如果发现有时序问题，就必须对有问题的路径加上某种时序约束，然后再重复这一设计过程。对于复杂设计，这样很快就会失去控制并将出现下面的情况，即在一次迭代中所做的某些修改有可能破坏在前一次迭代中已固定下来的部分，曾有许多设计因这一问题而永远无法完成。

解决这一问题的办法是采用称为时序驱动布局(timing-driven placement)的技术，它在布置单元时考虑了电路的时序(速度)。关键路径上的单元被赋予了减少连线延迟的优先权。这一方法如图 8-13 所示，它已获得成功，并且对于许多设计来说采用这一方法常常运行一次就能完成布局布线。

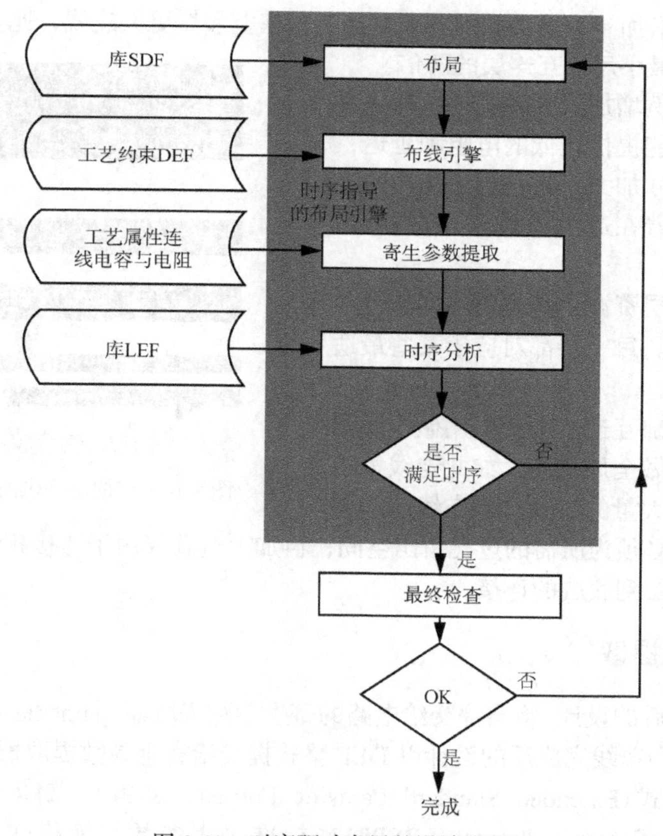

图 8-13 时序驱动布局的设计流程

8.4.2 布线

在单元布局后，需要对电路中的信号网络进行布线。布线通常分为两步：全局(global)

布线和详细(detailed)布线。

全局布线器将布线问题抽象成覆盖整个芯片表面的一组抽象的邻接通道，连线将通过这些通道进行布线，然后它根据布线代价函数将连线加入这些通道中。如果在一个通道中的连线密度变得太高，那么它可以将连线从一个通道移到另一个通道。

详细布线器将布置所要求的实际几何连线以完成信号连接。多年来，已开发出了各种可供选择的详细布线器，用来对信号进行自动布线。早期的布线器仅限于在连线网格上布置信号线，但新型的无网格(gridless)布线器可以较灵活地进行可变节距的连线，而且它们还能方便地与那些I/O引线不在任何规定的布线网格中的外部单元接口。

好的布线对制造良率很重要。在互连的层次，提供良率必须要满足：

- 并行连接多个过孔；
- 相邻金属层上的导线首选相互垂直的方向，以最小化串扰对路径延迟的影响，长线和短线二者都要这样；
- 长导线的间距比最小间距规则要求得更疏远，以最小化短路的概率和串扰的强度。

并非所有连线都应相同对待，需要计划走线层的使用以充分利用资源。图8-14说明了现代芯片上所能采用的宽范围的连线尺寸。如果减小连线宽度和高度，那么单位长度连线上的电阻将呈平方关系增加。为解决此问题，制造工艺在上层做更大连线，比如一个2X层连线的尺寸就是最低、最小尺寸互连层的两倍。

图8.14 走线层提供的几种互连范畴

关于这些按比例增加尺寸的互连，优点是连线越靠上面，越能提供较低的电阻和延迟；缺点是由于连线尺寸加大，在一层上能布的连线就少了，这意味着在这些层上的互连线数量就没有较低层时多。

为了充分利用层资源，必须对不同长度的连线使用不同的层。每一层都对应于某些最适合实现的互连范畴。

最底层用做局部互连，中间层用做中间范围的互连，顶层用做全局互连。如此走线策略的含义是需要用到大量的过孔。当布线从一层过渡到另一层时，必须为所需的过孔留出空间；再加上过孔仅用于连接相邻层，所以必须一层一层地来做从顶层到底层的连接。

8.4.3 寄生参数提取

布局布线完成后的设计，将会提交给电路的寄生参数提取器(parasitic extractor)。在图8-8所示的例子中，布局布线完成后的设计以DEF格式提交给寄生参数提取器，而它的输出为扩展标准寄生参数格式(Extended Standard Parasitic Format，ESPF)、简化标准寄生参数格式(Reduced Standard Parasitic Format，RSPF)或标准寄生参数交换格式(Standard Parasitic Exchange Format，SPEF)，它描述了版图中与所有网点相关的R(电阻)和C(电容)。这一提取器还采用另一工艺文件定义层间电容和各层电阻。

电容提取器可以是2D、2.5D或3D提取器。二维(Two-Dimensional，2D)提取器考察一个截面并假设连线都一致地延伸到该截面之外。2.5D 提取器利用查找表能比较精确地估计几乎不均匀分布的电容。而 3D 提取器通过求解三维麦克斯韦方程能精确地确定复杂几何形状的电容。三维提取通常花费的时间长得令人无法接受，但一些新开发的统计算法，如 Magma Design 公司的 QuickCap，能以较快的运行时间达到很高的精度。

8.5　版图后验证

将芯片版图正式交付代工厂之前，还需要经过一个重要的步骤，这就是物理验证或称为版图验证。版图验证的主要任务如下所示。

① 设计规则检查（Design Rule Check，DRC）或可制造性分析（Design For Manufacturability，DFM）；

② 电气规则检查（Electrical Rule Check，ERC）（可选）；

③ 版图抽取；

④ 版图与网表一致性检查（Layout Vs Schematics，LVS），又称等价性检查；

⑤ 版图后静态时序分析；

⑥ 电源网格分析；

⑦ 信号完整性分析。

设计规则检查（DRC）及确定版图与逻辑门网表之间的一致性（LVS）是物理验证的两项主要工作，它们的基本流程示意如图 8-15 所示。在集成电路设计中，若直接将版图交付流片则无法保证流片后芯片的正确性，若此时再返回检查则会造成极大的资源浪费，甚至影响到整个项目的进度，造成极大的损失。因此，进行正确的物理验证，在流片前修正物理设计中的错误极其重要。

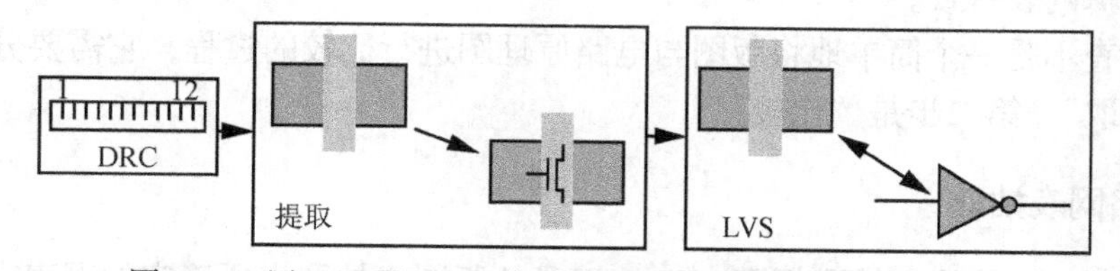

图 8-15　用 DRC 和 LVS 分别检验设计规则和电路的示意图

8.5.1　设计规则检查（DRC）

定义设计规则的目的是为了让电路稳定地从原理图转换到实际硅片上的几何形状。设计规则作为一种接口，连接着电路工程师和工艺工程师。当工艺变得越来越复杂时，设计者很难理解不同工艺下各种掩模制造过程的复杂差异。

一般情况下，电路设计者希望电路更小、更紧凑，这样性能就越高，成本就越低。而工艺工程师希望一种可生产、高产量的工艺。设计规则就是这两者之间互相妥协的结果。

设计规则提供了一套在制造掩模时的指导方针。设计规则定义中的基本单位就是最小线宽。它代表了掩模能够安全地转换成半导体材料的最小尺寸。一般来说，最小线宽由光学蚀刻的分辨率来决定。

对于基于标准单元并自动布线的版图，设计规则检查主要验证标准单元上用来连线的金属和通孔是否满足设计规则。因为标准单元由流片厂的库厂商提供，其本身已经通过了设计规则检查。

常见的金属工艺约束如下：

① 金属的最小宽度；

② 同层金属之间的最小间距；

③ 金属包围多晶或通孔的最小面积；

④ 金属包围多晶或通孔的最小延伸长度；

⑤ 金属本身的最小面积；

⑥ 同层金属的最小密度。

常见的通孔工艺约束如下：

- 通孔的最小面积；
- 同层通孔之间的最小间距。

使用物理验证工具进行设计规则检查，需要使用两个输入文件。一个是芯片的设计版图，通常是 GDS Ⅱ 格式的数据库文件，另一个文件是设计规则文件。

设计规则文件是代工厂提供的标准格式，它控制设计规则检查工具从何处读取版图文件，进行何种检查，将结果写到何处。在结果报告文件中，将指出违反设计规则的类型和出错处的坐标位置。

8.5.2 版图与原理图的一致性检查

一致性检查(LVS)用于验证版图与原理图是否一致。版图是根据原理图在硅片上的具体几何形状的实现。在这里，原理图就是布线后导出的逻辑门网表，版图就是同时导出的 GDS Ⅱ 格式的版图文件。对于基于标准单元的设计，LVS 主要验证其中的单元有没有供电，连接关系是否与逻辑网表一致。

一致性检查不是一个简单地将版图与电路原理图进行比较的过程，它需要分两步完成。第一步是“抽取”，第二步是“比较”。

1. 版图的电路网表抽取

首先，根据一致性检查抽取规则，EDA 工具从版图中抽取出所确定的网表文件，然后将抽取出的网表文件与电路网表文件进行比较。需要说明的是，抽取的网表为晶体管级网表或门级的 Verilog 网表。

利用 EDA 工具在正确读入 SPICE 模型的条件下，能自动将 Verilog 转换为 SPICE 网表。如果两个网表的电路连接关系和器件完全一致，则通过一致性检查。反之，说明版图存在与电路不一致的地方，需要进行检查并加以处理或修改更正。

在进行一致性检查操作时，首先分别把逻辑门网表和版图的数据转换成易于比较的电路模型。该电路模型是基于晶体管级的，所以先要把基于标准单元的逻辑门网表根据其对应的晶体管转换成晶体管级网表。GDS Ⅱ 文件通过一致性检查工具把其中的几何图形抽取成晶体管网表。

2. 电气连接检查

大多数 EDA 工具都采用比较两个网表的方法实现一致性检查，其中一个是电路网表，电路网表可通过电路原理图得到，另一个则是从版图中抽取出来的网表。

EDA 工具对电气连接检查包括输入、输出、电源信号、地信号以及器件所有连接节点。

一致性检查工具以输入和输出节点作为起始节点，对这两个电路模型进行追踪。初始对应节点作为一致性检查追踪操作的起始点可以由设计者提供。当一个版图中的节点与原理图中符合条件的节点的标记完全一致且唯一时，它们就被作为一对初始对应节点。符合条件的节点可以是一个电源节点、地节点、顶层的输入／输出节点或一个内部节点(取决于原理图的网表格式)。

在使用物理验证工具进行一致性检查的时候，先要把布线后导出的逻辑门网表转换成晶体管级网表，根据其中对应的标准单元的晶体管网表，转换成全部是晶体管级的网表。另外两个文件与设计规则检查时使用的相同，一个是芯片的设计版图，通常是 GDSⅡ格式的数据库文件，另一个是 runset，即规则文件。类似地，结果报告文件中将指出版图与原理图不一致的地方。

一致性检查时，会搜索两个电路网表之间的不一致，通常用于比较抽取的网表和初始网表。虽然能够发现版图中无意的短路和开路，但是通常不能指出其确切的位置。一致性检查工具能够定位的问题包括：

- 这两个网表在端点的数量和命名方面不匹配；
- 在一个网表中存在的电路实体在另外的网表中没有辨认出相等的对应实体；
- 电路实体匹配，但是在两个网表中它们的连接情况不同；
- 电路实体匹配，但是它们的几何尺寸或电学参数的区别超过了一些预定义的公差裕量允许的范围。

3. 可制造性(DFM)分析

长期以来，版图几何规则和传统的设计规则检查规范了(支撑了)电路设计者和生产商之间的有效协作与责任模型。遗憾的是，由于亚波长光刻和亚 100 nm 制造过程的复杂度，这个已经被验证的流程正在失势。在良率提升和可制造性(DFM)的背景下，版图设计、掩模制备和晶圆处理之间的明显的区别正在逐渐模糊。

一个选择是把允许的版图结构限制为一些已知是光刻友好的图形的组合。另一个互补的方法是，把传统的设计规则检查制程及其过于简单的规则和绝对的通过／不通过决定，用更复杂的能够预测设计的可制造性的计算模型代替。光刻适应性检查要求软件工具接收版图数据和复杂度数学模型作为输入，以仿真亚波长光刻过程和近似估计预期的几何变形。然后把这样得到的几何图形与设计者的意图(反映为未变形的版图图形和目标网表)相比较。有问题的区域，例如可能的短路和断路，以及有显著变化的关键尺寸都需要标记出来。

光刻适应性检查能进一步帮助自动微调电学上不关键的版图图形，以提高设计对不可控变动的宽容度，例如通过在版图上稍微移动一条边，或增加与优化纯粹为了光刻用途的饰边、锤头和其他几何图形。

8.5.3　版图后时序分析(后仿真)

可以采用逻辑门实际的布线负载重新运行静态时序分析，这通常是设计过程中的瓶颈，因为此时已体现了一个物理实现的全部真实情况。通常需要对综合和布局布线进行多次迭代以能收敛到满足时序要求。此外，如果可能(特别是在使用动态电路仿真的地方)，还应当进行晶体管级的时序模拟。

1. 静态时序分析

在集成电路芯片的物理实施中，完成布线后的一项最重要、最必需的工作是进行静态时序分析。根据结果，如果出现时序违例，就要对物理设计进行优化。在时序分析前，首先要对芯片的物理版图设计进行包括电阻、电感(以及互感)、电容参数(RLC)的提取，再进行延迟计算。

除了模拟和射频设计外，在大多数数字设计电路中，我们主要关心电阻和电容参数的影响。在数字芯片设计中不考虑电感时，我们习惯将分布参数提取称为提取。在进行延迟计算与布线参数提取，生成寄生参数与延迟格式文件之后，即可进行静态时序分析。

时序分析还要涉及路径特例，如多周期路径和虚假路径以及最大、最小路径等。时序违例的解决办法优先选用原地优化，然后才是逻辑再综合。纳米工艺技术的应用带来了新的时序挑战课题，其中包括 OCV 和 CPPR 的分析方案，以及与可制造性相关的统计静态时序分析。

在实际工程应用中，RC 提取和静态时序分析不仅局限于在最终布线完成后进行，它也可以在布局后进行，还可以在时钟树综合后进行。

2. 版图后时序验证

由于互连延迟和单元延迟都是版图寄生参数的函数，在物理设计阶段建立的单元布局和导线的布线显著影响了电路的时序，但是很难去预测。意外地偏离预期时序会导致所有类型的时序问题，甚至会引起完成的版图和初始网表的行为截然不同。因此每个设计都要根据完成的版图上的几何图形计算得到的延迟数据进行时序验证，这样得到的时序数据反标注到门级网表里，即覆盖了那里版图之前的数据。因此，必须详细检查参与反标注的数据和从版图后仿真和时序验证中产生的数据。

在一致性检查已经确认版图前和版图后的模型确实等价之后，为了保证进一步设计的成功，可进行版图后仿真，检查版图前和版图后的时序仿真结果是否一致，以确保设计成功。

8.5.4 ECO 技术

ECO(Engineering Change Order)主要是针对静态时序分析和后仿真中出现的问题，对电路和单元布局进行小范围的改动。一般来说都是运用在通过自动布局布线完成的版图上，然后通过工具对版图进行自动调整。其主要优点是对于一些规模较小的修改，可以利用包含该项技术的 EDA 工具快速完成版图调整，从而避免了不必要的后端设计重复工作，以及对其他部分产生新的影响。

ECO 分为两种：功能性的 ECO 和非功能性的 ECO。

- 功能性的 ECO。通过修改设计方案的原始 RTL 代码、网表等，添加、删除或修改其中部分内容，获得新的代码或网表后，让 EDA 工具自动导入并对版图进行调整。
- 非功能性的 ECO。可进行修正时序、信号串扰、最大等效电容负载等，不需要修改 RTL 代码和网表。

常用的 ECO 多指功能性 ECO。在传统的设计过程中，当出现需要小范围内修改 RTL 或网表信息的情况时，设计者经常不得不把整个后端设计的流程重新做一遍，如图 8-16 所示。

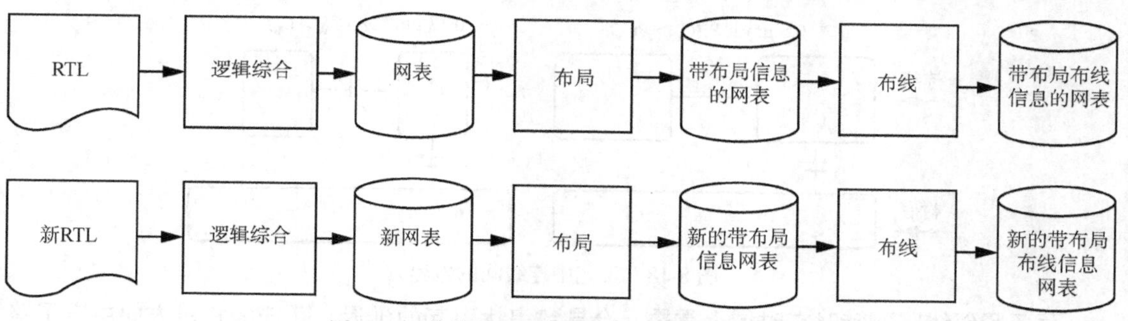

图 8-16 传统的 RTL 调整后设计流程示意图

显然这样的浩大工程会显得很不经济，于是 ECO 技术应运而生。图 8-17 所示为 ECO 基本步骤，从中可以看出，相比于传统的调整方案，在自动版图映射等步骤上得到了简化。只需利用一个带有 ECO 功能的布局布线工具，就可以实现对应功能调整的快速版图调整。

ECO 技术是后端设计者必须掌握的能力，ECO 技术具有如下优点：

- 设计时间缩短，对局部范围的功能调整不需要重新做一遍后端设计流程；
- 调整结果具备预测性，相对于重新做一遍后端设计流程，ECO方案可以基本确保大部分功能与原先的方案的一致性，从而降低后端设计失败的风险。

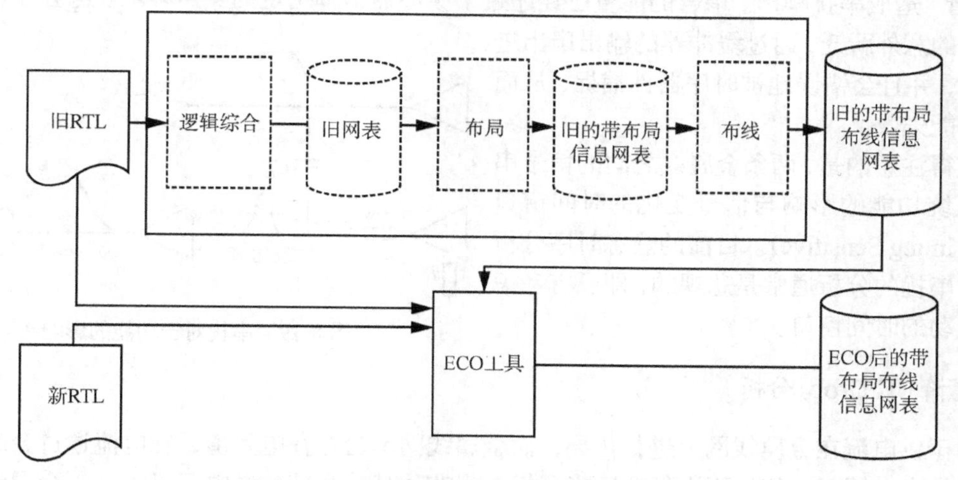

图 8-17 使用 ECO 技术的设计流程示意图

8.5.5 噪声、VDD 压降和电迁移分析

现在可以进行检查噪声、电源线 IR 压降以及电迁移极限的分析。噪声分析用来估算层间布线电容引起的串扰，可以利用 Cadence 公司的 SignalStorm、ElectronStorm 和 VoltageStorm，以及 Synopsys 公司的 Astro-Rail 等工具检查噪声、电源线 IR 压降，并进行电迁移极限的分析。

1. 噪声

在先进制程中，金属连线的宽度更窄，层间距离更小。在现在的设计中，线间电容与衬底电容和边缘电容相比更具主导作用，同时芯片的工作频率更高，如图 8-18 所示。这两个因素增加了由两个信号之间的耦合电容造成信号干扰的可能性。

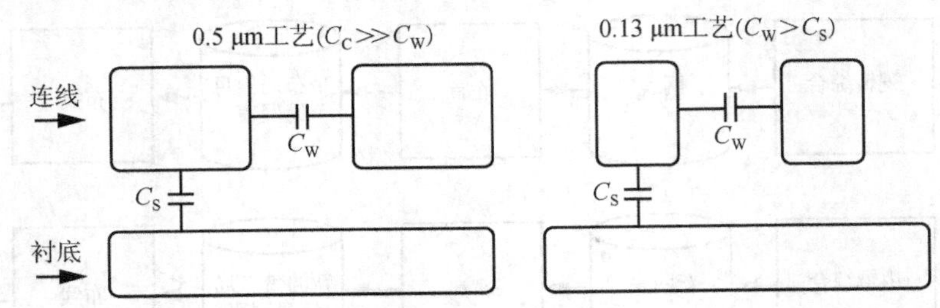

图 8-18 工艺中连线间的电容

两条紧邻线路翻转时在时域上重叠，会导致串扰引起的延迟。跃迁的相对方向决定了路径比预先的变快还是变慢。

串扰引起的噪声会给相邻的线路中注入电压针刺型干扰。如果干扰电压超过了翻转阈值，将会引起错误的跃迁，造成潜在的错误行为。

在 130 nm 及以下的工艺中，线间电容延迟在互连延迟中占主导地位。

除了影响时序，耦合性的电容还会造成功能失效。当攻击者在“受害者”附近翻转时，它会造成“受害者”上面意外的信号翻转或者逻辑失效，这些被称为串扰造成的噪声（或者脉冲干扰）。图 8-19 所示为串扰对功能的影响。由于耦合电容（CC），“攻击者”对没有驱动的“受害者”造成串扰噪声。耦合的能量已经超过了缓冲器引脚指定的噪声容限。这会导致缓冲器输出的意外跃迁，通过缓冲器的输出扇出进行传输，并且会错误地被时序器件捕捉，从而引起功能失效。

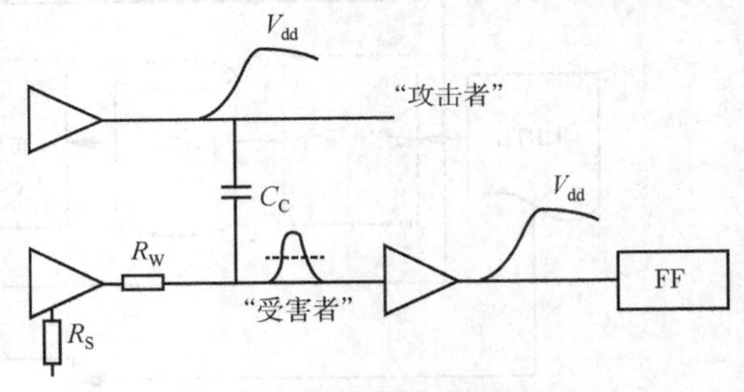

图 8-19 串扰对于功能的影响

值得注意的是，两条金属线之间的信号串扰对系统功能的影响与信号变化的时间窗口相关（Timing Sensitive）。目前的静态时序分析工具对串扰的分析通常是悲观的，即没有考虑信号变动的时间窗口。

2. 电压降（IR Drop）分析

由于供电流在金属线网上进行传导，而金属线网本身存在电阻值，在电流通过金属网络时必然带来电压降。如果不进行电压降分析，当芯片某一个部分供电不足时，则会导致性能的恶化，从而导致整个芯片功能的错误。

传统上，设计师们会按照最坏情况下的数值来控制有害的压降，使用将这一数值作为最坏工作情况下的参数的库文件，并且设计电源网络以保证压降低于一定的约束。典型的压降阈值是百分之十的供电电压，这会造成百分之十或更多的器件延迟，在更为高端的制程中更加明显。

为了满足压降约束，当今的设计师通常会设计额外的电源网络，这将耗费一些珍贵的布线资源，使用多余的层次时会增加光照成本，还会增大电容，降低性能。压降大于约5%的正常电压时，会产生非线性的时序变化。为了解决延迟和供电电压之间的非线性关系，在静态时序分析（STA）中要使用更为复杂的模型，如可扩展的多项式延迟模型（SPDM）。

通过电压降分析，可以了解到整个电源网络的供电情况，从而进行合理的供电网络规划，以保证芯片功能不会因为供电问题产生影响。一般来说，要把整个芯片的电压控制在电源电压的 10%以内。

3. 电迁移(Electromigration)分析

在决定供电网络金属线宽度时，需要满足由代工厂工艺库中提供的电流密度规则。若电流过大，而金属线宽过小，将导致电迁移现象出现。而电迁移会导致金属线的断裂，损坏整个芯片，因此对电迁移进行分析也是必须有的一个步骤。

在大电流密度下会产生电动力，使电子在金属晶格结构中对原子产生很大的冲击，产生电迁移现象。随着时间的增加，这种力会造成位移，即在高电流密度区域产生空洞，或者在相邻低电流密度区域聚集移动的原子，产生开路或短路，如图 8-20 所示。电源和地的网格最容易受到电迁移的影响，因为上面的电流一般很大并且是单方向的。时钟信号由于尖锐的边缘，大电流密度和频繁的翻转也会受到电迁移的影响。标准单元中的金属部分(尤其是只承载单方向电流的部分)和之间的金属互连同样容易受到电迁移的影响。

图 8-20 电迁移造成的开路、短路现象

在先进的 UDSM 制程中，金属连接孔很容易电迁移，因为连接孔具有相对较高的电阻，较小的横截面积和有可能在制造过程中出现的空洞。承载双向电流的金属通常有较长的寿命，但是从长期看仍然会受到电迁移的困扰。

当电流经过金属互连时，导线的自加热(焦耳热)会使导线温度上升。这种温度的升高会恶化电迁，因为在较高的温度下，电子流的阻力增大。空洞的形成会分流它周围的电流，从而减小了横截面积。这无疑增大了空洞周围的阻力和电流密度。这些效应促进了空洞周围的自加热和电迁移，并扩大了其发展。导线的自加热还会引起金属和绝缘体边缘由于热膨胀系数不同而造成的热机械应力，这种应力会造成互连失效。

8.5.6 功耗分析

在深亚微米设计开始之后不久，对芯片做更准确的功耗分析的要求就提了出来。但是，功耗分析通常停留在静态功耗近似估计的方法上，动态功耗往往是辅助的分析手段。大部分 130 nm 设计则会将静态功耗分析作为投片必须检查的工序。在小于 90 nm 的设计，尤其是低功耗设计中，动态功耗和静态功耗都成了设计流程中不可缺少的重要步骤。

芯片的功耗可以分为动态功耗和静态功耗两种。在版图设计的多个步骤中都需要进行功耗分析以确保信号的完整性，因此功耗分析分成静态功耗分析和动态功耗分析。

芯片的功耗分析与电源网络的电压降有关。电源规划的质量会直接影响芯片的性能。因此，电源供电的好坏可以用电压降来测量，这是由于过大的电压降会引起时钟的偏差(skew)增大和时序违例。

1. 静态功耗分析

静态功耗是芯片在待机状态时产生的平均功耗，而动态功耗是芯片工作过程中产生的功耗；静态功耗又称为泄漏功耗，它是指电路处于等待或不激活状态时泄漏电流所产生的功耗。

2. 动态功耗分析

动态功耗指芯片在工作中，晶体管处于跳变状态时所产生的功耗，主要由动态开关电流引起的动态开关功耗 P_{sw}(也称为跳变功耗)以及短路电流产生的短路功耗两部分组成。动态功耗分析与所用的测试向量有关，需要在布线完成后进行。

3. 功耗计算

功耗计算得到的静态功耗和动态功耗值，除了帮助设计者判读芯片功耗大小外，还可以为今后静态电压降的分析提供数据支持。此外，通过向量分析法对芯片功耗的分析还能得到供电网络的电流数据，它是后期进行瞬态电压降分析的主要依据。

据统计，时钟树功耗可占整个芯片总动态功耗的 30%左右。在后端设计中，控制时钟树功耗可以对降低芯片功耗起到相当明显的效果。一般来说，有两种方法可降低时钟树功耗：减少时钟缓冲器数量和尽量将时钟缓冲器插入门控时钟。

我们可以对参数提取后的设计重新进行功耗估计，因为此时真正的连线电容已知，所采用的技术类似于在 RTL 综合时所采用的技术。

在低功耗设计的新技术不断发展和改进的情况下，从理论到应用，人们在不断完善各种设计方案，包括系统设计，验证和仿真，逻辑综合，形式验证，物理设计与实现。

根据其对电源功耗的节省量，低功耗设计的方案目前大致可以分成基本方法和先进方法两大类。前者有最基本的面积优化、多阈值电压技术和时钟门电路。后者有多电源多电压技术、电源关断与状态保持电源门控技术，以及动态电压与频率调节技术。低功耗设计的分析方法也有它的特殊性，在功耗、时序和噪声分析时要注意这些区别。

8.6　数据交换及检查

在完成了流片之前的设计验证后，需要提交给芯片制造厂数据，并根据不同的设计提供需要检查的列表，以供设计参考。

8.6.1　数据交换

数据交换指的是为保证芯片的成功流片，芯片设计方和芯片制造商之间所需交换的数据。芯片设计者需要提供给制造商的数据包括以下 3 方面：

① 芯片的版图文件，即 GDSⅡ文件；

② 进行设计规则检查和一致性检查的规则文件；

③ 进行设计规则检查和一致性检查的结果文件。

厂家在确保规则文件正确，设计规则检查和一致性检查均没有问题的情况下，才进行制造。有些设计需要进行 IP 合并工作，此时芯片制造厂会将合并后的版图进行设计规则检查和一致性检查，此时芯片设计者还需要提供芯片的 SPICE 网表文件，以配合完成检查工作。

另外，设计方还应该准备封装导线表给封装厂商，封装导线表主要包括以下 3 项内容：

① 裸片上每个引脚的坐标位置；

② 芯片引脚与封装引脚的对应关系；

③ 封装引脚的名称。

在设计中需要的大量库文件通常也由晶圆(制造)厂提供。在设计验证时，晶圆厂还需要提供给设计方一个工艺包，包括各种工艺规则文件以及检查规则文件，以帮助设计方完成相应的参数提取与设计验证。

有些晶圆厂还给设计方提供远程登录终端，在光照之前，让设计方检查一下光刻胶片图，从而进一步验证物理设计。此时主要检查 IP 合并部分的连接是否完好。

8.6.2　检查内容及方法

从严格意义上讲，所有的数字集成电路都应该进行上述 3 种(时序、物理和逻辑)验证。有些设计者可能会根据设计的简易程度以及设计经验进行简单的设计规则和一致性检查，以便提交版图进行制造生产，从而省略掉时序反标以及时序验证等工作。

在 0.13 μm 及以上工艺条件下，不少设计不用多模式、多端角做检查时序；在 0.18 μm 及以上工艺，噪声问题不明显，且当芯片的主频不高时，可以不进行信号完整性时序检查；而当设计者不关心功耗，并对自己的电源网格设计有着十足的信心时，也可能不进行功耗分析；也有设计者不进行形式验证。

8.7　封装

器件级封装也称单芯片封装(single chip package)，是对单个的电路或元器件芯片进行包封，以提供芯片必要的电气连接、机械支撑、热管理、隔离有害环境以及后续的应用接口条件。对两个或两个以上的芯片进行封装称为多芯片封装(multi-chip package)或多芯片模件(multi-chip module)。常见的器件级封装工艺的制作流程包括：切片、贴片、键合、包覆、打标、引线处理或焊球制作、成品切割等。

8.7.1　封装的基本功能

器件级封装是微系统封装技术中十分重要的技术环节，是芯片正常运行、实现芯片与应用系统沟通的保证。

器件级封装的种类繁多，一般都应该具备以下 7 个方面的基本功能。

① 可靠的电信号 I/O 传输，提供电源、地、工作电压等稳定可靠的供电保障；

② 满足模件构建和系统封装对器件提出的各项要求，使其在二级封装后发挥有效的信号传输和供电保障作用；

③ 通过插装、SMT 等适当的互连方案，使器件在下一级封装时被实装到基板上，并正常工作；

④ 有效的散热功能，将被封装器件工作时产生的热传递出去；

⑤ 有效的机械支撑和隔离保护，避免振动、夹装等机械外力，以及水汽、有害气体等环境因素对器件的破坏；

⑥ 提供物理空间的过渡，使得精细的芯片可以应用到各种不同尺度的基板上；

⑦ 在满足系统需求达到设计性能的同时，尽可能提供低成本封装方案。

据此，在封装材料选取时，希望具有良好的电性能，如较低的介电常数、优秀的热导性能和密封性能。

8.7.2 常见的封装类型

1947 年世界上发明第一只半导体晶体管，同时也就开始了电子封装的历史，电子器件的封装进展如图 8-21 所示。

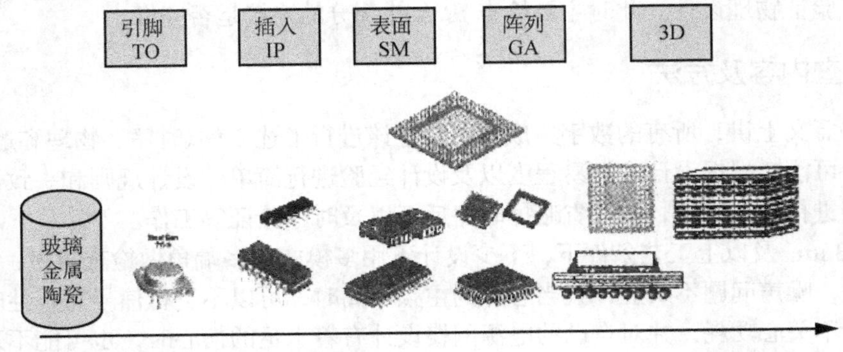

图 8-21 电子器件与封装发展进展

20 世纪 50 年代以三根电极引线的 TO 型外壳为主，采用金属玻璃封接工艺。同时陶瓷流延工艺发明，奠定了多层陶瓷工艺的发展基础。1958 年，第一块集成电路问世，多引线外壳发展受到重视，仍以金属-玻璃封装为主。随着集成电路从小规模向中规模和大规模方向发展，集成度越来越高，要求封装的引线数越来越多，促进了多层陶瓷的发展。

20 世纪 60 年代出现双列直插封装(DIP)陶瓷外壳，即 CDIP。具有电性能和热性能好、可靠性高的特点，CDIP 备受集成电路厂家的青睐，发展很快，70 年代成为系列主导产品。随后又开发出塑料 DIP，这种外壳成本低，便于大量生产，目前仍在低端产品市场大量应用。引脚数一般小于 84 个，间距为 2.54 mm。

20 世纪 70 年代，伴随着 SMT 的迅猛发展，开发了一系列用于 SMT 的电子封装产品，如无引线陶瓷片式载体、塑料有引线片式载体和四边引线扁平封装，并于 20 世纪 80 年代初形成商业化生产。由于密度高、引线节距小、成本低和适于表面安装，四边引线塑料扁平封装成了 20 世纪 80 年代的主导产品。

20 世纪 90 年代，集成电路发展到超大规模阶段，要求电子封装的引脚数越来越多、引脚节距越来越小。电子封装从四边引线型(如 QFP 等，引脚 356 个、间距为 0.4 mm)向平面阵列型(PGA，引脚可达 750 个、间距为 1.27 mm)发展，随后出现的球栅阵列封装(BGA，引脚可达 3000 个以上、间距为 0.8 mm）目前正处于爆炸发展阶段。

21 世纪以来，各种封装体积更小的 CSP 成为研究开发的重点。同时，封装正向三维叠装，以及 SiP 和 SoP 等高密度、高性能的方向发展。不同的封装方式对应不同的芯片，并需满足组装、更高层次封装贴装的特殊要求。按照不同的封装材料，可以分为金属封装、塑料封装和陶瓷封装（含金属陶瓷）三类。

在不断增加的引脚数量、运行频率、功耗以及其他此类因素的影响下，封装已经发展成电学和热学设计的关键元素。为了满足不同的需求，这些年来开发出了各种各样的封装类型，表 8.2 概述了它们的一些基本特性，其中 TH 代表通孔安装（through-hole），SM 代表表面安装（surface mount）。

表 8.2　一些过去和现在流行的封装类型

封装类型	封装引脚的			
	安装技术	位置	典型间距（mm）	典型数量
单列直插（SiP）	TH	1 边	2.54	2～12
双列直插（DIP、DIL）	TH	2 边	2.54	6～40
插针网格阵列（PGA）	TH	表面	2.54、1.27	72～478
小外形封装（SoP、SOIC）	SM	2 边	1.27	8～44
薄型小外形封装（TSOP）	SM	2 边	1.27、0.8、0.5	24～86
窄间距小外形封装（SSOP）	SM	2 边	0.8、0.65、0.5	8～70
无引脚芯片座（LLCC、LCC）	SM	4 边	1.27	16～84
四边扁平封装（QFP、QFN）	SM	4 边	1.27、0.8、0.65	32 以上
窄间距四边扁平封装（FQFP）	SM	4 边	0.5、0.4、0.3	最多 376
小外形 J 引脚封装（SOJ）	SM	2 边	1.27	24～44
带引脚芯片座（LDCC、JLCC）	SM	4 边	1.27	28～84
平面格栅陈列（LGA）	SM	表面	1.27、1.0	48 以上
窄间距平面格栅阵列（FLGA）	SM	表面	0.8、0.5	最多 1933
球栅阵列（BGA）	SM	表面	1.5、1.27、1.0	36 以上
窄间距球栅阵列（FBGA）	SM	表面	0.8、0.65、0.5、0.4	最多 2577

8.7.3　系统级封装技术

近年来从系统高度研究封装技术的发展趋势越来越明显。从广义上讲，系统级封装就是从系统最优的高度出发，把多个同种或者不同种的芯片、模件、子系统和其他辅助部件通过封装的方式集成到一起，在实现有效的内部互连的同时，或者为下一级集成做准备，或者直接实现最终产品。

从狭义上讲，一个微系统可以包括数字电路、模拟电路、I/O 接口、存储器、DSP 和 MEMS 等不同类型的芯片。因此，单纯的存储器的集成度再提高也只能算是一个存储器，而不是一个系统；单纯的多个同类芯片集成在一起实现新的功能，也不能算是一个系统。

系统的概念除了实现完整的系统功能外，还包含了多种技术的交叉融合。因此，系统集成的实现往往涉及多种材料，包含不同的体系结构，需要工艺工程师、电路工程师和系统工程师的通力合作。

目前系统集成的两大主流技术包括：① 片上系统，即 SoC（System on Chip），② 封装系统，即 SiP（System in Package）和 SoP（System on Package）。

片上系统和封装系统，以及射频系统封装技术，都为微系统功能的增加和集成度的进一步提高提供了有效途径。无论是在芯片级还是封装系统级，这些尖端技术代表了微系统方面的进步，促成了便携设备和台式设备的融合。同时，这些封装技术还预示着封装与前端圆片加工技术的更紧密的联系，并标志着两者进一步的协同发展。

1. 片上系统技术

片上系统一般称为 SoC，是 20 世纪 90 年代出现的概念，随着时间的推移和技术的进步，SoC 的定义也在不断地发展和完善。

片上系统(SoC)指的是单个芯片的系统集成方式，被认为能够最大限度地实现系统集成。它发展自将 CPU、存储单元及附属电路搭载在同一芯片上的系统 LSI。SoC 芯片除了将原有的各个分离部件放置在同一个芯片上，还需要进行系统级权衡，控制内部信号传输，分配存储元件以及统一不同工艺的流程。

如图 8-22 所示，目前一般定义 SoC 是指在单一芯片上实现完整系统的集成，包括一个或多个处理器、存储器、模拟电路模块、数模混合电路模块、可编程逻辑单元等基本电路。如果能够解决相关方面的设计和工艺问题，SoC 能够保证集成度最高、质量最轻的系统产品的实现。同时，封装这个芯片或微系统仅仅需要提供信号传输、供电常规封装功能。因此，在生产成本可接受的范围内实现这种 SoC 产品，就成了各整机系统公司和芯片公司共同追逐的目标。

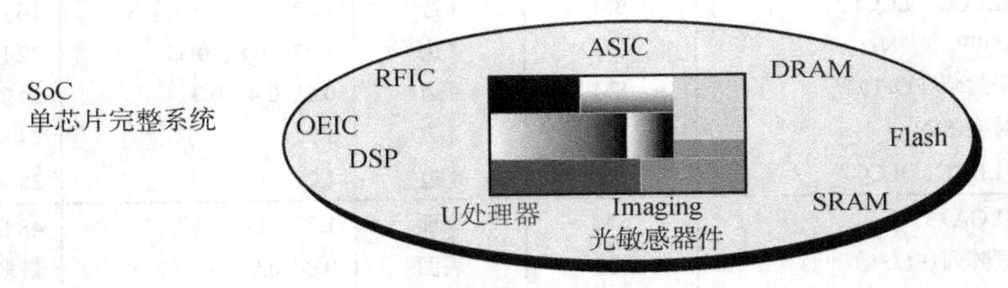

图 8-22　SoC 集成概念示意图

SoC 技术包括：IP 及其复用技术、可编程系统芯片、信息产品核心芯片开发和应用、SoC 设计技术与方法、SoC 制造技术和工艺等。

从使用角度来看，SoC 有 3 种类型：专用集成电路(Application Specific IC，ASIC)、可编程 SoC(System on Programmable Chip)和 OEM(Original Equipment Manufacturer)型 SoC。

2. 系统封装(SiP 和 SoP)技术

系统封装(SiP 和 SoP)是指利用封装技术来实现系统集成的方法，通常是利用各种工艺技术，将同种或不同种类的芯片采用纵向堆叠的方式混载在同一封装体内，同时实现各芯片之间的互连。

随着系统封装时用作公共组装基板的材料的不同，常见的系统封装又分为 SiP 封装、SoP 封装与 SoF 封装。其中，SiP 封装(System in Package)或 SoP 封装(System on Package)是以刚性印制电路板作为公共组装基板的系统封装，SoF 封装(System on Flex)是以挠性印制电路板作为公共组装基板的系统封装。SiP/SoP 封装的示意图如图 8-23 所示。

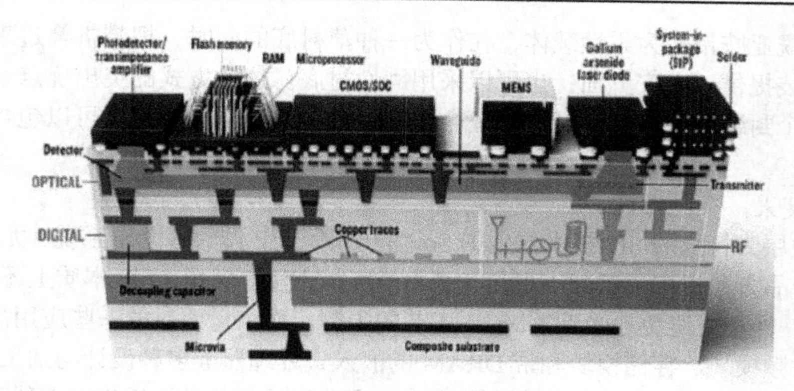

图 8-23 SiP/SoP 封装的示意图

封装系统尚无统一的定义，但一般认为 SiP 是以叠层芯片为特色的，在单一的封装衬底上叠加两层或者多层的芯片，在实现相互之间有效互连的同时，用铸模化合物封装起来；SoP 则是以薄层技术实现各种系统部件为特点的，在小型电路板上集成了多个芯片和分立元件，形成一个电路板系统。图 8-24 示意了 SiP 和 MCM、SoP 的区别和定义，而 MCM 是在高密度的陶瓷、有机或其他基底材料上水平放置多个芯片系统，通过衬底来实现芯片之间的互连。

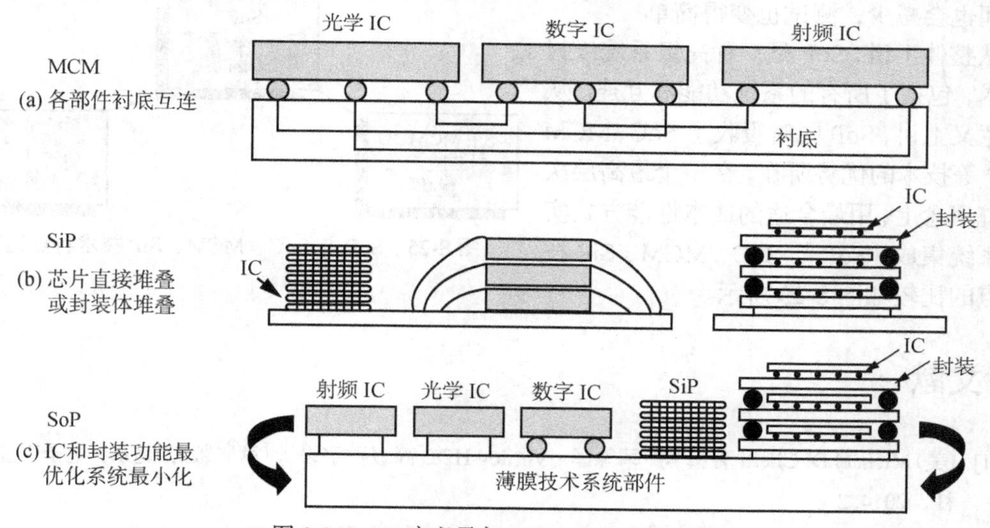

图 8-24 SiP 定义及与 MCM 和 SoP 的比较

(1) SiP 技术

目前的 SiP 技术已经从开始的单纯的存储器芯片堆叠，发展到了处理器芯片以及一些其他类型芯片与存储器的混合搭载。各公司和研究机构也设计出了多种 SiP 实现方式，有的追求最小的封装面积，有的追求最小的叠层高度。

SiP 的主流技术大致包括如下 3 方面。

① 引线键合集成叠层技术。早期的存储器芯片堆叠的 SiP 采用的就是这种技术，后来也推广到逻辑芯片和存储芯片混载的 SiP。

② 倒装片和引线键合相结合的方式。相对于引线键合来说，倒装片能够充分利用芯片(die)的面积来提供更多数目的互连，同时通过缩短与系统的互连来提高系统性能。

③ 封装模块叠层技术(package on package stacking)，封装体代替芯片进行堆叠。可以采

用聚酰亚胺带作为柔性载体，在作为一种薄衬底的同时，把带折叠过来为第二个叠层封装提供一个安置面；也可以采用刚性衬底。这种方式的突出优点就是能够通过对各个封装模块分别测试来保证合格率。其中每个封装模块内可以包含一个或多个芯片。

(2) SoP 技术

以芯片叠层为特征的 SiP 技术催生了 SoP 的出现。SiP 作为一个子系统，尤其是在高级、便携式电子产品方面提供了新的小型化和高集成度的方法。但是，SiP 本质上还是芯片集成，因此与 SoC 一样不可避免地受到 CMOS 工艺的限制。而大量面对的一些应用需要，还应包括传感器、射频模块、存储模块和带 DRAM 的嵌入式处理器等多种设计与加工技术。

SoP 追求的是在低质量、薄外形、低成本、高性能的封装环境里实现多种系统功能。该系统的设计可能要求高性能的数字逻辑、存储、射频、模拟信号以及宽带的光学功能。

首先，SoP 在集成的过程中不需要有功能上的折中，因为各项技术是以分立的形式集成于 SoP 中的；其次，系统设计的复杂度和时间也会减少，测试也变得简单。

从整体上讲，SoP 是一种高级系统级封装技术，包括了所有的系统功能和互连。从某种意义上讲，SoP 同时吸收了 SoC、MCM 和 SiP 等技术的优势所在，在一个最高层次的系统概念上，用最合适的成本性能方式实现了系统集成。SoP 与 SoC、MCM、SiP 技术特点的比较如图 8-25 所示。

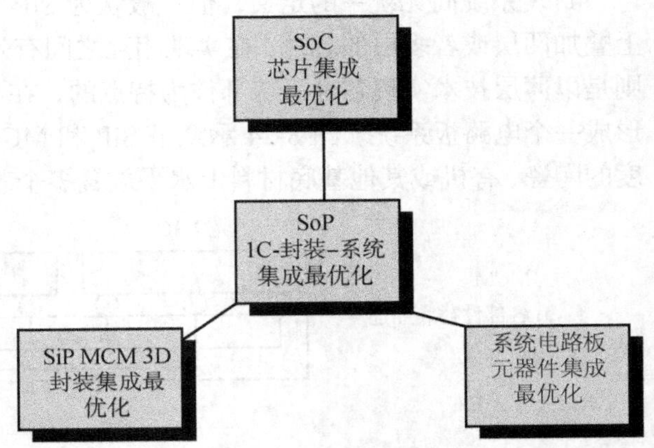

图 8-25　SoP 与 SoC、MCM、SiP 技术特点比较

参考文献

[1] (美) Michael D. Ciletti 著；李广军等译．Verilog HDL 高级数字设计 (第二版)．北京：电子工业出版社，2014. 2

[2] 曲英杰，方卓红编著．超大规模集成电路设计．北京：人民邮电出版社，2015.2

[3] 虞希清编著．专用集成电路设计实用教程．杭州：浙江大学出版社，2007.1

[4] 邹雪城等编著．VLSI 设计方法与项目实施．北京：科学出版社，2007

[5] 杨宗凯，黄建，杜旭编著．数字专用集成电路的设计与验证．北京：电子工业出版社，2004. 10

[6] 曾烈光，金德鹏等编著．专用集成电路设计．武汉：华中科技大学出版社，2008.10

[7] 来新泉主编．专用集成电路设计实践．西安：西安电子科技大学出版社，2008. 11

[8] 林丰成，竺红卫，李立编著．数字集成电路设计与技术．北京：科学出版社，2008.1

[9] (美) 韦斯特 (Weste，N. H. E.)，(美) 哈里斯 (Harris，D. M.) 著；周润德译．CMOS 超大规模集成电路设计 (第四版)．北京：电子工业出版社，2012.7

[10] 金玉丰，王志平，陈兢编著．微系统封装技术概论．北京：科学出版社，2006.1

[11] (瑞士) 凯斯林 (Kaeslin，H.) 著；张盛，戴宏宇译．数字集成电路设计：从 VLSI 体系结构到 CMOS

制造.北京：人民邮电出版社，2011.1
[12] 甘学温等编著．大规模集成电路原理与设计．北京：机械工业出版社，2009.9
[13]郭炜等编著．SoC 设计方法与实现(第 2 版)．北京：电子工业出版社，2011.8

习题

8.1　简述数字集成电路后端设计的基本流程？
8.2　什么是版图验证的主要任务？
8.3　为什么版图验证中的电气规则检查(ERC)是可选项？
8.4　为什么要制定版图设计规则？
8.5　简述设计规则的两种表示方法的基本特点。
8.6　简述以 λ 为单位和以微米(μm)为单位的表示方法的优缺点。
8.7　在版图设计中，为什么要尽可能减少过孔(vias)的数量？
8.8　简述版图设计中天线效应的解决办法。
8.9　对图 P8-9 中 A、B 和 C 这三个模块供电，图中两种布线方式中哪一种更好，为什么？

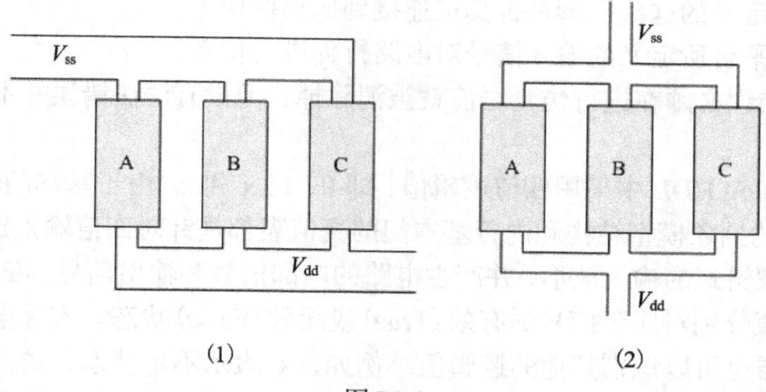

图 P8-9

第 9 章　仿真验证和时序分析

通常，工程师习惯于使用原型来检验自己的设计，比如使用已有连接孔的电路试验板，电子工程师只要插入互连线和 IC 就可以检验自己的设计。但是，对于 AISC 电路的原型来说，使用电路板是不现实的。作为替代，ASIC 设计工程师转而使用仿真作为电路板的一种新型的等效。

仿真是最普遍和常见的验证工具，仿真器的作用是使设计趋近于实际情况。仿真并不是一个项目的最终目的，所有硬件设计项目都是为了创造可以销售并盈利的真实物质。仿真器试图创造一种人工的环境来模拟真实的设计，这种验证使设计者能在产品制造之前调整设计，改正错误和问题。

仿真器必须要完成的任务包括：

① 检查源代码；

② 报告语法错误；

③ 确保模块定义的这些引脚是否真正连接到例化模块上；

④ 应用测试平台所定义的输入信号对电路行为进行仿真。

所有的语法错误必须在进行仿真之前就被消除掉，但没有语法错误并不能说明模块的功能是正确的。

例如，在 Verilog HDL 中采用四值逻辑值，即 0，1，x 和 z。由于基本门输入值是四值的，Verilog 语言定义的抽象模型结构和内置基本门的真值表都是针对四值输入定义的，因而仿真器可以创建四值逻辑式的输入波形，并产生电路的内部信号和输出信号。在 Verilog 四值逻辑值中，0 值和 1 值分别对应于信号的有效(True)或无效(False)状态。实际电路的信号只有这两个值，但仿真器也可以识别其他的逻辑值。例如，x 表示不定状态，仿真器无法判定信号值是 0 还是 1 的情况就是不定状态。例如，当一个线网被两个具有相反输出值的基本门驱动时，就会出现这种情况。Verilog 的内置基本门能够自动模拟这种信号之间的竞争情况。

但是，仿真器只是实际情况的近似，为了仿真能顺利进行，许多物理性质被简化甚至忽略了。例如，四状态的数字仿真器就假定信号的可能值只有 0、1、未知状态、高阻状态四种，而在实际的物理和模拟信号情况下，信号值是流过铝导线或铜导线的电压和电流量的连续函数，具有无数个可能的值。在离散的仿真器中，在 5 ns 后发生的若干个确定性事件在物理世界里可能并不同时发生，而是随机发生。

由于仿真环境是经过简化的，所以仿真器要受到仿真对象的支配。仿真器可以做的唯一工作就是执行用某种语言描述的设计，这种描述使用明确定义的语言，有准确的语义。描述必须准确地反映试图模拟的实际情况，否则设计者将无法知道正在仿真的设计与最终制造的产品之间的差别。由于不能证明没有错误，功能的正确性和模型的准确性就是一个大的问题。

9.1　仿真类型

由图 9-1 可知，我们可以用不同抽象程度的多层次模块组合来描述一个电路系统，通常的描述方式和层次如下所示。

- 行为级。技术指标和算法的 Verilog 描述，有关行为和技术指标模块，容易理解。
- RTL 级。逻辑功能的 Verilog 描述，有关逻辑执行步骤的模块，较难理解。
- 门级。逻辑结构的 Verilog 描述，有关逻辑部件互相连接的模块，很难理解。
- 开关级。具体的晶体管物理器件的描述，有关物理形状和布局参数的模块，难理解。

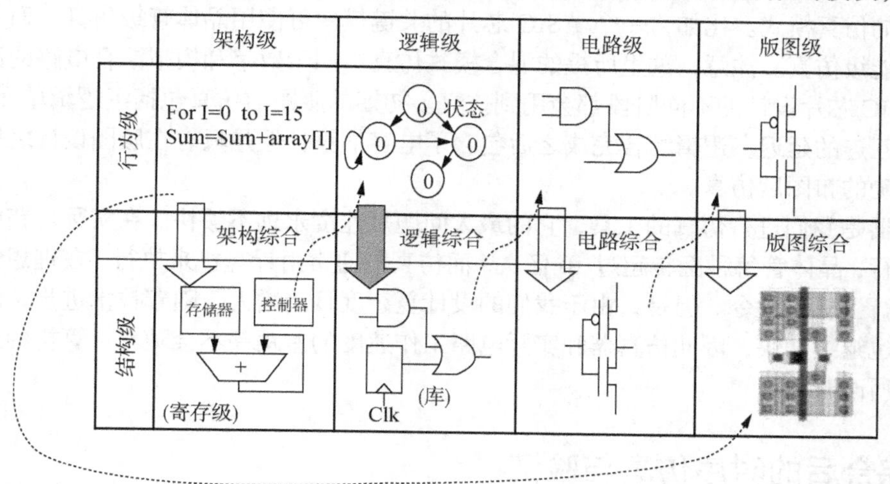

图 9-1　一个电路系统可以用不同抽象程度的多层次模块组合来描述

根据图 9-1 的描述，仿真器通常也可以划分为以下几种类型或仿真模式：行为仿真、功能仿真、静态时序仿真、门级仿真、开关级仿真、晶体管级仿真或电路级仿真等。

以上列出的仿真类型是从高层次到低层次的仿真排序(层次越高越抽象，层次越低越具体)。从高层次到低层次的仿真的仿真结果越来越准确，也越来越复杂和费时。比如，对于一个复杂的系统，我们可能只对它进行行为仿真。因此，建立系统假想的仿真模型可以有多种方式。

一种方法就是将系统的组合用有输入和输出的黑盒子进行建模。这种仿真(通常用 VHDL 或 Verilog)类型称为行为仿真。行为仿真和功能仿真忽略时序，并将延迟设为固定值(例如 1 ns)，即可进行单位延迟仿真。在行为仿真和功能仿真预测系统工作正确后，接下来就要检查时序性能。此时，系统被划分为多个 ASIC，并对每一个 ASIC 分别进行时序仿真(否则仿真的时间就会太长)。

另一类时序仿真器利用时序分析，通过计算每一条路径的延迟，并以静态的方式进行时序分析，称为静态时序分析。静态时序分析不需要建立一组测试(或激励)，因为设计一个复杂的 ASIC 激励向量是一项庞大且烦琐的工作。静态时序分析仅仅适合同步数字系统的时序分析，其最大工作频率通常由级联的触发器之间的最长路径延迟所决定。延迟最长的路径称为关键路径。

逻辑仿真或门级仿真也经常用来检查 ASIC 时序性能。对于门级仿真器，一个逻辑或逻辑单元(比如 NAND 和 NOR 等)用黑盒子来模拟，一个逻辑门或逻辑单元的函数变量是输入信号。该函数也可通过逻辑单元模拟其延迟。将所有延迟设定为单位值，则是等效的功能仿真。如果逻辑门的黑盒子模型提供的时序仿真还不够精确，可进行更仔细的开关级仿真。

开关级仿真将晶体管模拟为开关的开或关。与门级仿真相比，开关级仿真提供了更精确的时序预估，但不可能用逻辑单元延迟作为模型参数。

最精确但也是最复杂和费时的仿真形式是晶体管级仿真。使用晶体管级仿真器要求有晶体管的模型，该模型提供其非线性电压和电流特征。

通常每种仿真类型使用不同的软件工具，但混合模式仿真器允许 ASIC 电路的不同模块使用不同的仿真模式。比如，一个 ASIC 芯片的关键模块可使用晶体管级仿真，而其他模块可使用功能级仿真。注意，这里所提的混合模式仿真不同于数字和模拟混合电路的混合级仿真器。ASIC 芯片设计的不同阶段都会用到仿真。初期的版图前仿真包括了逻辑单元的延迟，但不包括互连的延迟。逻辑综合完成之后包含了电容估算，但是只有在版图设计之后才有可能实现精确的布图后仿真。

仿真器是我们进行仿真的工具，它的最大问题是速度永远不够快。在实际电路中，电子以光速运行，晶体管每秒翻转超过 10 亿次；而仿真器通常由计算机来执行，在理想情况下每秒可以执行上亿条指令。但是，由于我们的设计复杂度日趋增大，随着技术进步，晶体管的翻转速度也继续加快，因此仿真器和实际电路工作速度的差距并不会随着计算机的运算能力提高而有所改善。

9.2 综合后的时序仿真与验证

综合后的时序验证是十分必要的，因为 RTL 模型的功能验证并没有考虑传输延迟，因而不能验证该模型是否满足硬件时序的约束和输入输出(I/O)时序的性能指标。综合工具将 RTL 设计映射成具体的物理实现并进行时序分析。

由于综合工具仅考虑了设计中的线网互连和网线负载电阻及寄生电容特性所带来的延迟，并据此对预布局布线(如线负载模型)进行了数据估计，因此综合工具所进行的时序分析的精度有一定的局限性。由于映射工具中并未获取布局布线步骤中所产生的实际延迟，因此综合工具产生的网表并不能准确描述所需延迟，此时的延迟仅是实际延迟的估计而已。线网互连的电阻和寄生电容的实际数值要从版图中提取，并对门电路的延迟模型进行反标注，才能得到布局布线后准确的时序分析结果。

电路能否正常工作，其本质上受称为关键路径的最长逻辑通路的限制，以及受芯片中存储器件的物理约束或工作环境的影响。为了确保电路能够满足设计规定的时序规格及器件的约束条件，必须验证关键路径以及与关键路径延迟相近的通路是否满足时序要求，这就必须要考虑到逻辑门的传输延迟、门之间的互连、时钟偏移、I/O 时序裕量以及器件约束(如建立时间、保持时间和触发器的时钟脉冲宽度)。如果边沿触发器的建立或保持时间这个约束条件被违反了，则触发器将进入亚稳态。

时序验证利用电路的器件和互连的模型来分析电路的时序，以此来判断物理设计(版图设计前/后)是否能达到硬件的时序约束条件和输入输出的时序规范。时序验证可直接仿真电路的行为，以此判断是否达到硬件约束和性能指标，或者不直接仿真电路的行为而是通过分析电路中所有可能的信号通路来间接判定是否满足时序约束条件。时序验证的这两种方法分别称为动态时序分析(Dynamic Timing Analysis，DTA)和静态时序分析(Static Timing Analysis，STA)。表 9.1 比较了动态时序分析和静态时序分析的特点。

表 9.1　时序验证方法的比较

	时序验证方法	
	动态分析	静态分析
方法	仿真	路径分析
对测试模板的要求	需要	不需要
覆盖率	取决于测试模板	与测试模板无关
风险	警告丢失	警告错误
最大最小分析	不可行	可行
与综合配合	不可行	可行
CPU 运行时间	数日/数周	数小时
内存使用	大量	少量

9.2.1　动态时序分析

动态时序分析(DTA)其本质上是基于周期事件驱动的仿真，针对特定的输入所产生的输出，来分析所仿真的电路是否满足设定的性能要求。

仿真器可以连续地运行 HDL 代码，如果输入值不变，则将得到相同的输出值。显而易见，当输入不变时，不运行代码可以提高仿真器的性能，即：仅仅在输入改变时才运行代码，因此输入信号的改变驱动了仿真器的仿真过程。如果定义一个输入信号的改变为一个事件(event)，那么这种仿真器就是事件驱动(event-driven)的仿真器。

仿真器需要模拟设计工作时的真实环境，即测试平台(testbench)。测试平台为设计提供输入信号，同时仿真器也能基于观测该输入信号模拟设计的响应。

例 9.1　下面的图 9-2 的 t_Add_half 模块代码是一个对 Add_half 半加器进行验证的测试平台模块，该测试平台模块包含了一个被测单元 Add_half 的例化 UUT(Unit Under Test)。其中，用于测试单元的激励波形不是由硬件产生的，而是由单独的 Verilog 行为抽象生成的，对该半加器 Add_half 仿真所产生的波形如图 9-3 所示。

```
module t_Add_half();
wire sum, c_out;
reg a, b;
  add_half_0_delay M1(sum, c_out, a, b);  // UUT
initial begin                              // time out
    #100 $finish;                          // system task
end
initial begin                              // stimulus
    #10 a=0;b=0;
    #10 b=1;
    #10 a=1;
    #10 b=0;
end

endmodule
    module Add_half(sum, c_out, a, b);
    input a, b;
    output c_out, sum;
    xor(sum, a, b);
    and(c_out, a, b);
endmodule
```

图 9-2　t_Add_half 模块测试平台的基本结构

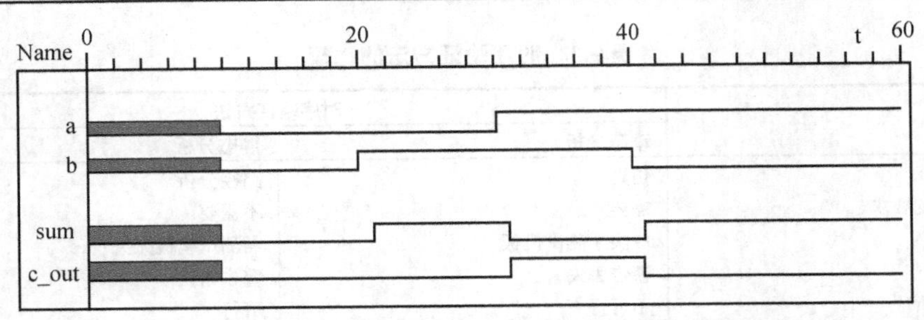

图 9-3 零延迟二进制半加器 Add_half 仿真所产生的波形

仿真期间信号(变量)值的变化被视为是一个“事件”。为了在指定的时刻独立地改变电路中的信号,测试平台 t_Add_half 中的单次行为描述为测试 Add_half 提供输入激励程序指令。然而 UUT 的输出事件 sum 和 c_out 取决于器件输入端所发生的事件,就好像实际电路中的响应将随输入激励信号的改变而发生变化一样。通过了解输入事件的时序和电路的结构形式,就能得到输出事件的时间顺序。

用于逻辑仿真的仿真器可视为是由事件驱动的，因为它们的计算是通过电路中事件的传输驱动的。在两个事件的间隔期间，事件驱动仿真器处在闲置状态。当一个事件在被测单元(UUT)的输入端发生时，仿真器对该单元的内部信号和输出进行事件更新。之后仿真器休息但仿真时间继续步进，直到下一个触发事件在输入端重新发生，仿真器才继续工作。所有的逻辑门和抽象行为都是同时激活的(并发的)，仿真器的任务是检测事件并确定由这些并发事件所引发的任何新事件的进度和时间。

仿真器根据设计意图对仿真的输出进行比较验证。必须牢记的是，仿真器并不知晓设计者的意图，因此它不能判断被仿真的设计是否正确。设计的正确性应该由验证工程师根据仿真的结果做出相应的判断。一旦设计在模拟的环境下进行了仿真，验证工程师的主要职责就是检查相应的输出，以判断响应是否符合设计的意图。

9.2.2 静态时序分析

传统上是采用动态仿真来验证一个设计的功能和时序。随着设计规模的增大，验证一个设计所需的测试向量的数量呈指数级增长，且这种方法难以保证足够的覆盖率。在大型设计中，如果仅用传统的动态仿真方法，则时间及工作量都难以承受。

静态时序分析(STA)的功能是确定设计是否达到了设定的时序约束要求。动态功能仿真是把激励加在待验证的设计电路上，然后分析输出，从而确定设计的功能是否正确。而静态时序分析无须加激励，而是直接对所有信号路径的延迟信息进行计算和比较，分析设计是否满足时序约束的要求。

静态时序分析与动态仿真不同，不是根据激励在设计中产生的输出来分析设计的功能和时序，而是根据对延迟信息的计算，分析设计是否满足时序要求。它可以快速地分析设计中所有的关键路径并提供详细的报告。在某种程度上，静态时序分析是设计流程中最重要的一步，是验证设计目标的重要手段。

静态时序分析器可以回答以下的问题：对于一个电路，最长的延迟是多少？分析器只告诉我们关键路径及其延迟，并不告诉我们什么样的输入向量可以激活该关键路径。事实上，这样的输入向量可能并不存在。

静态时序分析可以降低验证的复杂性。它提取整个电路的所有时序路径，通过计算信号在路径上的传输延迟，找出违背时序约束的错误。

静态时序分析主要是检查建立时间和保持时间是否满足要求，建立时间与保持时间通过对最大路径延迟和最小路径延迟的分析得到。静态时序分析的方法不依赖于激励，并且可以遍历所有路径，运行速度很快，占用内存很少，弥补了动态时序验证的缺陷，适合进行较大设计的验证，可以节省时间，降低验证成本。著名的静态时序仿真软件之一是 Synopsys 的 PrimeTime。

在 Layout 前，PrimeTime 根据工艺库中的线载模型估计网络的延迟，使用和 DC 工具相同的时序约束来分析时延是否达到要求。如果时序约束得到了满足，它（或 DC 工具）可以输出一个用于 Layout 工具的前标（forward annotation）时序约束文件。Layout 工具可以根据这个约束进行时序驱动的布局布线，得到更好的结果。

在 Layout 后，实际提取的延迟信息被反标（backward annotation）到 PrimeTime，以进行实际延迟的计算。实际延迟包括了网络的电容和互联 RC 延迟。与综合类似，静态时序分析在 Layout 前后也会反复多次，直到设计的时序约束得到满足为止。

与动态仿真相比，静态时序分析其执行速度很快，可以确定关键路径并提供详细的路径延迟报告；同时，静态时序分析检查得比动态仿真彻底，很容易保证检查的完备性。因此，从某种意义上讲，静态时序分析是数字 IC 流片之前最重要的一项检查。

但是，静态时序分析工具一般无法区分虚假（伪）路径，即在正常的激励路径下芯片内部不可能出现的路径。由于静态时序分析计算比较延迟时基于的是分析对象为同步电路的假设，因此它对异步电路无法分析。

针对上述的两个不足，功能仿真（反标 RC 参数延迟）都是对静态时序分析的有力补充。实际应用中，静态时序分析结果为最终时序收敛的判断依据，同时辅助后仿真，以增加仿真的覆盖率和对比检查静态时序分析的时间约束是否正确。

1. 电路的 4 种时序通路

如图 9-4 所示，一个电路可能会有如下 4 种时序通路。

① 从电路的原始输入端到存储单元的数据输入端的通路；

② 从一个存储单元的输出端到另一个存储单元的输入端的通路；

③ 从存储单元的数据输出端到电路的原始输出端的通路；

④ 从电路的原始输入端到原始输出端的通路。

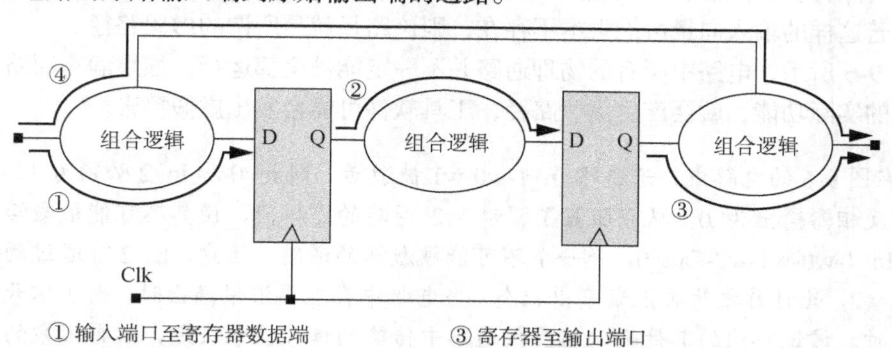

图 9-4　对同步电路进行时序分析时，信号通路的起点和终点

每一类通路都要经过组合逻辑部分。STA 检查从源到目标(通常称为起点和终点)之间的时序通路，如图 9-4 所示。电路的时序通路的起点是原始输入端(即封装的输入引脚)和时序电路中存储单元的时钟引脚。时序电路器件中的物理通路被连接到该器件的输出端，由于时钟是对沿着物理通路的信号传输进行初始化的，因而时序通路的起点是时钟引脚。电路的时序通路的终点是原始输出端(即封装引脚)和存储单元的数据输入端。并不是 DAG 的所有拓扑通路都是时序通路，在给定的起点和终点之间也可能存在不同的时序通路，这主要取决于信号的上升和下降是否有对称的传输延迟。

在对一个芯片的门级时序静态分析时，STA 工具把同步电路的网表形成一个有向无环图(Directed Acyclic Graph，DAG，该图必须无闭合环路，即电路没有反馈通路)。DAG 的节点代表逻辑门，DAG 的边代表信号通路。DAG 的拓扑通路包含电路的时序通路(即把激励模板信号加到电路的输入端所生成的信号传输通路)。DAG 的每条边上标注了每个通路的传输延迟。注意，静态时序分析仅适合对同步电路的时序分析。

例 9.2 图 9-5(a)中电路的时序 DAG 如图 9-5(b)所示。为简便起见，假设本例中该 DAG 的逻辑门的上升和下降延迟均为对称的。

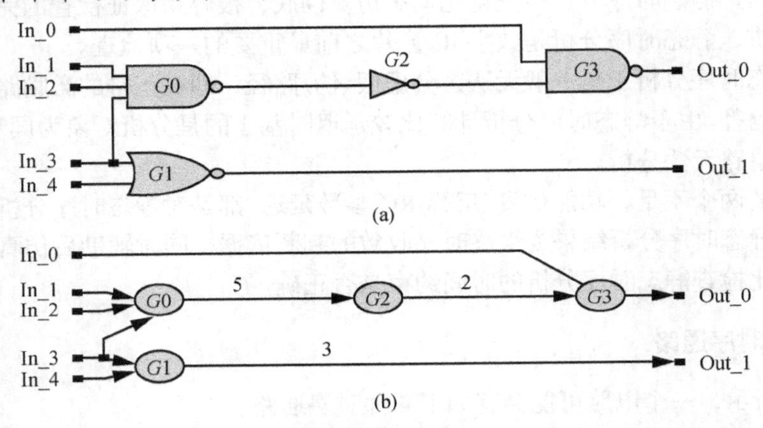

图 9-5 一个组合逻辑电路及其时序 DAG

2. 静态时序分析中的虚假路径

静态时序分析器只能告知关键路径及其延迟，并不告知什么样的输入向量可以激活该关键路径。若这样的输入向量可能根本不存在，则该路径就是所谓的虚假路径。

如图 9-6 所示，电路中所有的物理通路并不一定能被全部运行。如果静态通路分析软件不顾通路的实际功能，就会产生虚假路径，工具软件可能会发出虚假警告。

例 9.3 在图 9-6 的电路中，若通路 In_1-w0-w1 被激活，则 in_0 和 in_2 必须为 1，此时将使电路中的反相器输出为 0，从而阻塞了驱动 w2 通路的逻辑门，使其不可能被激活。因此图 9-6 中的 In_1-w0-w1-w2-Out_0，是一个不可能被激活的通路。注意，In_2 可通过两条不同的通路到达 w2，此时称之为再汇聚扇出状态。当电路中存在再汇聚扇出时，由于信号通过再汇聚逻辑门时，该逻辑门的其他输入值要视通路中传输的信号值来决定，故再汇聚的逻辑门不可能被独立地激活，因此经过那些信号再汇聚的逻辑门的通路不可能是静态激活通路，而是一条虚假路径。

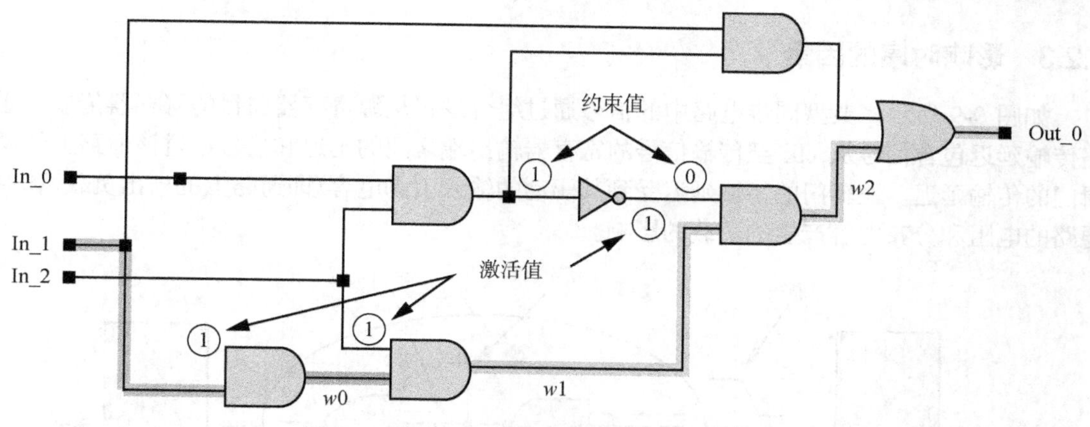

图 9-6　通路 In_1-w0-w1-w2-Out_0 是虚假路径

例 9.4　若对图 9-7 所示的通路进行延迟分析，将通路上逻辑门延迟的最大值简单相加，可得到通路最大上升延迟 $t_{\text{delay\_rising}}=15$。但是考虑到传输信号的极性，则可得到：

$$t_{\text{max\_rising}}=5+3+5=13$$

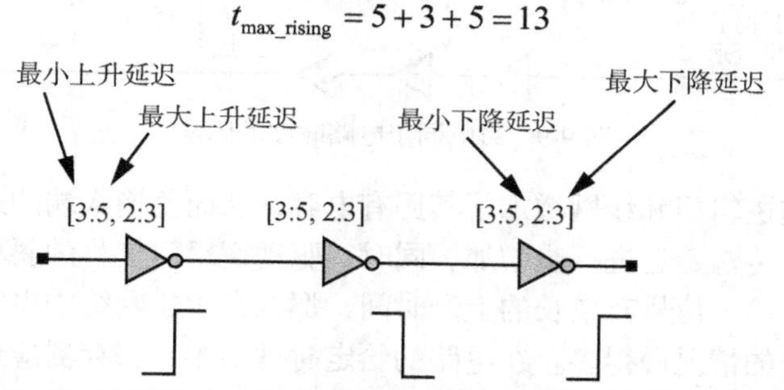

图 9-7　反相器通路上的最大延迟必须考虑通路上信号跳变的极性

如果在原始输入作用下，一条拓扑通路没有任何逻辑功能，则称该通路为虚假路径。例如，若互相排斥的条件控制数据通路，此时时序分析器的通路报告将是虚假路径。因此，软件中的控制逻辑将消除某些不应该报告的通路。

例 9.5　图 9-8 中引导数据通路的两个多路复用器的控制信号彼此是相互依赖的，有两条虚假路径是不会被运行的。电路中最大拓扑延迟 $t_{\text{topological}}=30+30=60$，而最大功能延迟 $t_{\max}=15+30=45$。

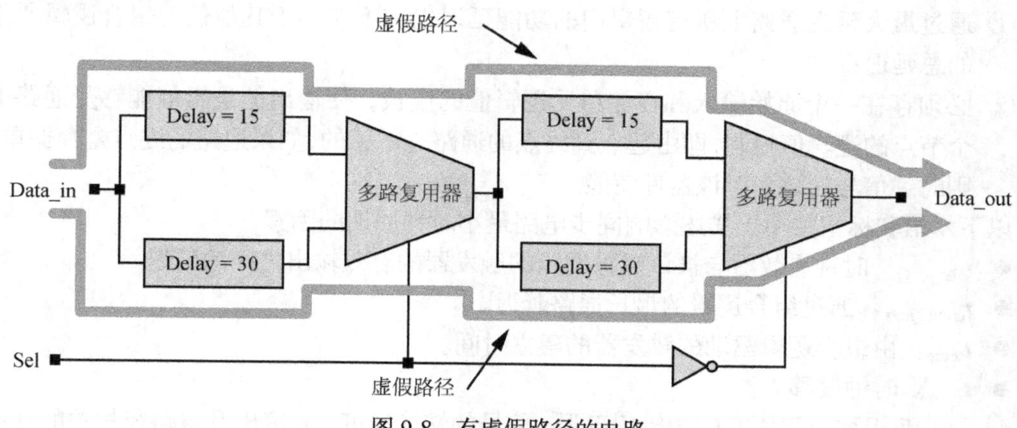

图 9-8　有虚假路径的电路

9.2.3 影响时序的因素

如图 9-9 所示，典型同步电路中的信号通过组合逻辑从源寄存器向目的寄存器传输。通路传输延迟包含信号从 clk 至传输信号的寄存器输出端之间的延迟和信号通过该通路上的逻辑门的传输延迟。逻辑门的传输延迟受到其驱动的输入引脚电容(即通路上的扇出负载)和由通路的电阻和分布电容产生的负载的影响。

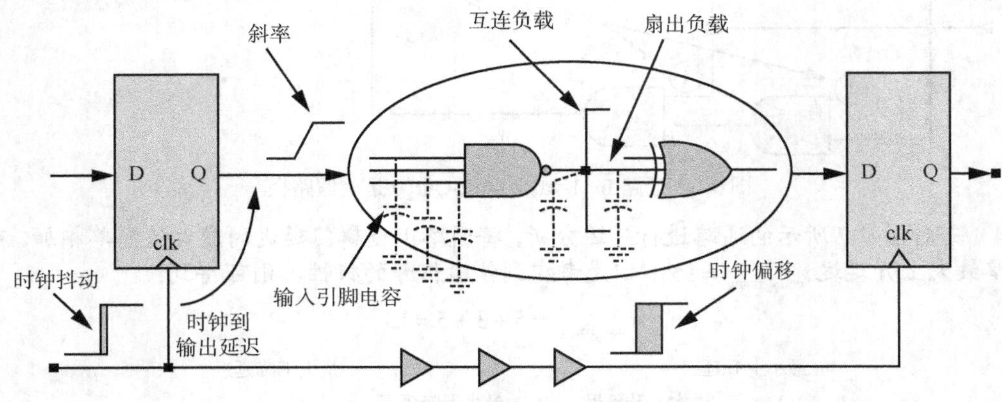

图 9-9　影响同步电路时序的因素

连接到输出端的逻辑门和线网增加了其固有电容，从而使输入端的逻辑门发生变化并在输出端反映出来时，传输延迟进一步增加。同时，驱动逻辑门信号的斜率也会影响逻辑门的传输延迟，因为如果输入信号有较长的上升时间，那么在 RC 网络中电容的充电过程相比于输入信号为阶跃信号的情况慢得多。在电路的给定时钟域中，寄存器应通过一个公共时钟来同步，但是由于时钟信号沿着不同的物理通路传输，所以实际芯片中到达各寄存器的时钟脉冲的边沿不可能绝对一致(未对准)。在同步电路中，时钟沿的未对准称为时钟偏移(clock skew)。时钟偏移减少了目的寄存器中数据和时钟信号之间的时序裕量。

电路中通路的最大延迟由以下几部分组成：通路上的逻辑门和存储单元的内部传输延迟，通路上逻辑门的扇出负载，信号通路上的互连负载以及信号的斜率。时钟周期必须与电路中寄存器之间的最大延迟通路的延迟相适应。

如果满足以下条件，则该通路为最大延迟通路：

① 通过最大延迟通路上所有逻辑门的功能延迟之和不能小于其他任何组合逻辑通路上的总延迟；

② 必须存在一个原始输入和存储单元逻辑值的模板，使输出的逻辑值能够受通路上每个节点的逻辑值控制，即由起点到终点的通路是敏感的，如果通路的终点是存储单元，则时钟信号的跳变对该器件使能。

以下术语和标记将用于描述影响同步电路最小时钟周期的因素。

- $t_{clk\_to\_Q}$。时钟有效沿与被该时钟同步的触发器的有效输出之间的延迟。
- t_{comb_max}。通过组合逻辑的最长通路延迟。
- t_{setup}。由组合逻辑驱动的触发器的建立时间。
- t_{skew}。时钟偏移。

t_{comb_max} 延迟取决于固有的逻辑门延迟、信号的转换速度、与扇出及与路径相关的互连所产生的负载。在深亚微米设计中(即实际尺寸≤0.18 μm)，互连延迟起主要作用。时钟周期必须足够长，使得信号能够满足目的寄存器的建立时间裕量，即在寄存器建立时间内，信号必须及时稳定地到达寄存器数据输入端。换言之，最长通路必须满足下列约束：

$$t_{comb\_max} < T_{clock} - t_{clk\_to\_Q} - t_{setup} - t_{skew} \text{，或} t_{setup\_time\_margin} > 0$$

其中，$t_{setup\_time\_margin} = T_{clock} - t_{clk\_to\_Q} - t_{setup} - t_{skew} - t_{comb\_max}$ 时，如果 $t_{setup\_time\_margin} \leqslant 0$，则电路违反了周期时间约束。

寄存器的保持时间裕量是对通过逻辑模块的最短通路的约束。最短通路必须满足下列约束：

$$t_{comb\_min} > t_{hold} - t_{clk\_to\_output} + t_{skew} \text{，或} t_{hold\_time\_margin} > 0$$

其中，$t_{hold\_time\_margin} = t_{comb\_min} - t_{hold} + t_{clk\_to\_output} - t_{skew}$。这个约束避免了通路中起点寄存器的输出与通路中终点寄存器的数据输入之间的竞争。通路中起点的信号值的变化不能太快地到达终点寄存器。

图 9-10 显示了时钟周期与信号通路延迟之间的关系，图中忽略了时钟偏移。时钟周期必须大于以下 3 种延迟之和：时钟至输出的延迟、组合通路的最大延迟、终点器件(假定为触发器)的建立时间。通路的时间裕量是时钟周期与通路延迟的差值。对于任何电路的通路，若 $t_{slack} \leqslant 0$，当激励施加于电路时，电路会发生建立时间的时序违约。

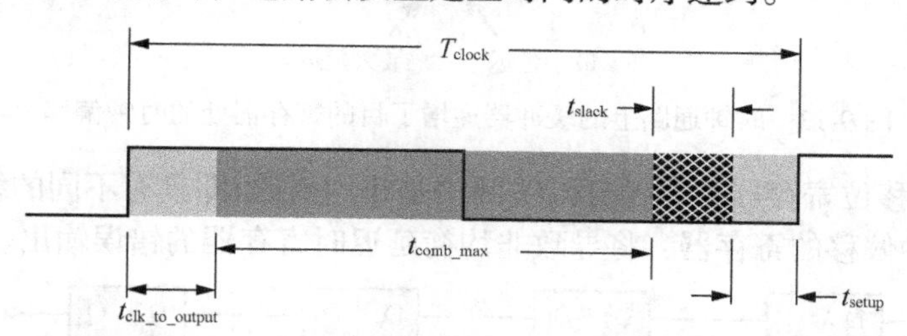

图 9-10 无时钟偏移的电路中，时钟周期必须满足以下条件：$T_{clock} > t_{clk\_to\_output} + t_{comb\_max} + t_{setup}$

图 9-11 和图 9-12 解释了一个被偏移的时钟的边沿的模糊和不确定性。抖动在时钟边沿的正常位置产生了一个模糊区域。时钟的实际跳变发生在阴影区域，但具体位置却是不确定的。图 9-13 给出了可以确定出具有时钟偏移的最高频率时钟的依据。与没有时钟偏移的时钟相比，时钟偏移使得时钟的最小周期增大。当存在时钟偏移时，时钟周期必须满足如下约束：

$$T_{clock} > t_{clk\_to\_output} + t_{comb\_max} + t_{setup} + t_{skew}$$

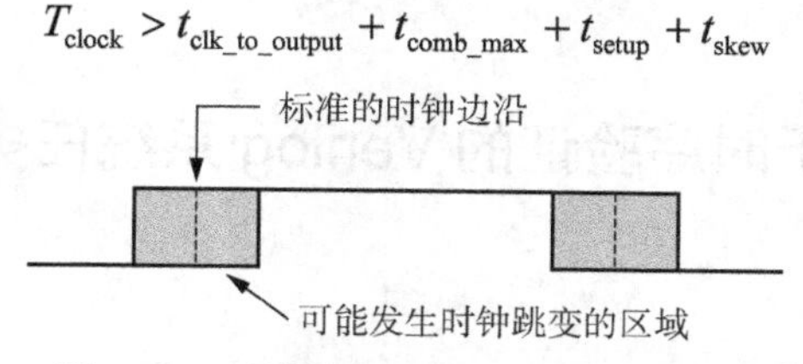

图 9-11 时钟偏移导致的时钟边沿模糊

电路的同步运行要求所有存储器单元都要在相同的时钟沿进行同步。时钟偏移是到达目的地的时钟沿相对于时钟信号源的边沿的变化(延迟)。时钟偏移的产生是由于时钟本身固有的抖动，或由于受时钟信号驱动的单元在布线时引入的不同传输延迟所引起的。布线引入的时钟偏移不仅与负载(电阻电容的金属互连线及存储单元)有关，还与时钟分配通路上的缓冲器链路有关。金属互连线引入了与其线长成正比的传输延迟。通路所产生的时钟偏移是不可避免的，必须予以考虑。

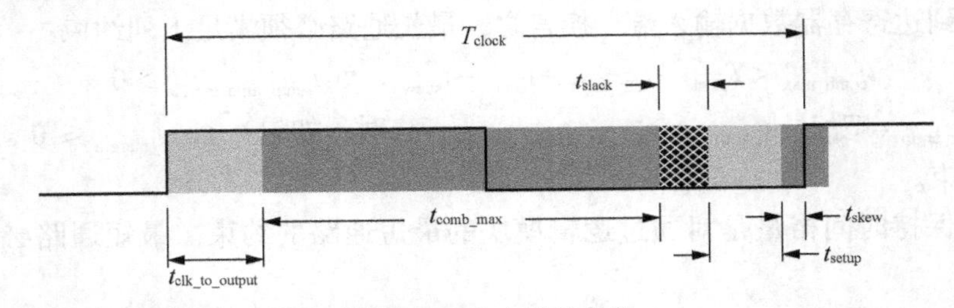

图 9-12　时钟周期必须增大以补偿时钟偏移，并应满足条件 $T_{clock} > t_{clk\_to\_output} + t_{comb\_max} + t_{setup} + t_{skew}$

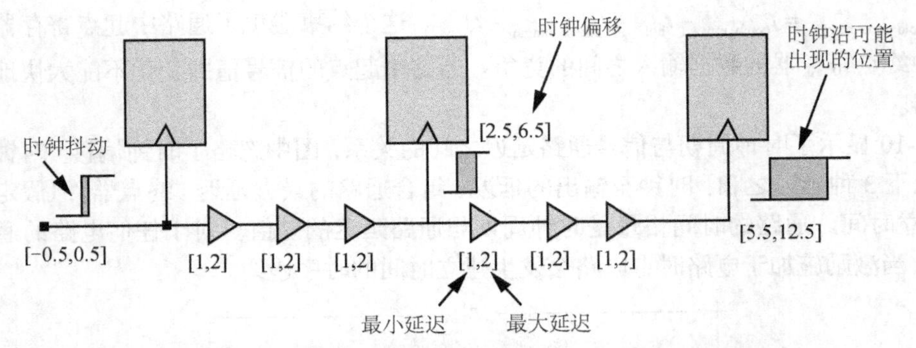

图 9-13　时钟通路上的缓冲器递增了目的寄存器处的时钟偏移

图 9-14 中的移位寄存器在时钟分配线网中是非均衡的(即具有不同的缓冲延迟)。由于D_in 通过带有时钟偏移的寄存器，将导致非均衡延迟时寄存器的错误输出。

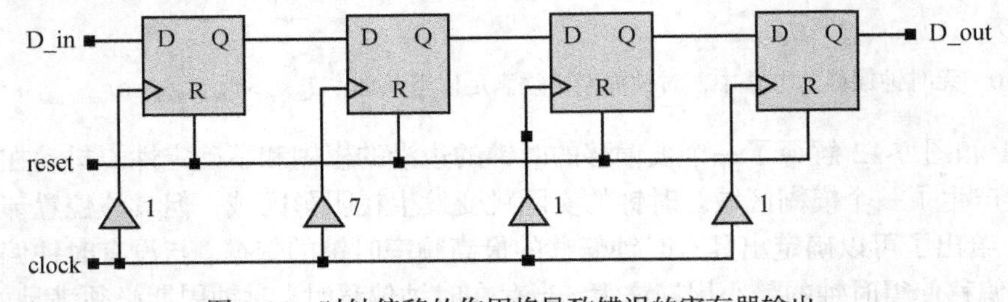

图 9-14　时钟偏移的作用将导致错误的寄存器输出

9.3　时序规范和用于时序验证的 Verilog 系统任务

9.3.1　时序规范

时序的性能规范约束了与外接电路接口处的信号偏移以及内部通路的延迟。

输入延迟(偏移)约束适用于从原始输入端(输入引脚)到电路中存储单元的信号时序通路，它规定了相对于触发信号的时钟有效沿，输入信号到达的最迟时间。在一个完全同步系统中，到达电路输入引脚的信号可通过与电路输入相连的时钟沿来触发。时序分析器使用规定的输入延迟约束 t_{input_delay} 来确定到达信号和下一个时钟有效沿之间的时间裕量 t_{input_margin}，如图 9-15 所示。t_{input_margin} 确定了输入信号通过电路内部组合逻辑到达通路终点的可用时间裕量，以此满足触发器的建立时间要求。

输出延迟（偏移）约束适用于从存储单元的输出到原始输出的时序通路。输出延迟约束指定了相对于起点处的时钟有效沿，从起点到终点信号传输的最长时间，如图 9-16 所示。时序分析器图用 t_{output_delay} 来计算 t_{output_margin}，从而使输出信号在下一个时钟有效沿之前有足够的时间到达目的地。

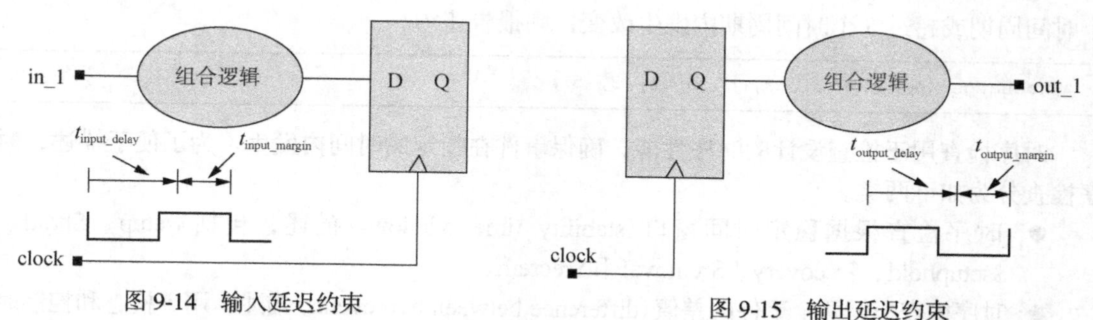

图 9-14　输入延迟约束　　图 9-15　输出延迟约束

输入到输出（引脚到引脚）延迟约束适用于从原始输入端到原始输出端的通路。输入到输出延迟约束指定了从原始输入端到原始输出端之间组合逻辑通路的最大时序长度。

周期时间（时钟）约束规定了同步电路的最大时钟周期，适用于寄存器之间的通路。该约束指定了一个指定的时钟信号的周期。时序分析器也认可关于时钟波形的占空比和偏移量的有关约束。如图 9-17 所示，如果一个电路有多个独立的时钟域，则可以按照时钟域中被时钟同步的存储单元来对通路进行分组。终点不是存储单元的数据输入端的通路被分在默认组中。

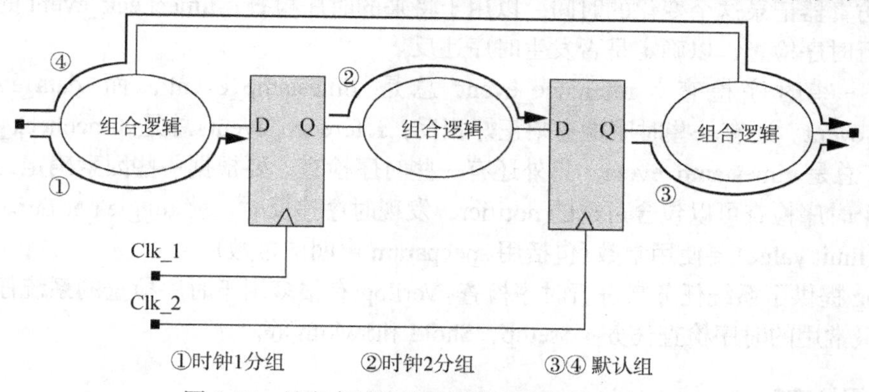

图 9-17　具有多时钟域的同步电路信号通路分组

9.3.2　时序检查验证

在仿真过程中，可以利用 Verilog 中固有的一些内置时序检查任务进行时序检查。其中有些任务可以包含在模块中，完成以下功能：

① 自动监测仿真行为；

② 检测时序违约；

③ 报告时序违约。

时序检查任务用来检查时序，以便查看仿真过程中是否违反了时序约束，如脉冲宽度和建立保持时间等。对于时序严格的高速时序电路，如微处理器，时序验证尤其重要。通常，时序检查任务检查一个信号或相关信号的时序是否保持在特定情况下。如果检测出违约，就会在仿真环境的显示区域发出一条消息。

时序检查任务不应该与其他的系统任务混淆。注意，所有的时序检查任务只能用在 specify 块里，而其他的系统任务不能出现在 specify 块中。

例如，下面这条语句用$nochange 检查时序，如果 d_input 的值在 clock 上升沿后未满 3 个时间周期或超过 5 个时间周期内发生改变，则报告违约。

```
$nochange (posedge clock, d_input, 3, 5);
```

时序检查用于检查设计的时序性能，确保事件在指定的时间内发生。为了便于描述，时序检查分为如下两类。

- 时序检查根据稳定时间窗口(stability time windows)描述，包括$setup、$hold、$setuphold、$recovery、$removal 和$recrem。
- 时序检查根据两个事件的差值(difference between two events)描述，用于检查和控制时钟信号，包括$skew、$timeskew、$fullskew、$width、$period 和$nochange。

所有的时序检查都有一个参考事件(reference_event)和一个数据事件(data_event)。有些时序检查明确地标明有这两个信号；有些时序检查就只有一个信号，因此需要从该信号中派生出另一个信号。这两个事件可以和条件表达式相关联，只有在与它们相联系的条件表达式为 true 时，reference_event 和 data_event 才进行检查。

时序检查基于两个事件 timestamp_event 和 timecheck_event。其中，timestamp_erevent 的变化导致仿真器记录这个变化的时间，以用于将来的时序检查；timecheck_event 的变化导致仿真器执行时序检查，以确定是否发生时序违反。

对于一些时序检查，reference_event 总是 timestamp_event，而 data_event 总是 timecheck_event。还有一些时序检查则正好相反，reference_event 总是 timecheck_event，而 data_event 总是 timestamp_event。另外还有一些时序检查，要根据一些因素确定，下文将会讨论。每个时序检查可以包含可选的 notifier，发现时序违反时，就 toggle notifier。时序检查的限制值(limit value)要使用常数(包括用 specparam 声明的常数)。

Verilog 提供了系统任务来进行时序检查。Verilog 有很多用于时序检查的系统任务。下面，讨论几种最常用的时序检查任务：$setup，$hold 和$width 等。

1. 建立时间检查$setup

如果在时钟触发的前后边沿，输入端的数据在足够的时间内不能保持稳定，则边沿触发器不能正常工作。建立和保持时间是对存储单元正确运行的逻辑约束。如果违反了存储单元的建立和保持时间约束，存储单元的不确定行为就会导致系统错误。

$setup 的用法如下：

```
$setup (data_event, reference_event, limit) ;
```

其中，data_event 代表被检查的信号，检查它是否违反约束；reference_event 代表用于检查

data_event 信号的参考信号；limit 代表 data_event 需要的最小建立时间；如果($T_{posedge\_clock}-T_{data\_event}$)<limit，则报告违反约束。

图 9-18 显示了在每个时钟的有效沿之前的建立时间间隔。检查器件建立时间违约的系统任务的语法结构为

```
$setup (data_event, reference_event, limit)
```

在与 reference_event 相关的 limit 范围内，如果 data_event 不稳定，就会发生建立时间违约。实际电路中，在触发器的时钟有效沿之前，数据必须保持稳定。

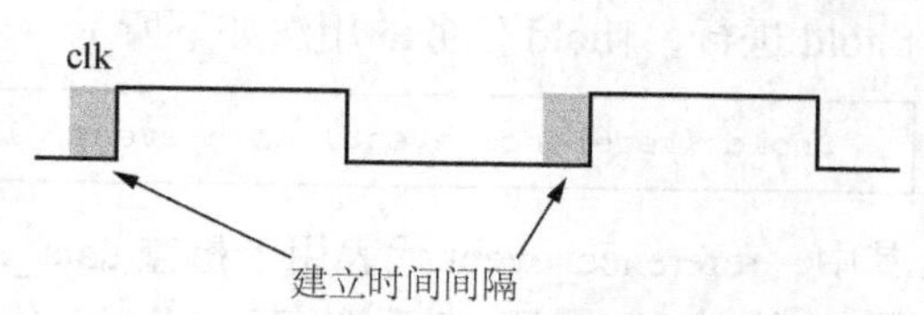

图 9-18　在时钟有效沿之前的建立时间间隔内，触发器的数据必须保持稳定

建立时间违约的原因是通路延迟相对于时钟周期过长。为了消除建立时间的违约，必须减小最后到达的数据的延迟，或者延长时钟周期。

建立时间检查的示例如下所示。

```
// 设置建立时间检查
// clock 作为参考信号
// data 是被检查的信号
// 如果(T_posedge_clock -T_data )<3，则报告违反约束
specify
   $setup (data, posedge clock, 3) ;
endspecify
```

例 9.6　图 9-19 显示了 sys_clk，sig_a 和 sig_b 的波形。应该注意，sig_a 满足建立时间约束，但 sig_b 不满足。时序检查通过任务$setup(sig_a，posedge sys_clk，5)和$setup(sig_b, posedge sys_clk, 5)来激活；后一个检查会报告有时序违约。

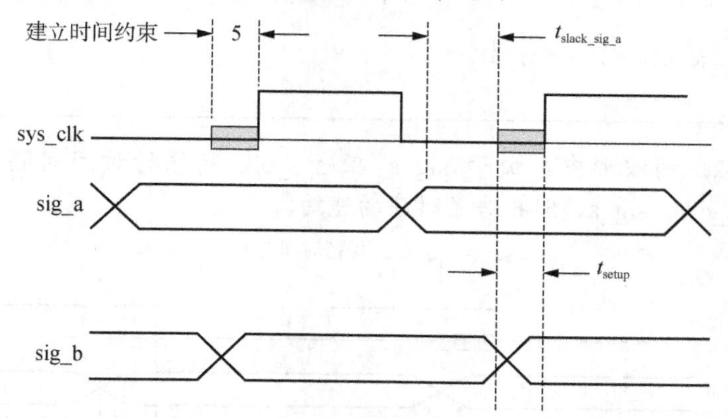

图 9-19　在时钟有效沿之前的建立时间间隔内，sys_clk 的建立时间约束要求 sig_a 和 sig_b 保持稳定，而 sig_b 违反了建立时间约束

2. 保持时间检查$hold

为了使触发器能正常工作，触发器输入端的数据必须在时钟有效沿之后足够长的时间内

保持稳定。如果触发器的数据通道太短，导致通路中起始点触发器输出的数据传输到通路终点触发器输入端的数据的变化速度太快，就会引起保持时间违约。图 9-20 显示了触发器的数据在保持时间间隔内必须稳定。

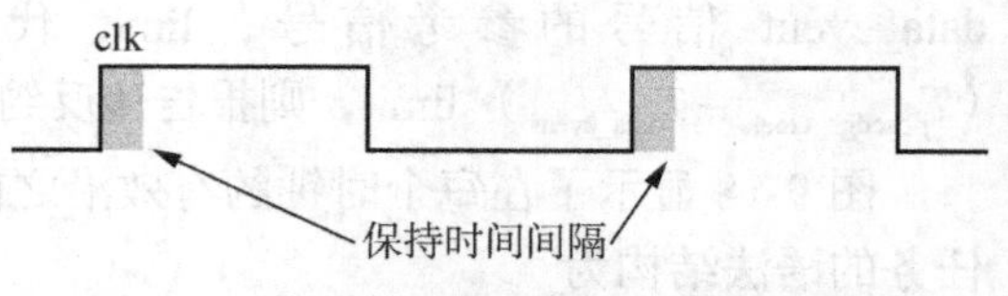

图 9-20 在时钟有效沿之后的保持时间间隔内，触发器的数据必须保持稳定

$hold 任务保持时间检查可以用系统任务 $hold 进行，$hold 任务的用法如下所示。

```
$hold (reference_event, data_event, limit);
```

其中，reference_event 代表用于检查 data_event 信号的参考信号；data event 代表被检查的信号，检查它是否违反约束；limit 代表 data_event 需要的最小保持时间；如果 $(T_{data\_event} - T_{reference\_event})$<limit，则报告违反约束。

经过组合逻辑的较短通路由综合工具自动延长，以减小时间裕量并满足时序约束。设计中最理想的情况是能达到某种平衡，使信号在通路中的传输不快不慢，刚好达到要求。不必要的快速通路会浪费硅片面积。

检查器件保持时间违约的系统任务的语法结构如下：

```
$hold (reference_event, data_event, limit);
```

在相对于 reference_event 这个参考事件的 limit 特定时间范围内，data_event 若不稳定，就会发生保持时间违约。

保持时间检查的示例如下所示。

```
// clock 作为参考信号
// data 是被检查的信号
// 如果(T_data_event - T_reference_event)<5，则报告违反约束
specify
  $hold (posedge clear, data, 5);
endspecify
```

例 9.7 在图 9-21 的波形中，由于 sig_a 在 sys_clk 的保持时间间隔内不稳定，任务 $hold(posedge sys_clk, sig_a, 5)报告了时序的违约。

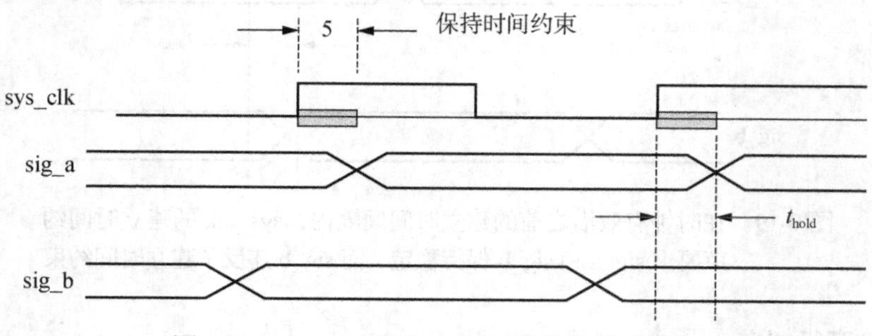

图 9-21 sig_a 不满足 sys_clk 的保持时间约束

3. 脉冲宽度检查$width

时序器件的最小脉冲宽度是有限制的。例如，边沿触发器的时钟必须持续足够的时间来对内部信号节点充电。任务$width(reference_event，limit)检查最小脉冲宽度是否违约。例如，$width(posedge clk_b，4)对时钟脉冲进行违约检查，如果脉冲的上升沿与紧随其后的下降沿之间的间隔小于 4，则会出现违约，如图 9-22 所示。在仿真中该任务也可检查潜在的毛刺和被退化(过窄的)时钟脉冲。

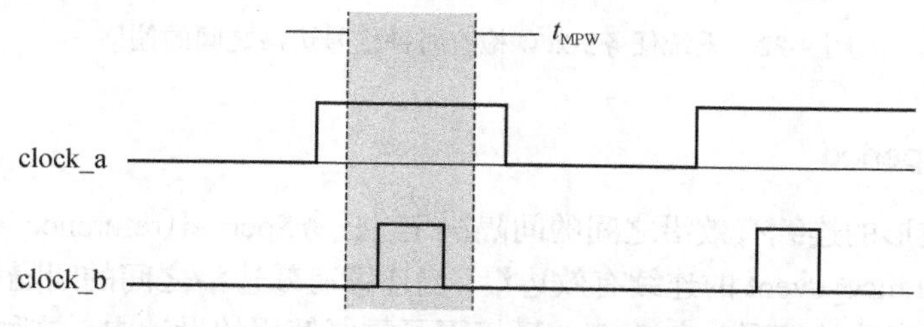

图 9-22　任务$width 利用 clock_b 来检查脉冲宽度违约

$width 的用法如下：

```
$width (reference_event, limit);
```

其中，reference_event 代表边沿触发事件(信号的边沿跳变)；limit 代表脉冲最小宽度。

$width 并未明确指定 data_event，隐含的 data_event 是 reference_event 信号的下一个反向跳变沿。因此，$wiqtidth 任务用于检查信号值从一个跳变到下一个反向跳变之间的时间。如果($T_{data\_event} - T_{reference\_event}$)<limit，则报告违反约束。

脉冲宽度检查的示例如下所示：

```
//设置宽度检查
//clock 的上升沿正跳变作为 reference_event
//clock 的下一个下降沿负跳变作为 data_event
//如果 (T_data_event - T_clock_event)<6，则报告违反约束
specify
  $width (posedge clock, 6)
endspecify
```

4. 信号偏移时序检查$skew

在系统性能指标中，时钟偏移是一个很关键的问题。它是由不对称的时钟树以及建立和保持时间裕量的衰减造成的。

两个信号之间的时钟偏移可通过任务$skew(reference_event，data_event，limit)进行监测。如果 reference_event 和 data_event 之间的间隔超过了 limit 规定的值，任务就会报告有违约情况。

例 9.8　在图 9-23 中，$skew(posedge clk1，posedge clk2，3)对两个时钟进行违约检查，如果 clk1 和 clk2 之间的间隔超过了 3，就会出现违约。

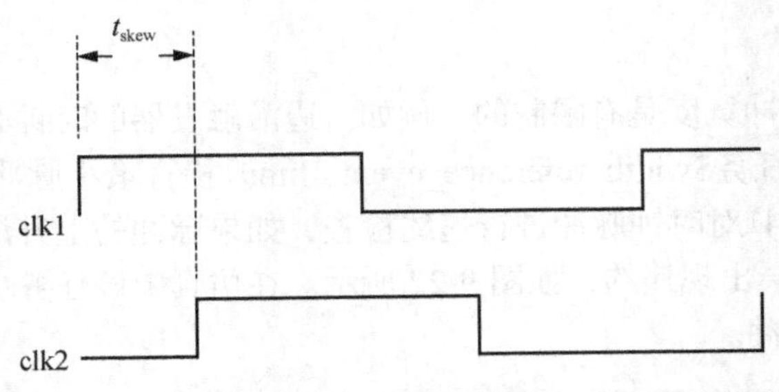

图 9-22 系统任务$skew 检查时钟信号边沿之间的偏移

5. 时钟周期检查$period

时钟周期由波形的连续有效沿之间的间隔决定。任务$period (reference_event，limit) 监测边沿触发器的 reference_event 的连续有效边沿，当连续有效边沿之间的间隔小于 limit 的规定值时，将报告有时序违约情况。在 SoC 的环境下可重复使用的设计中，这种时序检查将验证一个核心单元能否在指定的时钟周期下安全运行。如果满足时序验证的要求，则说明时钟周期至少与该核心单元需要的最小周期一样长。

例 9.9 图 9-24 中的任务$period (posedge clock_a，25) 检查出 clock_a 没有时序违约。

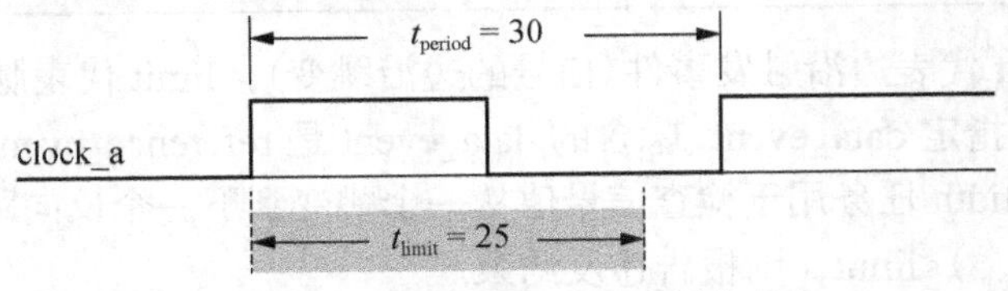

图 9-24 clock_a 满足其最小周期约束

9.4 延迟反标注

第 8 章已经介绍过了如何利用寄生参数提取器工具软件从版图中提取电阻、电容等寄生参数信息，通过计算延迟值，生成 spef (Standard Parasitic Exchange Format) 文件。这个 spef 文件可以在 Primetime 中进行静态时序分析，并生成 sdf (Standard delay format) 文件。我们将 sdf 文件反标注到门级网表中，以便更精确地修改门级网表的延迟估计值。然后运行时序仿真，就可以检测出进行布局布线后的设计是否满足时序约束，能否实现预定功能。下面将简要介绍 sdf 文件、反标注延迟、时序仿真及分析结果等内容。

反标 (backward annotation) 是指用新的属性来标注网表。通常，标注的属性是延迟时间。当工具在运行时，新的结果被反馈回网表，从而完成了反标的全过程。网表本身并没有被修改，反标的内容被保存在另一个文件中，在 ASIC 设计流程中使用延迟反标注的步骤如图 9-25 所示。

我们知道，虽然综合工具可以在优化网表时估计路径的延迟。但这些延迟是综合工具内部的负载模型提供的。在给定了路径长度之后，综合工具选择库中的各种元件来达到约束的时序，但这样估计出来的延迟和完成了芯片布局布线之后得到的实际延迟相比并不准确。对于估计的准确性来说，10%的误差已经是一个很好的结果了，更多时候误差还要大一些。

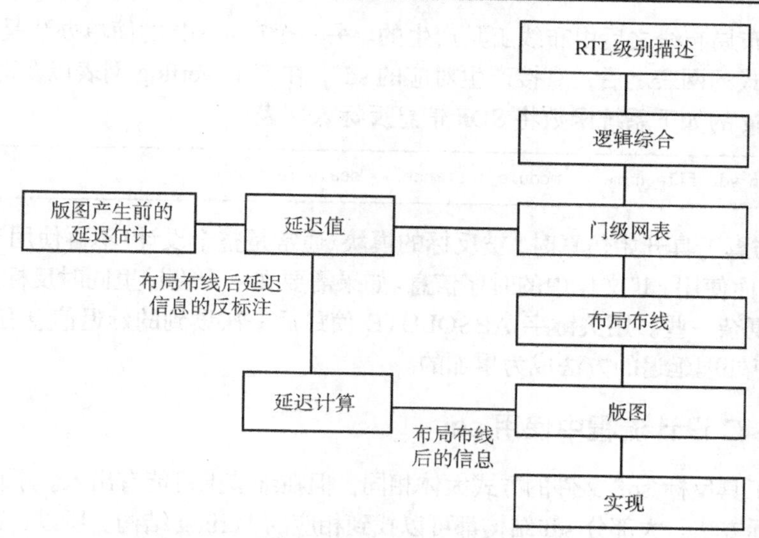

图 9-25　延迟的反标注

在完成了网表的布局规划（floorplan）和布局布线（place and route）后，对于芯片中每个元件来说，得到了准确的延迟信息。仿真时不再使用库中自带的延迟信息，而是使用反标的延迟信息。这说明保存延迟信息的文件需要包含网表里每一个器件的时序信息。

9.4.1　Verilog 中的 sdf

可以用来反标注 sdf 文件的工具称为反标器，很多 Verilog 仿真工具都带反标器，如 ModelSim、NC-Verilog、Verilog-XL、vcs 等。用来反标网表延迟的标准文件格式是 sdf（Standard Delay Format），定义于 IEEE 1497 中。除此之外还有其他格式的反标文件，例如 spef（Standard Parasitic Exchange Format），一般在进行芯片的物理布局时会用到它。

sdf 文件里包括路径延迟值、specparam 参数、检测时序约束和互连延迟等。简单地说，延迟反标注就是一个用 sdf 文件里的值更新 Foundry 库单元器件延迟值的过程。

在 sdf 文件里，sdf 的关键字都是用大写字母来表示的，但是系统并不区分大小写；而对网表里器件的引用是区分大小写的。

sdf 文件的特点如下：

- 由 3 个一组的参数组成；
- 可以由综合工具、静态时序工具或布局布线工具产生；
- 可以用于任何层次的 verilog 模块时序仿真；
- 使用 sdf 时，可把系统函数$sdf_annotate（"file_name.sdf"）包含在 initial 块中。

sdf 包含的是延迟时间，而 SPEF 包含的是电容值。sdf 或其他反标文件里的时序信息将会替换掉 Verilog 库中 specify 块里的路径延迟，还包括条件延迟。传输路径上的线延迟也可以用 sdf 来反标，但是在 Verilog 中，这部分延迟往往被折算成逻辑块到输出端口的延迟。路径延迟和 sdf 里的关键字 IOPATH 相关联，线延迟和关键字 INTERCONNECT 相关联。关键字 CELL 用来描述任何一个器件或模块。除了 3 个一组的时序参数，这种格式唯一特殊的用法是它的圆括号；sdf 文件看起来有点像 EDIF 格式的文件。

综合工具首先产生一个网表，然后在这个网表的基础上，再产生对应于这个网表的 sdf。

通常，sdf是在布局布线之后由布线工具产生的。另一个产生sdf的简单办法是在综合工具产生了Verilog格式的网表之后，直接产生对应的sdf。在有了Verilog网表以及对应的sdf文件之后，用Verilog的如下系统函数将SDF信息反标入网表：

```
$sdf_annotate("sdf_file_name", "module_instance", "scale_factor");
```

这样，当仿真工具开始仿真时，被反标的模块(通常是整个设计)不再使用Verilog元件库中的时序信息，而使用sdf文件中的时序信息。如果需要在一个设计里同时反标多个sdf文件，问题就会变得复杂一些。用关键字 ABSOLUTE 使最后一次读到的延迟信息有效。用关键字NCREMENT 使处理延迟的方法成为累加的。

9.4.2 在ASIC设计流程中使用sdf

各种仿真工具反标 sdf 文件的方式大体相同，但在细节上可能有出入。下面以 ModelSim 为例来介绍反标方法。大部分sdf结构都可以找到相应的Verilog结构。所以，延迟反标注时，反标器首先找到要反标的实例单元，然后用sdf结构中的值替代相应Verilog结构中的值。在sdf文件中，经常遇到的路径延迟语句是IOPATH，它的对应结构就是简单的延迟语句，见例9.10。

例 9.10 IOPATH 的反标

sdf语句：

```
(IOPATH A OUT (3) (4))
```

反标前对应的Verilog结构：

```
(A: >= OUT)=1, 2;
```

反标后的延迟值：

```
(A: >= OUT)=3, 4;
```

当IOPATH语句前带有条件COND时，它对应的Verilog结构也应该是条件延迟语句。

例 9.11 时序检测的反标

sdf语句：

```
(SETUPHOLD D (posedge CK) (5) (5))
(RECOVWRY (posedge RB) (posedge CK) (2)
```

反标前对应的Verilog结构：

```
$ setuphold (posedge CK , D , 1 , 1 , flag);
$ recrem (posedge RB , posedge CK , 1 , 0 , flag);
```

反标后的时序检测：

```
$ setuphold (posedge CK , D , 5 , 5 , flag);
$ recrem (posedge RB ,  posedge CK , 2 , 0 , flag);
```

其他的时序检测结构反标方法与上面的类似，具体可参照 ModelSim 的 UserGuider。这些反标过程是由反标器自动实现的，只需理解它们的原理。在 sdf 文件中，还可能存在 PORT 结构、PATHPULSE 结构、DEVICE 结构、GLOBALPATHPULSE 结构等。

在 ASIC 设计流程中，使用延迟反标注的步骤如图 9-25 所示。

① 设计者编写 RTL 描述，然后进行功能仿真。

② 用逻辑综合工具将 Verilog 描述转换成门级网表。

③ 设计者用延迟计算器和 IC 制造工艺信息获取芯片制作版图前的延迟估计。然后，设计者进行门级网表的时序仿真或者静态时序验证，使用这些初步的估计值检查门级网表是否满足时序约束。

④ 然后，用布局布线工具将门级网表转换成版图。根据版图中的电阻 R 和电容 C 信息，计算制作版图后的延迟值。R 和 C 信息是根据几何形状和 IC 制造工艺提取的。

⑤ 将制作版图后得到的延迟值反标注到门级网表中，以便更精确地修改门级网表的延迟估计。再次运行时序仿真或者静态时序验证，以便检查门级网表是否仍然满足时序约束。

⑥ 如果要改变设计来满足时序约束，设计者必须返回 RTL 级，优化设计的时序，然后重复从步骤②到步骤⑤的操作。

9.5　ASIC 中时序违约的消除

9.5.1　消除时序违约的可选方案

表 9.2 总结了能够消除 ASIC 中时序违约的可选方案。最简单的方案就是延长时钟周期。如果最大时钟周期没有加以限制，此方案即可消除时序违约。否则，一种可选方案是对电路的关键路径重新布线，以减少线网延迟。也可以通过调整通路上的器件尺寸来减小通路延迟，并在元件库所提供的器件范围内选择建立和保持时间较短的触发器。除了表 9.2 中提到的方案，还可以通过对行为模型重新检查，看是否能通过对模型的改进综合出更快的逻辑。例如，用 case 语句代替 if ... else 语句可能综合出并行逻辑；也可以改变状态编码（如使用独热编码），以便综合出速度更快的电路。

表 9.2　设计 ASIC 中消除时序违约的可选方案

ASIC 中时序违约的消除	
方　案	作　用
延长时钟周期	在性能指标约束内，消除时序违约
调整关键路径	减小线网延迟
调整器件尺寸或更换器件	减小器件延迟，改善建立和保持裕度
重新设计时钟树	减小时钟偏移
更换算法	减小通路延迟（如用超前进位代替行波进位）
更改系统结构	减小通路延迟（如流水线操作）
改变工艺	减小器件及通路的延迟

FPGA 的体系结构是固定的，因此消除 FPGA 时序违约的构架方案很少。然而，FPGA 包含有快速进位逻辑（改善时序裕量）、专用时钟缓冲器网络和延迟锁定环（减小设计中的时钟偏移）。由于 FPGA 中含有大量的寄存器，因此一种行之有效的方案就是用流水线来增加多级

组合逻辑的吞吐量。由于 FPGA 中的 I/O 触发器具有可编程的输入延迟和输出偏移的功能，因此保障了其规定的建立时间、保持时间以及时钟至输出时间。

例如，Xilinx 器件的可编程输入延迟保证了器件具有零保持时间和延长的建立时间。软件工具会把一个设计综合为适合 FPGA 的文件，使其满足 FPGA 中的 I/O 和内部的时序约束。对于一个给定器件，如果时序约束不能满足，可行的方法就只有延长时钟周期或者更换成具有较高的时钟频率的器件。

没有错误的同步运行是时序验证的关键。设计中用到的物理存储器件必须满足电路要求的建立时间约束、保持时间约束和脉冲宽度约束。建立时间约束、最长通路延迟、实际布图和电路中的时钟分配，这 4 个因素的相互影响决定了时钟偏移约束。例如，STA 可以确定电路是否有足够的裕量来满足建立条件。testbench 也可以监视其他约束条件，如一些毛刺和信号之间的相关偏移(如存储器控制线之间的偏移)。STA 可以对通路长度的分配进行分析，决定在不违反时序约束的情况下是否可以减小器件的尺寸。

我们知道，具有优先权的功能 if ... else 嵌套语句，可综合成优先编码器。如果不可避免地要用到这个结构，就要把关键的时序信号放到语句的第一个条件下，因为它要驱动最后一级的逻辑模块，并且到达输出端的通路最短。case 语句综合可得到更小、更快的电路，但是 if ... else 语句更加灵活且有优先级，可以用来调整最后到达的信号。嵌套的 if ... else 语句和嵌套的 case 语句可综合出多级逻辑，但其性能上将有所折中。

9.5.2 利用缓冲器插入技术减少信号延迟

随着超大规模集成电路设计发展到超深亚微米阶段，连线的寄生效应已不可忽略，互连线延迟在电路总延迟中所占的比例不断增加，从而取代了门的延迟成为决定电路性能的主要因素，互连优化技术已成为高性能集成电路设计中的关键步骤。一些互连优化技术，如布线拓扑优化、门的尺寸优化、缓冲器插入技术、线宽优化等，在深亚微米电路设计中得到了广泛的研究和认可。其中，缓冲器插入技术是最有效的减小互连线延迟的互连优化技术。因而，近年来缓冲器插入技术已成为一个研究热点。

由于互连线的信号延迟已成为高速系统设计中的限制因素，在单独 1 位的关键路径中，互连线延迟必须加上正常的门延迟才能得到这个问题的精确描述。它们对于全局的信号分布，如同步系统中的时钟变得特别重要。在以字为基础的结构中，一个 n 位字的每一位必须从一个单元传送到另一个单元，其中最慢的 1 位传输路径决定了整个字的数据流速度。采用精细的字线布线技术的目的是试图使每一位的连线长度相同。

因为互连线延迟从本质上讲是电路和版图的问题，所以细节的分析通常是由电路设计工程师来完成的。他们的任务是建立精确的电路模型，用来模拟程序而不会耗费过多的计算机时间。设计手册通常提供电路或代码形式的这类信息，它们可以直接供其他设计者使用，把数据代入参数中。高层的系统和逻辑设计者们就能估计沿所有路径的互连线延迟，进行体系结构的验证。

在高密度 VLSI 中，最关键的问题之一是考虑互连线的问题，因此通过改变器件逻辑结构和互连尺寸进行时序优化，已成为一项关键技术，其中门尺寸调整、线尺寸调整和缓冲器插入是常用的 3 种方法。

下面将就缓冲器插入的方法和原理进行介绍，通过对电路网络插入缓冲器，不仅可以减少关键路径的大负载，而且可以直接减少长线的延迟。

下文首先讨论如何建立等效电路，为互连线延迟提供数学模型。

我们知道，互连线的延迟是互连线长度的非线性函数，因此可以用下列多项式来表达延迟与线长的函数表达式，如下式和图 9-26 所示，即

$$\text{Delay}(x) = a_0x + a_1x^2 + \cdots$$

其中，x 是线长，系数 a_i 与连线的电阻、电容、电感和负载电容相关。

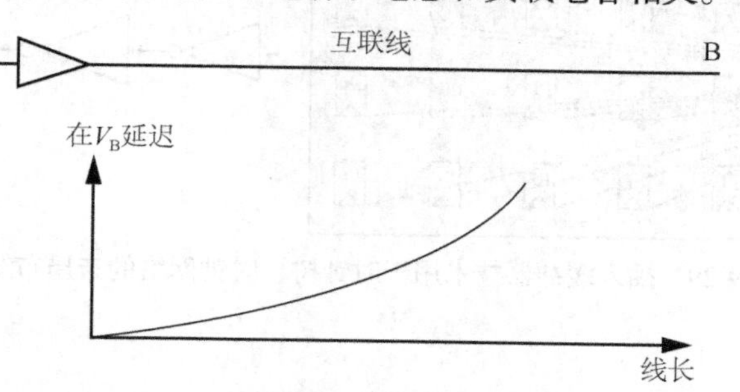

图 9-25　延迟是互连线长度的函数

由于 VLSI 的工艺和设计技术的进展，导致互连线的延迟要比缓冲器的延迟大得多，究其原因是因为芯片的面积越来越大，从而使得芯片中的互连线也就越来越长。

如图 9-27 所示，如果在互连线中插入缓冲器，将使互连线的延迟曲线趋于线性化，而互连线的延迟线性化的结果就是互连线的延迟减少。从图 9-27 可以看出，在互连线中插入缓冲器后的两个缓冲器的总尺寸与插入前基本相等，因此在互连线中插入缓冲器后并没有增加电路的功耗。换句话说，在延迟相等的情况下，插入缓冲器技术可降低功耗。

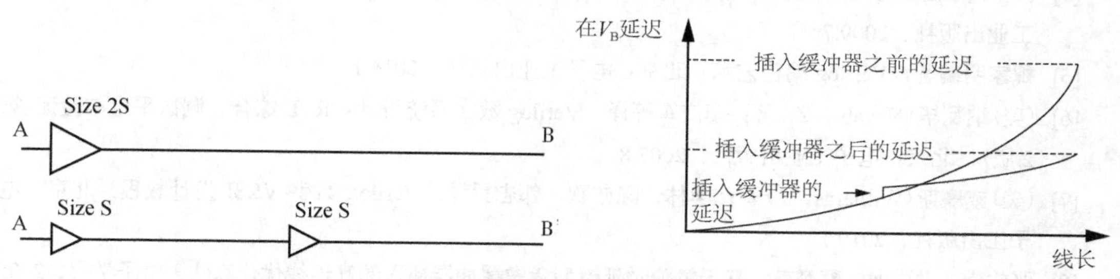

图 9-27　在互连线中插入缓冲器，使互连线的延迟曲线趋于线性

同时，由于在互连线中插入缓冲器后使得连线的长度减少，从而使相邻导线之间的耦合电容减少，继而又减少了线间的信号串扰，如图 9-28 所示。

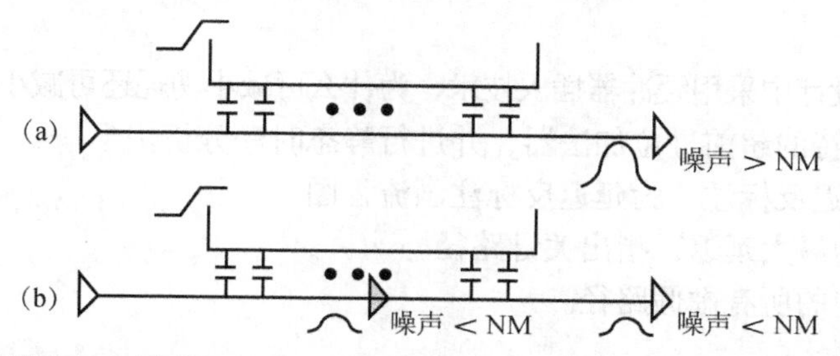

图 9-28　在互连线中插入缓冲器后减少了线间的信号串扰。NM (Noise Margin) 代表噪声容限

在 ASIC 和数字逻辑电路设计中，插入缓冲器技术已被广泛使用，例如用于时钟网络的布局布线，用于平衡或减少时钟倾斜等，示意图如图 9-29 所示。

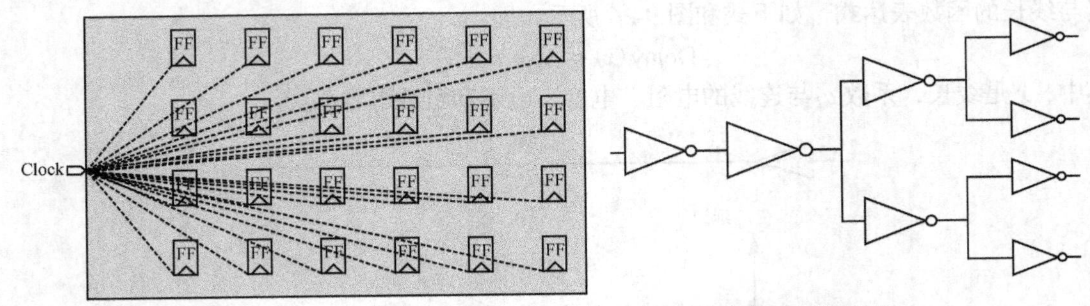

图 9-29 插入缓冲器技术用于时钟树、时钟网络的布局布线设计

参考文献

[1] (美)西勒提(Ciletti，M. D.)著；李广军等译．Verilog HDL 高级数字设计(第二版)．北京：电子工业出版社，2014.2

[2] (美)史密斯(Smith，M. J. S.)著；虞惠华等译．专用集成电路.北京：电子工业出版社；2007.6

[3] (美)威廉斯(Williams，J.)著；李林，陈亦欧，郭志勇译．Verilog 数字 VLSI 设计教程.北京：电子工业出版社，2010.7

[4] (美)帕尔尼卡(Palnitkar，S.)著；夏宇闻等译．Verilog HDL 数字设计与综合(第二版)．北京：电子工业出版社，2009.7

[5] 魏家明编著．Verilog 编程艺术．北京：电子工业出版社，2014.1

[6] (美)纳瓦毕(Navabi，Z.)著；李广军等译．Verilog 数字系统设计：RTL 综合、测试平台与验证(第2版)．北京：电子工业出版社，2007.8

[7] (美)威廉斯(Williams，J.)著；李林，陈亦欧，郭志勇译．Verilog 数字 VLSI 设计教程．北京：电子工出版社，2010.7

[8] 张轶谦，洪先龙，蔡懿慈．基于精确时延模型考虑缓冲器插入的互连线优化算法．电子学报，2005年第 5 期，p783-p787

习题

9.1 解释在 VLSI 设计中采用缓冲器插入技术，为什么可减小功耗还可减小延迟？请举例说明。

9.2 设计一个 2 比特的超前进位加法器，并进行静态时序分析。

9.3 描述什么是延迟反标注。为延迟反标注画流程图。

9.4 计算图 P9-4 的最大延迟，指出关键路径。

9.5 指出图 P9-5 中的所有虚假路径。

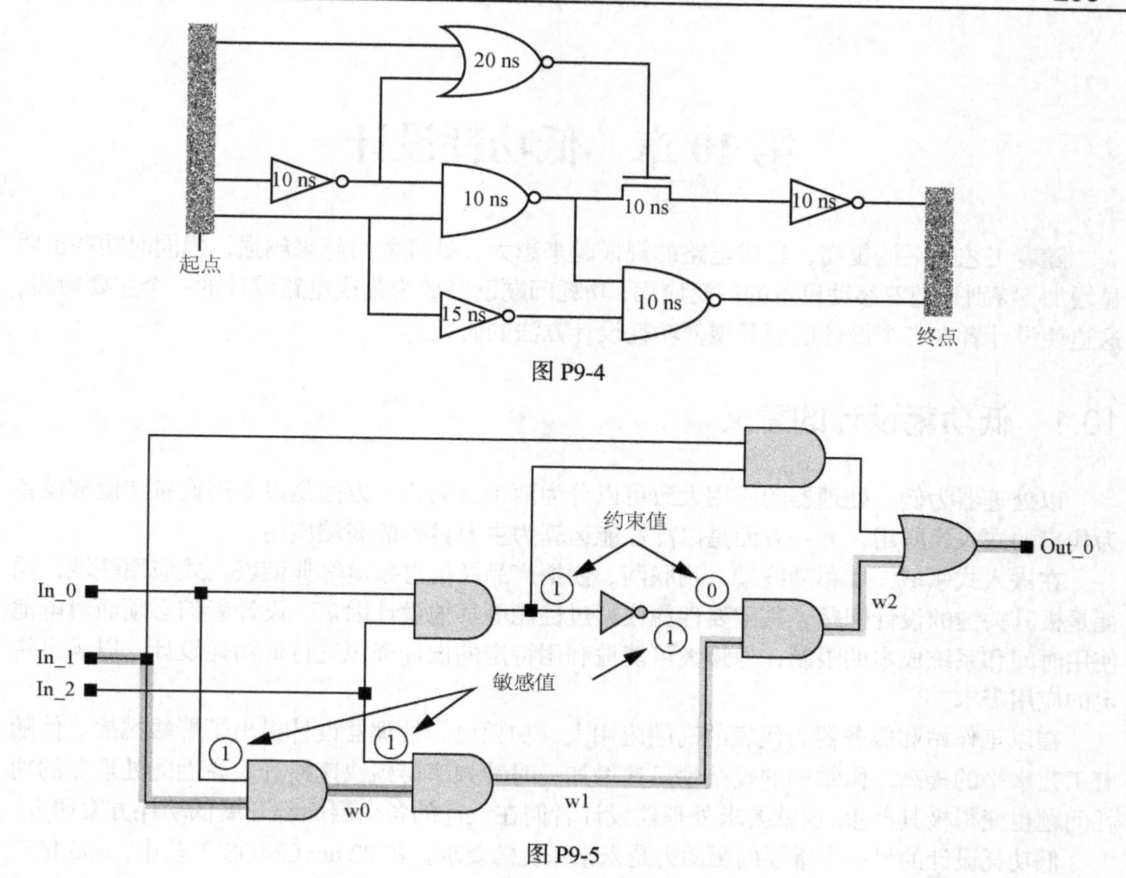
20 ns
10 ns
10 ns
10 ns
10 ns
15 ns
10 ns
起点
终点
In_0
In_1
In_2
Out_0
约束值
敏感值
w0
w1
w2

图 P9-4

图 P9-5

第 10 章　低功耗设计

随着工艺水平的提高，集成电路的规模越来越大，处理能力越来越强，但同时功耗也明显增加。特别是随着移动设备的广泛应用，功耗问题已经成为集成电路设计的一个主要障碍，这迫使设计者在各个设计层面开展低功耗设计方法的研究。

10.1　低功耗设计的意义

以处理器为例，处理器的应用大致可以分为两个方面，一方面是以专用设备和便携设备为代表的嵌入式应用，另一方面是以高性能运算为主要目标的高端应用。

在嵌入式领域，如移动终端、物联网、便携产品及信息家电等典型嵌入式应用领域，功耗是极其关键的设计问题，其重要性往往超过性能等其他设计因素，设计者们必须面对电池使用时间和系统成本的限制，尽最大可能地利用特定的设计资源进行低功耗设计，以满足特定的应用需求。

在以工作站和服务器为代表的高端应用上，功耗也为处理器设计提出了严峻挑战。伴随着工艺水平的提高，微结构的复杂性迅速增加，时钟频率得到快速提升，高性能处理器的功耗问题也变得极其严重，这就要求处理器设计者们在设计的各个层面都开展低功耗方案研究。

低功耗设计的另一个重要的驱动力是未来系统的要求。在 22 nm CMOS 工艺中，600 亿至 5000 亿个晶体管将用非常高密度的封装技术，如多芯片模块（Multi-Chip Module，MCM）、系统级封装（System in Package，SiP）和封装上系统（System on Package，SoP）组装在一块基板上。

当前的功耗水平已不能为这些系统所接受。一般来说，低功耗也使电源分布更简单、电源和接地抖动减小以及电迁移和电磁辐射水平降低。因此，对于所有的集成电路设计路线，低功耗设计的理念应当是共同的，因为它有利于当前和未来集成电路与系统的功耗、稳定性和可靠性。

10.1.1　功耗问题的严重性

随着计算机在全世界的普及，其消耗的能量也越来越巨大。在 1992 年，全世界约有 87M 个 CPU，功耗约为 160 MW，而到了 2001 年，就有了 500M 个 CPU，功耗约为 9000 MW，而中国的三门峡水利枢纽工程装机容量也就 1160 MW。服务器对能量的需求更大。例如，占地 2500 平方英尺的由 8000 个服务器组成的巨型机，可以消耗 2 MW，电功耗费用占管理此设备总费用的 25%。

由于处理器内部结构复杂程度迅速增加，单个处理器的功耗已超过 100 W。在人们熟悉的 Intel 处理器家族中，Intel 486DX 峰值消耗约为 5 W，而 Pentium4 1.4 GHz 处理器却达到了 55 W，依靠主板供电变得非常困难，而且要用大功率风扇来解决散热问题。需要注意的是，Pentium4 系列处理器从设计之初就在各个阶段进行了低功耗设计，这更说明了功耗问题的严峻性。

在集成电路设计中，功耗和性能常常是不能兼顾的。在个人计算机和工作站领域，性能的提升是受冷却能力限制的，通常采用封装、风扇和水槽等方法来解决。而在便携产品中，关键因素是电池，所以挑战就是对给定的电源限制之后如何最大化集成电路的性能。这就确定了集成电路的发展目标：要在功耗和性能之间找到平衡点，而且这个平衡点必须满足广阔的应用范围。

10.1.2 低功耗设计的意义

(1) 节省能源

低功耗设计带来的一个最直接的好处就是节省能源。集成电路对功耗的消耗是巨大的，而低功耗设计恰恰能减少电能的消耗，节省能源对环境和资源的保护大有裨益。另外，对于移动和便携设备，主要的能源供应依靠电池，而电池的蓄电能力是有限的。应用低功耗技术，就能减少能量消耗，延长电池供电时间，无疑可以增加移动设备的便携能力，扩大设备的应用范围。

(2) 降低成本

使用低功耗设计还可以降低芯片的制造成本和系统的集成成本。首先，在芯片设计时，如果功耗高，就要考虑增加电源网络，并避免热点的出现，这无疑提高了设计的复杂度，增加了成本。其次，在芯片制造时，功耗高就会增加封装的成本，不同封装形式的的成本相差很大。最后，在系统集成时，若使用功耗较高的芯片，就要采用较好的散热方法，从而提高了系统的成本。

(3) 提高系统稳定性

低功耗设计可以提高系统的稳定性。由于功耗增加会导致芯片温度升高，温度升高后会导致信号完整性和电迁移等电学问题，并会进一步加大漏电功耗，以至于影响芯片的正常工作。由于功耗过高导致系统死机的情况在当今随处可见。

(4) 提高系统性能

功耗是制约性能的一个重要因素，由于顾及到功耗的严重性，很多高性能芯片的设计都被迫放弃研究计划，或者精简设计方案。比如，2004 年，Intel 公司就是因为功耗过高而被迫放弃 Tejas 和 Jayhawk 处理器的研发计划，其中 Tejas 样片的功耗超过了 150 W。而且，在系统集成过程中，为了避免功耗增加带来的系统不稳定性，以及为了延长电池的使用时间，常常不得不以牺牲系统的性能为代价，使系统工作在相对低频的情况，以控制功耗。因此，低功耗设计技术能够缓解功耗对性能的制约，有利于提高集成电路系统的性能。

10.2 低功耗设计技术的发展趋势

10.2.1 降低动态功耗技术趋势

在以降低动态功耗为目标的低功耗设计技术方面，减少集成电路内部逻辑的跳变活动，降低集成电路的工作电压和工作频率，仍是低功耗设计的最主要内容。但是由于工艺水平提高以后，供电电压已降得很低了，电压的可变范围逐渐缩小，所以与动态调整工作电压相关的技术将越来越受到限制。不过，根据任务负载调整工作频率和控制空闲部件的跳变依然会持续有效。

由于工艺技术的提高，动态功耗在处理器整体功耗中的比重已经下降，但从图 10-1 中可以看出，动态功耗依然占据着相当重要的地位，所以在未来的低功耗研究工作中，动态功耗会持续成为研究的对象，而动态功耗控制技术也必将在集成电路设计中得到广泛应用。

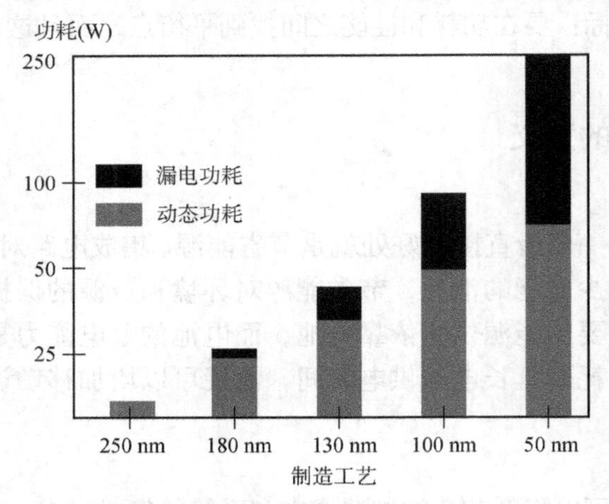

图 10-1　漏电功耗和动态功耗的比例

10.2.2　降低静态功耗技术趋势

随着工艺水平的提高，静态功耗呈指数级增长，对静态功耗控制技术的研究成为了新的热点，从功耗分布比例图 10-1 以及 Intel 公司系列处理器中漏电功耗占总功耗的比例图 10-2 中，都可以明显看出这个趋势。

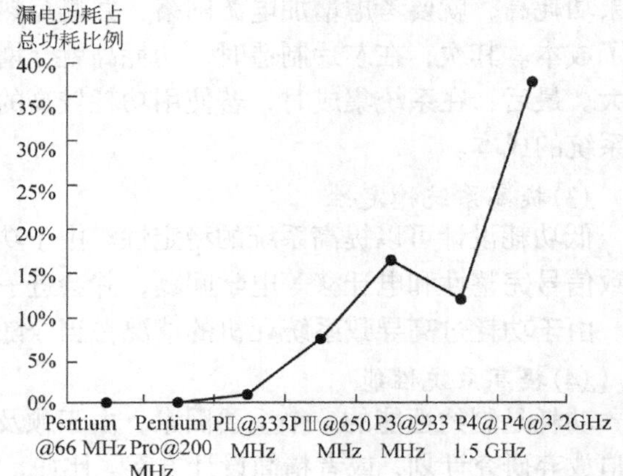

图 10-2　Intel 公司系列处理器中漏电功耗占总功耗的比例

在静态功耗控制技术中，主要有如下 3 种技术。

- 调整阈值电压来控制漏电功耗，比如使用多阈值电压 CMOS 器件，以及使用在运行时改变阈值电压的技术；
- 通过切断休闲部件的电源来降低功耗的门控供电电源技术。这样，在没有电源供应的情况下，就不会有漏电功耗的产生；
- 利用电路的级联效应，对休闲部件使用输入向量控制技术。由于输入向量会对电路的漏电状态产生影响，选择好的输入向量会使与输入相连的电路处于低漏电状态。

在降低漏电功耗方面，还需要做很多研究工作来完善这些技术，并使其实用化。由于要与电源相连，电路就会有漏电流产生，在体系结构级低功耗设计的研究中，几乎没有有效的控制漏电功耗的技术，对漏电的控制技术主要集中在电路级。然而，在低功耗设计领域，越是高层的低功耗设计越能更大程度地降低功耗，而底层技术的功耗控制能力则较弱，所以还是要深入研究体系结构级的设计方法，找出可以有效控制漏电功耗的技术。

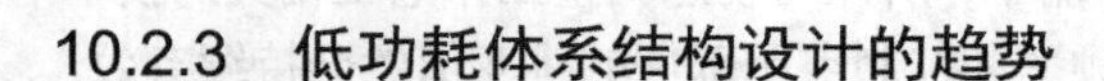

10.2.3　低功耗体系结构设计的趋势

功耗的挑战已经对集成电路设计者提出了新的要求，需要将功耗作为一个重要指标重新对原来的设计思想进行评估。对低功耗的设计考虑可以包含在设计的所有层次中，包括系统级的电源管理，体系结构的选择，以及更底层的逻辑级和物理级的低功耗实现技术。下面以处理器微结构设计层次为例来研究低功耗策略。

当前主流的处理器仍采用越来越夸张的超标量方法来实现，尽管生产工艺不断提高，但功耗增加的速度仍然是惊人的。从图 10-3 和图 10-4 中可以看到，处理器性能的提升呈亚线性增长，而能量的消耗却呈超线性增长，这就清楚地说明了为什么传统的超标量结构设计方法会导致设计出的处理器的能效越来越低。

理论分析表明，并行处理器结构具有先天的低功耗特性。在动态功耗方面，可以通过并实现低压低频工作状态，从而降低动态功耗。在静态功耗方面，由于并行意味着一种离散的组织结构，不像超标量设计那样紧密地耦合在一起，这样的离散结构非常有利于根据任务负载动态地关闭各个相对独立单元的电源，便于实现门控电源等降低漏电功耗的技术，再加上并行设计在性能上的优势，就决定了并行设计成为处理器结构的发展趋势。工业界的发展也印证了这个趋势，无论是 IBM 和 Intel 等厂商的高性能处理器，还是 ARM 和 MIPS 公司的嵌入式处理器，都在加速开发并行芯片设计。

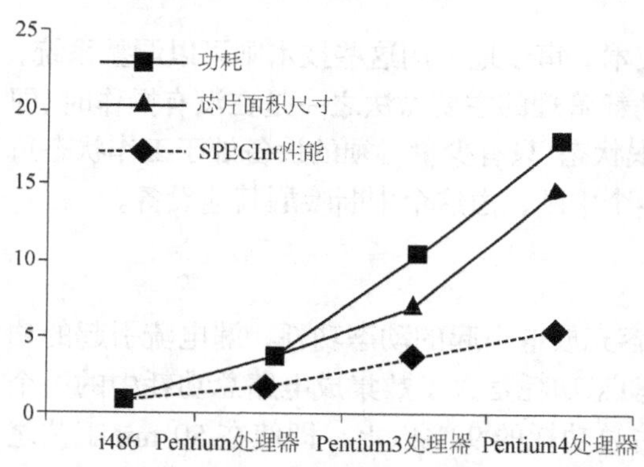

图 10-3 相同工艺下四代 Intel 处理器的功耗变化

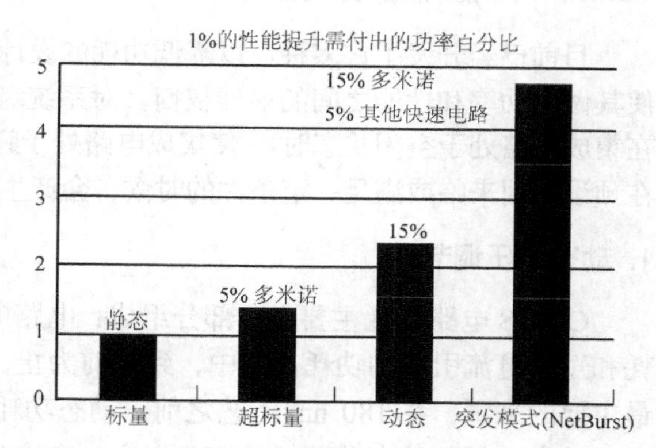

图 10-4 为获得 1%的性能提升需付出的功耗代价

10.3 在各设计抽象层次降低功耗

低功耗设计是一个复杂的综合性课题。就设计流程而言，包括功耗建模、评估以及优化等。就设计抽象层次而言，包括自系统级至版图级的所有抽象层次。同时，功耗优化与系统速度和面积等指标的优化密切相关，需要折中考虑。

降低功耗应当在所有设计层次上进行，即在系统级、逻辑级和物理级。层次越高，功耗的降低就可能越有效。图 10-5 展示了在不同设计层

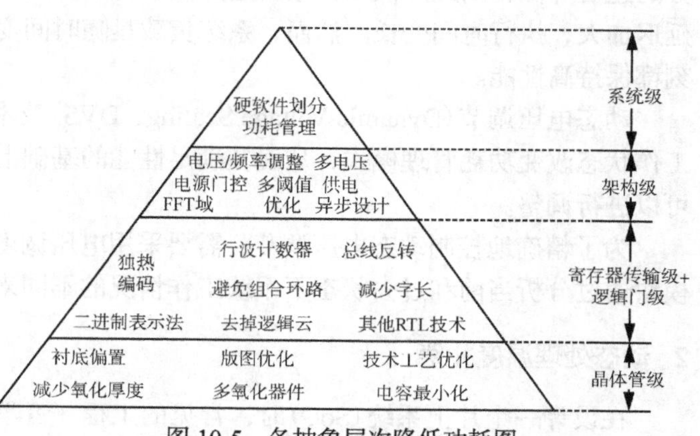

图 10-5 各抽象层次降低功耗图

次上降低功耗的各种设计技术。虽然功耗可以在各设计层次降低，但是最好在更高的抽象层次上进行，即在系统和架构级可以达到最大的降低效果。

为了最大程度降低功耗，各抽象层次在设计时就要把功耗因素考虑在内。通过前面对整体功耗的描述可以看出，降低电压、电容、信号频率和单元能耗就可以降低整体功耗。在特定的层次上，指定技术会涉及这些因素中的一个或多个。

许多系统级的设计决定与应用密切相关，比如，是选择基于缓存的存储器还是集中式存储器。在架构级往往需要选择使用并行结构还是流水线结构，并行结构比多路复用方式的能效更高。在逻辑和版图级，对映射网表方法的选择和低功耗库的选择是关键。在物理级，要使用版图优化技术。

表 10.1 展示了各抽象设计层次中对功耗降低程度的影响。

表 10.1　不同层次的功耗降低比率

抽象级	功耗降低百分比
系统级	10% ~ 100%
架构级	10% ~ 90%
寄存器传输级	15% ~ 50%
逻辑/门级	15% ~ 20%
晶体管级	2% ~ 10%

在各设计抽象层次，降低功耗的常用设计技术如下。

10.3.1　降低动态功耗技术

目前已经开发了许多种可以降低功耗的设计技术。审慎地采用这些技术则可以调整系统，使其做到功率和性能之间的最佳权衡。对系统级功耗管理的主要做法之一是在没有操作时(即在集成电路处于空闲状态时)，使集成电路处于睡眠状态(只有少量必须的设备处于工作状态)；在预设时间来临或满足一定条件的时候，会产生一个中断，由这个中断唤醒其他设备。

1. 动态电压调节

CMOS 电路功耗主要由 3 部分组成：电路电容充放电引起的动态功耗，漏电流引起的功耗和短路电流引起的功耗。其中，到目前为止，动态功耗是大多数集成电路总功耗中的一个最主要的来源，在 180 nm 工艺之前，动态功耗占总功耗的 90%以上，即使在 50 nm 工艺之后，动态功耗仍然占总功耗的 50%以上，动态功耗的表达式为

$$P=a\times C_{L}\times V_{dd}\times f$$

其中，f为时钟频率，C_L为节点电容，a为节点的翻转概率，V_{dd}为工作电压。

由式(10.1)可知，动态功耗与工作电压的平方成正比。功耗将随工作电压的降低以二次方的速度降低，因此降低工作电压是降低功耗的有力措施。但是，降低工作电压会导致传输延迟加大，执行时间变长。然而，系统负载是随时间变化的，因此并不需要微处理器所有时刻都保持高性能。

动态电压调节(Dynamic Voltage Scaling，DVS)技术降低功耗的主要思路是，根据芯片的工作状态改变功耗管理模式，从而在满足性能的基础上降低功耗。在不同模式下，工作电压可以进行调整。

为了精确地控制动态电压调节，需要采用电压调度模块来实时改变工作电压。电压调度模块通过分析当前和过去状态下系统工作情况的不同来预测电路的工作负荷。

2. 动态处理温度补偿

在设计一个片上系统(SoC)时，常见的工程“哲学”是确保它们也能在“最坏的情况”下工作。在半导体制造业中，最坏的情况是指在超高温和制造过程中出现的变异；晶体管的

性能在参数预先定义的范围内变化。因此，在给定电压的情况下，来自同一个晶圆盒子的片上系统(SoC)的工作频率比“最好的情况快处理”的频率高；比处于预先定义的性能窗口底部（“最坏的情况慢处理”）的频率低，如图 10-6 所示。

动态处理温度补偿(DPTC)机制测量参考电路的频率，该频率取决于处理的速度和温度。该参考电路捕捉依赖于工艺技术和当前工作温度的设备运行速率，并将电压降到支持当前所需工作频率的最低水平，如图 10-7 所示。

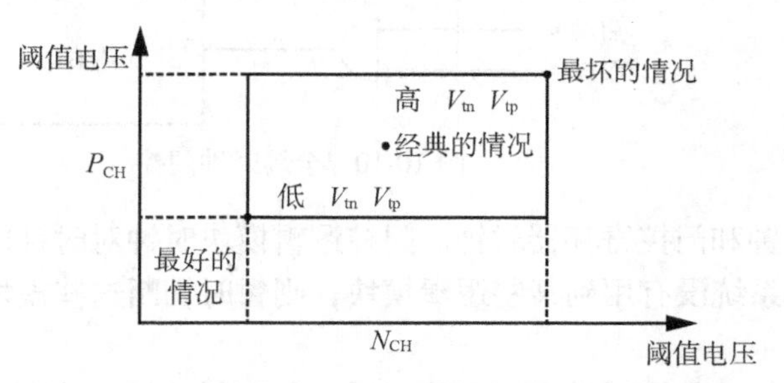

图 10-6　工艺变化确定了不同的 SoC 的性能

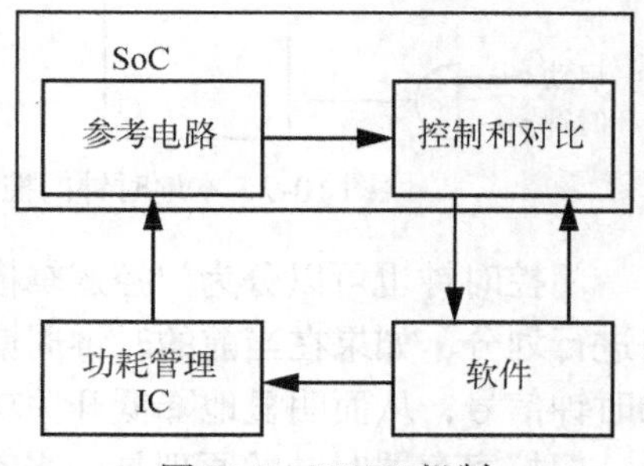

图 10-7　DPTC 机制

图 10-7 中包含一个快处理的 SoC。并且，工作在适当气温条件下的移动设备，可以期望它能工作在最坏情况所计算出的电压上，以支持所需的频率。这是一个次优的节能方案。

DPTC 允许调整供电电压，以匹配多种制程条件(process corner)和 SoC 的温度。如果制程条件是“最好的情况”，使用较低的供电电压就可以支持所需的 SoC 的性能。类似地，也可以用部件温度来调节供电电压。

3. 门控时钟和可变频率时钟

一个集成电路设计中，动态功率的 1/3 ~ 1/2 消耗于 SoC 的分布式时钟系统，如图 10-8 所示。这个简单的概念是，如果你不需要时钟工作，就应该关闭它。

在微处理器中，很大一部分功耗来自时钟。时钟是唯一在所有时间都充放电的信号，而且很多情况下引起不必要的门的翻转，因此降低时钟的开关活动性将对降低整个系统的功耗产生很大的影响。

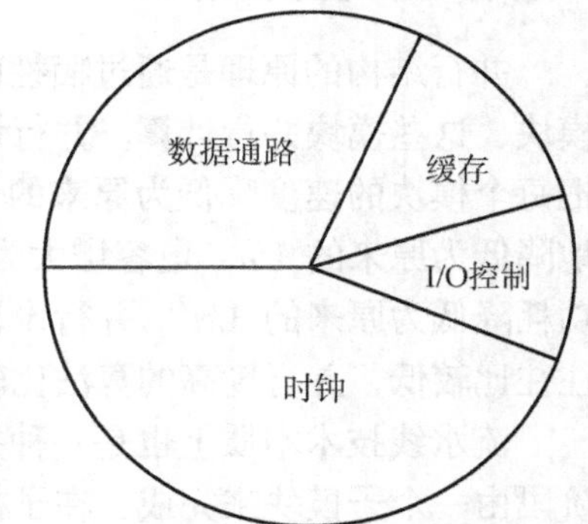

图 10.8　高性能处理器中的功率分布

当今，两种常用的时钟门控的方式是本地式和全局式。如果你通过复用器把来自触发器输出端的旧数据反馈到其输入端，一般情况下就不再需要时钟。因此，你可以将每一个反馈复用器用一个时钟门控单元来替换，时钟门控单元可用来关闭时钟信号。这时可以使用启动信号控制复用器，从而控制时钟单元关闭时钟信号，如图 10-9 所示。

另一种常用的时钟门控方式是全局时钟门控。它可以通过中央时钟发生器简单地关闭整个模块的时钟。这种方法从功能上关闭了整个模块，这与本地时钟门控不同，但是它能进一步减少动态功率损耗，因为它关闭了整个时钟树，如图 10-10 所示。

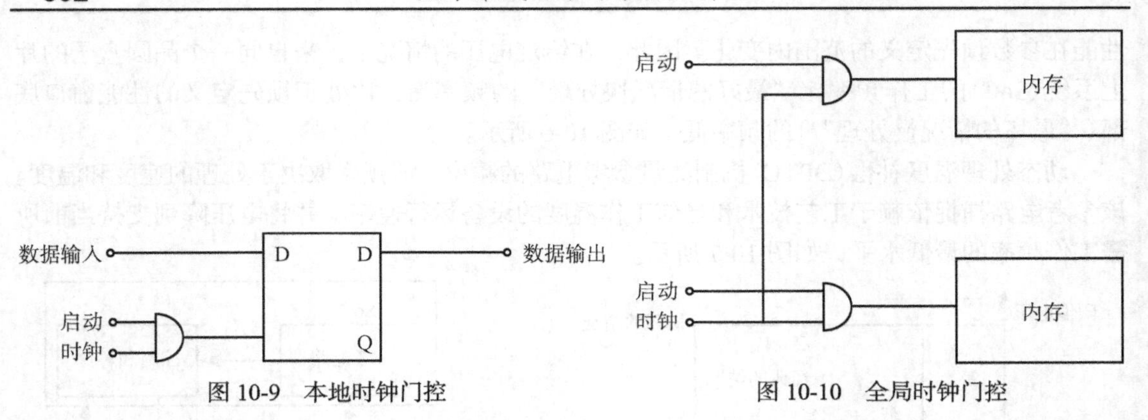

图 10-9 本地时钟门控

图 10-10 全局时钟门控

门控时钟也可以分为门控逻辑模块时钟和门控寄存器时钟。门控逻辑模块时钟对时钟网络进行划分，如果在当前的时钟周期内，系统没有用到某些逻辑模块，则暂时切断这些模块的时钟信号，从而明显地降低开关功耗。

门控寄存器时钟的原理是，当寄存器保持数据时关闭寄存器时钟，以降低功耗。然而，门控时钟易引起毛刺，必须对信号的时序加以严格限制，并对其进行仔细的时序验证。

可变频率时钟是另一种常用的时钟技术。它根据系统性能要求，配置适当的时钟频率以避免不必要的功耗。门控时钟实际上是可变频率时钟的一种极限情况（即只有零和最高频率两种值），因此可变频率时钟比门控时钟技术更加有效，但需要系统内嵌时钟产生模块 PLL，增加了设计复杂度。

例如，Intel 公司推出的采用先进动态功耗控制技术的 Montecito 处理器，就利用了变频时钟系统。该芯片内嵌一个高精度数字电流表，利用封装上的微小电压降计算总电流；通过内嵌的一个 32 位微处理器来调整主频，达到 64 级动态功耗调整的目的，大大降低了功耗。

4. 并行结构与流水线技术

并行结构的原理是通过牺牲面积来降低功耗。将一个功能模块复制为 $n(n\geqslant2)$ 个相同的模块，这些模块并行计算。并行设计后，由于有多个模块同时工作，提高了吞吐能力，可以把每个模块的速度降低为原来的 $1/n$。根据延迟和工作电压的线性关系，工作电压可以相应地降低为原来的 $1/n$，电容增大为原来的 n 倍，工作频率降低为原来的 $1/n$，根据式(10.1)，功耗降低为原来的 $1/n^2$。并行设计的关键是算法设计，在一般的算法中，并行计算的并行度往往比较低，并行度高的算法比较难开发。

流水线技术本质上也是一种并行，即把某一功能模块分成 n 个阶段进行流水作业。每个阶段由一个子模块来完成，在子模块之间插入寄存器。若工作频率不变，对某个模块的速度要求仅为原来的 $1/n$，则工作电压可以降低为原来的 $1/n$，电容的变化不大（寄存器面积占的比例很小），功耗可降低为原来的 $1/n^2$，面积基本不变，但增加了控制的复杂度。

通过流水线技术和并行结构降低功耗的前提是电路工作电压可变。如果工作电压固定，这两种方法就只能提高电路的工作速度，并相应地增加了电路的功耗。在深亚微米工艺下，工作电压已经比较接近阈值电压，为了使工作电压有足够的下降空间，应该降低阈值电压；但是随着阈值电压的降低，亚阈值电流将呈指数级增长，静态功耗迅速增加。因此，电压的下降空间有限。

5. 低功耗单元库

设计低功耗单元库是降低功耗的一个重要方法，包括调整单元尺寸、改进电路结构和版图设计。用户可以根据负载电容和电路延迟的需要，选择不同尺寸的电路来实现，这样会导致不同的功耗，因此可以根据需要设计不同尺寸的单元。同时，可以为常用的单元选择低功耗的实现结构，如触发器、锁存器和数据选择器等。

6. 低功耗状态机编码

状态机编码对信号的活动性具有重要影响，通过合理选择状态机状态的编码方法，减少状态切换时电路的翻转，可以降低状态机的功耗。其原则是：对于频繁切换的相邻状态，尽量采用相邻编码。

例如，Gray 码（格雷码）在任何两个连续的编码之间只有一位数值不同，在设计计数器时，使用 Gray 码取代二进制码，则计数器的改变次数几乎减少一半，显著降低了功耗；在访问相邻的地址空间时，其跳变次数显著减少，有效地降低了总线功耗。

7. cache 的低功耗设计

作为现代微处理器中的重要部件，cache 的功耗占整个芯片功耗的 30% ~ 60%，因此设计高性能低功耗的 cache 结构，对降低微处理器的功耗有明显作用。cache 低功耗设计的关键在于降低失效率，减少不必要的操作。

通常用来降低 cache 功耗的方法有以下两种：①从存储器的结构出发，设计低功耗的存储器，例如采用基于内容寻址存储器（Content Addressable Memory，CAM）的 cache 结构；②通过减少对 cache 的访问次数来降低功耗。

8. 处理器指令集优化设计技术

满足系统功能和性能要求的前提下，设计一个运行功耗最小的指令集。具体做法包括：选择合理的指令长度，提高程序的代码密度，以减少对存储器访问的功耗；根据对应用程序中指令相关性的统计，对指令进行编码优化，使得在读取和执行指令时，总线和功能部件的信号翻转最少，从而有效地降低功耗。

9. 操作数隔离技术

在运算模块的输入端口增加操作数隔离电路，避免了模块在不工作时的无效翻转，节省了动态功耗。以上主要是从硬件的角度来实现功耗的降低。

除了硬件方法，通过软件方面的优化，也能显著地降低功耗。例如，在 Crusoe 处理器中，采用高效的超长指令（VLIW）、代码融合（code morphing）技术、LongRun 电源管理技术和 RunCooler 工作温度自动调节等创新技术，获得了良好的低功耗效果。

10.3.2　降低静态功耗技术

对于使用 90 nm 以下工艺设计的器件，晶体管漏电流呈指数级增长，从而使设计满足预期的功耗目标成为一个挑战。减少过度漏电以保证电池寿命很重要，尤其对于使用电池的手持设备。

电源门控是解决这个复杂挑战最有效的技术之一，它可在逻辑模块不操作时将其关闭。电源门控（或电源切断技术）通常指在芯片上加入开关，以根据应用要求选择性地切断供电电流。设计者可使用两类电源门控：细粒度电源门控和粗粒度电源门控。

1. 工艺控制法

工艺控制法主要通过控制晶体管的沟道长度、氧化层厚度等结构参数以及不同的沟道掺杂方式来减少漏电流的影响。

2. 阈值电压控制法

晶体管的阈值电压决定性地影响着亚阈区电流的大小，因此通过阈值电压的控制来优化静态功耗是众多优化方法中行之有效的一种方式。也是目前工业界最为常见和应用最广泛的一种做法。该方法具体实施时有双阈值法、多阈值法、可变阈值法以及动态阈值法。需要指出的是，以上这些相关技术的应用都需要工艺上的相关支持。

3. 输入向量控制法

输入向量控制法利用电路漏电流大小易受输入状态影响的特性，对电路输入进行适当控制，以降低漏电。输入向量控制法通过控制电路在不工作时的输入向量状态来最小化漏电功耗，或者对电路中的高漏电单元插入堆叠晶体管以降低漏电。这些方法利用的是电路拓扑结构的宏观特性，因此属于较高层的优化方式，不需要特别的工艺支持。但这些方法通常只对小规模的电路有较明显的优化效果。

4. 电路控制法

采用不同的电路形式，如采用 P 型多米诺电路降低栅漏电，以及其他的控制方法等，都会对电路的漏电控制产生一定的作用。另外，由于静态功耗大小与电源电压成正比，因此和动态功耗一样，降低电压也是降低静态功耗的一种有效方法。除此之外，目前还有很多相关的研究，但一些做法在实现方式上还不够成熟，另外一些方式的采用会对电路性能造成较大影响。

10.4 系统级低功耗技术

对于纳米级高端芯片，由于 I/O 使用比芯片内核逻辑更高的电压供电（典型值为 3.3 V），使得其占到总功耗的 50%以上。如果整个系统包含多块芯片，那么这些芯片之间的连线将消耗大量的功耗。在 22 nm CMOS 工艺中，600 亿至 5000 亿个晶体管将用非常高密度的封装技术，如多芯片模块（Multi-Chip Module，MCM）、系统级封装（System in Package，SiP）和封装上系统（System on Package，SoP）组装在一块基板上。

当前的功耗水平已不能为这些系统所接受。在现代数字设计实践中，片上系统方法学主要关注降低功耗、缩减面积以及降低成本的手段。

10.4.1 硬件 / 软件划分

由于嵌入式处理器在大规模数字系统中广泛使用，因此某些功能可以用硬件实现，其余部分可以用软件实现。

例如，通信算法具有高度递归的性质，这意味着少量的代码就可以负责大量的处理任务。事实上 10%的代码花费了 90%的执行时间。如果这些资源密集型模块能够用硬件标识和实现，就能节约大量功耗。这种递归模块可能只占整体系统很小的一部分，但能显著地降低功耗。

协同设计的常规技术是在设计的早期将系统划分为硬件和软件部分并反复优化，以得到最佳方案。硬／软件协同设计的常规方法和流程如图 10-11 所示。

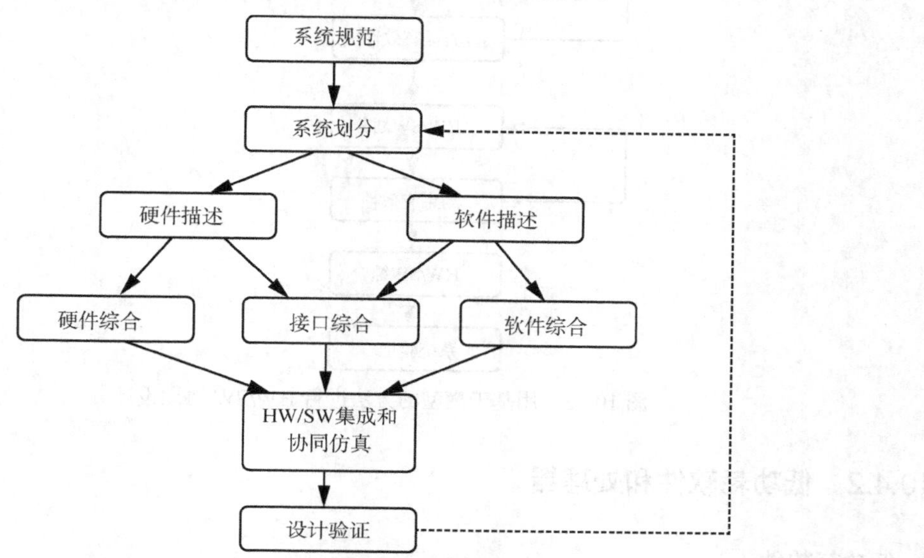

图 10-11 硬/软件协同设计的常规方法

系统的设计过程从性能规范开始。系统设计者根据规范和自身经验对系统性能做出推测。根据推测来决定系统哪些部分用硬件实现(以 ASIC 的形式)，哪些部分用软件实现。这也涉及对系统不同部分的行为进行描述。

例如，硬件部分可以用 VHDL 或 Verilog 语言进行描述，软件部分用 C 语言进行描述。此外，接口逻辑(包括任意信号交换或总线逻辑)也需要明确下来。可以使用不同的工具从行为模式中提取出物理模型，比如使用硬件综合工具从用 Verilog 或 VHDL 描述的模块中提取出物理模型。

与之类似，编译器也可以将用高级语言编写的程序编译为嵌入式处理器所使用的原生指令集。下一步是使用商业级协同仿真平台对在集成环境下已综合的硬件和软件模型进行协同仿真。

协同仿真用于验证设计功能的要求和规范的约束。如果系统不满足要求，则整个过程要从系统划分开始重新再来。一种比常规方式更有效的 HW/SW 划分方法是使用基于模型的方式，如图 10-12 所示。

这是一种基于给定规范建立系统模型的想法。模型可以完全自己建立，或者使用可复用的现有模型库。随着库的增加，可以大大缩短设计时间。

可以使用 System C 建立模型，这种语言是 C++语言的一组系统扩展库，用于对硬件建模。System C 程序可以用标准 C++编译器编译，并产生用于仿真的目标代码。System C 可以很灵活地创建精确到周期的高抽象级模型来描述整个系统。仿真的结果用来验证模型。将仿真输出与期望值进行比较，验证的结果也可以用来完善模型。

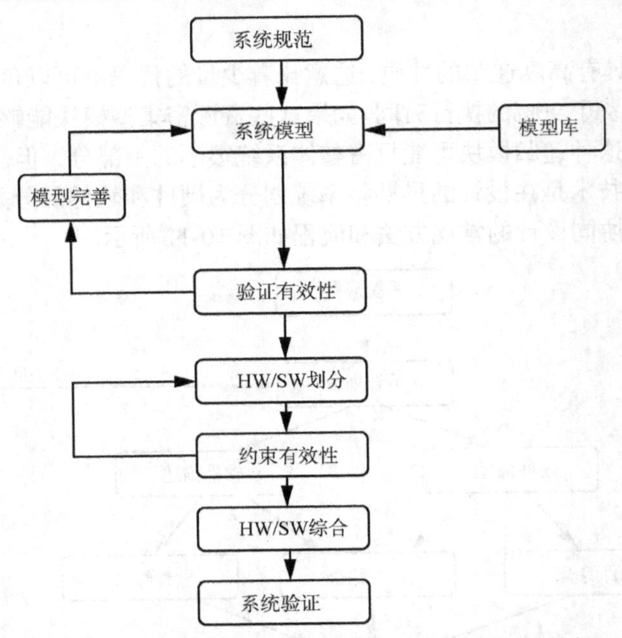

图 10-12 用基于模型的方法进行 HW/SW 协同设计

10.4.2 低功耗软件和处理器

1. 低功耗软件

硬件设计人员在设计集成芯片或 ASIC 时往往会考虑功耗因素。但大多数软件工程师并不会这样做。另外，通过修改应用软件可以大量降低功耗，得到“更加绿色”和能效更高的系统。高级语言便于使用并可以事半功倍。然而，有些结构难以用其实现，而且高级语言的运行时环境需要使用高频轮询来实现，这会导致较高的能耗。所以在使用高级语言时要避免使用复杂原语。

对于嵌入式应用，常常在设计中使用现有的工业级 C 代码。C 代码可能会使用若干循环。在一些应用中，90%的运时时间可能都在执行这些循环。可以使用几种技术来优化这些循环。如果两个循环在同样的循环变量下逐一执行，可以将它们合并。执行的指令数由此减少，如图 10-13 所示。

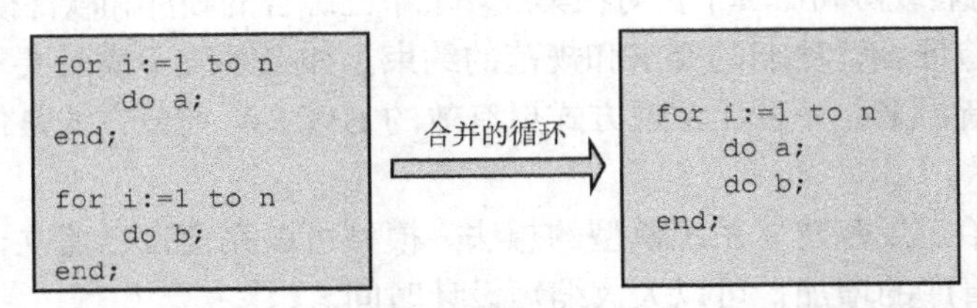

图 10-13 将相同循环变量下的两个循环合并

例如，按下面所示的方式将循环合并后，由于移除了循环计数器(初始化、递增和比较)，使循环指令数减少了。其他的考虑包括基于确定的硬件体系结构或处理器指令和寄存器的实现。需要注意的是，基于微处理器的实现会产生高速的代码序列，因为内部寄存器(ALU 加法器)可以用来快速地进行这些操作。例如，可能需要更新高速的硬件计数器。

2. 处理器

处理器的选择会对整体功耗产生明显影响。首先是采用适合所要求的数据宽度的处理器。使用 8 位微控制器来处理 16 位数据将会增加大量排序。对 16 位乘法，使用 16 位处理器需要 30 条指令(加-移位算法)，而在 8 位机器上则需要 127 条指令(双精度)。

更好的结构是使乘加单元(MAC)或 16×16 位并行乘法器用一条指令来执行乘法。如果用简单的 MAC 就能满足运算要求，就没有必要使用专用 DSP 处理器来处理数据，这样能显著降低功耗。

图 10-14 所示为一个节省功耗的系统架构。对于任何应用，都利用微处理器进行控制，同时用协处理器或 DSP 进行数据处理。最好的系统架构是使用特定的机器(协处理器)来执行这个任务，以使任务在最小且能效最高的机器中完成。大多数情况下，微控制器和协处理器不会并行运行。

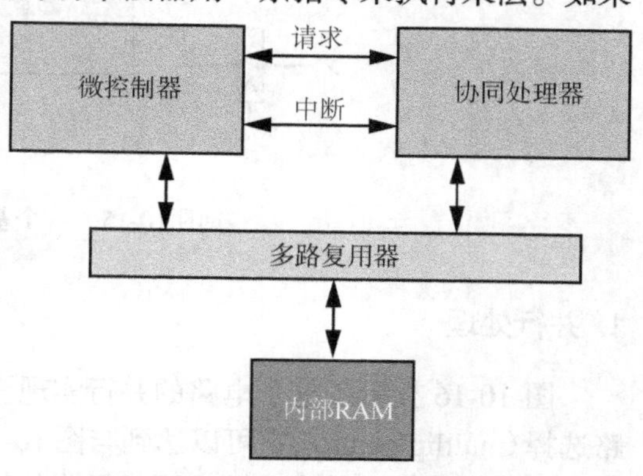

图 10.14　微控制器和协同处理器

10.5　寄存器传输级的低功耗设计

在大规模 ASIC 中，在 RTL(寄存器传输级)完成后至少 80%的功耗已经确定。后端流程不能解决所有功耗问题。需要系统性地直接从 RTL 或映射结果中寻找降低功耗的机会。

对于有缺陷的设计，后端流程是无法修复的。如果系统架构出了问题，关键路径就无法达到要求。后端流程也无法修复微架构，微架构和 RTL 代码风格对于动态与静态功耗有极大的影响。因此，有效的方法学要求在综合前的 RTL 阶段就解决与功耗相关的所有问题。

10.5.1　并行处理和流水线

电路的动态功耗可用下式描述：

$$P=a\times C_{\mathrm{L}}\times V_{\mathrm{dd}}^{2}\times f$$

由上式可知，动态功耗与工作电压的平方成正比，功耗将随着工作电压的降低以二次方的速度降低，因此降低工作电压是降低功耗的有力措施。

通过设计技术可以影响上式中的所有参数。因此我们将通过几种不同的方法来改变每个参数，以减小它对功耗的影响。这些方法可以在设计的各个不同层次实现，包括算法/架构级、逻辑级和晶体管级。总之，在较高层次上做出的决定将比在较低层次上所做的决定对功耗有大得多的影响。

显然，降低电源电压可以显著降低功耗。较低的电压一般意味着较低的性能以及较少发生闩锁的可能。让我们假设在芯片上有以下电路，如图 10-15 所示。

通过该逻辑的总传输延迟等于乘法器和累加器传输延迟之和。这一总传输延迟决定了时钟周期的最小值 T。如果使这一时钟周期加倍，就可以允许传输延迟为原来电路的两倍。由于允许延迟加倍，就可以在例如 1.2 V 的 65 nm CMOS 工艺中使电源电压从 1.2 V 降至 0.95 V。但如果要求数据吞吐率（throughput）仍保持不变，就可以把两个这样的电路并联起来并对它们的输入和输出进行多路选择（并行处理），或者用附加的锁存器置于逻辑功能之间，以缩短在相邻两个触发器之间的关键延迟路径（流水线）。

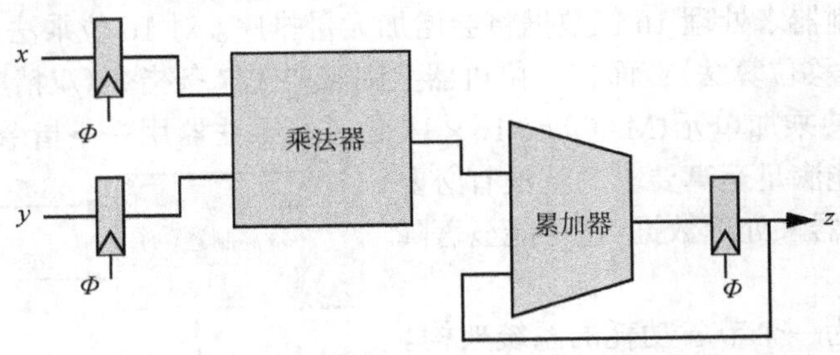

图 10-15 一个基本的数据通路并行处理

1. 并行处理

图 10-16 显示了这个电路的并行实现。由于实现了信号的多路分离（demultiplexing）和多路选择（multliplexing），它可以达到与图 10-15 中原来电路运行在两倍时钟频率时相同的性能。当考虑了额外加入的多路选择开关及附加导线的影响时，这一并行结构使发生翻转的总电容增加到约 2.25 倍。于是，在对图 10-15 的电路和图 10-16 的并行实现进行功耗比较时，得到了如下结果：

$$P_{dyn}(\text{基本数据通路}) = C \cdot V^2 \cdot a \cdot f_{ref} = P_{ref}$$

$$P_{dyn}(\text{并行数据通路}) = (2.25C) \cdot \left(\frac{0.95}{1.2}V\right)^2 \cdot a \cdot \frac{f_{ref}}{2} = 0.7 \cdot P_{ref}$$

其中，f_{ref} 和 P_{ref} 分别代表图 10-15 中参考电路的频率和功耗。

因此，数据通路的并行实现使功耗降低了大约 1.42 倍，但这是以大于 2 倍的面积开销为代价的。在廉价的大批量消费品市场中，这常常是不允许的。另一种降低电源电压但又保持性能不变的方法是流水线。

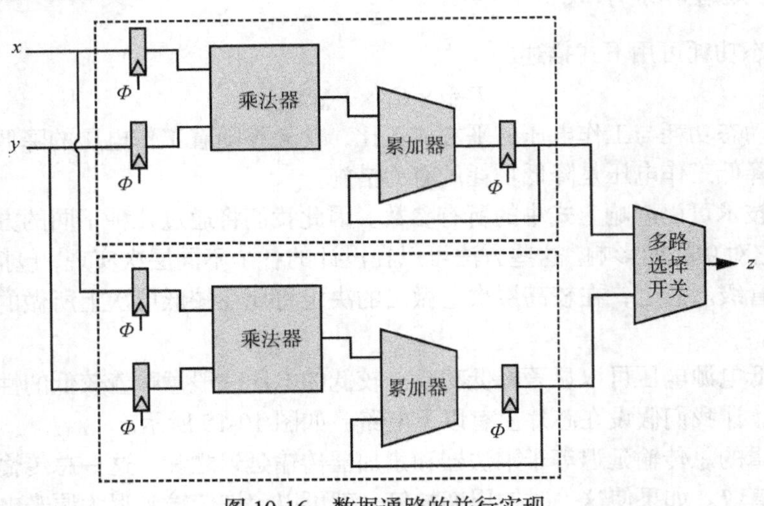

图 10-16 数据通路的并行实现

2. 流水线

在图 10-15 中，关键路径等于：

$$T_{\text{crit}} = T_{\text{mpy}} + T_{\text{acc}} \Rightarrow f_{\text{ref}}$$

其中，T_{mpy} 和 T_{acc} 分别代表乘法器和累加器最坏情况下的延迟路径(关键路径)。

假设乘法器和累加器的传输延迟大致相同，并且在乘法器和累加器之间加入一条流水线。图 10-17 显示了加入流水线的电路。

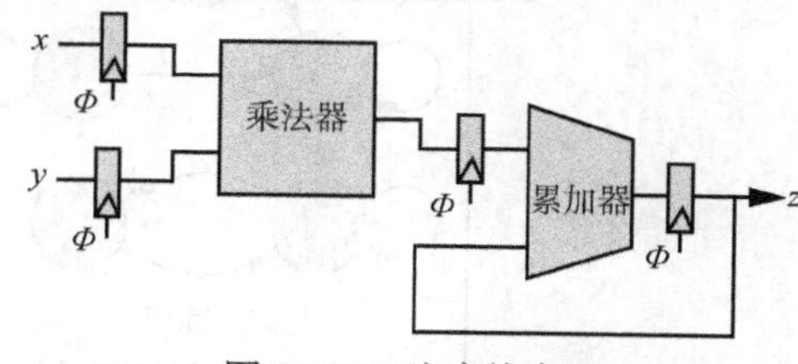

图 10-17　流水线实现

现在关键路径为

$$T_{\text{crit}} = \max[T_{\text{mpy}}, T_{\text{acc}}] \Rightarrow f_{\max} > f_{\text{ref}}$$

$$\text{如果} T_{\text{mpy}} \approx T_{\text{acc}} \Rightarrow f_{\max} > 2 \cdot f_{\text{ref}}$$

附加的流水线可以允许频率提高约 2 倍。因此，可以使电压降低至约 0.95 V，仍使频率保持与原来相同。由于采用了附加流水线和多路开关，总面积将增加 20%左右。比较这一流水线结构和原来的电路，可以得到如下结果：

$$P_{\text{dyn}}(\text{基本数据通路}) = C \cdot V^2 \cdot a \cdot f_{\text{ref}} = \text{P}_{\text{ref}}$$

$$P_{\text{dyn}}(\text{流水线数据通路}) = (1.2C) \cdot (\frac{0.95}{1.2}V)^2 \cdot a \cdot f_{\text{ref}} = 0.75 \cdot P_{\text{ref}}$$

因此，我们仅以 20%的面积代价得到了与并行处理几乎相同的结果。还有另一种方法是同时采用并行处理和流水线。

3. 同时采用并行处理和流水线

当同时采用并行处理(parallelism)和流水线(pipelining)技术时，关键路径的时序相应地降低了 4 倍。这也使得对速度的要求降低了 4 倍。由于允许这一较低的速度要求，电压可以降至仅 $0.77V_{\text{ref}}$。比较这一技术与原来的电路得到：

$$P_{\text{dyn}}(\text{基本数据通路}) = C \cdot V^2 \cdot a \cdot f_{\text{ref}} = \text{P}_{\text{ref}}$$

$$P_{\text{dyn}}(\text{并行/流水线}) = (2.25 \cdot 1.2C) \cdot ((\frac{0.77}{1.2})^2 \cdot V)^2 \cdot a \cdot \frac{f}{2} = 0.55 \cdot P_{\text{ref}}$$

因此，采用这两种技术的组合，可以使功耗的改善(降低)达到 1. 8 倍，但这会使芯片面积大约增加至 2.7 倍。在面积和功耗之间的选择是一个优先问题。但设计者通常不能自由地选择电源电压的大小，一旦选定了工艺，电源电压就是“固定”的。例如，对于 65 nm CMOS 工艺，电源电压一般固定在 1.2 V，因为单元库就是针对这个电压表征的。

10.5.2　几种常见的 RTL 设计描述方法

在进行 RTL 设计时，在不牺牲性能的条件下降低功耗(动态和静态泄漏)，尽可能实现多目标优化，即在同时考虑了时序、功率和面积的情况下，建立逻辑结构以达到设计要求。

1. 状态机编码和解码

在各种状态机编码类型中，格雷码是最适合低功耗设计的。图 10-18 将二进制编码状态机与格雷码状态机进行了比较。对于二进制编码，在状态转换过程中可能有多个触发器发生翻转，例如从状态 D（“011”）到状态 E（“100”），这比在状态转换过程中每次只有一个触发器变化的格雷码要消耗更多的能量。

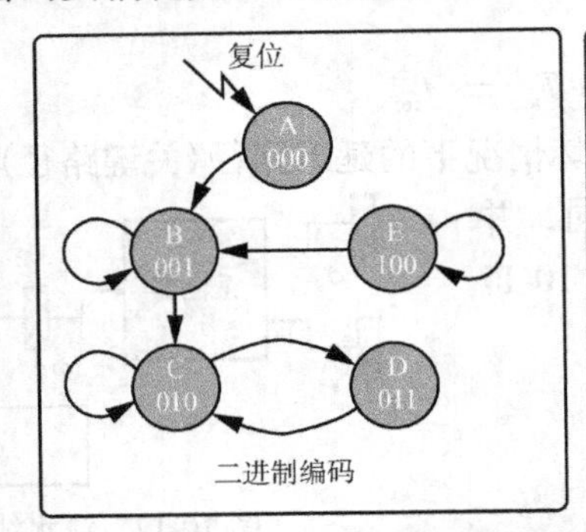

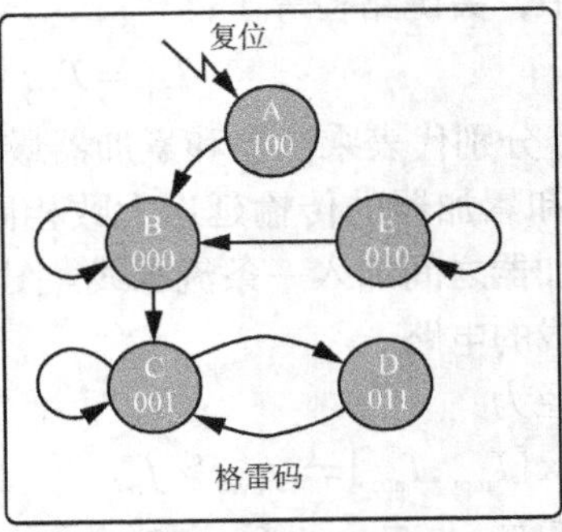

图 10-18 低功耗设计中二进制编码与格雷码的比较

此外，以格雷码编码的状态机也消除了依赖于状态的组合式中存在毛刺的风险。

出于某些原因，如果对状态机使用了差异性较大的编码风格，仍然可以通过降低翻转为较多状态的切换频率，在状态转换时降低功耗。例如，对于 16 位状态机，有 256 个状态值，其中一般只有一部分会使用到，这部分中的 1 些状态可能会比另一些状态在电路操作过程中出现的概率高。所以，如果状态机中有 30%的转换发生在从状态“0101”变为“1010”，有 4 位发生变化，这就导致 4 个状态寄存器及其相关组合逻辑发生了转变；对于从状态“1010”变为“0100”，只有一个状态位发生了变化。这样可将寄存器功耗降低 10%，而组合逻辑部分可能会降得更多。

另一种方法是将有限状态机分解，以达到低功耗效果。基本设想是将有限状态机（FSM）的状态转换图（STG）分解为两个，其共同作用以达到与原来状态机相同的效果。这样做之所以能降低功耗，是因为若两个子 FSM 之间没有转换发生，就只有一个子 FSM 需要供给时钟。

根据各状态之间的高概率转换和与其他状态之间的低概率转换，将状态划分为各子集。状态子集组成在大多数情况下常开的子 FSM。当小的子 FSM 被激活时，可以关闭其他较大的子 FSM。最终，因为绝大多数时间内只需给较小且更有效率的子 FSM 供给时钟，所以降低了功耗。

2. 独热码多路器

在 RTL 中有许多推出多路器的方法。case 语句、if 语句和状态机一般都能实现这种效果。表示多路器（MUX）最常用的方法是使用二进制编码，如图 10-19 所示。

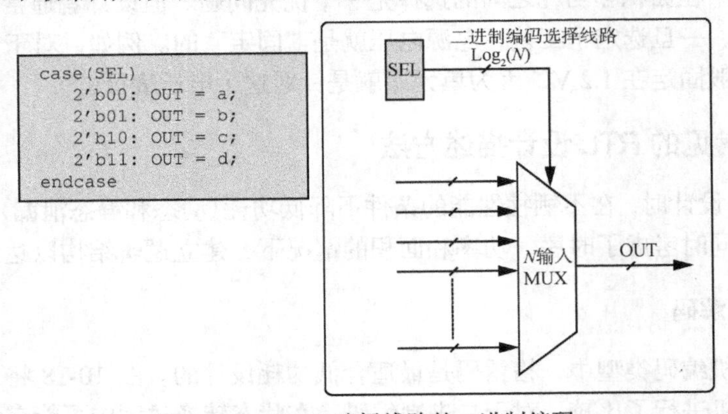

图 10-19 MUX 选择线路的二进制编码

注意，如果 MUX 的每个输入是多位总线，就会产生明显的开关过程，由此产生功耗。如果对 case 条件进行编码时按图 10-20 所示的独热编码方式，而不是二进制编码方式，输出就会更快、更稳定，并且尽早将未选中总线掩藏掉了，因此实现了低功耗效果。

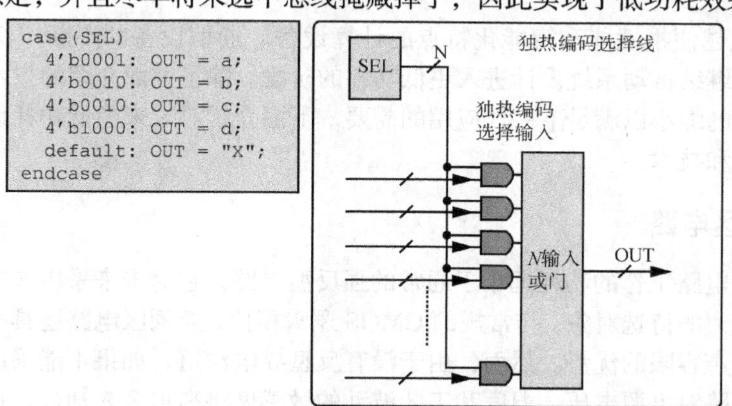

图 10-20　MUX 选择线路的独热编码

一般数字设计中都会存在多路器，因此避免或掩蔽掉伪转换的发生也能有效地降低功耗。

3. 降低开关活动性的设计方法

一个电路的大部分翻转活动性都是在架构层次和寄存器传输层次上决定的。在芯片层次，只有较少的选择可以通过降低开关活动性来降低功耗。在架构层次和 RTL 层次上进行选择，会对一个电路的性能、面积和功耗有很大的影响。例如，数字表示法、优化二进制字长、位串行与位并行的对比等。

(1) 将高活动性的输入信号连至接近逻辑门的输出端，降低开关活动性

图 10-21 表明，把具有高活动性的信号连至传输链的输出端将减少总的翻转活动性，因而降低该传输链的总功耗。

(2) 利用库单元特性，降低开关活动性

如果存在具有高活动性的信号，那么很显然把它们连至逻辑门的具有较低电容的输入端时将引起较少的功耗，如图 10-22 所示。

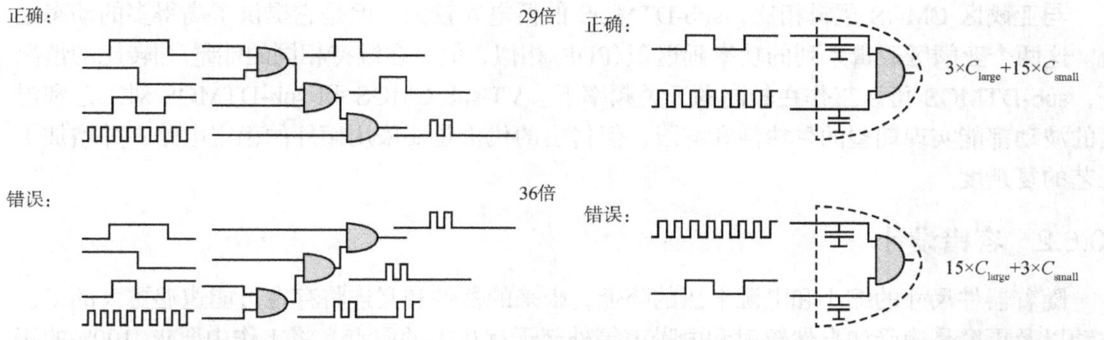

图 10-21　通过信号排序减少总的活动性　　图 10-22　使高活动性信号与低电容输入端相匹配来降低功耗

显然，这两种功耗节省方法可以通过对逻辑块内部信号的活动性进行分析或通过某些专用软件程序来统计实现。

10.6 未来超低功耗设计的展望

随着具有优越便携性能和智能化特点的计算设备、通信设备的不断广泛使用和持续发展，这一趋势将继续推动系统设计进入更低功耗的阶段。除了前面介绍的技术进步可以进一步适应器件尺寸的缩小以满足下一代应用的需要，下面介绍对未来超低功耗设计影响最重要的几种可能领域和技术。

10.6.1 亚阈区电路

由于亚阈区电路工作的功耗远小于通常的强反型电路，它对未来采用非电源供电的设计来说是一个强有力的待选对象。与常规的 CMOS 逻辑相比，亚阈区电路还具有跨导增益大近似理想的静态噪声容限的优势。然而，由于没有反型导电沟道，如果不能采取适当的控制措施，则亚阈区电路对电源电压、温度和工艺波动的敏感度将高得令人却步，这就限制了这一技术的近期使用。

在克服这些困难的努力中，人们提出了一些亚阈区逻辑，包括可变 V_{th} 亚阈区 CMOS（VT-sub-CMOS）和亚阈区动态 V_{th} MOS（sub-DTMOS）逻辑。如图 10-23 所示，VT-sub-CMOS 逻辑采用了一个附加的稳定性设计方案，用一个稳定电路来监测因温度和工艺波动引起的晶体管电流的任何变化，并且给衬底施加一个合适的偏置。VT-sub-CMOS 的逻辑电路和稳定电路都工作在亚阈区。

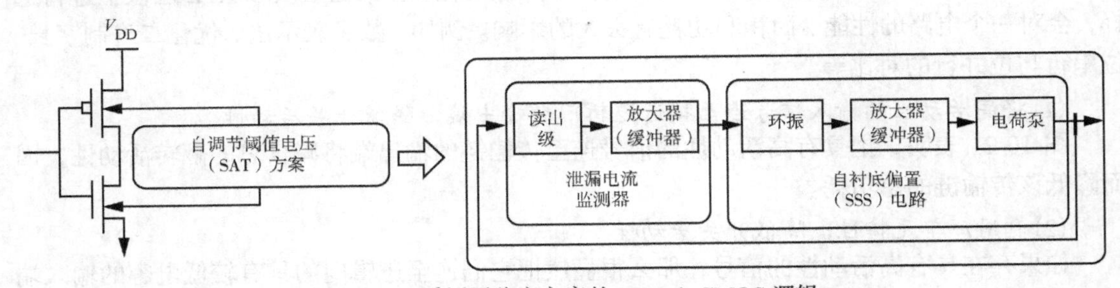

图 10-23　采用了稳定方案的 VT-sub-CMOS 逻辑

与亚阈区 CMOS 逻辑相比，sub-DTMOS 的栅电容较大，但是它提供了高得多的动态电流。这两个亚阈区逻辑系列的功率延迟积（PDP）相似，但是在维持相同的能量/翻转比的情况下，sub-DTMOS 可以工作在较高的开关频率下。VT-sub-CMOS 和 sub-DTMOS 对工艺和温度的波动都能实现期望的鲁棒性和容限，但付出的代价是要采用额外的稳定电路，并增加了工艺的复杂度。

10.6.2 容错设计

随着器件尺寸的缩小和电源电压的降低，未来的器件和互连将存在可能遭遇更大的工艺波动以及更容易遭受如自然辐射和电噪声等外部干扰攻击的弱点。将工作中要求 100%的正确率放宽到允许适当的错误率，可以极大地减小设计费用，但同时要求具有一定容错能力的可靠的超低功耗设计。

迄今为止，不同设计级别和应用领域中已采用了许多容错方案，例如 DRAM 设计和通信过程中的纠错码（Error Correction Code，ECC）、采用硬件三重表决方案（TMR）、看门狗处理器设计、动态执行验证结构（Dynamic Implementation Verification Architecture，DIVA）和软件方式（同步冗余线程处理器，SRT）冗余方法的计算机结构验证方案等。未来的鲁棒性超低功耗系统将如目前的系统低功耗设计方式那样，综合使用各种容错方案。

10.6.3 全局异步和局部同步设计

过去的 20 年中，同步时序方法已经成功实现了 VLSI 设计的规模呈指数规律持续增长，并取得了现代处理器设计、构建完善的设计方法学、解决和优化同步问题的先进计算机辅助设计工具等方面的杰出成就。

然而，当设计者的目标进一步迈向数吉赫兹的高工作频率和复杂度增加的更大系统，而同时允许的功耗却受到制约时，常规的同步方法不可避免地遇到了严重的问题。时钟控制的不确定性和时钟分布网络的功耗，是减小系统设计费用的主要阻碍。工艺波动的增加也损害着同步系统的性能，更严重的是在所有其他环境中必须执行最坏情况时序。

在提高功率的利用效率方面，由于异步设计具有相当的潜力，最近几年异步设计方法又重新引起人们注意，得到了广泛的研究。与同步方法相比，异步设计的特点包括仅在有效工作的情况下消耗功率、针对典型情况而不是最坏情况优化子组元件、更低的噪声和电磁辐射，以及全局时序协调的难度较小。

异步设计特别适合于计算负载波动具有不确定性以及最坏情况下与典型条件下的性能有巨大差别的应用。

目前从完全的异步电路到全局异步和局部同步（Globally Asynchronous and Locally Synchronous，GALS）系统，都存在着可能的解决方法。GALS 源于同步结构的改进。作为一个中间级，GALS 减小了设计方法转换的困难，占用更小的面积，但是要比全异步方式消耗更多的功率。

10.6.4 栅感应泄漏抑制方法

在 130 nm 技术中，栅泄漏电流仍然不是主要的泄漏部分。但是，随着薄氧化层厚度 t_{ox} 不断快速缩小的趋势，栅氧隧穿泄漏和栅感应泄漏（GIDL）很快就会达到与亚阈区电流相比拟的程度。为了将其置于可控状态，需要采用有效的技术。

传统的泄漏减小技术，例如减小电源电压和关断未使用的部分，仍然是应对新泄漏成分的有效手段。栅泄漏抑制的现有其他方法包括引脚重排和电场弛豫（Electrical Field Relaxation，EFR）方法。引脚重排技术利用了栅泄漏与非传导层叠中“关断”器件位置的依赖关系。

引脚重排优化结果表明，待机栅泄漏得到 22%～82%的减小，并且运行器件的栅泄漏也得到高达 25%的减小。通过使 SRAM 单元晶体管的栅漏电压从 1.5 V 减小 1 V，EFR 方法使 GIDL 电流减小了 90%。

应用双 t_{ox} 是在未来高速、低功耗 DRAM 设计中建议采用的一项技术，其中外围电路中采用薄 t_{ox} 有助于实现更快的操作，而核心单元采用厚 t_{ox} 确保了稳定的工作并抑制了栅隧穿泄漏电流。

类似地，采用双 V_{th} 和双 V_{dd} 可以满足 RAM 单元和外围电路的不同要求，实现对存储器性能和功耗的优化设计。除了电路改善，未来在技术层次的创新，例如有低泄漏和高介质常数特点的新的栅介质材料的开发，可能是最令人期待的方法。

参考文献

[1] (荷)维恩德里克(Veendrick，H.)著；周润德译．纳米 CMOS 集成电路：从基本原理到专用芯片实现．北京：电子工业出版社，2011.1

[2] (印)阿罗拉(Arora，M.)著；李海东等．硬件架构的艺术：数字电路的设计方法与技术．北京：机械工业出版社，2014.2

[3] (瑞士) Christian Piguet 主编；夏晓娟等译．低功耗处理器及片上系统设计．北京：科学出版社，2012

[4] 曲英杰，方卓红编著．超大规模集成电路设计．北京：人民邮电出版社，2015.2

[5] (美)希勒(Shearer，F.)著；黄小军等译．移动设备的电源管理．北京：机械工业出版社，2009.9

[6] (美)王班(Wong，B．P．)等著，辛维译．纳米 CMOS 电路和物理设计．北京：机械工业出版社，2011.2

习题

10.1 为什么每个设计者必须要有低功耗的设计观念？

10.2 各种功耗组成部分中哪个最大？为什么？

10.3 为什么利用缓冲器插入技术可以降低功耗？请举例说明。

10.4 为什么利用流水线技术可以降低功耗？

10.5 如何降低亚阈值泄漏功耗？

10.6 在针对低功耗优化整个库时，你会把注意力最集中在其中哪些库单元上？

10.7 就功耗而言，什么是恒场尺寸缩小的最大优点？

10.8 以下布尔函数采用静态和动态 CMOS 实现时，它们的活动因子之间有什么不同：

$$z = /(abc)。$$

10.9 若 $z=/(a+b+c)$，重做习题 10.8。